中 国 国 家 标 准 汇 编

2008 年修订-95

中国标准出版社 编

中 国 标 准 出 版 社
北 京

图书在版编目（CIP）数据

中国国家标准汇编：2008 年修订 .95/中国标准出版社编 .—北京：中国标准出版社，2009

ISBN 978-7-5066-5568-2

Ⅰ.中…　Ⅱ.中…　Ⅲ.国家标准-汇编-中国-2008
Ⅳ.T-652.1

中国版本图书馆 CIP 数据核字（2009）第 198778 号

中国标准出版社出版发行
北京复兴门外三里河北街 16 号
邮政编码:100045
网址 www.spc.net.cn
电话:68523946　68517548
中国标准出版社秦皇岛印刷厂印刷
各地新华书店经销
*
开本 880×1230　1/16　印张 33　字数 986 千字
2009 年 12 月第一版　2009 年 12 月第一次印刷
*
定价 200.00 元

ISBN 978-7-5066-5568-2

出 版 说 明

1.《中国国家标准汇编》是一部大型综合性国家标准全集。自1983年起,按国家标准顺序号以精装本、平装本两种装帧形式陆续分册汇编出版。它在一定程度上反映了我国建国以来标准化事业发展的基本情况和主要成就,是各级标准化管理机构,工矿企事业单位,农林牧副渔系统,科研、设计、教学等部门必不可少的工具书。

2.《中国国家标准汇编》收入我国每年正式发布的全部国家标准,分为"制定"卷和"修订"卷两种编辑版本。

"制定"卷收入上年度我国发布的、新制定的国家标准,顺延前年度标准编号分成若干分册,封面和书脊上注明"20××年制定"字样及分册号,分册号一直连续。各分册中的标准是按照标准编号顺序连续排列的,如有标准顺序号缺号的,除特殊情况注明外,暂为空号。

"修订"卷收入上年度我国发布的、被修订的国家标准,视篇幅分设若干分册,但与"制定"卷分册号无关联,仅在封面和书脊上注明"20××年修订-1,-2,-3,……"字样。"修订"卷各分册中的标准,仍按标准编号顺序排列(但不连续);如有遗漏的,均在当年最后一分册中补齐。需提请读者注意的是,个别非顺延前年度标准编号的新制定的国家标准没有收入在"制定"卷中,而是收入在"修订"卷中。

读者配套购买《中国国家标准汇编》"制定"卷和"修订"卷则可收齐上一年度我国制定和修订的全部国家标准。

3. 由于读者需求的变化,自1996年起,《中国国家标准汇编》仅出版精装本。

4. 2008年制修订国家标准共5946项。本分册为"2008年修订-95",收入新制修订的国家标准29项。

中国标准出版社

2009年10月

目　录

ICS 35.100.70
L 79

中华人民共和国国家标准

GB/T 17142—2008/ISO/IEC 10040:1998
代替 GB/T 17142—1997

信息技术　开放系统互连 系统管理综述

Information technology—Open Systems Interconnection—Systems management overview

(ISO/IEC 10040:1998,IDT)

2008-09-01 发布　　2009-02-01 实施

中华人民共和国国家质量监督检验检疫总局
中国国家标准化管理委员会　发布

前言

本标准等同采用国际标准ISO/IEC 10040:1998《信息技术 开放系统互连 系统管理综述》,仅有编辑性修改。

本标准代替GB/T 17142—1997《信息技术 开放系统互连 系统管理综述》。

本标准与GB/T 17142—1997相比主要变化如下:

——增加了组织方面的需求和管理模型(见6.5)。

本标准的附录A是规范性附录,附录B是资料性附录。

本标准由中华人民共和国信息产业部提出。

本标准由全国信息技术标准化技术委员会归口。

本标准起草单位:信息产业部电子工业标准化研究所。

本标准主要起草人:张晖、张翠、徐冬梅、郭楠、吴东亚。

本标准于1997年首次发布。

信息技术 开放系统互连 系统管理综述

1 范围

本标准

——提供系统管理标准系列的综述;

——建立划分系统管理标准为独立的组、规定每个组的范围及标识每个组中主要部件的基础;

——给出制定系统管理标准的指南并标识它们相互联系的方法;

——定义由其他系统管理标准所使用的术语;

——可用于所有系统管理标准的定义和任意规模系统管理的各个方面;

——可用于对系统管理的响应是集中式的和分散式的情形;

——为系统管理建立一个模型,标识系统管理的几个方面(例如:信息、功能、通信和组织),以及进一步细化阐明这些方面的模型;

——确定一致性要求和符合系统管理标准的一致性声称的指导原则。

在本标准的主体部分没有一致性要求,但它规定了为符合系统管理要求应该遵循的标准。

本标准的附录A为系统管理定义了一个应用上下文,并为协商系统管理功能单元规定了规则。存在与这些规则相关联的一致性要求。

2 规范性引用文件

下列文件中的条款通过本标准的引用而成为本标准的条款。凡是注日期的引用文件,其随后所有的修改单(不包括勘误的内容)或修订版均不适用于本标准。然而,鼓励根据本部分达成协议的各方研究是否可使用这些文件的最新版本。凡是不注日期的引用文件,其最新版本适用于本标准。

GB/T 9387.1—1998 信息技术 开放系统互连 基本参考模型 第1部分:基本模型(idt ISO/IEC 7498-1:1994)

GB/T 9387.4—1996 信息处理系统 开放系统互连 基本参考模型 第4部分:管理框架(idt ISO/IEC 7498-4:1989)

GB/T 16262.1—2006 信息技术 抽象语法记法一(ASN.1)第1部分:基本记法规范(ISO/IEC 8824-1:2002,IDT)

GB/T 16262.2—2006 信息技术 抽象语法记法一(ASN.1)第2部分:信息客体规范(ISO/IEC 8824-2:2002,IDT)

GB/T 16262.3—2006 信息技术 抽象语法记法一(ASN.1)第3部分:约束规范(ISO/IEC 8824-3:2002,IDT)

GB/T 16262.4—2006 信息技术 抽象语法记法一(ASN.1)第4部分:ASN.1规范的参数化(ISO/IEC 8824-4:2002,IDT)

GB/T 16263.1—2006 信息技术 ASN.1编码规则 第1部分:基本编码规则(BER)、正则编码规则(CER)和非典型编码规则(DER)规范(ISO/IEC 8825-1:2002,IDT)

GB/T 16263.2—2006 信息技术 ASN.1编码规则 第2部分:紧缩编码规则(PER)规范(ISO/IEC 8825-2:2002,IDT)

GB/T 16505.1—1996 信息处理系统 开放系统互连 文卷传送、访问和管理 第1部分:概论

(idt ISO 8571-1:1988)

GB/T 16505.2—1996 信息处理系统 开放系统互连 文卷传送、访问和管理 第2部分:虚文卷存储器定义(idt ISO 8571-2:1988)

GB/T 16505.3—1996 信息处理系统 开放系统互连 文卷传送、访问和管理 第3部分:文卷服务定义(idt ISO 8571-3:1988)

GB/T 16505.4—1996 信息处理系统 开放系统互连 文卷传送、访问和管理 第4部分:文卷协议规范(idt ISO 8571-4:1988)

GB/T 16505.5—1996 信息处理系统 开放系统互连 文卷传送、访问和管理 第5部分:协议实现一致性声明形式表(idt ISO/IEC 8571-5:1990)

GB/T 16644—1996 信息技术 开放系统互连 公共管理信息服务定义(idt ISO/IEC 9595:1991)

GB/T 16645.1—1996 信息技术 开放系统互连 公共管理信息协议 第1部分:规范(idt ISO/IEC 9596-1:1991)

GB/T 16645.2—2000 信息技术 开放系统互连 公共管理信息协议 第2部分:协议实现的一致性声明(idt ISO/IEC 9596-2:1993)

GB/T 16687—2008 信息技术 开放系统互连 面向连接的联系控制服务元素协议 第1部分:协议规范(ISO/IEC 8650-1:1996,IDT)

GB/T 16688—2008 信息技术 开放系统互连 联系控制服务元素服务定义(ISO/IEC 8649:1996,IDT)

GB/T 17143.1—1997 信息技术 开放系统互连 系统管理 第1部分:客体管理功能(idt ISO/IEC 10164-1:1993)

GB/T 17173.1—1997 信息技术 开放系统互连 分布式事务处理 第1部分:OSI TP模型(idt ISO/IEC 10026-1:1992)

GB/T 17173.2—1997 信息技术 开放系统互连 分布式事务处理 第2部分:OSI TP服务(idt ISO/IEC 10026-2:1992)

GB/T 17173.3—1997 信息技术 开放系统互连 分布式事务处理 第3部分:协议规范(idt ISO/IEC 10026-3:1992)

GB/T 17175.1—1997 信息技术 开放系统互连 管理信息结构 第1部分:管理信息模型(idt ISO/IEC 10165-1:1993)

GB/T 17175.2—1997 信息技术 开放系统互连 管理信息结构 第2部分:管理信息定义(idt ISO/IEC 10165-2:1992)

GB/T 17175.4—1997 信息技术 开放系统互连 管理信息结构 第4部分:被管客体的定义指南(idt ISO/IEC 10165-4:1992)

GB/T 17178.1—1997 信息技术 开放系统互连 一致性测试方法和框架 第1部分:一般概念(idt ISO/IEC 9646-1:1994)

ISO/IEC 9072-1:1989 信息处理系统 文本通信 远程操作 第1部分:模型、记法及服务定义

ISO/IEC 9072-2:1989 信息处理系统 文本通信 远程操作 第2部分:协议规范

ISO/IEC 10165-6:1994 信息技术 开放系统互连 管理信息结构 第6部分:同OSI管理联系的实现一致性声明的要求和指南

ISO/IEC 10165-7:1996 信息技术 开放系统互连 管理信息结构 第7部分:类属关系模型

ISO/IEC 11587:1996 信息技术 开放系统互连 通用高层安全:保护传递语法协议实现一致性声明(PICS)形式表

3 术语和定义

3.1 基本参考模型定义

本标准基于开放系统互连基本参考模型中的概念，并采用 GB/T 9387.1—1998 中定义的下列术语：

a) 应用服务元素 application service element;

b) 系统管理 systems management。

3.2 管理框架定义

本标准采用 GB/T 9387.4—1996 中定义的下列术语：

a) 被管客体 managed object;

b) 管理信息库 management information base;

c) 系统管理应用实体 systems management application entity。

3.3 CMISE 定义

本标准采用 GB/T 16644—1996 中定义的下列术语：

a) （被管客体的）属性 attribute (of managed object);

b) 公共管理信息服务元素 common management information service element;

c) 公共管理信息服务 common management information service。

3.4 管理信息模型定义

本标准采用 GB/T 17175.1—1997 中定义的下列术语：

a) 属性类型 attribute type;

b) 命名树 naming tree;

c) 被管客体边界 managed object boundary。

本标准使用 ITU-T Rec X.725 | ISO/IEC 10165-7:1996 中定义的以下术语：

d) 被管理的关系。

3.5 OSI 一致性测试方法和框架定义

本标准采用 GB/T 17178.1—1997 中定义的下列术语：

a) 协议实现一致性声明 protocol implementation conformance statement (PICS);

b) PICS 形式表 PICS proforma;

c) 系统一致性声明 system conformance statement;

d) 实现一致性声明 implementation conformance statement (ICS);

e) ICS 形式表 ICS proforma。

3.6 系统管理综述定义

本标准采用下列术语和定义。

3.6.1

代理 agent

对特定的系统管理交互充当代理角色的一个 MIS 用户。

3.6.2

代理角色 agent role

由一个 MIS 用户充当的角色，它有能力对被管客体执行管理操作并代表被管客体发送通知。

3.6.3

类属定义 generic definitions

被管客体类、属性类型、通知类型或管理操作类型的定义，使其可用于一般应用。

3.6.4

(管理)交互 (management) interaction

单个管理操作或单个通知,或者被标识出的一组逻辑相关的管理操作和通知,其间的管理者和代理角色不会改变。

3.6.5

被管客体类 managed object class

一个命名的被管客体集合,该集合共享相同(命名的)属性集、通知集和管理操作(包),并且共享这些包存在的相同条件。

注:下列两个定义与GB/T 17178.1—1997 OSI一致性测试方法和框架中关于PIGS和PIGS形式表的相应定义密切相关。

3.6.6

被管客体一致性声明 managed object conformance statement;MOCS

一个由被管客体实现的提供者产生的声明;已实现的能力和选项,以及被忽略的任何特性。

3.6.7

管理信息一致性声明 management information conformance statement;MICS

由提供者做出的关于下述内容的声明:实现的管理者角色的能力,与已实现的管理信息有关的选项,以及被忽略的某些特性。

3.6.8

MICS形式表 MICS proforma

一种调查表形式的文件,当它由具有管理者角色能力的实现提供者完成时,便成为MICS。

3.6.9

MOCS形式表 MOCS proforma

一种调查表形式的文件,它由被管客体的定义者或一致性测试套的设计者设计,并由被管客体实现完成时,便成为MOCS。

3.6.10

被管(开放)系统 managed (open) system

一个开放实系统,它包含一个可充当代理角色的MIS用户。

3.6.11

管理域 management domain

一个被管客体的集合,它适用于公共的系统管理策略。

3.6.12

管理信息 management information

在一个开放系统中可以由OSI管理协议传送的信息。

3.6.13

管理权限 management jurisdiction

管理策略和管理域之间关系的表示。

3.6.14

管理策略 management policy

用来评估与被管客体有关的可标识的规范。

3.6.15

管理策略违规 management policy violation

此条件当被管客体没有遵守策略所定义的语义时成立。

3.6.16

管理支持客体 management support object

一个专门定义来支持系统管理功能的系统被管客体(例如:日志、鉴别器)。

3.6.17

管理者 manager

一个对特定的系统管理交互充当管理者角色的 MIS 用户。

3.6.18

管理者角色 manager role

一个由 MIS 用户充当的角色,它有发出管理操作和接收通知的能力。

3.6.19

管理(开放)系统 managing (open) system

一个开放实系统,它包含一个可充当管理者角色的 MIS 用户。

3.6.20

MIS 用户 MIS-user

一个使用系统管理服务的应用。

3.6.21

通知 notification

由一个与在被管客体内发生的事件相关的被管客体发出的信息。

3.6.22

通知类型 notification type

已命名的数据类型,它定义一个特定种类的通知。

3.6.23

(N)层被管客体 (N)-layer managed object

指(N)层的被管客体。

3.6.24

(N)层管理协议 (N)-layer management protocol

用于交换(N)层管理信息的(N)层协议,它仅由(N－1)及以下各层支持。

注:本标准既不规定也不需要使用(N)层管理协议。在此包括其定义是出于完整性的考虑。

3.6.25

(系统管理)操作 (systems management)operation

在被管客体上影响系统管理的操作。

3.6.26

系统被管客体 systems managed object

涉及到不止一层的被管客体,但对系统或对指定的管理功能是作为一个整体的。

3.6.27

系统管理应用进程 systems management application process

参与系统管理的应用进程。

3.6.28

系统管理应用服务元素 systems management application service element

提供系统管理服务的应用服务元素。

3.6.29

系统管理功能 systems management function

系统管理活动的一部分,它满足一组逻辑相关的用户需求。

3.6.30

系统管理功能范围　systems management functional area

系统管理用户需求的范畴。

3.6.31

系统管理功能单元　systems management functional unit

已命名的系统管理服务的非空集合,定义它的目的是为了在需要端系统之间建立或协商使用功能性的地方标识这种功能性的特定集合,或者是为了在其他标准中作参考。

3.6.32

系统管理功能单元包　systems management functional unit package

已命名的系统管理功能单元的非空集合,定义它的目的是为了在一个联合上协商功能单元。

3.6.33

系统管理(应用)协议　systems management (application)protocol

支持系统管理服务的应用层协议。

3.6.34

系统管理服务　systems management service

已命名的服务原语集合,它提供用于系统管理中的服务。

4　缩略语

本标准使用下述缩略语:

ACSE	联系控制服务元素
ASE	应用服务元素
ASN.1	抽象语法记法 1
B-ISDN	宽带综合业务数字网
CMIP	公共管理信息协议
CMIPDU	公共管理信息协议数据单元
CMIS	公共管理信息服务
CMISE	公共管理信息服务元素
CSPDN	电路交换公用数据网
DMI	管理信息的定义
FTAM	文卷传送、访问和管理
GDMO	用于被管客体定义的导引
GMI	类属管理信息
GMOCS	用于被管客体一致性声明的导引
GRM	一般关系模型
ICS	实现一致性声明
Id	标识符
ISDN	综合业务数字网
LAN	局域网
MAPDU	管理应用协议数据单元
MCS	管理一致性概要
MHS	电文处理系统
MOTIS	面向电文的文本交换系统
MIB	管理信息库

MICS	管理信息一致性声明
MIDS	管理信息定义声明
MIS	管理信息服务
MOCS	被管客体一致性声明
MOTIS	信息有向文本交换系统
MRCS	被管关系一致性声明
OSI	开放系统互连
PICS	协议实现一致性声明
PSPDN	包交换公用数据网
ROSE	远程操作服务元素
SACF	单联系控制功能
SMAE	系统管理应用实体
SMAPM	系统管理应用协议机
SMASE	系统管理应用服务元素
SMF	系统管理功能
SMFA	系统管理功能范围
SMFU	系统管理功能单元
SMI	管理信息结构
TMN	远程通信管理网
TP	事务处理
VT	虚拟终端
WAN	广域网

5 系统管理

系统管理为在OSI环境中监视、控制和协调资源提供机制，并为与那些资源相关的通信信息提供OSI协议标准。为描述OSI环境中对资源的管理操作，这些资源被看作具有指定特性的被管客体。在任一开放系统中，系统管理所需的信息可以通过本地输入提供，也可以通过系统管理(应用层)通信从其他开放系统的输入中产生，还可以是低层协议交换的结果。

特别地，系统管理适用于，但不局限于：

——OSI 第1层(专线/租用线、卫星连接)；

——OSI 第2层(局域网、广域网等)；

——OSI 第3层(CSPDN，PSPDN，ISDN，B-ISDN，CCITT 建议 X.300 的子网等)；

——OSI 第4层(运输层实体)；

——OSI 第5层(会话层实体)；

——OSI 第6层(表示层实体)；

——OSI 第7层(MHS/MOTIS、FTAM、VT、TP、目录)。

(例如：使用ITU-T 建议 M.3000 系列 TMN 也被作为系统管理的有效应用)。

注：当然，制定这些标准主要是为满足被管 OSI 资源的需要，但同时，它们也具有广泛的适用性。而且，将来有可能在标准中专门指出其他的区域。

系统管理可用于分布式处理和通信环境的广阔范围。这些环境范围从互连小系统的局域网到全球规模的互连协作网和国家网。小规模环境可以由合适的小规模管理系统来管理，这些小规模系统包括单一的管理者，它能够通过许多代理来控制和协调开放通信环境。标准和概念也适用于支持多管理者的大规模环境。

整套系统管理标准主要分成以下三个组：

a) 一组是规定系统管理功能的标准；

b) 一组是与被管客体规范相关的标准；

c) 一组是与管理功能相关的用于信息通信的应用层服务和协议标准。

由系统管理活动满足的需求可以方便地分为五组，其中每一组给出覆盖一个或多个功能的一个或多个标准。这些由管理框架（见GB/T 9387.4—1996）定义的范围是：

——故障管理；

——配置管理；

——记帐管理；

——性能管理；

——安全管理。

不过，已知许多信息项目及其相关的管理操作和通信协议对多个范围是公共的。并且在执行管理活动中，各组管理功能可以组合，以完成特定的管理策略。

为此，系统管理标准构成一个紧密相关的一组标准。

6 系统管理模型

6.1 引言

本章标识许多系统管理的概念，并提供模型来阐述这些概念及其相互关系。

下列各条描述了系统管理模型的各个方面：

——信息方面；

——功能方面；

——OSI通信方面；

——组织方面。

通信环境的管理是一个信息处理应用。由于被管理的环境是分布的，所以管理活动的单个组件本身也是分布的。管理应用通过在系统管理应用实体之间建立联系，以分布方式执行管理活动。

如图1所示，系统管理应用实体之间发生的交互，被抽象为由一个实体向另一个实体发出的管理操作和通知；它们使用系统管理服务和协议来通信。

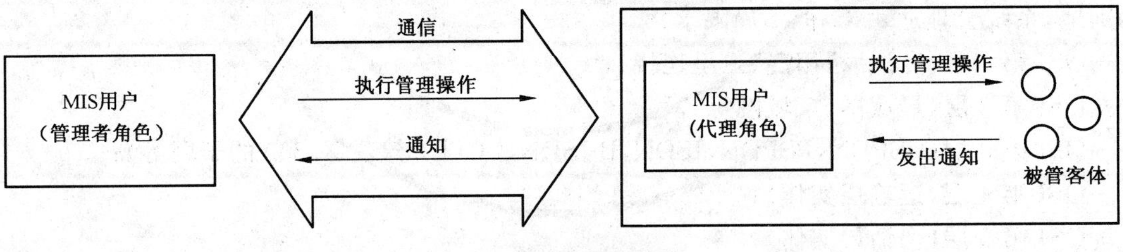

图1 系统管理交互

通过操纵被管客体来引发管理活动。为了系统管理，管理应用按照MIS用户来分类。每个交互发生于两个MIS用户之间，其中一个充当管理者角色，另一个充当代理角色。

充当代理角色的MIS用户，是在其本地系统环境里管理被管客体的分布式应用的一部分。依据管理者传达的管理操作，代理在被管客体上执行管理操作。代理还可以把被管客体发出的通知转发给管理者。

充当管理者角色的MIS用户，是通过发出管理操作和接收通知而对一个或多个管理活动负责的分布式应用的一部分。

管理者的概念不局限于独自参与系统管理的应用；需要访问管理信息的其他应用程序可以使用管

理信息服务。

MIS 用户的角色不是被永久地赋予。一些 MIS 用户被限制为只能充当代理角色，一些只能充当管理者角色，而其他 MIS 用户被允许在一个交互中充当代理角色，而在另一个交互中充当管理者角色。

注 1：当开放系统之间的一个管理交互从属于不止一个被管客体时，代理如何在它的被管客体之间分配管理操作的规范不属于标准化内容。

注 2：一个被管客体本身可以代表一个被管系统之外的资源。被管系统与外部资源之间的关系也可以是一种管理者/代理关系。如果这些系统之间的通信遵循 OSI 管理标准，则对原始被管系统中被管客体的管理操作可能进一步导致管理者/代理交换，从而对“远程”被管客体进行操作。对这种允许的层迭式管理操作的数目没有限制。

重要的是承认本标准仅建立一个概念模型，该模型描述了使用标准化的管理信息服务进行实际通信的信息的结构和内容。管理信息无论何时进行通信，都要根据这个模型进行。

系统在何处以及如何表示和存储产生管理信息的实际数据是一个本地问题，因此不属于标准化内容。

注 3：图 2 表示了一种观察系统管理模型的特别方式并仅仅被作为信息给出。在制定本规范期间，该图曾有过重要作用。特别是它把对标准化通信的映射（遵循 6.2 中介绍的规则）同本地映射区别开，以图解方式说明了在系统管理应用进程中必须存在根据模型观察实际的管理信息的方法。此外，该方法存在于本地环境中，因此，实现的问题不属于标准化内容。

图 2 既未显示出完整的模型，也未显示出全部的所有细节。特别是它不意味着必须使命名树的一个子树与指定层相关，也不意味着术语“系统管理信息模型空间”是一个已定义的术语。

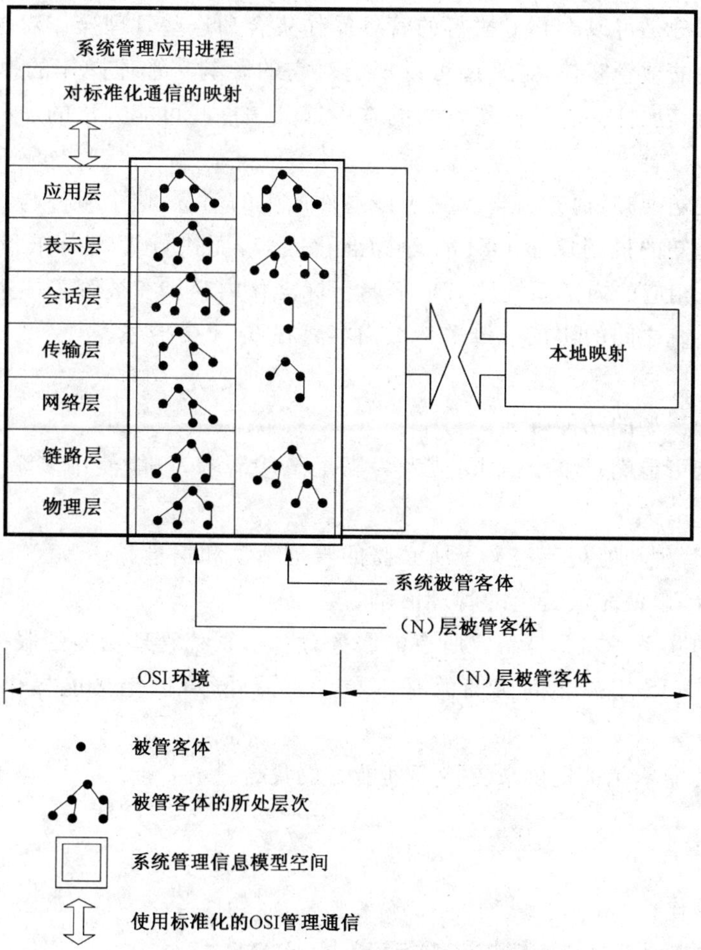

图 2　系统管理模型的信息与通信方面之间的关系

6.2 信息方面

本条介绍系统管理模型的信息方面。信息模型的限定规范在GB/T 17175.1—1997中给出。它细化了GB/T 9387.4—1996中定义的被管客体的概念。它涉及它们的属性、可能在它们上面执行的管理操作,以及它们可能发出的通知。一个系统中被管客体的集合连同它们的属性,构成该系统的管理信息库(MIB)。

符合标准的被管客体有待由负责对被管客体所代表的资源进行标准化的那个标准化组织来规定(例如:负责(N)层协议实体标准化的小组也要负责对代表该协议实体的管理视图的被管客体标准化的工作)。作为对支持被管客体定义的管理信息定义和系统管理功能定义的收集,用来提供支持被管客体定义的指南和工具。

6.2.1 被管客体

被管客体是受管理支配的资源(诸如层实体、连接或物理通信设备的项目)的OSI管理视图。因此,被管客体是被管理看成为(并且是为了管理目的)代表其性质的这样一个资源的抽象。被管客体定义的本质部分是这些性质之间的关系和资源的操作行为。这种关系不能用一般方式建模。

被管客体可以特定于一个单独层,在这种情况下,它们被称为(N)层被管客体。与多层、与特定系统管理功能(管理支持客体)或与整个系统都有关的那些被管客体被称为系统被管客体。

6.2.2 属性

属性是被管客体的性质。属性具有一个关联值,该值可具有一个简单的或者一个复杂的结构。

6.2.3 管理操作和通知

被管客体的定义部分是可以在其上执行的管理操作集合和这些管理操作对被管客体及其属性的影响的规范。如果有相关的被管客体,定义还可以规定对它的影响。管理操作的执行也可能有条件地取决于被管客体的状态或其属性。管理操作定义的本质部分是一些可能方法的一种集合,在这些方法中,它可能会失败。

被管客体还可能发送通知,通知包含有关于该事件产生的信息,这个事件与被管客体相关联。

传送管理操作和通知的机制属于OSI管理标准化内容,而执行管理操作和通知的机制则不属于OSI管理标准化内容。相应的内部系统接口也不属于标准化内容。在被管客体边界上的各管理操作之间的关系和在各开放系统之间的协议中传送什么内容将在6.4中描述。

6.3 功能方面

本条描述系统管理模型的功能方面。

一个系统管理功能可能满足多个需求;或者为满足某些需求,可能使用多个功能。因此,在功能和需求之间存在着多对多的关系。

为满足需求,系统管理功能规范定义了所必需的管理活动和信息。

管理功能可以组合,以便完成特定的管理活动。

由于对一个给定的联系并非总是需要所有的服务,所以,系统管理功能的服务可能被分组为一个或多个功能单元,它们是MIS用户之间协商的基本单元。另外,可以定义能提供多个功能服务的功能单元。

穿过功能边界的功能单元被提供来支持下列能力的集合:

a) 只是通知;

b) 只是管理操作;

c) 通知和管理操作。

注:允许协商这些能力的子集(例如:监视、控制)来定义其他功能单元。

代理一般不能确定它所接收的管理操作或所发送的通知的目的。例如,一个开放系统一般不能确定它对于读差错计数器请求的响应将被用作故障管理的目的还是性能管理的目的。代理独自地响应来自管理者的请求，而不需要任何更广泛的上下文来执行请求。

6.4 OSI 通信方面

在分别扮演管理者角色和代理角色的 MIS 用户间的交互通过交换管理信息来实现。这种通信使用 OSI 协议来完成。

对于系统管理的一般 OSI 通信服务是 CMIS。6.4.1 描述了 CMIS 如何用来支持与在一个被管系统中适用于被管客体的管理操作和通知有关的通信。从 6.4.2 到 6.4.5 解释了通信支持如何适合应用层结构。

MIS 用户可以利用其他 OSI 服务(诸如 TP 或 FTAM)，这些服务可能支持也可能不支持管理者/代理角色的差别，但是，MIS 用户仍应支持管理者/代理角色的差别。

注：MIS 用户可以利用其他服务。

6.4.1 对管理操作和通知的支持

对管理操作和通知的通信支持有两个方面：

a) 支持在各 MIS 用户之间传送对管理操作和通知的请求；

b) 支持对被管客体的访问控制和通知信息的外部传播。

主要的部件如图 3 所示。

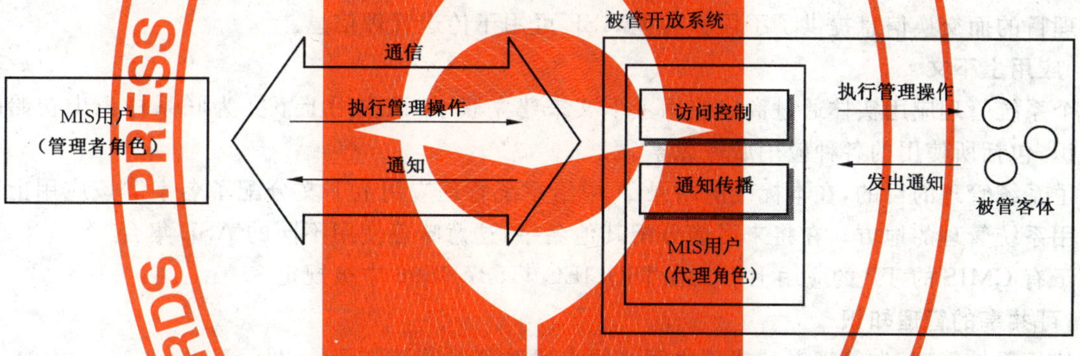

图 3 对通知和管理操作的通信支持

系统管理服务具有用于对 GB/T 17175.1—1997 中定义的各类管理操作的请求通信的原语，以及用于传送通知信息的原语。用这种方法，系统管理服务反映在被管客体边界上定义的交换。系统管理服务用筛选和过滤来选择合适的被管客体提供附加的支持。

GB /T 17143.1—1997 定义了系统管理服务如何被映射到 CMIS 服务上。

在被管客体边界(以信息模型)定义的交换类型和系统管理服务中的通信支持之间存在严格的对应关系；然而，在信息的个别交换(或可能的交换)中，这些机制可以参与控制信息流程。

访问控制机制可能拒绝指定的管理者对所选被管客体的管理操作请求。

对于被管客体发出的管理通知的外部通信，定义一个机制来识别外部通信的目的地和通知信息应满足的匹配原则。还可独立地定义另一种机制来记录信息，以备以后检索。

6.4.2 系统管理应用实体

系统管理应用实体(SMAE)由系统管理应用服务元素(SMASE)和联系控制服务元素(ACSE，GB/T 16688—2008)组成。SMAE 中需要的其他 OSI 应用服务元素在下面描述。

图 4 显示系统管理部件如何适合应用层结构。

SMASE 定义了传送与管理应用协议数据单元(MAPDU)中的 OSI 管理相关的信息的语义和抽象语法。MAPDU 是在系统管理应用实体(见 6.1)之间交换的管理操作和通知的抽象观念的 OSI 协议实现。对每一个已定义的 MAPDU，还规定了它到支持服务上的映射。

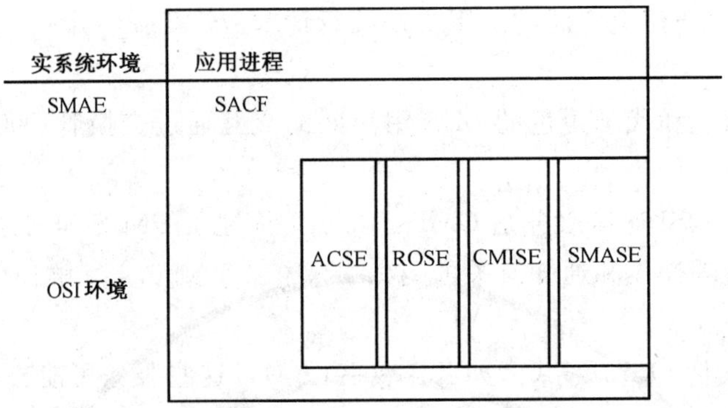

图 4 管理和应用层

为了使用功能单元来协商，由 SMASE 提供的服务可以被分组。SMASE 规定在系统管理应用实体之间交换的管理信息。由 SMASE 使用的通信服务可以由公共管理信息服务元素（CMISE）ASE 或其他 ASE，诸如文件传送、访问和管理（FTAM，GB/T 16505），或事务处理（TP，GB/T 17173）来提供。CMISE 的使用也意味着存在远程操作服务元素（ROSE，ISO/IEC 9072-1:1989）。CMISE 为传送公共管理信息协议数据单元（CMIPDU）规定了服务和规程。CMISE 以公共的方式为在管理操作和通知中为了管理目的而交换信息提供了手段。其他 ASE 可用于传送管理信息。

6.4.3 应用上下文

两个系统管理应用实体通过商定应用上下文来建立联系，该应用上下文为联系标识出初始的共享管理知识，包括所使用的各种应用服务元素。

为了系统管理的目的，在本标准的附录 A 中给系统管理应用上下文分配了名字。该应用上下文用于仅使用系统管理的地方。在将来可能分配其他名字，这意味着使用不同的 ASE 集合。

用于有 CMIS 的 TP 的应用上下文在 ISO/IEC 11587:1996 中被规定。

6.4.4 可共享的管理知识

为执行系统管理，在管理者和代理之间必须有可共享的管理知识。

用于系统管理通信的管理知识包括（但不局限于）：

——协议知识（例如：应用上下文）。

——功能知识（例如：功能和功能单元）。

——被管客体知识（例如：被管客体的类别、实例和标识，以及它们的属性）。

——对被支待功能的约束和这些功能与被管客体间的关系。特别是为了支待指定的功能，相关被管客体应存在于一个开放系统中。

——定义知识（例如：被管客体类的定义）。

——指令系统知识（例如：由给定管理系统支持的被管客体类的知识）。

共享的管理知识以分布式管理应用展示自己，因此，如果包含于相关开放系统中的被管客体不同，则每个端系统的各自视图也可能不同（见图 5），共享的管理知识指的是两个系统间的共同知识，即共享的管理模式。

正如 6.1 中所规定的那样，需要能够建立和修改存在于参加管理信息交换的两个系统之间的共享管理知识。

管理知识可以在任意时刻建立，特别地：

——优先于任何通信发生（例如：在设计或建造系统时建立，或者从先前的联系中“记住”）；

——在联系建立阶段；

——随后，在联系的生存期内。

使管理通信能够进行的预先知识是建立管理知识的一个例子。

在联系建立时,应该既可以建立也可以修改管理知识。

在为系统管理建立好联系后,一个机制可被用来修改管理知识。例如,一个知识发现机制可由支持代理角色的系统支持,以便能考查系统的能力。(管理者对这种机制的使用应被作为一个选项。)

在联系期间之外对共享管理知识的任何修改都可以借助于知识更新机制来完成。

标准化管理知识应从被管客体得到。

此外,某些标准化管理知识可从其他机制(诸如目录客体)得到。

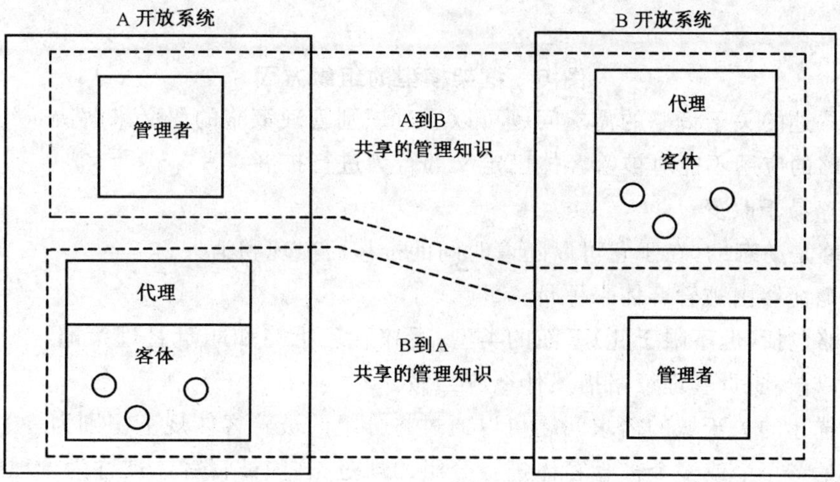

图 5　共享管理知识的视图

6.4.5　支持服务的使用

不同的功能需要不同的通信服务,例如,一些功能可能需要面向文卷的管理操作,而另一些可能只需要简单的请求/应答协议。

6.5　组织方面

模型的组织方面描述 OSI 管理的分布式性质。许多相关于系统管理组织方面的概念(如:管理者、代理)已在前面介绍(见 6.1)。本条进一步地阐述组织方面的内容。

6.5.1　需求

管理策略的组织需求要:

——能够对管理策略进行管理;

——共同负责为在多个机构之间设置策略和对从一个机构到另一个机构的策略进行授权。

管理域的组织需求要:

——能够对管理域进行管理;

——允许把被管客体联合在一个组中;

——允许被管客体属于超过一个组。

管理权限的组织需求要:

——能够对管理权限进行管理;

——能够将策略应用到一组被管客体中;

——支持将多个策略应用到一个特定的被管客体上。

6.5.2　框架模型

图 6 表示管理权限如何与管理策略和管理域相关的,以及随后提供了将策略语义应用到域成员的方法。虚箭头表明策略语义和域成员之间的表示方法没有在框架中指定。

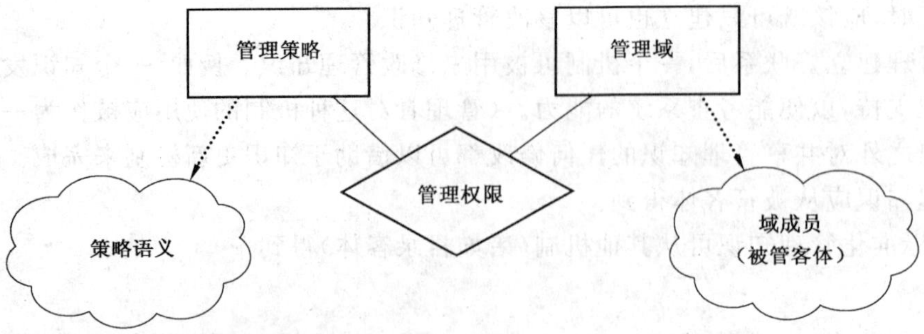

图 6　框架模型的组织方面

在 6.5.1 中描述的关于策略的需求问题可以通过识别管理策略的语义来解决：

a)　管理策略的应用不能对被管客体已定义的行为进行扩展；

b)　管理策略易于改变；

c)　管理策略是动态的，在于它可以随着时间的推移而出现和消失；

d)　管理策略能够由被管客体来评价；

e)　管理策略包括(但不限于此)下面的类型：授权管理策略和职责管理策略。授权管理策略描述什么可以做，职责管理策略描述什么应当做。

在 6.5.1 中描述的关于域的需求问题可以通过将分组的被管客体规范识别为一个管理域来解决：

a)　管理域是将零个或多个被管客体进行分组的规范；这些被管客体被称为管理域的成员。

b)　被管客体可以是零个或多个管理域的成员。

c)　管理域的成员关系可以是动态的。

d)　被管客体既不需要具有其可能所属的管理域的相关知识，但也不排除其具有这些知识。

e)　管理域的成员数不必是可数的。

在 6.5.1 中描述的关于权限的需求问题可以通过识别管理策略和管理域之间的关系来解决：

a)　被管理权限参考的管理域和管理策略是独立动态的。

b)　当管理权限把管理策略相关联到管理域时，此管理策略就被应用到被管客体。

c)　如果被管客体是多个管理权限的成员时，它就可以属于多个管理策略。

d)　被管客体属于一个管理策略的结果是，可能发生策略违规的情况。一旦被应用到被管客体上，两个或更多的管理策略将不可避免地产生策略违规的情况。

e)　被管客体不需要具有其可能应用的管理策略的相关知识，但也不排除其具有这些知识。

7　系统管理标准

第 6 章介绍了系统管理概念的模型。这一章描述了各种有关标准、它们之间的相互关系以及与第 6 章中模型的关系。图 7 示出了这些关系。它还指出了包含特定管理信息的其他标准，并指出它们与系统管理标准的关系。

与系统管理有关的标准可以归类为：

——规定结构的标准；

——面向管理信息通信的标准；

——与管理信息有关的标准；

——面向系统管理功能的标准。

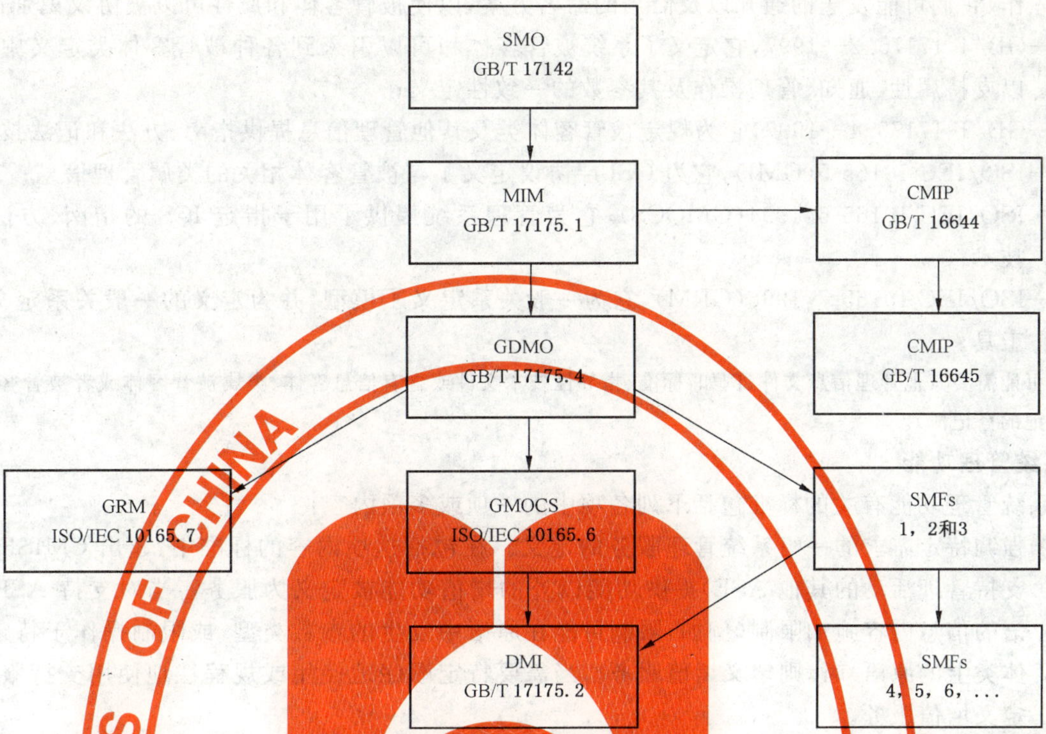

图7 标准之间的关系

7.1 体系和结构

通过定义术语、提供结构和描述OSI管理活动，GB/T 9387.4—1996为OSI管理标准的协调制定提供了框架。正如本标准的第1章所述，本标准提供了OSI系统管理的综述。

系统管理导论提供了系统管理的简介，并概述了基本原理和需求，它们是制定一组系统管理标准的基础。

7.2 管理信息的通信

GB/T 16644—1996定义了应用服务元素（公共管理信息服务元素），它可被一个（集中或分布式管理环境中的）应用进程用来为系统管理交换管理操作和通知中的信息。

GB/T 16644—1996还定义了一组服务原语（它们构成应用服务元素）、有关的参数和每条服务原语的语义描述所必需的信息。CMIS服务原语在开放系统之间传送对管理操作的请求、管理操作的结果和事件报告，它们相当于在管理信息模型中定义的操作和通知。

GB/T 16645.1—1996规定了提供公共管理信息服务的协议。它由应用层实体用来交换管理信息。

GB/T 16645.1—1996还规定了在应用层实体之间传输管理信息的规程、CMIP的抽象语法、正确解释协议控制信息的规程，以及对实现的一致性要求。

假如有特别的需要，为了管理信息的通信，可以另外使用其他ASE（诸如TP或FTAM）。用于带CMISE的TP的应用上下文由ISO/IEC 11587:1996进行规范。

7.3 管理信息的结构

与管理信息有关的标准分成两组：被管客体类定义和支持被管客体类定义的标准。大多数被管客体类定义由层结构和联络组织定义；但是，要求某些被管客体能支持OSI管理本身，特别的例子是代表事件递交鉴别器和管理日志的被管客体。这些标准成为一组系统管理标准的一部分。

介绍如何定义被管客体类的标准包括：

——GB/T 17175.1—1997，它定义了被管客体的模型，包括它们的属性、能在其上执行的管理操

作、它们可能发送的通知以及恰当的命名方案,以使被管客体和属性可以被协议识别;

——GB/T 17175.2—1997,它定义了系统被管客体和可以引入到各种被管客体类定义中的模板,以支持属性、通知、管理操作及其参数的一致性定义;

——GB/T 17175.4—1997,它为规定被管客体类及其他管理信息提供指南、方法和记法技术;

——ISO/IEC 10165-5(GMI),它为OSI层协议定义了与被管客体相关的类属管理信息;

——ISO/IEC 10165-6:1994(GMOCS),它为管理系统提供了用于指定ICS的指南、方法和记法技术;

——ISO/IEC 10165-7:1996(GRM),它为一般关系定义了模型,并为定义的一般关系定义了记法工具。

注:可能需要其他管理信息文件(例如:标准、指导性技术文件或含有信息客体、类属被管客体或者被管客体分类登记的登记簿)。

7.4 系统管理功能

与系统管理功能有关的标准包括下列各项中的一项或多项内容:

a) 强调特定需求的一组系统管理服务的定义。在包括这项内容的标准中,超出CMISE(或用来支持管理活动的其他ASE)提供功能以外的增值功能被定义为服务。当对支持ASE服务原语的信息内容施加限制(例如:限制可能在原语中发生的参数类型,或限制操作于特定支持客体类上的原语)时,则定义增值服务。当需要特定顺序地使用或规程性地使用支持服务时,也定义增值服务。

本项由下列一条或多条组成:

1) 用户需求;

2) 系统管理服务与用户需求之间的关系模型;

3) 列出所需的系统管理服务及其语义的服务定义;

4) 规定系统管理服务及其参数映射到下面服务上的协议规范;

5) 系统管理服务与SMI管理操作和通知之间的关系的定义;

6) 与其他系统管理功能的关系;

7) 一致性要求。

包括本项的标准可以包含或调用特定的类属定义,并且还可以定义系统管理功能单元。

b) 类属定义的需求和模型。系统管理功能标准的这几项只涉及为强调特定功能需求的被管客体、属性、管理操作和通知的类属定义。

包含本项的标准所需的被管客体、属性、管理操作和通知可用于GB/T 17143.1—1997所定义的穿透服务。

本项由下列各条组成:

1) 用户需求;

2) 类属定义与用户需求之间的关系模型;

3) 施加于利用类属定义的其他标准上的符合性要求声明。

注:这些功能所需的类属定义依照被管客体定义指南来形成文件,且被写入包含类属定义的SMI文件中(见7.3)。

c) 系统管理功能单元的定义。包含本项内容的标准在需要对一个联系建立这种功能性的使用知识,以作为确立管理知识的一部分的地方,识别特定的系统管理服务集合。单个功能单元可以包含在多个标准中所定义的服务,并且可以定义与被管客体类相连的服务的使用。

本项由下列各条组成:

1) 用户需求;

2) 系统管理功能单元与用户需求之间的关系模型;

3） 功能单元所需的系统管理服务的列表，以及与所有那些从属于功能单元的服务相关的所有的被管客体类限制；

4） 功能单元定义；

5） 在协议中识别功能单元所必需的抽象语法；

6） 功能单元之间各种关系的描述；

7） 功能单元与系统管理功能之间任何关系的描述；

8） 一致性要求。

上面每一项内容可以单独出现在系统管理功能标准中。它们也可以按任意方式组合。但在没有引用或包含服务定义时，类属定义和功能单元项不能组合。

8 一致性和符合性

本章规定：

——本标准对其他标准的符合性要求；

——宣称与系统管理一致的系统符合性要求；

——宣称与本标准一致的系统一致性要求。

8.1 与本标准的符合性

8.1.1 引言

在第7章中给出了下列三类系统管理标准：

——面向管理信息通信的标准；

——与管理信息有关的标准；

——与系统管理功能有关的标准。

宣称符合GB/T 17142的标准应确定是对哪一类标准宣称了符合性，并应遵守第7章和第8章中定义的、用于确定种类的任何要求。

通信标准和与系统管理功能有关的标准要求有最低限度的一致性，以便保证这些标准所规定的协议的完整性。有用的功能性集合在轮廓中定义。

注：有些标准可以定义一个轮廓。

要求每个标准的表达不应依赖于低层标准的非强制性选项，并应指明需要低层的哪些服务元素才能支持给定的协议。还要求每个协议标准应规定在一定条件下的需求，以便对该规程提供的每一类服务元素都能说明需要哪些规程单元才能支持该类服务元素。

8.1.2 通信标准的需求

规定使用于管理信息通信中的协议的标准，应声明对协议的静态一致性和动态一致性需求，并应提供一个YICS形式表来标识在一致性宣称中提供的全部信息。这些标准应说明系统管理一致性的最低要求，要求支持ASN.1基本编码规则(GB/T 16263)，对定义系统管理的抽象语法需求。

对通信标准应有最低一致性要求，以便与由本标准规定的协议保持完整。这样的标准也可以定义成基础标准内的轮廓。

对于通信标准提供的每个服务元素，也应标识通信标准中需要哪些协议单元，以便使用通信服务的其他标准能无歧义地定义它们的要求。

对通信标准宣称一致性的系统，对于宣称所支持的每个服务，都应支持所要求的协议元素集合。

8.1.3 管理信息标准的需求

定义管理信息的标准，应声明对管理信息定义在代理角色中的静态一致性和动态一致性要求，并应提供一个MOCS形式表来标识在一致性宣称中应提供的全部信息。应按照与类、类属性、管理操作和通知有关的行为定义来规定对于被管客体类的一致性要求。

对被管客体类的一致性宣称，需要被管客体实例被标识成该类的一个成员，这个类应符合被管客体类定义;即具有为该类所定义的结构,能够执行操作和发送为该类定义的通知,具有为该类定义的属性及其相应的类型和操作。

在被管客体边界上可见的资源行为与在OSI标准定义的任何其他边界上可见的资源行为之间可以存在一种关系。当且仅当这种关系被规定后,这种关系的性质应被说明为被管客体类定义的一部分。这样规定的关系遵守来自提供者的宣称,提供者描述这种关系如何出现在一个特定的实现中,并带有实现限制的说明(例如,在一个管理交互和它的其他外部可见行为的结果之间的最大延迟,或者相反),这个宣称可以在MOCS中规定,或者在由MOCS引用的文件中规定。

注:这种关系可能是在相关标准中规定的对被管客体的一致性要求的一部分。并不总是可以用遵守一致性测试,同时又没有过分勉强实现的确定性的方法来表达这样的关系。例如,在一个系统中的内部同步延时可以引起交互间的不确定延时。如果在某些特定场合可行,这些关系可以是被管客体定义的一致性要求的一部分。当这样做时,特别重要的是 既不要对实现限制过严,也不要对客体规定一些不必要的超越操作。

在标准中存在的一致性要求并不一定意味着这个要求有测试能力。

当一个标准宣称能支持某项功能或者能利用被管客体定义内的类属定义时,这个标准应满足在功能或类属定义标准中说明的符合性要求。

定义管理信息的标准也应说明以管理者角色的身份对管理信息定义中规定的操作和通知的静态一致性和动态一致性,并应提供或引用标识出一致性宣称中提供全部信息的MICS形式表。管理者角色对操作的一致性意味着该实现具有产生所规定的操作的能力。与属性有关的操作,受限于属性的定义。管理者角色对通知的一致性意味着该实现具有接收所规定的通知的能力。

8.1.4 与管理功能有关的标准的需求

定义系统管理功能的标准应说明与功能标准中定义的协议相联系的静态一致性要求和动态一致性要求,并提供一个PICS形式表来标识在一致性宣称中提供的全部信息。当要求使用特定的类属定义支持某一功能时,功能标准应标识它所需的一般定义的集合。

包含类属定义的标准应声明施加于被管客体标准或使用了它所包含的定义的其他标准上的符合性要求。

定义系统管理功能单元的标准应说明与每个功能单元的支持相联系的一致性要求,并提供一个PICS形式表来标识在一致性宣称中提供的全部信息。

当功能标准定义了管理支持客体的使用方法时,这个标准应在MOCS形式表中对被管客体规定一致性要求。

定义系统管理功能标准的标准应包括建议实现的提供者如何完成ICS形式表的声明。

系统管理功能标准应规定对支持服务的映射。

注:系统管理应用协议机(SMAPM)是系统管理功能中的一个抽象概念,它将请求和响应原语的参数映射到MAPDU,并将MAPDU中收到的信息映射到指示和响应原语的参数。

与系统管理功能有关的标准应有最低一致性要求,以便保持本标准中规定的完整性。最低要求可以根据功能标准的范围和目的来变化。

例如,在系统管理功能标准的情况下,诸如定义用于多个被管客体定义的类属属性、类属属性组和通知的状态管理功能,最低一致性要求可能仅仅是对某一种状态属性、状态属性组或通知。在其他情况下,诸如使用情况的统计,最低一致性要求可能是在系统管理功能中定义的一种客体或一种包。再还有其他情况,诸如测试管理,则最低一致性要求可能包括几种被管客体以及交换顺序。

对管理者角色实现的最低一致性与对代理角色实现的最低一致性也可以不同。例如,在管理者角色实现中,对类属属性(诸如状态属性)的最低一致性要求可能对该属性至少有一种操作〔例如Get操作〕即可,而在代理角色实现中,最低一致性可能要求支持该属性上定义的全部操作。

8.1.5 符合OSI管理的宣称的指南

宣称与系统管理标准一致的实现支持者应遵守该标准给出的完整ICS形式表的细则。这些细则包括：

a) 被支持的系统管理应用上下文的集合。集合应至少包括在本标准的附录A中所定义的系统管理应用上下文。

b) 已声明一致性的相关标准。应当按照ISO/IEC 10165-6:1994完成MCS。

c) 系统宣称所能支持的管理信息协议(例如:CMIP)的集合,对每个管理信息协议都要有PICS形式的说明,以符合协议标准要求的格式。对这个协议集合的支持应包括为系统管理定义的抽象语法而支持ASN.1基本编码规则(GB/T 16263)的能力。这个协议集合将包括:

1) 为支持任一系统管理功能单元所需的全部协议,这些功能单元都是系统应支持的;

2) 为支持应用上下文所需的全部协议,这些上下文都是系统应支持的;

3) 为支持由被管客体类集合规定的管理操作和通知所需的全部协议,这些管理操作和通知都是系统应支持的。

d) 系统宣称所能支持的系统管理功能(可能用系统管理功能单元的方式表示)的集合,对每个功能都要有PICS形式的说明,以符合功能标准需要的格式。

e) 扮演代理角色的系统宣称支持的被管关系(包括名称绑定),以MRCS形式的说明,管理信息标准所需要的格式。和

f) 系统宣称所能支持的被管客体类的集合,对每个被管客体类都要有MOCS形式的说明,以符合被管客体类标准需要的格式。这个被管客体类的集合应包括为支持系统管理功能单元(这些功能单元都是系统应支持的)所需的任何被管客体类。

8.2 与本标准的一致性

本标准规定的唯一的一致性要求就是在附录A中对系统管理应用上下文的那些要求。

附　录　A
（规范性附录）
系统管理的应用上下文

A.1　背景

本附录描述了系统管理环境中的联系所用的应用上下文。

本附录定义了用于系统管理中的应用上下文。要求这个应用上下文的支持保证成功地建立对系统管理的联系。

在本附录中定义的系统管理应用上下文的规则，允许增加和协商CMISE和SMASE的功能单元定义，修改联系中使用的部分上下文，但不改变应用上下文的名称。

A.2　系统管理应用上下文

A.2.1　应用服务元素ASE

本应用上下文由下列ASE和引用关系构成：

——ACSE（联系控制服务元素）；

——ROSE（远程操作服务元素）；

——CMISE（公共管理信息服务元素）；

——SMASE（系统管理应用服务元素）。

SMASE为系统管理应用实体（SMAE）的用户提供服务。SMASE使用CMISE，CMISE又使用ROSE，SACF为SMAE提供管理联系服务，并使用ACSE。

SMASE，CMISE和ROSE遵循同一抽象语法。该抽象语法在GB/T 16645.1—1996中定义。

A.2.2　规程元素

在系统管理应用上下文中，联系的发起者和响应者都可以充当代理和管理者两种角色。当联系在系统管理应用上下文中成功地建立后，在联系每个交互发生时，管理者和代理角色可以交换，对特定的交互角色的指派由那个交互的调用者来描述。

在本应用上下文中，可以尝试任何交互，但是尝试使用由两边管理系统都不支持的交互将导致差错。如果尝试一个不被支持的交互，在GB/T 16644中定义的下列差错值将被用来报告交互的失败。

——“无法识别的操作：操作不是CMISE服务用户之间所约定的那些之一”，如果尝试的交互是一个操作的话；

——“无此事件类型：指定的事件类型未被认出”，如果尝试的交互是一个通知。

进一步的规程元素在第A.3章中定义。

A.2.3　应用上下文名

本应用上下文的应用上下文名将具有下列客体标识符值：

{joint-iso-ccitt ms(9) smo(0) application-context(0) systems-management(2)}和下列客体描述符值：

“Systems management application context”

A.2.4　ACSE的使用

在GB/T 16687—2008中定义的联系信息参数应是提供给CMISE的EXTERNAL数据序列（如GB/T 16645.1—1996中定义），接着还可以选用提供给SMASE的EXTERNAL数据。

提供给SMASE的EXTERNAL数据是如本标准的A.3.4中所定义的ASN.1数据类型“SMASE UserData”。

GB/T 16688—2008 中定义的模型参数将具有“normal”值。

A.3.4 中规定的抽象语法名应被包括在表示上下文定义表中。

A.3 建立联系的规则

在 GB/T 16645.1—1996 的附录 A 中为 CMISE 规定的联系规则，适用于在本标准内定义的应用上下文。

A.3.1 应用上下文协商

联系的发起者使用系统管理应用上下文名来提议建立一个带有系统管理应用上下文的联系。

如果响应者接受联系并用相同的应用上下文名响应，则可在系统管理应用上下文中建立起联系。

如果响应者接受联系，但用不同的应用上下文名响应，则在不同的应用上下文中建立起联系。关于它的使用规则和它的功能性的协商规则已超出了系统管理应用上下文的范围。

如果响应者拒绝联系请求，则依照 GB/T 16687—2008 中定义的规则，应用联系不能建立。

A.3.2 功能单元协商

为协商 CMISE 功能单元，应遵守 GB/T 16645.1—1996 中定义的协商规则。

系统管理功能单元(SMFU)的协商是可选的。一个约定的 SMFU 初始集合可以在联系建立时使用 A.3.3 和 A.3.4 中定义的 smfuPackages 参数来确定。当商定好一组 SMFU 时，联系将受商定好的一组功能单元的制约，直到取得新的约定为止。只有约定集合中的操作和通知被允许在联系上使用。

注 1：规定在联系期间修改一组 SMFU 约定的机制尚待制定。

依靠规定 smfuPackages 参数，把对应子 SMFU 集合的元素的所有位都置 1 来标识一个 SMFU 集合。在 BITSTRING(位串)中，缺少的结尾位被认为置为 0。

为协商 SMFU 的集合，联系的发起者应提议 SMFU 的一个有效非空集合。为接受 SMFU 协商，响应者应以 SMFU 的一个有效集合来响应，响应集合可以和提议集合相等，也可以是提议集合的子集。为拒绝 SMFU 协商，响应者将以空缺的 smfuPackages 参数响应。

如果发起者没有提议 SMFU 集合(在请求中不存在 smfuPackages 参数)，则响应者应以空缺的 smfuPackages 参数响应，或者拒绝联系。

如果 SMFU 协商被接受，则在响应中规定的 SMFU 集合构成为联系中的 SMFU 约定初始集合。

如果联系被成功地建立，但 SMFU 协商不被接受，则面向联系的规则仅被 A.2.2 中规定的约定应用上下文支配。

注 2：如果由一个发起者提议的两个功能单元提供的管理能力相重叠，并且一个功能单元在响应中被规定，而另一个未被规定，则对两个功能单元公共的那些管理能力属于联系的约定初始集。

smfuPackages 参数的 managerRoleFunctionalUnit 和 agentRoleFunctionalUnit 子参数用来在特定 SMFU 的支持中区别是管理者角色还是代理角色，或者二者皆是。这允许对功能单元协商的使用向下协商仅仅是管理者或仅仅是代理的管理系统。

一旦 SMFU 的约定集合已经商定，管理系统有责任支持为联系所约定的任何需求和/或约束。如果指定的 SMFU 被商定，则任何尝试执行商定的 SMFU 边界之外的交互将导致差错。

A.3.3 功能单元包的定义指南

功能单元包是功能单元的非空集合，它是为了在联系上协商功能单元而定义的。

功能单元包的定义需要分配客体标识符值。这个客体标识符值用于在联系协商期间使用 A.3.4 中规定的抽象语法标识功能单元包。

更进一步，功能单元包的定义将给功能单元包中定义的每个功能单元分配一个唯一的比特位置。这些比特位置用来标识设置在 managerRoleFunctionalUnitBITSTRING 或 agentRoleFunctionalUnit BITSTRING 中，或二者中的哪些位指明给协商提议了哪些功能单元。

示例：

"本标准分配下列客体标识符值：

{joint-iso-ccitt ms (9) function (2) partX(X) functionalUnitPackage(1)}

作为在 GB/T 17142 中定义的 ASN.1 型

FunctionalUnitPackageId 的值,用来协商下列功能单元：

0 功能单元 A

1 功能单元 B

·

·

·

n 功能单元 Z

此处的数字标明分配给功能单元的比特位置,并且名字引用本标准的第 X 章中定义的功能单元。"

A.3.4 SMASE 的抽象语法的定义

本标准分配 ASN.1 客体标识符值

{joint-iso-ccitt ms(9) smo (0) negotiationAbstractSyntax (1) version (1)}

作为抽象语法名给所有表示数据值的集合,每个数据值都是一个 ASN.1 类型值。

SMASE-A-ASSOCIATE-Information. SMASEUserData

ACSE 协议(GB/T 16687—2008)用 ASN.1 描述。"用户信息"用 EXTERNAL 数据类型定义。要在"用户信息"参数中分隔的 EXTERNAL 中的 A-ASSOCIATE 中传递的 SMASE 用户信息定义如下：

SMASE-A-ASSOCIATE-Information {joint-iso-ccitt-ms (9) smo (0) asnlModules (2) negotiationDefinitions (0) version1 (1)}

DEFINITIONS::=BEGIN

SMASEUserData::=SEQUENCE(

smfuPackages SET OF FunctionalUnitPackage OPTIONAL,

——如果建议 SMFU 协商,则它应在 request/indication 上呈现;

——如果接受 SMFU 协商,则它应在 response/confirm 上呈现;

——否则该参数应被省略。

reason Reason OPTIONAL,

——它只可在 A-ASSOCIATE response/confirm 上呈现;

——当 SMFU 协商失败、当 SMFU 协商导致减少建议的 SMFU,或当联系请求被拒绝时,它可以对此携带特定理由。

systemsManagementUserInformation GraphicString OPTIONAL

——此参数仅提供给实现的方便性,以区别不同的实现环境,它不涉及一致性测试。

}

Reason::=INTEGER {

smfusNotSupported (0),

——不支持一个或多个请求的 SMFU,

smfuCombinationNotSupported (1),

——支持单独的 SMFU,但不支持在单个联系上的组合。

smfusRequiredNotAvailable (2),

——去掉已协商的一个或多个要求的 SMFU,

smfuNegotiationRefused (3),

——响应者勿需明确地说明为什么拒绝协商 SMFU。

}

FunctionalUnitPackage::=SEQUENCE{

functionalUnitPackageId FunctionalUnitPackageId,
managerRoleFunctionalUnit[0]IMPLICIT BIT STRING DEFAULT{},
——如果它不呈现,则意味着对于该 functionalUnitPackage,角色不被支持。
agentRoleFunctionalUnit[1]IMPLICIT BIT STRING DEFAULT{},
——如果它不呈现,则意味着对于该 functionalUnitPackage,角色不被支持。
}
FunctionalUnitPackageId::=OBJECT IDENTIFIER
END

A.3.5 最低通信支持

在系统管理通信使用面向连接的服务的地方,为了支持服务,系统管理的最低需求是:

——只使用核心功能单元而没有任何上下文管理服务元素的表示连接;

——没有加速或同步服务元素的双向同时会话连接。

A.4 一致性

对系统管理应用上下文宣称一致性的开放系统将遵守在 A.4.1 和 A.4.2 中说明的静态和动态要求。

A.4.1 静态一致性

为解释 ACSE-apdu 中的用户信息参数,系统应支持从 GB/T 16263 规定的,名为{joint-iso-ccitt asn1 (1) basic-encoding (1)}的编码规则集合中的编码规则派生出来的传送语法,用户信息参数按照 A.3.4 中定义的抽象语法{joint-iso-ccitt ms (9) smo (0) negotiationAbstractSyntax (1) version1 (1)}定义。

A.4.2 动态一致性

开放系统应支持本附录中定义的规程元素作为联系发起者或者联系响应者,或二者皆可。

附　录　B
（资料性附录）
系统管理功能的范围声明

这个样板文件为范围章定义需要在范围章中存在(或空缺)的元素,作为在本标准的第7章中出现的定义序列;它不禁止为了其他原因而在范围章中添加其他内容。

B.1　规则

用于填充范围样板文件的规则是:

——用{ }括起在样板文件中需要上下文指定修改的元素;

——用[ ]括起样板文件中的可选元素;

—— *** 注释 *** 在必须进一步描述可选性或所需替换文本的性质时,用来限定{ }和[ ]。

B.2　样板文件

在系统管理标准中为写出范围一章的样板文件是:

1　范围

本标准

*** SERVICE DEFINITION PART: *** [

——为需要用来支持{功能名称}功能的服务定义而建立用户需求;

——建立将本功能提供的服务与用户需求相联系的模型;

——定义由本功能提供的服务;

——规定为提供服务所必需的协议;

——定义服务与SMI管理操作及通知之间的关系;

——定义与其他系统管理功能之间的关系;

——规定一致性要求。

] *** 仅在定义管理服务的标准中出现 ***

*** GENERIC DEFINITION PART: *** [

——为需要用来支持{功能名称}功能的类属定义而建立用户需求;

——建立类属定义与用户需求相联系的模型;

——依照被管客体的定义指南,定义写入文件的一般[被管客体类,][属性类型,][管理操作类型,][通知类型,] *** 适当删除 *** ;

——规定使用这些类属定义的标准应遵从的需求。

] *** IN ISOLATION 可以存在于一个单独的标准中,但不能存在于一个包含了 FUNCTION-AI, UNIT PART 的标准中,除非这个标准还包含了 SERVICE DEFINITION PART。 ***

*** FUNCTIONAL UNIT PART: *** [

——建立{功能单元的名称}功能单元的用户需求;

——建立本功能单元与用户需求相联系的模型;

——定义功能单元和本功能单元所需的系统管理服务列表;

——规定为标识协议中的功能单元所必需的抽象语法;

——[建立各{功能单元名称}功能单元之间的关系;]

——[建立{功能单元名称}功能单元与{功能名称}系统管理功能之间的关系;]

——规定一致性要求。

] *** IN ISOLATION 可以存在于一个单独的标准中,但不能存在于一个包含了 GENERIC DEFINITION PART 的标准中,除非这个标准还包含了 SERVICE DEFINITION PART。 ***

本标准可适用于{应用领域、用户需求,例如:“管理说明...”}。

ICS 03.220
A 24

中华人民共和国国家标准

GB/T 17152—2008
代替 GB/T 17152—1997

运费代码(FCC)
运费和其他费用的统一描述

Freight Costs Code(FCC)—
Harmonization of the description of freight costs and other charges

2008-06-18 发布　　　　2008-11-01 实施

中华人民共和国国家质量监督检验检疫总局
中国国家标准化管理委员会　发布

前　言

本标准修改采用联合国欧洲经济委员会第 23 号建议(UN/ECE Rec No. 23)《运费代码(FCC) 运费和其他费用的统一描述》(第 5 次修订版)。

本标准与 UN/ECE Rec No. 23 的主要差异如下：

——未采用 UN/ECE Rec No. 23 中关于 UN/CEFACT 及其信息内容管理工作组(ICG)的说明；

——未采用 UN/ECE Rec No. 23 中维护与更新方面的内容；

——未采用 UN/ECE Rec No. 23 中运费代码的变更指示符。

本标准代替 GB/T 17152—1997《运费代码(FCC) 运费和其他费用的统一描述》。

本标准与 GB/T 17152—1997 相比，主要变化是：

——按照运费代码的大类和分类(即 GB/T 17152—1997 中的 1、2 级运费描述)整理了运费条目，并按照大类、分类和细目的层次关系对运费代码重新进行了编码；

——增加了新的运费条目。

本标准由中国标准化研究院提出。

本标准由全国电子业务标准化技术委员会归口。

本标准起草单位：中国标准化研究院。

本标准主要起草人：孙文峰、胡涵景、章建方、马胜男、刘颖。

本标准于 1997 年 12 月首次发布。

引　言

国际贸易单证(如铁路或公路托运单、海运单、空运单、发票等)通常包括运输业务中涉及的多种运费和其他费用。用于描述运费的术语常常也随着运输方式和装卸地点的不同而发生变化。

只考虑一种运输方式或一个装卸地点时,运输客户通常能够提供所要求的信息,且承运人可容易地处理数据。然而,各参与方之间多式联运的出现和电子数据交换(EDI)的发展改变了这种状态。

特别是对以贸易数据交换为基础的自动处理程序而言,非常有必要协调关于运费和装卸费的概念和术语。这是与EDI标准报文规范的开发密切相关的。

1990年,UN/ECE发布了第23号建议《运费代码(FCC)运费和其他费用的统一描述》。GB/T 17152—1997等同采用该建议。

UN/ECE在2005—2007年对该标准进行了5次修订。本标准修改采用的版本为2007年由UN/CEFACT/ICG(UN/CEFACT信息内容管理工作组)批准的第5次修订版。

运费代码(FCC)
运费和其他费用的统一描述

1 范围

本标准规定了与国际贸易有关的运费和其他费用的统一描述的命名体系和代码。

本标准适用于以纸面单证或电子方式进行的国际贸易数据交换。

2 缩略语

下列缩略语适用于本标准。

FCC 运费代码(Freight Costs Code)

MI 运输方式/装卸地点类型指示符(Mode/Site Indicator)

DI 重复指示符(Duplicate Indicator)

3 代码表的表示

3.1 运费代码结构

运费代码采用三层六位的代码结构:

——第一层代码:采用一位数字,表示费用大类,代码的后五位为“0”时,表示费用大类名称;

——第二层代码:采用两位数字,表示费用分类,代码的后三位为“0”时,表示费用分类名称;

——第三层代码:采用三位数字,表示费用细目。

3.2 运输方式/装卸地点类型指示符

下列两字符指示符表示特定运输方式或装卸地点类型。

10 海运

11 远洋运输

12 海运支线货运

13 滚装海运

14 近海运输

20 铁路运输

30 公路运输

40 航空运输

50 邮政运输

60 多式联运

70 固定运输设施

80 内河运输

BB 装卸地点:码头/场站操作

DD 装卸地点:船舶代理

FF 装卸地点:货运代理/转运代理

3.3 重复指示符

当多个条目的第一层、第二层和第三层的代码值都相同时,应使用重复指示符。重复指示符由字母“D”和顺序码组合而成,顺序码由“1”开始,之后的每个重复项都依次加“1”。为了唯一标识代码表中的每个代码项,应将第一层代码、第二层代码、第三层代码和重复指示符进行组合,以形成唯一标识符。

4 运费代码表

4.1 大类和分类列表

表1中给出了费用的大类及分类。

表1 费用大类及分类

代码	运费中文名称	运费英文名称
100000	**运费**	**FREIGHT CHARGES**
101000	基本运费	BASIC FREIGHT
102000	运费折让	FREIGHT CHARGE ALLOWANCE
103000	运费调节费	FREIGHT CHARGE ADJUSTMENT
104000	运费附加费	FREIGHT CHARGES ADDITIONAL
105000	前程运输费用	PRE-CARRIAGE CHARGE
106000	续运运输费用	ON-CARRIAGE CHARGE
107000	危险品附加费	DANGEROUS GOODS ADDITIONAL CHARGES
108000	特种运输附加费	SPECIAL TRANSPORT ADDITIONAL CHARGES
109000	保温附加费	HEATING ADDITIONAL CHARGES
110000	冷藏附加费	COOLING ADDITIONAL CHARGES
200000	**货物装卸费**	**GOODS HANDLING CHARGES**
202000	装卸设备租用费	HANDLING EQUIPMENT HIRE CHARGES
203000	装货费	LOADING CHARGES
204000	卸货费	DISCHARGING CHARGE
205000	翻装费用	SHIFTING CHARGES
206000	重新装货费用	RELOADING CHARGES
207000	收货费	RECEIVING CHARGES
208000	交货费	DELIVERING CHARGES
209000	码头/场站操作费	TERMINAL ACTIVITIES CHARGES
210000	堆存费	STORAGE CHARGES
211000	按小时计收的人工费	MAN HOURS CHARGES
212000	标签和标记费	LABELLING AND MARKING
213000	分类费	SORTING CHARGE
214000	包装费	PACKING CHARGE
215000	过磅费	WEIGHING CHARGE
216000	其他装卸费	MISÇELLANEOUS HANDLING CHARGES
300000	**单证费**	**DOCUMENTATION CHARGES**
301000	贸易单证费	TRADE DOCUMENTATION CHARGES

表 1（续）

代码	运费中文名称	运费英文名称
302000	运输单证费	TRANSPORT DOCUMENTATION CHARGES
400000	**运输设备费用**	**TRANSPORT EQUIPMENT CHARGES**
401000	运输设备租用费	TRANSPORT EQUIPMENT RENT
402000	运输附件租用费	TRANSPORT ACCESSORIES RENT
500000	**海关税费**	**CUSTOMS CHARGES**
501000	海关税	CUSTOMS DUTY
502000	增值税	VALUE ADDED TAX
600000	**其他费用**	**MISCELLANEOUS CHARGES**
601000	运输保险费	TRANSPORT INSURANCE CHARGES
602000	仓储保险费	WAREHOUSE INSURANCE CHARGES
603000	仓库租用费	WAREHOUSE RENT
604000	海关仓库租用费	CUSTOMS WAREHOUSE RENT
605000	海关装卸附加费	HANDLING ASSISTANCE TO CUSTOMS
606000	管理费	ADMINISTRATION FEE
607000	备用金	DISBURSEMENT
608000	备用金费用	DISBURSEMENT FEE
609000	超出费用	SURPLUS COST

4.2 按代码数字顺序排列的运费代码

表 2 给出了按照代码的数字顺序排列的运费代码。

表 2 按代码数字顺序排列的运费代码

代码	运费中文名称	运费英文名称	MI	DI
100000	**运费**	**FREIGHT CHARGES**		
100999	所有运费	All freight charges		
101000	**基本运费**	**BASIC FREIGHT**		
101002	专项基本运费	Arbitrary basis freight		
101003	最低运费	Minimum freight		
101004	提单最低运费	Minimum freight Bill of Lading		
101005	最低海运费补差	Minimum ocean freight supplement		
101006	拼箱货最低运费	Minimum freight LCL cargo		
101007	整箱货最低运费	Minimum freight FCL cargo		
101008	整箱货最低运费补差	Supplement to minimum FCL freight		
101009	亏舱整箱货最低收入	FCL minimum revenue shortfall		
101010	超量货物运费	Excess freight		

表 2（续）

代码	运费中文名称	运费英文名称	MI	DI
101011	超过整箱货最低计费金额货量的运费	Excess freight over FCL minimum		
101012	免收的运费	Freight free		
101013	累计运费	Accumulated freight		
101014	整箱货累计最低运费	Accumulated FCL minimum		
101015	整箱货累计最高运费	Accumulated FCL maximum		
101016	从价运费	Declared value charge		
101017	最高运费	Maximum freight		
101018	全部按体积计费的整箱货最高运费	FCL maximum all measurement		
101019	按体积以多重费率计费的整箱货最高运费	FCL maximum multi rate measurement		
101020	按重量体积混合计费的整箱货最高运费	FCL maximum mixed weight measure		
101021	空运费	Air freight	(FF)	D1
101021	包干海运费	All-in Ocean Freight	(10)	D2
101021	运价表基本运费	Basic price according to transport tariff	(30)	D3
101021	基本运输费用	Basic transport cost		D4
101021	综合运费	Freight all kinds	(FF)	D5
101021	费率	Rate	(20)	D6
101021	费率	Rate	(40)	D7
101021	海运费	Seafreight	(DD)	D8
101022	特别附加运费	Special freight supplement		
101024	合同价	Contract price		
101027	计入空运单的费用	Charges incoming AWB		
101028	铁路费用	Rail charges		
101029	运费付至边境	Freight till border		
101031	人类遗体运费	Human remains		
101033	整箱货最低额外附加费	Extra for FCL-minimum		
101034	特种货物运费附加费	Special cargo freight additional		
101035	启运地内陆运费	Inland freight origin		
101036	目的地内陆运费	Inland freight destination		
101037	联运运费	Through freight		
101038	超量货物最高运费	Exceed maximum		

表 2（续）

代码	运费中文名称	运费英文名称	MI	DI
101039	选卸费	Option fee		
101040	目的地变更费	Change of destination fee		
101041	内陆铁路运费	Inland freight rail		
101042	区段运输费用	Zone transport charges		
101043	内陆卡车运费	Inland freight truck		
101044	多式联运运费	Intermodal freight		
101045	达到最低拼箱货运费的额外费用	Extra to reach consolidated container minimum		
101046	成本增加费用	Cost increase charge		
101047	跨境运费	Freight ex border		
101048	标准运费 I	Standard freight I		
101049	标准运费 II	Standard freight II		
101050	舱面货物补偿费	Compensation for deck cargo		
101051	帆布补偿费	Compensation for tarpaulins		
101052	分舱附加费	Extra for separation in different holds		
101053	滞留和/或开航—随后开航费	Lying idle and/or sailing-followed by sailing		
101054	滞留和/或开航—随后不开航费	Lying idle and/or sailing-if not followed by sailing		
101056	运输成本(海运、内陆水运、空运或陆路运输)	Cost of transportation (sea, inland waterways, or air freight, or overland carriage)		
101057	运输费—铁路、公路、水路	Transport-rail, road, water		
101058	公路运费,交货到门,包括任何城市地区交通拥挤附加费	Road transport, delivery to free house, including any urban area congestion surcharge		
101059	上门收货运费,包括任何城市地区运输交通拥挤附加费	Collection ex house, movement including any urban area transport congestion surcharge		
101060	进口安全费	Security charge import		
101061	出口安全费	Security charge export		
102000	**运费折让**	**FREIGHT CHARGE ALLOWANCE**		
102002	毛织品折让	Allowance-wool		
102003	集装箱折让	Allowance-container		
102004	托盘折让	Allowance-pallet		
102005	拼箱货折让	Allowance-LCL		
102006	成组运输货物折让	Allowance-groupage		
102011	合同折扣	Discount-contract		

表 2（续）

代码	运费中文名称	运费英文名称	MI	DI
102012	特别项目折扣	Discount-special project		
102013	高额佣金折扣	Discount-high commission		
102014	产品折扣	Discount-product		
102015	土豆/洋葱折扣	Discount-potato/onion		
102016	化工产品合同折扣	Discount-chemical contract		
102017	拖拉机折扣	Discount-tractor		
102018	累计折扣	Discount-accumulated		
102019	累计整箱货折扣	Discount-accumulated FCL		
102020	重吊附加费折扣	Discount-on heavy lift additional		
102021	超长附加费折扣	Discount-on extra length additional		
102022	超高附加费折扣	Discount-on over height additional		
102023	超宽附加费折扣	Discount-on over width additional		
102024	按超标附加费折扣	Discount-on out of gauge additional		
102025	整箱货折扣	Discount-FCL		
102026	成组运输货物折扣	Discount-groupage		
102027	CVV 折扣	Discount-CCV		
102028	临时折扣	Discount-temporary		
102029	专用重吊折扣	Discount-special heavy lift		
102030	捐赠折扣	Discount-charity		
102041	集装箱费用减免	Container reduction		
102042	佣金	Commissions		
102043	货运代理人佣金	Forwarding Agents'Commission		D1
102043	货运佣金	Forwarding Commission	(FF)	D2
102044	货运代理人佣金—预留	Forwarding Agents'Commission-Deferred		
102045	奖金	Performance bonus		
102046	未列明扣减	Unspecified reduction		
102047	体积扣减	Measurement reduction		
102049	托盘/货架扣减	Pallet/skid reduction		
102050	海运费扣减	Sea freight reduction		
102051	整箱货运费减免	FCL abatement		
102052	整箱货运费减免返还款项	FCL abatement repayment		
102070	回扣—立即支付	Rebate-immediate		

表 2（续）

代码	运费中文名称	运费英文名称	MI	DI
102071	特别回扣-立即支付	Rebate-special immediate		
102072	合同回扣	Rebate-contract		
102073	延期回扣	Rebate-deferred		
102074	特别回扣-预留	Rebate-special deferred		
102075	信用回扣	Rebate-loyalty		
102076	特殊商品回扣	Rebate-special commodity		
102077	续运毛织品回扣	Rebate-oncarriage wool		
102078	毛织品发货人回扣	Rebate-wool shippers		
102079	会议项目回扣	Rebate-conference project		
102080	特别回扣	Rebate-special		
102081	回扣-直接按续运运费	Rebate-direct on oncarrying freight		
102082	回扣-直接按海运费	Rebate-direct on seafreight		
102083	特别回扣-直接	Rebate-special direct		
102084	回扣-直接按到付海运费	Rebate-direct on collect seafreight		
102085	回扣-按装货费	Rebate-on loadingcosts		
102086	托盘/成组/货架的最小回扣	Rebate-minimum pallet/unit/skid		
102087	捐赠回扣	Rebate-charity		
102088	非正式折让	Unofficial allowance		
103000	运费调节费	**FREIGHT CHARGE ADJUSTMENT**		
103001	燃油调节费	BAF		
103002	前程运输燃料调节费	BAF pre-carriage		
103003	海运燃料调节费	BAF sea freight		
103004	续运燃料调节费	BAF on-carriage		
103005	燃油调整的回扣	Bunker adjustment rebate		
103006	货币调节费	CAF		
103007	货币调节费回扣	Currency adjustment rebate		
103008	燃料/燃油附加费	Bunker/fuel surcharge		
103009	附加费	Surcharge		
103010	基准价格附加费	Surcharge on basic price		
103011	基准价格扣减	Reduction on basic price		
103012	恶劣气候附加费	Bad weather surcharge		
103013	货币贬值附加费	Currency devaluation surcharge		

表 2（续）

代码	运费中文名称	运费英文名称	MI	DI
103015	货币调节费/燃油调节费	CAF/BAF		
103016	燃料附加费	Bunker surcharge		
103017	能源附加费	Energy surcharge		
103018	货运附加费(海运或内河)	Freight surcharge (sea or inland waterways)		
103019	额外运费	Freight surcharge		
104000	**运费附加费**	**FREIGHT CHARGES ADDITIONAL**		
104002	运送和人工费	Cartage and labour		
104003	非公会附加费	Non-conference surcharge		
104004	重吊附加费	Heavy lift additional		D1
104004	重吊费用	Heavy lift charges	(FF)	D2
104005	转船重吊货附加费	Transhipment heavy lift additional		
104006	超长附加费	Extra length additional		
104007	超高附加费	Over height additional		
104008	超宽附加费	Over width additional		
104009	超标附加费	Out of gauge additional		
104010	补偿内陆运费	Compensation inland freight		
104011	中转费用	Transhipment charges		
104012	目的港附加费	Destination port additional		
104013	启运港附加费	Origin port additional		
104014	港外附加费	Outport additional		
104015	直挂附加费	Direct call additional		
104016	转船或中转费	Transhipment or transfer (charge for)		
104024	集装箱使用费	Container usage charge	(DD)	D1
104024	集装箱使用费	Container utilization charge		D2
104024	集装箱使用费	Use of container (charge for)	(20)	D3
104025	集装箱服务费	Container Service Charge		
104027	启运地设备转运费	Equipment transfer charge origin		
104028	设备超期使用费	Equipment demurrage		
104029	目的地设备转运费	Equipment transfer charge destination		
104030	拼箱货附加费	LCL additional		
104031	拼箱货服务费	LCL service charge		
104032	衬垫附加费	Additional dunnaging charge		

表 2（续）

代码	运费中文名称	运费英文名称	MI	DI
104036	整箱货附加费	FCL additional		
104037	设备扣留费	Equipment detention charge		
104038	集装箱卸车费	Drop-off Charge		
104039	SQS 拆包费	SQS Unpacking		
104041	准战争状态作业附加费	Warlike operations additional		
104042	战争险附加费	War risk additional		
104043	战争附加费	War surcharge		
104044	紧急附加费	Emergency surcharge		
104045	地区附加费	Area additional		
104046	东地中海附加费	East Mediterranean surcharge		
104052	其他费用	Other charges	(FF)	D1
104052	其他未列明的追加费用	Other supplementary charges not specified		D2
104052	未列明附加费	Unspecified Additionals		D3
104052	未列明费用	Unspecified charges	(DD)	D4
104055	启运地拼箱货服务费	LCL service charge origin		
104056	直挂偏僻港附加费	Direct outport additional		
104059	外港拥挤附加费	Congestion surcharge		
104060	港口附加费	Port surcharge		
104063	港口费用	Port charges		
104064	运费补贴	Primage		
104068	目的地拼箱货服务费	LCL service charge destination		
104069	拼箱货港口服务费	LCL port service charge		
104070	整箱货港口服务费	FCL port service charge		
104071	计划外装卸地点附加费	Additional for extra loading/discharging sites		
104072	计划外航行/滞留附加费	Additional for extra sailing/detention cost		
104073	特殊地点装/卸附加费	Additional for loading/unloading at special places		
104074	浅吃水附加费	Additional for low water		
104075	吃水限制航道附加费	Additional for waterways with limited draught		
104076	按重量计算的特种货物附加费	Additional on weight for special goods		
104077	按运价本计算的特种货物附加费	Additional on tariff for special goods		
104078	按重量计算的大件货物附加费	Additional on weight for voluminous goods		

表 2（续）

代码	运费中文名称	运费英文名称	MI	DI
104079	危险货物每重量吨的额外工作附加费	Additional per WT for dangerous goods：extra work		
104080	虫害、异味、污物附加费	Additional for vermin，stench，dirt		
104081	因货物类型导致额外人工附加费	Additional for extra labour due to type of goods		
104082	计划航行超时补偿费	Compensation for willingness to sail in overtime		
104083	实际航行超时补偿费	Compensation for actual sailing in overtime		
104084	封冻水域风险处理费	Ice risk arrangment		
104085	航程附加费	Range additional		
104102	轮渡费	Ferry charges		D1
104102	内河或海运轮渡费	Ferry-boat crossing or maritime crossing (charge for)	(20)	D2
104104	度量费	Scale fees		
104106	专项费用/差额	Arbitrary charge/differential		
104107	澳大利亚海岸费用	Australian shore costs		
104108	基本服务费率差异	BSR differential		
104109	中断航程费	Break of journey (charge for)		
104110	CMR 货运单费	CMR letter of freight		
104111	停靠费	Call charges		
104112	加拿大码头服务费	Canadian terminal service charge		
104113	运河通行费用	Canal charges，tolls，etc.		
104114	货车运费	Cartage		
104115	交货状况变更费	Change of delivery status charge		
104116	收费手续费	Charges collect fee		
104118	智利商船税	Chilean mercantile marine tax		
104119	海运费收取手续费	Collection fee seafreight		
104120	商品服务费	Commodity service charge		
104121	集装箱租用费	Container rental		
104124	海关清关手续费	Customs clearance charges		
104125	滞期费	Demurrage		D1
104125	滞期费	Demurrage charges	(DD)	D2
104125	滞期费	Demurrage costs	(10)	D3
104125	货车(驻留或)滞期费	Stabling or Demurrage of Wagons (charge for)		D4

表 2（续）

代码	运费中文名称	运费英文名称	MI	DI
104127	车辆（卡车或铁路货车）或集装箱滞期和/或停留费	Demurrage and/or standage charges for vehicles (lorries or rail trucks) or containers		
104129	目的地堆场服务费	Destination depot service charge		
104130	目的地费用	Destination fees		
104131	目的港服务费	Destination port service charge		
104132	超期滞留费	Detention charges		
104134	设备附加费	Equipment additional		
104135	起重机费	Crane charge	(11)	D1
104135	设备费用	Equipment charge		D2
104135	特种设备费	Special equipment charge	(10)	D3
104135	装货吊具/起吊装置使用费	Use of loading tackle/lifting device (charge for)	(20)	D4
104136	支线船运输附加费	Feeder additional		
104137	接转费(从/到)	Forwarding (from/to)	(FF)	D1
104137	启运地或目的地接转费	Forwarding at origin or destination	(10)	D2
104137	接转运输费	Forwarding charges		D3
104138	交货到门费	Free house charges		D1
104138	目的地选择费	Optional destination fee	(10)	D2
104139	熏蒸费	Fumigation		D1
104139	熏蒸费	Fumigation	(FF)	D2
104139	熏蒸费(由于货物中有虫害)	Fumigation (due to vermin in cargo)	(80)	D3
104139	熏蒸费	Fumigation fee	(10)	D4
104140	共同海损(发货人的约定)	General Average (consignor's appointment)		
104141	热那亚港口运费率差	Genoa port differential		
104142	北美洲五大湖附加费	Great Lakes additional		
104144	托盘附加费	Pallet additional		D1
104144	托盘使用费	Use of pallets (charge for)	(20)	D2
104144	苫布使用费	Use of sheet (charge for)	(20)	D3
104145	入境费	In-bond charge		
104146	内陆搬运费	Inland drayage		
104148	换装费	Interchange fee		
104149	拼箱货和散件服务费	LCL and breakbulk service charge		
104150	卸货费	Landing charge		

表 2（续）

代码	运费中文名称	运费英文名称	MI	DI
104151	上下吊装费	Lift-On Lift-Off Charges		
104152	驳运费	Lighterage		
104153	本地搬运费	Local drayage		
104154	肉类转运贮存税	Meat transit storage levy		
104155	墨西哥税	Mexican taxes		
104156	蒙特利尔过闸费	Montreal tailgate charge		
104157	运费收取手续费	Freight collection fee		
104158	选港附加费	Optional port surcharge		
104159	未列明的其他费用	Other costs not specified	(20)	D1
104159	现金支付的费用	Out of pocket costs		D2
104160	预付款	Advance of funds		
104161	超时费	Overtime		
104162	港口费	Harbour dues		
104163	巴拿马运河附加费	Panama canal charges		
104164	通电费	Plugging-in Fee		
104165	港口附加费	Port additional		
104166	港口货物装卸费率	Port commodity tariff		
104167	港口班轮码头费	Port liner terminal charges		
104168	班轮条款港口费用	Port liner terms charge		
104169	港口服务费	Port service charge		
104170	葡萄牙税	Portuguese tax		
104172	发货人自有设备重新编号费	Renumeration for shippers′ owned equipment		
104173	码头/场站滚装作业费	Ro-Ro terminal handling charge		
104175	南美税	South-America tax		
104176	西班牙税	Spanish tax		
104177	特殊商品费	Specific commodity charge		
104178	特定港口/国家附加费	Specific port/country additional		
104179	圣劳伦斯航道费	St. Lawrence Seaway charges		
104180	法国分代理佣金	Subagent commission france		
104181	苏伊士运河附加费	Suez surcharge		
104182	瑞典灯塔费	Swedish light dues		
104183	罐/袋清理费	Tank/bag cleaning charge		

表 2（续）

代码	运费中文名称	运费英文名称	MI	DI
104185	重大件换车费	Transfercharge for heavy articles		
104186	转运附加费	Transhipment additionals		
104188	转运费	Transhipment costs		
104189	中转费	Transit		
104190	中转费用	Transit charges		
104191	到指定地点的运输费用已结清	Transportcharges free domicile cleared		
104192	到指定地点的运输费用未结清	Transportcharges free domicile uncleared		
104193	运至边界运输费用	Transportcharges to border		
104194	运至堆场运输费用	Transportcharges to depot		
104195	非箱货港口费	Uncontainerized port charge		
104196	使用折让	Utilization allowance		
104197	车辆搬运和倾卸费	Vanning and dumping charge		
104198	战争风险附加费	War risk surcharge		
104199	码头使用费	Wharfage		
104200	毛织品轻泡费	Wool overflow charge		
104201	(英吉利)海峡跨海隧道通行费	Costs for crossing the channel tunnel		
104202	码头/场站间运输费	Transport between terminals		
105000	**前程运输费用**	**PRE-CARRIAGE CHARGE**		
105001	前程运输转运费	Transhipment charge precarriage		
105002	前程运输的海运费	Pre-Carriage sea freight		
105003	未列明的前程海运运费附加费	Unspecified freight additional precarriage sea		
105004	前程运输拖运费	Pre-Carriage haulage charges		
105005	前程运输的铁路运费	Pre-Carriage rail		
105006	前程运输的公路运费	Pre-Carriage road		
105007	前程运输的航空运费	Pre-Carriage air		
105009	前程运输燃油附加费	Pre-Carriage fuel surcharge		
105010	前程运输港口费用	Pre-Carriage port costs		
105012	启运地堆场附加费	Origin depot additional		
105013	装运前费用	Pre-Shipment charge		
105014	装运前费用-羊毛	Pre-Shipment charge-wool		
105015	整箱货装箱费	FCL packing		
105016	拼箱货装箱费	LCL packing		

表 2（续）

代码	运费中文名称	运费英文名称	MI	DI
105017	启运地区段运输费用	Origin zone transport charge		
105018	前程运输交接费	Handover charge pre-carriage		
105020	前程运输运费	Precarrying freight		
106000	**续运运输费用**	**ON-CARRIAGE CHARGE**		
106001	续运转运费	Transhipment charge-oncarriage		
106002	续运运输的海运费	On-Carriage sea freight		
106003	未列明的海运运费附加费	Unspecified freight additional oncarriage sea		
106004	续运托运费	On-Carriage haulage charge		
106005	续运运输的铁路运费	On-Carriage rail		
106006	续运运输的公路运费	On-Carriage road		
106007	续运运输的航空运费	On-Carriage air		
106008	续运运输燃油附加费	On-Carriage fuel surcharge		
106009	续运运输港口费用	On-Carriage port costs		
106010	装运后的费用	Post shipment charge		
106011	拼箱货集装箱拆箱费	LCL unpacking		
106012	整箱货集装箱拆箱费	FCL unpacking		
106013	毛织品拼箱货集装箱拆箱费	LCL wool unpacking charge		
106014	目的地区段运输费用	Destination zone transport charge		
106015	毛织品交货和地区费用	Delivery and zone charge wool		
106016	续运运输交付费	Handover charge on-carriage		
106018	续运运输运费	Oncarrying freight		
107000	**危险品附加费用**	**DANGEROUS GOODS ADDITIONAL CHARGES**		
107001	危险品附加费	Dangerous goods additional		D1
107001	危险品费	Dangerous goods fee	(FF)	D2
107002	危险品安保人员费	Safety person (dangerous goods)		
108000	**特种运输附加费**	**SPECIAL TRANSPORT ADDITIONAL CHARGES**		
108001	服装挂架费	Hanging garment rack fee		
108002	特种集装箱附加费	Special container additional		
108003	特种货车(例如井状台车/凹底平车)使用费	Charge for use of special wagon, for example well-wagon		
108004	专列火车运输费	Cost of carriage by special train		
108005	转向架/台车使用费	Charge for use of trucks/carrying bogies		

表 2（续）

代码	运费中文名称	运费英文名称	MI	DI
108006	托运货物超规格费	Charge for out of-gauge consignments		
109000	**保温附加费**	**HEATING ADDITIONAL CHARGES**		
109001	集装箱保温附加费	Container heating additional		
110000	**冷藏附加费**	**COOLING ADDITIONAL CHARGES**		
110001	按天计收的出口冷藏箱电费	Reeferconnection electric-cont/days export		
110002	按天计收的进口冷藏箱电费	Reeferconnection electric-cont/days import		
110003	出口保温集装箱第一天至最后一天的费用	Insulated container days between first/last day export		
110004	进口保温集装箱第一天至最后一天的费用	Insulated container days between first/last day import		
110005	出口保温集装箱第一天/最后一天费用	Insulated container first/last day export		
110006	进口保温集装箱第一天/最后一天费用	Insulated container first/last day import		
110007	机械制冷货车费，国际铁路冷藏运输协会(Interfrigo)除外	Mechanically refrigerated wagon charge, other than Interfrigo		
110008	国际铁路冷藏运输协会(Interfrigo)机械制冷货车费	Interfrigo mechanically-refrigerated wagon charge		
110009	出口冷藏箱第一天或最后一天的电费	Reeferconnection electric-first or last day export		
110010	进口冷藏箱第一天或最后一天的电费	Reeferconnection electric-first or last day import		
110011	移位冷藏箱电费	Reeferconnection electric for shifted containers		
200000	**货物装卸费**	**GOODS HANDLING CHARGES**		
200999	货物装卸总费用	All goods handling charges		
202000	**装卸设备租用费**	**HANDLING EQUIPMENT HIRE CHARGES**		
202001	集装箱吊车使用费	Use of containercrane		
202002	车辆运输车使用费	Use of vancarriers		
202003	拖轮使用费	Use of tugmasters		
202004	1 吨叉车使用费	Use of 01-ton forktruck		
202005	2.5 吨叉车使用费	Use of 02.5 ton forktruck		
202006	5 吨叉车使用费	Use of 05-ton forktruck		
202007	10 吨叉车使用费	Use of 10-ton forktruck		
202008	铁路龙门吊使用费	Use of railway gantry		
202009	20 英尺码头/场站底盘车使用费	Use of 20 feet terminal chassis		

表 2（续）

代码	运费中文名称	运费英文名称	MI	DI
202010	40 英尺码头/场站底盘车使用费	Use of 40 feet terminal chassis		
202011	重型拖轮使用费	Use of heavy tugmaster		
202012	航空集装箱租用费	Unit load device	(FF)	
202013	45 英尺码头/场站底盘车使用费	Use of 45 feet terminal chassis		
203000	**装货费**	**LOADING CHARGES**		
203001	远洋/近海 20 英尺重箱装货费	Loading 20 feet containers full DS/SS		
203002	远洋/近海 30 英尺重箱装货费	Loading 30 feet containers full DS/SS		
203003	远洋/近海 35 英尺重箱装货费	Loading 35 feet containers full DS/SS		
203004	远洋/近海 40 英尺重箱装货费	Loading 40 feet containers full DS/SS		
203005	远洋/近海 20 英尺空箱装货费	Loading 20 feet container empty DS/SS		
203006	远洋/近海 30 英尺空箱装货费	Loading 30 feet container empty DS/SS		
203007	远洋/近海 35 英尺空箱装货费	Loading 35 feet container empty DS/SS		
203008	远洋/近海 40 英尺空箱装货费	Loading 40 feet container empty DS/SS		
203009	远洋/近海可折叠箱装箱费	Loading bundles containers DS/SS		
203010	远洋/近海以链式固定的集装箱装箱费	Loading containers with chains DS/SS		
203011	按时间计收远洋/近海装箱费	Loading containers on time-basis DS/SS		
203012	20 英尺重箱的支线船装货费	Loading 20 feet container full on feeders		
203013	30 英尺重箱的支线船装货费	Loading 30 feet container full on feeders		
203014	35 英尺重箱的支线船装货费	Loading 35 feet container full on feeders		
203015	40 英尺重箱的支线船装货费	Loading 40 feet container full on feeders		
203016	20 英尺空箱的支线船装货费	Loading 20 feet container empty on feeders		
203017	30 英尺空箱的支线船装货费	Loading 30 feet container empty on feeders		
203018	35 英尺空箱的支线船装货费	Loading 35 feet container empty on feeders		
203019	40 英尺空箱的支线船装货费	Loading 40 feet container empty on feeders		
203020	可折叠箱的支线船装箱费	Loading bundles containers on feeders		
203021	以链式固定的集装箱的支线船装箱费	Loading containers with chains on feeders		
203022	按时间计收的支线船装箱费	Loading containers on time-basis on feeders		
203023	20 英尺重箱的驳船装货费	Loading 20 feet container into barge full		
203024	30 英尺重箱的驳船装货费	Loading 30 feet container into barge full		
203025	35 英尺重箱的驳船装货费	Loading 35 feet container into barge full		
203026	40 英尺重箱的驳船装货费	Loading 40 feet container into barge full		

表 2（续）

代码	运费中文名称	运费英文名称	MI	DI
203027	20 英尺空箱的驳船装货费	Loading 20 feet container into barge empty		
203028	30 英尺空箱的驳船装货费	Loading 30 feet container into barge empty		
203029	35 英尺空箱的驳船装货费	Loading 35 feet container into barge empty		
203030	40 英尺空箱的驳船装货费	Loading 40 feet container into barge empty		
203031	以链式固定的集装箱的驳船装箱费	Loading container with chains into barge		
203032	每 1 000 kg 3 cbm 以下(包括 3 cbm)托盘货物装货费	Loading palletized cargo up to and including 3 cbm per 1 000 kg		
203033	每 1 000 kg 3 cbm 以上托盘货物装货费	Loading palletized cargo-increase for exceeding 3 cbm per 1 000 kg		
203034	设有起重环的 1 000 kg 以上大包的装货费	Loading big bags of at least 1 000 kg, provided with hoisting loops		
203035	每卷 1 500 kg 以上卷装板装货费	Loading linerboard on reels of min. 1 500 kg per reel		
203036	每件/捆 5 000 kg 以下(包括 5 000 kg)钢锭装货费	Loading blooms up to/incl. 5 000 kg per piece/bundle		
203037	每件/捆 5 000 kg 以下(包括 5 000 kg)钢板装货费	Loading slabs up to/incl. 5 000 kg per piece/bundle		
203038	每件/捆 5 000 kg 以下(包括 5 000 kg)钢坯装货费	Loading billets up to/incl. 5 000 kg per piece/bundle		
203039	每件/捆 5 000 kg 以下(包括 5 000 kg)钢卷装货费	Loading coils up to/incl. 5 000 kg per piece/bundle		
203040	每件/捆 5 000 kg 以下(包括 5 000 kg)带钢装货费	Loading strips and hoops up to/incl. 5 000 kg per piece/bundle		
203041	每件/捆 5 000 kg 以下(包括 5 000 kg)钢板(包括钢筋)装货费	Loading plates (also corrugated) up to/incl. 5 000 kg per piece/bundle		
203042	每件/捆 5 000 kg 以下(包括 5 000 kg)马口铁/金属板装货费	Loading tinplates and sheets up to/incl. 5 000 kg per piece/bundle		
203043	每件/捆 500 kg～3 000 kg(包括 3 000 kg)管材装货费	Loading tubes, pipes of min. 500 kg, up to/incl. 3 000 kg per piece/bundle		
203044	每件/捆 500 kg 以下或 3 000 kg 以上管材装货费	Loading tubes, pipes of min. 500 kg, and over 3 000 kg per piece/bundle		
203045	长度 12 米以下(包括 12 米)的普通和商品钢装货费	Loading normal structural-and merchant steel up to/incl. 12 metres length		
203046	每件/捆 500 kg 以上其他钢铁装货费	Loading other iron and steel of min. 500 kg per piece/bundle		
203047	计划货物装货费	Loading project cargo		
203048	长度 12 米以上的普通和商品钢装货费	Loading normal structural-and merchant steel over 12 metres length		

表 2（续）

代码	运费中文名称	运费英文名称	MI	DI
203049	每件/捆 5 000 kg 以上钢锭装货费	Loading blooms over 5 000 kg per piece/bundle		
203050	每件/捆 5 000 kg 以上钢板装货费	Loading slabs over 5 000 kg per piece/bundle		
203051	每件/捆 5 000 kg 以上钢坯装货费	Loading billets over 5 000 kg per piece/bundle		
203052	每件/捆 5 000 kg 以上钢卷装货费	Loading coils over 5 000 kg per piece/bundle		
203053	每件/捆 5 000 kg 以上带钢装货费	Loading strips and hoops over 5 000 kg per piece/bundle		
203054	每件/捆 5 000 kg 以上钢板(包括钢筋)装货费	Loading plates （also corrugated） over 5 000 kg per piece/bundle		
203055	每件/捆 5 000 kg 以上马口铁/金属板装货费	Loading tinplates and sheets over 5 000 kg per piece/bundle		
203056	散装/成组/捆有色金属装货费	Loading non ferrous metals loose or in bundles or in units		
203057	每块 25 kg 以上铸锭装货费	Loading ingots of min. 25 kg each		
203058	每块 25 kg 以上块材装货费	Loading blocks of min. 25 kg each		
203059	每块 25 kg 以上板材装货费	Loading plates of min. 25 kg each		
203060	每根 25 kg 以上棒材装货费	Loading bars of min. 25 kg each		
203061	每块 25 kg 以上钢板装货费	Loading slabs of min. 25 kg each		
203062	每组 950 kg 以上的装货费	Loading units of min. 950 kg		
203063	每捆 950 kg 以上的装货费	Loading bundles of min. 950 kg		
203064	每块 950 kg 以上的装货费	Loading blocks of min. 950 kg		
203065	每盘 750 kg 以下(包括 750 kg)或 400 kg 以上托盘装载洋葱装货费	Loading onions palletized，up to/incl. 750 kg per pallet or in bins of min. 400 kg		
203066	每盘 750 kg 以上托盘装载洋葱装货费	Loading onions palletized，over 750 kg per pallet		
203067	每盘 750 kg 以下(包括 750 kg)或 400 kg 以上托盘装载蒜装货费	Loading garlic palletized，up to/incl. 750 kg per pallet or in bins of min. 400 kg		
203068	每盘 750 kg 以上托盘装载蒜装货费	Loading garlic palletized，over 750 kg per pallet		
203069	每盘 750 kg 以下(包括 750 kg)或 400 kg 以上托盘装载土豆装货费	Loading potatoes palletized，up to/incl. 750 kg per pallet or in bins of min. 400 kg		
203070	每盘 750 kg 以上托盘装载土豆装货费	Loading potatoes palletized，over 750 kg per pallet		
203071	每包装 15 kg～45 kg(包括 45 kg)鲜水果装货费	Loading fresh fruits in crates，bags over 15 kg up to/incl. 45 kg per package		

表 2（续）

代码	运费中文名称	运费英文名称	MI	DI
203072	每包装 45 kg 以上其他农产品装货费	Loading other agricultural products in crates, bags, etc. over 45 kg per package		
203073	每包装 20 kg 以下(包括 20 kg)冷藏/冷冻货物装货费	Loading cooled and refrig. cargo up to/incl. 20 kg per package		
203074	每包装 20 kg 以上冷藏/冷冻货物装货费	Loading cooled and refrig. cargo over 20 kg per package		
203075	托盘装载冷藏/冷冻货物装货费	Loading cooled and refrig. cargo, palletized		
203076	批量在 250 吨以下(包括 250 吨)每袋 40 kg 以上袋装货物装货费	Loading bagged cargo in bags of min. 40 kg-parcels up to/incl 250 tons		
203077	批量超过 250 吨每袋 40 kg 以上袋装货物装货费	Loading bagged cargo in bags of min. 40 kg-parcels over 250 tons or paying for 250 tons		
203078	每桶 160 kg 以上的桶上有吊边的大桶的装货费	Loading drums and barrels of min. 160 kg to be handled with chimbhooks		
203079	每桶 160 kg 以上的桶上没有吊边的或 IMCO 分类中限制起吊尺寸的大桶的装货费	Loading drums and barrels of min. 160 kg, to be handled without chimbhooks or limited hoist size due to IMCO class		
203080	每 1 000 kg 3 cbm 以下(包括 3 cbm)杂货装货费	Loading general cargo measuring up to/incl. 3 cbm per 1 000 kg		
203081	每 1 000 kg 3 cbm 以下(包括 3 cbm)杂货装货费，装货或将货物交付商店过程中不使用发货人托盘	Loading general cargo measuring up to/incl. 3 cbm per 1 000 kg, delivered on shipper's pallets to be broken down during loading and to be redelivered to shore		
203082	每 1 000 kg 3 cbm 以上杂货专用装货费	Loading general cargo-extra for measuring over 3 cbm per 1 000 kg		
203083	杂货装货费，装货或到岸卸货过程中，发货人托盘将被破坏	Loading general cargo, delivered on shipper's pallets to be broken down during loading and to be broken down during loading and to be redelivered to shore		
203084	每辆 5 吨以下(包括 5 吨)机动车或滚动车辆装货费	Loading motorcars or other rolling stock unpacked with tyres or tracks, up to/incl. 5 tons per piece		
203085	每辆 5 吨～17.5 吨(包括 17.5 吨)机动车或滚动车辆装货费	Loading motorcars or other rolling stock unpacked with tyres or tracks, over 5 tons but up to/incl. 17.5 tons per piece		
203086	每辆 17.5 吨以上机动车或滚动车辆装货费	Loading motorcars or other rolling stock unpacked with tyres or tracks, over 17.5 tons per piece		
203087	每次停靠装 50 个以下(包括 50 个)的集装箱/货盘装货费	Loading containers/flats up to/incl. 50 pieces per call		
203088	每次停靠装 50 个以上的集装箱/货盘装货费	Loading containers/flats over 50 pieces per call		
203089	远洋/近海集装箱超时装箱费	Loading containers DeepSea/ShortSea in overtime		

表 2（续）

代码	运费中文名称	运费英文名称	MI	DI
203090	远洋/近海以链式固定的集装箱超时装箱费	Loading containers with chains DeepSea/ShortSea in overtime		
203091	使用联接器超时装货费	Loading adaptors in overtime		
203092	托盘货物超时装货费	Loading palletized cargo in overtime		
203093	无包装吊装货物超时装货费	Loading unpacked lifts in overtime		
203094	非集装箱货物超时装货费	Loading uncontainerized cargo in overtime		
203095	集装箱的支线船超时装箱费	Loading containers feeders in overtime		
203096	以链式固定的集装箱的支线船超时装箱费	Loading containers with chains feeders in overtime		
203097	使用底盘车超时装货费	Loading chassis in overtime		
203098	1 吨～7 吨杂货滚装超时装货费	Loading breakbulk (1 ton to 7 ton) ro-ro in overtime		
203099	1 吨以下杂货滚装超时装货费	Loading breakbulk (<1 ton) ro-ro in overtime		
203100	轿车(非自行驱动)滚装装货费	Loading cars (not selfdriven) ro-ro		
203102	轿车(非自行驱动)滚装超时装货费	Loading cars (not selfdriven) ro-ro in overtime		
203104	轿车(自行驱动)滚装装货费	Loading cars (selfdriven) ro-ro		
203105	轿车(自行驱动)滚装超时装货费	Loading cars (selfdriven) ro-ro in overtime		
203106	车载集装箱滚装装货费	Loading containers on wheels ro-ro		
203107	拖板上的集装箱滚装超时装货费	Loading containers on wheels ro-ro in overtime		
203108	1 吨～7 吨杂货滚装装货费	Loading general cargo (1 ton to 7 tons) ro-ro		
203109	1 吨以下杂货滚装装货费	Loading general cargo (<1 ton) ro-ro		
203110	原木(捆)滚装装货费	Loading logs (bundled) ro-ro		
203111	原木(捆)滚装超时装货费	Loading logs (bundled) ro-ro in overtime		
203112	原木(散)滚装装货费	Loading logs (loose) ro-ro		
203113	原木(散)滚装超时装货费	Loading logs (loose) ro-ro in overtime		
203114	特殊设备滚装装货费	Loading special units ro-ro		
203115	特殊设备滚装超时装货费	Loading special units ro-ro in overtime		
203116	拖拉机(非自行驱动)滚装装货费	Loading tractors (not selfdriven) ro-ro		
203117	拖拉机(非自行驱动)滚装超时装货费	Loading tractors (not selfdriven) ro-ro in overtime		
203118	拖拉机(自行驱动)滚装装货费	Loading tractors (selfdriven) ro-ro		

表 2（续）

代码	运费中文名称	运费英文名称	MI	DI
203119	拖拉机(自行驱动)滚装超时装货费	Loading tractors (selfdriven) ro-ro in overtime		
203120	拖车滚装装货费	Loading trailers ro-ro		
203121	拖车滚装超时装货费	Loading trailers ro-ro in overtime		
203122	卡车(非自行驱动)滚装装货费	Loading trucks (not selfdriven) ro-ro		
203123	卡车(非自行驱动)滚装超时装货费	Loading trucks (not selfdriven) ro-ro in overtime		
203124	卡车(自行驱动)滚装装货费	Loading trucks (selfdriven) ro-ro		
203125	卡车(自行驱动)滚装超时装货费	Loading trucks (selfdriven) ro-ro in overtime		
203126	拖板上的设备(自行驱动)滚装装货费	Loading units on wheels (selfdriven) ro-ro		
203127	拖板上的设备(自行驱动)滚装超时装货费	Loading units on wheels (selfdriven) ro-ro in overtime		
203130	装货费	Loading charges		D1
203130	集装箱装货费	Loading into containers	(FF)	D2
203131	装载集装箱费	Loading containers		
203133	拖车/货车装货费	Loading on trailer/wagon		
203134	装、卸或货载调整费	Loading, unloading or adjustment of load (charge for)	(20)	D1
203134	装/卸/去掉苫布/拆/填费	Loading/Offloading/Unsheeting/Stripping/Stuffing	(FF)	D2
203134	装卸费	Loading/Unloading charges		D3
203135	20英尺重箱的支线船装货费，内装超高超宽货物	Loading 20 feet container full with overheight/overwide on feeders		
203136	20英尺危险品重箱的支线船装货费	Loading 20 feet container full dangerous goods on feeders		
203137	40英尺重箱的支线船装货费，内装超高超宽货物	Loading 40 feet container full with overheight/overwide on feeders		
203138	40英尺危险品重箱的支线船装货费	Loading 40 feet container full dangerous goods on feeders		
203139	20英尺重箱的驳船装货费，内装超高超宽货物	Loading 20 feet container full with overheight/overwide into barge		
203140	20英尺重箱的驳船装货附加费	Loading 20 feet container into barge full-additional charges		
203141	40英尺重箱的驳船装货费，内装超高超宽货物	Loading 40 feet container full with overheight/overwide into barge		
203142	40英尺重箱的驳船装货附加费	Loading 40 feet container into barge full-additional charges		

表 2（续）

代码	运费中文名称	运费英文名称	MI	DI
203143	20 英尺空箱的驳船装货附加费	Loading 20 feet container empty into barge -additional charges		
203144	40 英尺空箱的驳船装货附加费	Loading 40 feet container empty into barge -additional charges		
203145	超过规定次数货物计量的装卸费	Loading/Unloading charges of over X times cargo measurement		
203146	海运中转装卸费	Loading/Unloading dues-sea transit		
203147	远洋/近海 20 英尺危险品重箱装货费	Loading 20 feet containers full DS/SS with dangerous goods		
203148	远洋/近海 20 英尺重箱装货费，内装超高超宽货物	Loading 20 feet containers full DS/SS with overheight/overwide		
203149	远洋/近海 20 英尺板架/平台式集装箱重箱装货费	Loading 20 feet containers full DS/SS with flats/platform		
203150	远洋/近海干线船到干线船的 20 英尺集装箱重箱装货费	Loading 20 feet containers full DS/SS main vessel to main vessel		
203151	远洋/近海 40 英尺危险品重箱装货费	Loading 40 feet containers full DS/SS with dangerous goods		
203152	远洋/近海 40 英尺重箱装货费，内装超高超宽货物	Loading 40 feet containers full DS/SS with overheight/overwide		
203153	远洋/近海 40 英尺板架/平台式集装箱重箱装货费	Loading 40 feet containers full DS/SS with flats/platform		
203154	远洋/近海干线船到干线船的 40 英尺集装箱重箱装货费	Loading 40 feet containers full DS/SS main vessel to main vessel		
203155	远洋/近海 45 英尺集装箱重箱装货费	Loading 45 feet containers full DS/SS		
203156	远洋/近海 45 英尺集装箱空箱装货费	Loading 45 feet container empty DS/SS		
203157	45 英尺集装箱重箱的支线船装货费	Loading 45 feet container full on feeders		
203158	45 英尺集装箱空箱的支线船装货费	Loading 45 feet container empty on feeders		
203159	45 英尺重箱驳船装货费	Loading 45 feet container into barge full		
203160	45 英尺空箱驳船装货费	Loading 45 feet container into barge empty		
203161	45 英尺重箱的支线船装货费，内装超高超宽货物	Loading 45 feet container full with overheight/overwide on feeders		
203162	45 英尺危险品重箱的支线船装货费	Loading 45 feet container full dangerous goods on feeders		
203163	45 英尺重箱的驳船装货费，内装超高超宽货物	Loading 45 feet container full with overheight/overwide into barge		

表 2（续）

代码	运费中文名称	运费英文名称	MI	DI
203164	45 英尺重箱驳船装货附加费	Loading 45 feet container into barge full-additional charges		
203165	45 英尺空箱驳船装货附加费	Loading 45 feet container empty into barge -additional charges		
203166	远洋/近海 45 英尺危险品重箱装货费	Loading 45 feet containers full DS/SS with dangerous goods		
203167	远洋/近海 45 英尺重箱装货费，内装超高超宽货物	Loading 45 feet containers full DS/SS with overheight/overwide		
203168	远洋/近海 45 英尺板架/平台式集装箱重箱装货费	Loading 45 feet containers full DS/SS with flats/platform		
203169	远洋/近海干线船到干线船的 45 英尺集装箱重箱装货费	Loading 45 feet containers full DS/SS main vessel to main vessel		
203170	非集装箱货物装货费	Loading uncontainerized cargo		
203171	非集装箱货物超时装货费	Loading uncontainerized cargo in overtime		
203172	20 英尺重箱支线船到干线船装货费	Loading 20 feet containers full feeder vessel to main vessel		
203173	40 英尺重箱支线船到干线船装货费	Loading 40 feet containers full feeder vessel to main vessel		
203174	45 英尺重箱支线船到干线船装货费	Loading 45 feet containers full feeder vessel to main vessel		
203175	远洋/近海 20 英尺空箱干线船到干线船装货费	Loading 20 feet containers empty DS/SS main vessel to main vessel		
203176	远洋/近海 40 英尺空箱干线船到干线船装货费	Loading 40 feet containers empty DS/SS main vessel to main vessel		
203177	远洋/近海 45 英尺空箱干线船到干线船装货费	Loading 45 feet containers empty DS/SS main vessel to main vessel		
203178	20 英尺空箱支线船到干线船装货费	Loading 20 feet containers empty feeder vessel to main vessel		
203179	40 英尺空箱支线船到干线船装货费	Loading 40 feet containers empty feeder vessel to main vessel		
203180	45 英尺空箱支线船到干线船装货费	Loading 45 feet containers empty feeder vessel to main vessel		
203181	远洋/近海 20 英尺重箱干线船到干线船超时装货费	Loading 20 feet containers full DS/SS main vessel to main vessel in overtime		
203182	远洋/近海 40 英尺重箱干线船到干线船超时装货费	Loading 40 feet containers full DS/SS main vessel to main vessel in overtime		
203183	远洋/近海 45 英尺重箱干线船到干线船超时装货费	Loading 45 feet containers full DS/SS main vessel to main vessel in overtime		

表 2（续）

代码	运费中文名称	运费英文名称	MI	DI
203184	20 英尺重箱支线船到干线船超时装货费	Loading 20 feet containers full feeder vessel to main vessel in overtime		
203185	40 英尺重箱支线船到干线船超时装货费	Loading 40 feet containers full feeder vessel to main vessel in overtime		
203186	45 英尺重箱支线船到干线船超时装货费	Loading 45 feet containers full feeder vessel to main vessel in overtime		
203187	远洋/近海 20 英尺空箱干线船到干线船超时装货费	Loading 20 feet containers empty DS/SS main vessel to main vessel in overtime		
203188	远洋/近海 40 英尺空箱干线船到干线船超时装货费	Loading 40 feet containers empty DS/SS main vessel to main vessel in overtime		
203189	远洋/近海 45 英尺空箱干线船到干线船超时装货费	Loading 45 feet containers empty DS/SS main vessel to main vessel in overtime		
203190	20 英尺空箱支线船到干线船超时装货费	Loading 20 feet containers empty feeder vessel to main vessel in overtime		
203191	40 英尺空箱支线船到干线船超时装货费	Loading 40 feet containers empty feeder vessel to main vessel in overtime		
203192	45 英尺空箱支线船到干线船超时装货费	Loading 45 feet containers empty feeder vessel to main vessel in overtime		
203193	危险品集装箱干线船到干线船装货费	Loading containers main vessel to main vessel with dangerous goods		
203194	超高或超宽箱干线船到干线船装货费	Loading containers main vessel to main vessel with overheight/overwidth		
203195	危险品集装箱干线船到干线船超时装货费	Loading containers main vessel to main vessel with dangerous goods in overtime		
203196	超高或超宽箱干线船到干线船超时装货费	Loading containers main vessel to main vessel with overheight/overwidth in overtime		
204000	**卸货费**	**DISCHARGING CHARGE**		
204001	远洋/近海 20 英尺重箱卸货费	Discharging 20 feet container full DS/SS		
204002	远洋/近海 30 英尺重箱卸货费	Discharging 30 feet container full DS/SS		
204003	远洋/近海 35 英尺重箱卸货费	Discharging 35 feet container full DS/SS		
204004	远洋/近海 40 英尺重箱卸货费	Discharging 40 feet container full DS/SS		
204005	远洋/近海 20 英尺空箱卸货费	Discharging 20 feet container empty DS/SS		
204006	远洋/近海 30 英尺空箱卸货费	Discharging 30 feet container empty DS/SS		
204007	远洋/近海 35 英尺空箱卸货费	Discharging 35 feet container empty DS/SS		
204008	远洋/近海 40 英尺空箱卸货费	Discharging 40 feet container empty DS/SS		
204009	远洋/近海可折叠箱卸箱费	Discharging bundles containers DS/SS		

表 2（续）

代码	运费中文名称	运费英文名称	MI	DI
204010	远洋/近海以链式固定的集装卸箱费	Discharging containers with chains DS/SS		
204011	按时间计收远洋/近海卸箱费	Discharging containers on time-basis DS/SS		
204012	20 英尺重箱的支线船卸货费	Discharging 20 feet containers full ex feeders		
204013	30 英尺重箱的支线船卸货费	Discharging 30 feet containers full ex feeders		
204014	35 英尺重箱的支线船卸货费	Discharging 35 feet containers full ex feeders		
204015	40 英尺重箱的支线船卸货费	Discharging 40 feet containers full ex feeders		
204016	20 英尺空箱的支线船卸货费	Discharging 20 feet container empty ex feeders		
204017	30 英尺空箱的支线船卸货费	Discharging 30 feet container empty ex feeders		
204018	35 英尺空箱的支线船卸货费	Discharging 35 feet container empty ex feeders		
204019	40 英尺空箱的支线船卸货费	Discharging 40 feet container empty ex feeders		
204020	可折叠箱的支线船卸箱费	Discharging bundles containers ex feeders		
204021	以链式固定集装箱的支线船卸箱费	Discharging containers with chains ex feeders		
204022	按时间计收支线船卸箱费	Discharging containers on time-bases ex feeders		
204023	20 英尺重箱的驳船卸货费	Discharging 20 feet container ex barge full		
204024	30 英尺重箱的驳船卸货费	Discharging 30 feet container ex barge full		
204025	35 英尺重箱的驳船卸货费	Discharging 35 feet container ex barge full		
204026	40 英尺重箱的驳船卸货费	Discharging 40 feet container ex barge full		
204027	20 英尺空箱的驳船卸货费	Discharging 20 feet container ex barge empty		
204028	30 英尺空箱的驳船卸货费	Discharging 30 feet container ex barge empty		
204029	35 英尺空箱的驳船卸货费	Discharging 35 feet container ex barge empty		
204030	40 英尺空箱的驳船卸货费	Discharging 40 feet container ex barge empty		
204031	以链式固定的集装箱的驳船卸箱费	Discharging containers with chains ex barge		
204032	每 1 000 kg 3 cbm 以下（包括 3 cbm）托盘货物卸货费	Discharging palletized cargo up to and including 3 cbm per 1 000 kg		
204033	每 1 000 kg 3 cbm 以上托盘货物卸货费	Discharging palletized cargo-increase for exceeding 3 cbm per 1 000 kg		
204034	设有起重环的 1 000 kg 以上的大包的卸货费	Discharging big bags of at least 1 000 kg, provided with hoisting loops		
204035	北美每包装 300 kg 以上捆装/绑扎/箱装胶合板卸货费	Discharging plywood/veneer bundled/on skids/crated, min. 300 kg per package-from North America		
204036	原木特殊卸货费	Discharging logs-receipt by arrangement		

表 2（续）

代码	运费中文名称	运费英文名称	MI	DI
204037	由钢带起吊的 4 捆为一包装的纤维/木(纸)浆卸货费	Discharging cellulose/woodpulp in units of min. 4 bales to be lifted on steelstrips		
204038	每卷 1 000 kg 以上新闻纸卷或其他纸卷卸货费	Discharging newsprint and other paper on reels of min. 1 000 kg per reel		
204039	每卷 1 500 kg 以上卷装板卸货费	Discharging linerboard on reels of min. 1 500 kg per reel		
204040	每包装 300 kg 以上捆装/绑扎/箱装胶合板卸货费	Discharging plywood/veneer in bundles/on skids/in crates of min. 300 kg per package		
204041	北美每包装 300 kg 以上捆装/绑扎/箱装胶合板卸货费	Discharging plywood/veneer in bundles/on skids/in crates of min. 300 kg per package-from North America		
204042	原木卸货费	Discharging logs		
204043	北美原木卸货费	Discharging logs-from North America		
204044	原木卸货费，包括卸货中测量的延期和人工费用	Discharging logs incl. delay & labour for measuring during discharge		
204045	每捆 0.5 cbm 以上的木材卸货费	Discharging timber/lumber in bundles of min. 0.5 cbm		
204046	每捆 0.5 cbm 以上的木材特殊卸货费	Discharging timber/lumber in bundles of min. 0.5 cbm-receipt by arrangement		
204047	每捆 0.5 cbm 以上的木材卸货费，包括堆存费	Discharging timber/lumber in bundles of min. 0.5 cbm incl. storage		
204048	北美每捆 0.5 cbm 以上的木材卸货费	Discharging timber/lumber in bundles of min. 0.5 cbm-from North-America		
204049	北美每捆 0.5 cbm 以上的木材特殊卸货费	Discharging timber/lumber in bundles of min. 0.5 cbm from North-America-receipt by arrangement		
204050	北美每捆 0.5 cbm 以上的木材卸货费，包括堆存费	Discharging timber/lumber in bundles of min. 0.5 cbm from North-America incl. storage		
204051	托盘/货架上捆装的硬板卸货费	Discharging wallboards (like hardboard) on pallets/skids in bundles		
204052	每件/捆 5 000 kg 以下(包括 5 000 kg)钢锭卸货费	Discharging blooms up to/incl 5 000 kg per piece/bundle		
204053	每件/捆 5 000 kg 以上钢锭卸货费	Discharging blooms over 5 000 kg per piece/bundle		
204054	每件/捆 5 000 kg 以下(包括 5 000 kg)钢板卸货费	Discharging slabs up to/incl. 5 000 kg per piece/bundle		
204055	每件/捆 5 000 kg 以上钢板卸货费	Discharging slabs over 5 000 kg per piece/bundle		
204056	每件/捆 5 000 kg 以下(包括 5 000 kg)钢坯卸货费	Discharging billets up to/incl. 5 000 kg per piece/bundle		
204057	每件/捆 5 000 kg 以上钢坯卸货费	Discharging billets over 5 000 kg per piece/bundle		

表 2（续）

代码	运费中文名称	运费英文名称	MI	DI
204058	每件/捆 5 000 kg 以下(包括 5 000 kg)钢卷卸货费	Discharging coils up to/incl. 5 000 kg per piece/bundle		
204059	每件/捆 5 000 kg 以上钢卷卸货费	Discharging coils over 5 000 kg per piece/bundle		
204060	每件/捆 5 000 kg 以下(包括 5 000 kg)带钢卸货费	Discharging strips and hoops up to/incl. 5 000 kg per piece/bundle		
204061	每件/捆 5 000 kg 以上带钢卸货费	Discharging strips and hoops over 5 000 kg per piece/bundle		
204062	每件/捆 5 000 kg 以下(包括 5 000 kg)钢板(包括钢筋)卸货费	Discharging plates (also corrugated), up to/incl. 5 000 kg per piece/bundle		
204063	每件/捆 5 000 kg 以上钢板(包括钢筋)卸货费	Discharging plates (also corrugated), over 5 000 kg per piece/bundle		
204064	每件/捆 5 000 kg 以下(包括 5 000 kg)马口铁/金属板卸货费	Discharging tinplates and sheets up to/incl. 5 000 kg per piece/bundle		
204065	每件/捆 5 000 kg 以上马口铁/金属板卸货费	Discharging tinplates and sheets over 5 000 kg per piece/bundle		
204066	管材卸货费	Discharging tubes		
204067	散装或捆装每件 3 000 kg 以上管材卸货费	Discharging pipes, loose or in bundles, over 3 000 kg		
204068	每卷 1 200 kg 以上成组金属线材卸货费	Discharging wire coils, unitized, over 1 200 kg		
204069	长度 12 米以下(包括 12 米)的普通和商品钢卸货费	Discharging normal structural- and merchant steel up to/incl 12 metres in length		
204070	长度 12 米以上的普通和商品钢卸货费	Discharging normal structural- and merchant steel longer than 12 metres		
204071	每件/捆 500 kg 以上其他钢铁卸货费	Discharging other iron and steel of min. 500 kg per piece/bundle		
204072	每块 25 kg 以上铸锭卸货费	Discharging ingots of min. 25 kg each		
204073	每块 25 kg 以上块材卸货费	Discharging blocks of min. 25 kg each		
204074	每块 25 kg 以上板材卸货费	Discharging plates of min. 25 kg each		
204075	每根 25 kg 以上棒材卸货费	Discharging bars of min. 25 kg each		
204076	每块 25 kg 以上钢板卸货费	Discharging slabs of min. 25 kg each		
204077	每组 950 kg 以上的卸货费	Discharging units of min. 950 kg		
204078	每捆 950 kg 以上的卸货费	Discharging bundles of min. 950 kg		
204079	每块 950 kg 以上的卸货费	Discharging blocks of min. 950 kg		
204080	箱装的 500 kg 以上的铬铁卸货费	Discharging ferro chrome in cases of min. 500 kg		

表 2（续）

代码	运费中文名称	运费英文名称	MI	DI
204081	箱装的 500 kg 以上的镉卸货费	Discharging cadmium in cases of min. 500 kg		
204082	箱装的 500 kg 以上的铋卸货费	Discharging bismut in cases of min. 500 kg		
204083	箱装的 500 kg 以上的有色金属卸货费	Discharging other non ferrous metals in cases of min. 500 kg		
204084	每包装 10 kg 以下(包括 10 kg)鲜水果卸货费	Discharging fresh fruits up to/incl. 10 kg per package		
204085	每包装 10 kg～15 kg(包括 15 kg)鲜水果卸货费	Discharging fresh fruits over 10 kg, up to/incl. 15 kg per package		
204086	每包装 15 kg 以上鲜水果卸货费	Discharging fresh fruits over 15 kg per package		
204087	每盘 750 kg 以下(包括 750 kg)或每箱 400 kg 以上托盘装载鲜水果卸货费	Discharging fresh fruits palletized, up to/incl 750 kg per pallet or in bins of min. 400 kg		
204088	每盘 750 kg 以上托盘装载鲜水果卸货费	Discharging fresh fruits palletized, over 750 kg per pallet		
204089	每包装 15 kg 以下(包括 15 kg)其他农产品卸货费	Discharging other agricultural products, up to/incl 15 kg per package		
204090	每包装 15 kg～45 kg(包括 45 kg)其他农产品卸货费	Discharging other agricultural products, over 15 kg up to/incl. 45 kg per package		
204091	每包装 45 kg 以上其他农产品卸货费	Discharging other agricultural products, over 45 kg per package		
204092	每包装 20 kg 以下(包括 20 kg)除肉类之外的冷藏/冷冻货物卸货费	Discharging cooled/refrig. cargo other than meat, up to/incl 20 kg per package		
204093	每包装 20 kg 以下(包括 20 kg)，除肉类之外的冷藏/冷冻货物另加计重的卸货费	Discharging cooled and refrig. cargo other than meat, up to/incl. 20 kg per package, incl. extra for weighing		
204094	每包装 20 kg 以上除肉类之外的冷藏/冷冻货物卸货费	Discharging cooled and refrig. cargo other than meat, over 20 kg per package		
204095	每包装 20 kg 以上包括船上计重,除肉类之外的冷藏/冷冻货物卸货费	Discharging cooled and refrig. cargo other than meat, over 20 kg per package, incl. weighing on deck		
204096	托盘装载的除肉类之外的冷藏/冷冻货物卸货费	Discharging cooled and refrig. cargo other than meat, palletized		
204097	每包装 20 kg 以下(包括 20 kg)无包装或袋装冻肉卸货费	Discharging frozen meat, unpacked or in bags, up to/incl. 20 kg per package		
204098	每包装 20 kg～45 kg(包括 45 kg)无包装或袋装冻肉卸货费	Discharging frozen meat, unpacked or in bags, over 20 kg but up to/incl 45 kg per package		
204099	每包装 45 kg 以上无包装或袋装冻肉卸货费	Discharging frozen meat, unpacked or in bags, over 45 kg per package		

表 2（续）

代码	运费中文名称	运费英文名称	MI	DI
204100	每包装 20 kg 以下(包括 20 kg)无包装或袋装冷藏肉卸货费	Discharging chilled meat, unpacked or in bags, up to/incl. 20 kg per package		
204101	每包装 20 kg～45 kg(包括45 kg)无包装或袋装冷藏肉卸货费	Discharging chilled meat, unpacked or in bags, over 20 kg but up to/incl. 45 kg per package		
204102	每包装 45 kg 以上无包装或袋装冷藏肉卸货费	Discharging chilled meat, unpacked or in bags, over 45 kg per package		
204103	桶装 160 kg 以上果汁卸货费	Discharging fruit juices in drums of min. 160 kg		
204104	不置于冷藏室桶装 160 kg 以上果汁卸货费	Discharging fruit juices in drums of min. 160 kg, not stowed in cool chamber		
204105	袋装 Capoc 卸货费	Discharging capoc in bales		
204106	袋装棉花卸货费	Discharging cotton in bales		
204107	袋装棉纱卸货费	Discharging cottonwaste in bales		
204108	袋装大麻纤维卸货费	Discharging hemp in bales		
204109	袋装黄麻卸货费	Discharging jute in bales		
204110	袋装西沙尔麻卸货费	Discharging sisal in bales		
204111	袋装羊毛卸货费	Discharging wool in bales		
204112	每包 40 kg 以上袋装货物卸货费,参见字母表 A 组	Discharging bagged cargo, min. 40 kg per bag vide alphabetic list group A		
204113	每包 40 kg 以上袋装货物卸货费,参见字母表 B 组	Discharging bagged cargo, min. 40 kg per bag vide alphabetic list group B		
204114	50 kg 以上袋装可可卸货费	Discharging cocoa, expellers in bags of min. 50 kg		
204115	罂粟头卸货费	Discharging poppyheads		
204116	160 kg 以上桶上有吊边的大桶的卸货费	Discharging drums and barrels of min. 160 kg, to be handled with chimbhooks		
204117	160 kg 以上桶上没有吊边的或 IMCO 分类中限制起吊尺寸的大桶的卸货费	Discharging drums and barrels of at least 160 kg to be handled without chimbhooks or limited hoist size due to IMCO class		
204118	每 1 000 kg 3 cbm 以下(包括 3 cbm)的杂货卸货费	Discharging general cargo, measuring up to/incl 3 cbm per 1 000 kg		
204119	每 1 000 kg 3 cbm 以上的杂货卸货费	Discharging general cargo, extra for measuring over 3 cbm per 1 000 kg		
204120	每辆 5 吨以下(包括 5 吨)机动车或滚动车辆卸货费	Discharging motorcars or other rolling stock unpacked with tyres or tracks, up to/incl. 5 tons per piece		
204121	每辆 5 吨～17.5 吨(包括 17.5 吨)机动车或滚动车辆卸货费	Discharging motorcars or other rolling stock unpacked with tyres or tracks, over 5 tons but up to/incl. 17.5 tons per piece		
204122	每辆 17.5 吨以上机动车或滚动车辆卸货费	Discharging motorcars or other rolling stock unpacked with tyres or tracks, over 17.5 tons per piece		

表 2（续）

代码	运费中文名称	运费英文名称	MI	DI
204123	每块 2 000 kg 以上的花岗岩和大理石卸货费	Discharging granite and marble in blocks of min. 2 000 kg		
204124	抓斗卸煤卸货费	Discharging coal by grab		
204125	抓斗卸焦炭卸货费	Discharging coke by grab		
204126	抓斗卸矿石或其他矿物卸货费	Discharging ore or other minerals by grab		
204127	抓斗卸椰肉干或草荐卸货费	Discharging copra or pallets by grab		
204128	抓斗卸棕榈果卸货费	Discharging palmkernels by grab		
204129	抓斗卸稻米卸货费	Discharging rice by grab		
204130	传送带卸椰肉干卸货费，包括过磅	Discharging copra by elevator, incl. weighing		
204131	传送带卸花生（脱壳）卸货费，包括过磅	Discharging groundnuts (decorticated) by elevator, incl. weighing		
204132	传送带卸棕榈果卸货费，包括过磅	Discharging palmkernels by elevator incl. weighing		
204133	每次停靠卸 50 个以下的集装箱/货盘（包括 50 个）卸货费	Discharging containers/flats up to/incl. 50 pieces per call		
204134	每次停靠卸 50 个以上的集装箱/货盘卸货费	Discharging containers/flats over 50 pieces per call		
204135	远洋/近海集装箱超时卸箱费	Discharging containers DeepSea/ShortSea in overtime		
204136	远洋/近海以链式固定的集装箱超时卸箱费	Discharging containers with chains DeepSea/ShortSea in overtime		
204137	使用联接器超时卸货费	Discharging adapters in overtime		
204138	托盘货物超时卸货费	Discharging palletized cargo in overtime		
204139	无包装吊装货物超时卸货费	Discharging unpacked lifts in overtime		
204140	非集装箱货物超时卸货费	Discharging uncontainerized cargo in overtime		
204141	集装箱的支线船超时卸箱费	Discharging containers feeders in overtime		
204142	以链式固定的集装箱的支线船超时卸箱费	Discharging containers with chains feeders in overtime		
204143	使用底盘车超时卸货费	Discharging chassis in overtime		
204144	1 吨～7 吨杂货滚装超时卸货费	Discharging breakbulk (1 ton to 7 ton) ro-ro in overtime		
204145	1 吨以下杂货滚装超时卸货费	Discharging breakbulk (＜1 ton) ro-ro in overtime		
204146	轿车（非自行驱动）滚装卸货费	Discharging cars (not selfdriven) ro-ro		
204148	轿车（非自行驱动）滚装超时卸货费	Discharging cars (not selfdriven) ro-ro in overtime		
204150	轿车（自行驱动）滚装卸货费	Discharging cars (selfdriven) ro-ro		

表 2（续）

代码	运费中文名称	运费英文名称	MI	DI
204151	轿车（自行驱动）滚装超时卸货费	Discharging cars (selfdriven) ro-ro in overtime		
204152	拖板上的集装箱滚装卸货费	Discharging containers on wheels ro-ro		
204153	拖板上的集装箱滚装超时卸货费	Discharging containers on wheels ro-ro in overtime		
204154	1吨～7吨杂货滚装卸货费	Discharging general cargo (1 ton to 7 tons) ro-ro		
204155	1吨以下杂货滚装卸货费	Discharging general cargo (<1 ton) ro-ro		
204156	原木(捆)滚装卸货费	Discharging logs (bundled) ro-ro		
204157	原木(捆)滚装超时卸货费	Discharging logs (bundled) ro-ro in overtime		
204158	原木(散)滚装卸货费	Discharging logs (loose) ro-ro		
204159	原木(散)滚装超时卸货费	Discharging logs (loose) ro-ro in overtime		
204160	特殊设备滚装卸货费	Discharging special units ro-ro		
204161	特殊设备滚装超时卸货费	Discharging special units ro-ro in overtime		
204162	拖拉机（非自行驱动）滚装卸货费	Discharging tractors (not selfdriven) ro ro		
204163	拖拉机（非自行驱动）滚装超时卸货费	Discharging tractors (not selfdriven) ro-ro in overtime		
204164	拖拉机(自行驱动)滚装卸货费	Discharging tractors (selfdriven) ro-ro		
204165	拖拉机（自行驱动）滚装超时卸货费	Discharging tractors (selfdriven) ro-ro in overtime		
204166	拖车滚装卸货费	Discharging trailers ro-ro		
204167	拖车滚装超时卸货费	Discharging trailers ro-ro in overtime		
204168	卡车(非自行驱动)滚装卸货费	Discharging trucks (not selfdriven) ro-ro		
204169	卡车（非自行驱动）滚装超时卸货费	Discharging trucks (not selfdriven) ro-ro in overtime		
204170	卡车(自行驱动)滚装卸货费	Discharging trucks (selfdriven) ro-ro		
204171	卡车（自行驱动）滚装超时卸货费	Discharging trucks (selfdriven) ro-ro in overtime		
204172	拖板上的设备(自行驱动)滚装卸货费	Discharging units on wheels (selfdriven) ro-ro		
204173	拖板上的设备(自行驱动)滚装超时卸货费	Discharging units on wheels (selfdriven) ro-ro in overtime		
204175	包括装车的卸货费	Discharging costs incl. loading on truck/wagon		
204176	散货卸货费	Discharging bulkcargo		
204177	卸货入库费	Discharging into shed		

表 2（续）

代码	运费中文名称	运费英文名称	MI	DI
204178	卸货费	Unloading charge		
204179	20 英尺集装箱重箱的驳船卸货附加费	Discharging 20 feet container full ex barge -additional charges		
204180	20 英尺集装箱的驳船卸货费，内装超高超宽货物	Discharging 20 feet container full ex barge with over-height/overwide		
204181	40 英尺集装箱重箱的驳船卸货附加费	Discharging 40 feet container full ex barge -additional charges		
204182	40 英尺集装箱重箱的驳船卸货费，内装超高超宽货物	Discharging 40 feet container full ex barge with over-height/overwide		
204183	20 英尺空箱的驳船卸货附加费	Discharging 20 feet container empty ex barge -additional charges		
204184	40 英尺空箱的驳船卸货附加费	Discharging 40 feet container empty ex barge -additional charges		
204185	远洋/近海 20 英尺危险品重箱卸货费	Discharging 20 feet container full DS/SS with dangerous goods		
204186	远洋/近海 20 英尺重箱卸货费，内装超高超宽货物	Discharging 20 feet container full DS/SS with over-height/overwide		
204187	远洋/近海 20 英尺板架/平台式集装箱重箱卸货费	Discharging 20 feet container full DS/SS with flats/plat-form		
204188	远洋/近海 40 英尺危险品重箱卸货费	Discharging 40 feet container full DS/SS with dangerous goods		
204189	远洋/近海 40 英尺重箱卸货费，内装超高超宽货物	Discharging 40 feet container full DS/SS with over-height/overwide		
204190	远洋/近海 40 英尺板架/平台式集装箱重箱卸货费	Discharging 40 feet container full DS/SS with flats/plat-form		
204191	远洋/近海 20 英尺重箱的支线船卸货费，内装超高超宽货物	Discharging 20 feet container full DS/SS with over-height/overwide ex feeders		
204192	远洋/近海 20 英尺危险品重箱的支线船卸货费	Discharging 20 feet container full DS/SS with dangerous goods ex feeders		
204193	远洋/近海 40 英尺重箱的支线船卸货费，内装超高超宽货物	Discharging 40 feet container full DS/SS with over-height/overwide ex feeders		
204194	远洋/近海 40 英尺危险品重箱的支线船卸货费	Discharging 40 feet container full DS/SS with dangerous goods ex feeders		
204195	远洋/近海 45 英尺重箱卸货费	Discharging 45 feet container full DS/SS		
204196	远洋/近海 45 英尺空箱卸货费	Discharging 45 feet container empty DS/SS		
204197	45 英尺重箱的支线船卸货费	Discharging 45 feet containers full ex feeders		
204198	45 英尺集装箱的支线船空箱卸货费	Discharging 45 feet container empty ex feeders		
204199	45 英尺重箱的驳船卸货费	Discharging 45 feet container ex barge full		

表 2(续)

代码	运费中文名称	运费英文名称	MI	DI
204200	45 英尺空箱的驳船卸货费	Discharging 45 feet container ex barge empty		
204201	45 英尺集装箱重箱的驳船卸货附加费	Discharging 45 feet container full ex barge -additional charges		
204202	45 英尺集装箱重箱的驳船卸货费,内装超高超宽货物	Discharging 45 feet container full ex barge with over-height/overwide		
204203	45 英尺空箱的驳船卸货附加费	Discharging 45 feet container empty ex barge-additional charges		
204204	远洋/近海 45 英尺危险品重箱卸货费	Discharging 45 feet container full DS/SS with dangerous goods		
204205	远洋/近海 45 英尺重箱卸货费,内装超高超宽货物	Discharging 45 feet container full DS/SS with over-height/overwide		
204206	远洋/近海 45 英尺板架/平台式集装箱重箱卸货费	Discharging 45 feet container full DS/SS with flats/platform		
204207	远洋/近海 45 英尺重箱的支线船卸货费,内装超高超宽货物	Discharging 45 feet container full DS/SS with over-height/overwide ex feeders		
204208	远洋/近海 45 英尺危险品重箱的支线船卸货费	Discharging 45 feet container full DS/SS with dangerous goods ex feeders		
204209	非集装箱货物卸货费	Discharging uncontainerized cargo		
204210	非集装箱货物超时卸货费	Discharging uncontainerized cargo in overtime		
205000	**翻装费用**	**SHIFTING CHARGES**		
205001	翻装费	Shifting		
205002	按时间计收集装箱翻装费	Shifting containers on time-basis		
205003	以链式固定的集装箱翻装费	Shifting containers with chains		
205004	使用联接器翻装费	Shifting adapters		
205005	托盘货物翻装费	Shifting palletized cargo		
205006	按时间计收托盘货物翻装费	Shifting palletized cargo on time-basis		
205007	无包装吊装货物翻装费	Shifting unpacked lifts		
205008	按时间计收无包装吊装货物翻装费	Shifting unpacked lifts on time-basis		
205009	非集装箱货物翻装费	Shifting uncontainerized cargo		
205010	驳船上集装箱翻装费	Shifting containers in barge		
205011	按时间计收驳船上集装箱翻装费	Shifting containers on time-basis on barge		
205012	驳船上以链式固定的集装箱翻装费	Shifting containers with chains on barge		
205013	集装箱超时翻装费	Shifting containers in overtime		

表 2（续）

代码	运费中文名称	运费英文名称	MI	DI
205014	使用联接器超时翻装费	Shifting adapters in overtime		
205015	以链式固定的集装箱超时翻装费	Shifting containers with chains in overtime		
205016	无包装吊装货物超时翻装费	Shifting unpacked lifts in overtime		
205017	按时间计收无包装吊装货物超时翻装费	Shifting unpacked lifts on time-basis in overtime		
205018	非集装箱货物超时翻装费	Shifting uncontainerized cargo in overtime		
205019	1 吨～7 吨杂货滚装翻装费	Shifting breakbulk (1 ton to 7 ton) ro-ro		
205020	1 吨～7 吨杂货滚装超时翻装费	Shifting breakbulk (1 ton to 7 ton) ro-ro in overtime		
205021	1 吨以下杂货滚装翻装费	Shifting breakbulk (<1 ton) ro-ro		
205022	1 吨以下杂货滚装超时翻装费	Shifting breakbulk (<1 ton) ro-ro in overtime		
205023	轿车(非自行驱动)滚装翻装费	Shifting cars (not selfdriven) ro-ro		
205025	轿车(非自行驱动)滚装超时翻装费	Shifting cars (not selfdriven) ro-ro in overtime		
205027	轿车(自行驱动)滚装翻装费	Shifting cars (selfdriven) ro-ro		
205028	轿车(自行驱动)滚装超时翻装费	Shifting cars (selfdriven) ro-ro in overtime		
205029	拖板上的集装箱滚装翻装费	Shifting containers on wheels ro-ro		
205030	拖板上的集装箱滚装超时翻装费	Shifting containers on wheels ro-ro in overtime		
205031	特殊设备滚装翻装费	Shifting special units ro-ro		
205032	特殊设备滚装超时翻装费	Shifting special units ro-ro in overtime		
205033	拖拉机(非自行驱动)滚装翻装费	Shifting tractors (not selfdriven) ro-ro		
205034	拖拉机(非自行驱动)滚装超时翻装费	Shifting tractors (not selfdriven) ro-ro in overtime		
205035	拖拉机(自行驱动)滚装翻装费	Shifting tractors (selfdriven) ro-ro		
205036	拖拉机(自行驱动)滚装超时翻装费	Shifting tractors (selfdriven) ro-ro in overtime		
205037	拖车滚装翻装费	Shifting trailers ro-ro		
205038	拖车滚装超时翻装费	Shifting trailers ro-ro in overtime		
205039	卡车(非自行驱动)滚装翻装费	Shifting trucks (not selfdriven) ro-ro		
205040	卡车(非自行驱动)滚装超时翻装费	Shifting trucks (not selfdriven) ro-ro in overtime		
205041	卡车(自行驱动)滚装翻装费	Shifting trucks (selfdriven) ro-ro		

表 2（续）

代码	运费中文名称	运费英文名称	MI	DI
205042	卡车（自行驱动）滚装超时翻装费	Shifting trucks (selfdriven) ro-ro in overtime		
205043	拖板上的设备（自行驱动）滚装翻装费	Shifting units on wheels (selfdriven) ro-ro		
205044	拖板上的设备（自行驱动）滚装超时翻装费	Shifting units on wheels (selfdriven) ro-ro in overtime		
205045	20 英尺集装箱重箱翻舱捣载作业费	Shifting 20 feet container full on board		
205046	40 英尺集装箱重箱翻舱捣载作业费	Shifting 40 feet container full on board		
205047	20 英尺集装箱空箱翻舱捣载作业费	Shifting 20 feet container empty on board		
205048	40 英尺集装箱空箱翻舱捣载作业费	Shifting 40 feet container empty on board		
205049	20 英尺重箱翻舱捣载作业费，内装超高超宽货物	Shifting 20 feet container full on board with overheight/overwide		
205050	40 英尺重箱翻舱捣载作业费，内装超高超宽货物	Shifting 40 feet container full on board with overheight/overwide		
205051	码头上 20 英尺重箱翻装费	Shifting 20 feet container full over quai		
205052	码头上 40 英尺重箱翻装费	Shifting 40 feet container full over quai		
205053	码头上 20 英尺空箱翻装费	Shifting 20 feet container empty over quai		
205054	码头上 40 英尺空箱翻装费	Shifting 40 feet container empty over quai		
205055	码头上 20 英尺重箱翻装费，内装超高超宽货物	Shifting 20 feet container full over quai with overheight/overwide		
205056	码头上 40 英尺重箱翻装费，内装超高超宽货物	Shifting 40 feet container full over quai with overheight/overwide		
205057	45 英尺集装箱重箱翻舱捣载作业费	Shifting 45 feet container full on board		
205058	45 英尺集装箱空箱翻舱捣载作业费	Shifting 45 feet container empty on board		
205059	45 英尺重箱翻舱捣载作业费，内装超高超宽货物	Shifting 45 feet container full on board with overheight/overwide		
205060	码头上 45 英尺集装箱重箱翻装费	Shifting 45 feet container full over quai		
205061	码头上 45 英尺集装箱空箱翻装费	Shifting 45 feet container empty over quai		
205062	码头上 45 英尺重箱翻装费，内装超高超宽货物	Shifting 45 feet container full over quai with overheight/overwide		

表 2（续）

代码	运费中文名称	运费英文名称	MI	DI
206000	**重新装货费用**	**RELOADING CHARGES**		
206001	重新装货费	Reloading		
206002	按时间计收集装箱重新装箱费	Reloading containers on time-basis		
206003	以链式固定的集装箱重新装箱费	Reloading containers with chains		
206004	使用联接器重新装货费	Reloading adapters		
206005	无包装吊装货物重新装货费	Reloading unpacked lifts		
206006	按时间计收无包装吊装货物重新装货费	Reloading unpacked lifts on time-basis		
206007	非集装箱货物重新装货费	Reloading uncontainerised cargo		
206008	驳船上集装箱重新装箱费	Reloading containers into barge		
206009	按时间计收驳船上集装箱重新装箱费	Reloading containers into barge on time-basis		
206010	驳船上以链式固定的集装箱重新装箱费	Reloading containers into barge with chains		
206011	集装箱超时重新装箱费	Reloading containers in overtime		
206012	使用联接器超时重新装货费	Reloading adapters in overtime		
206013	以链式固定的集装箱超时重新装箱费	Reloading containers with chains in overtime		
206014	无包装吊装货物超时重新装货费	Reloading unpacked lifts in overtime		
206015	按时间计收无包装吊装货物超时重新装货费	Reloading unpacked lifts on time-basis in overtime		
206016	非集装箱货物超时重新装货费	Reloading uncontainerized cargo in overtime		
206017	1 吨～7 吨杂货滚装重新装货费	Reloading breakbulk (1 ton to 7 ton) ro-ro		
206018	1 吨～7 吨杂货滚装超时重新装货费	Reloading breakbulk (1 ton to 7 ton) ro-ro in overtime		
206019	1 吨以下杂货滚装重新装货费	Reloading breakbulk (<1 ton) ro-ro		
206020	1 吨以下杂货滚装超时重新装货费	Reloading breakbulk (<1 ton) ro-ro in overtime		
206021	轿车(非自行驱动)滚装重新装货费	Reloading cars (not selfdriven) ro-ro		
206023	轿车(非自行驱动)滚装超时重新装货费	Reloading cars (not selfdriven) ro-ro in overtime		
206025	轿车(自行驱动)滚装重新装货费	Reloading cars (selfdriven) ro-ro		
206026	轿车(自行驱动)滚装超时重新装货费	Reloading cars (selfdriven) ro-ro in overtime		

表 2（续）

代码	运费中文名称	运费英文名称	MI	DI
206027	集装箱装载到滚装底盘装货费	Reloading containers on wheels ro-ro		
206028	拖板上的集装箱滚装超时重新装货费	Reloading containers on wheels ro-ro in overtime		
206029	特殊设备滚装重新装货费	Reloading special units ro-ro		
206030	特殊设备滚装超时重新装货费	Reloading special units ro-ro in overtime		
206031	拖拉机(非自行驱动)滚装重新装货费	Reloading tractors (not selfdriven) ro-ro		
206032	拖拉机(非自行驱动)滚装超时重新装货费	Reloading tractors (not selfdriven) ro-ro in overtime		
206033	拖拉机(自行驱动)滚装重新装货费	Reloading tractors (selfdriven) ro-ro		
206034	拖拉机(自行驱动)滚装超时重新装货费	Reloading tractors (selfdriven) ro-ro in overtime		
206035	拖车滚装重新装货费	Reloading trailers ro-ro		
206036	拖车滚装超时重新装货费	Reloading trailers ro-ro in overtime		
206037	卡车(非自行驱动)滚装重新装货费	Reloading trucks (not selfdriven) ro-ro		
206038	卡车(非自行驱动)滚装超时重新装货费	Reloading trucks (not selfdriven) ro-ro in overtime		
206039	卡车(自行驱动)滚装重新装货费	Reloading trucks (selfdriven) ro-ro		
206040	卡车(自行驱动)滚装超时重新装货费	Reloading trucks (selfdriven) ro-ro in overtime		
206041	拖板上的设备(自行驱动)滚装重新装货费	Reloading units on wheels (selfdriven) ro-ro		
206042	拖板上的设备(自行驱动)滚装超时重新装货费	Reloading units on wheels (selfdriven) ro-ro in overtime		
207000	**收货费**	**RECEIVING CHARGES**		
207001	经铁路运输空底盘车收货费	Receiving by rail of empty chassis		
207002	经公路运输空底盘车收货费	Receiving by road of empty chassis		
207003	经铁路运输空箱收货费	Receiving container via rail empty		
207004	经铁路运输可折叠箱收货费	Receiving container via rail empty bundled		
207005	经铁路运输重箱收货费	Receiving container via rail full		
207006	非船运经铁路运输空箱收货费	Receiving container via rail not shipbound empty		
207007	非船运经铁路运输可折叠箱收货费	Receiving container via rail not shipbound empty bundled		
207008	非船运经铁路运输重箱收货费	Receiving container via rail not shipbound full		

表 2（续）

代码	运费中文名称	运费英文名称	MI	DI
207009	经公路运输空箱收货费	Receiving container via road empty		
207010	经公路运输重箱收货费	Receiving container via road full		
207011	非船运经公路运输空箱收货费	Receiving container via road not shipbound empty		
207012	非船运经公路运输可折叠箱收货费	Receiving container via road not shipbound empty bundled		
207013	经公路运输非船边可折空箱收货费	Receiving container via road not shipbound empty bundled		
207014	非船运经公路运输重箱收货费	Receiving container via road not shipbound full		
207015	以链式固定的集装箱收货费	Receiving containers with chains		
207016	发电机组收货费	Receiving generator-sets		
207017	捆装原木收货费	Receiving logs bundled		
207018	散装原木收货费	Receiving logs loose		
207019	自有设备收货费	Receiving selfunits		
207020	10 吨以下自有设备收货费	Receiving selfunits（<10 ton）		
207022	提供的自有设备收货费	Receiving selfunits assisted by third party		
207023	按时间计收的自有设备收货费	Receiving selfunits on time-basis		
207024	拖车收货费	Receiving trailers		
207025	非集装箱货物收货费	Receiving uncontainerized cargo		
207026	非集装箱货物收货费(按小时计价)	Receiving uncontainerized cargo (tariff per hour)		
207027	非集装箱货物收货费(按件数计价)	Receiving uncontainerized cargo (tariff per piece)		
207028	拖板上的设备收货费	Receiving units on wheels		
207029	按时间计收的拖板上设备收货费	Receiving units on wheels on time-basis		
207030	无包装吊装货物收货费	Receiving unpacked lifts		
207032	接收和堆存费	Receipt control and storage		
207033	收货的货损货差检验费	Receipt controll on damage and tally		
207034	接收岸边货棚交货并装上货车的费用	Receipt ex seashed and loading on vehicle		
207035	码头边货棚交货直到堆存至仓库的费用	Receipt ex seashed till stored for normal storage		
207036	码头边货棚交货直到堆存至码头/场站的费用	Receipt ex seashed till stored for terminal market		
207037	收货入库费	Receiving costs into shed		

表 2（续）

代码	运费中文名称	运费英文名称	MI	DI
207038	船上交货、理货直到堆存至仓库的费用	Receipt ex vessel, tally, till stored for normal storage		
207039	船边收货、理货直到为最终销售储存的费用	Receipt ex vessel, tally, till stored for terminal market		
207040	20 英尺集装箱重箱收货费	Receiving 20 feet container full		
207041	40 英尺集装箱重箱收货费	Receiving 40 feet container full		
207042	20 英尺重箱收货附加费，内装超高超宽货物	Receiving 20 feet container full with overheight/overwide-additional		
207043	40 英尺重箱收货附加费，内装超高超宽货物	Receiving 40 feet container full with overheight/overwide-additional		
207044	20 英尺集装箱空箱收货费	Receiving 20 feet container empty		
207045	40 英尺集装箱空箱收货费	Receiving 40 feet container empty		
207046	45 英尺集装箱重箱收货费	Receiving 45 feet container full		
207047	45 英尺重箱收货附加费，内装超高超宽货物	Receiving 45 feet container full with overheight/overwide-additional		
207048	45 英尺集装箱空箱收货费	Receiving 45 feet container empty		
207049	公路超时收/交货费	Receiving/delivering by road in overtime		
207050	铁路超时收/交货费	Receiving/delivering by rail in overtime		
207051	驳船超时收/交货费	Receiving/delivering by barge in overtime		
207052	近海超时收/交货费	Receiving/delivering by shortsea in overtime		
207053	支线船超时收/交货费	Receiving/delivering by feeder in overtime		
207054	重箱在码头之间运送，由汽车接收/交货的费用	Received/delivered by road not shipbound full		
207055	空箱在码头之间运送，由汽车接收/交货的费用	Received/delivered by road not shipbound empty		
207056	重箱在码头之间运送，由铁路接收/交货的费用	Received/delivered by rail not shipbound full		
207057	空箱在码头之间运送，由铁路接收/交货的费用	Received/delivered by rail not shipbound empty		
207058	重箱在码头之间运送，由驳船接收/交货的费用	Received/delivered by barge not shipbound full		
207059	空箱在码头之间运送，由驳船接收/交货的费用	Received/delivered by barge not shipbound empty		
207060	一个月以上码头/场站收货费	Receiving more than one month at terminal		
208000	**交货费**	**DELIVERING CHARGES**		
208001	经铁路运输空底盘车交货费	Delivering by rail of empty chassis		

表 2（续）

代码	运费中文名称	运费英文名称	MI	DI
208002	经公路运输空底盘车交货费	Delivering by road of empty chassis		
208003	经铁路运输空箱交货费	Delivering container via rail empty		
208004	经铁路运输可折叠箱交货费	Delivering container via rail empty bundled		
208005	经铁路运输重箱交货费	Delivering container via rail full		
208006	非船运经铁路运输空箱交货费	Delivering container via rail not shipbound empty		
208007	非船运经铁路运输可折叠箱交货费	Delivering container via rail not shipbound empty bundled		
208008	非船运经铁路运输重箱交货费	Delivering container via rail not shipbound full		
208009	经公路运输空箱交货费	Delivering container via road empty		
208010	经公路运输可折叠箱交货费	Delivering container via road empty bundled		
208011	经公路运输重箱交货费	Delivering container via road full		
208012	非船运经公路运输空箱交货费	Delivering container via road not shipbound empty		
208013	非船运经公路运输可折叠箱交货费	Delivering container via road not shipbound empty bundled		
208014	非船运经公路运输重箱交货费	Delivering container via road not shipbound full		
208015	以链式固定的集装箱交货费	Delivering containers with chains		
208016	发电机组交货费	Delivering generator-sets		
208017	捆装原木交货费	Delivering logs bundled		
208018	散装原木交货费	Delivering logs loose		
208019	自有设备交货费	Delivering selfunits		
208020	提供的自有设备交货费	Delivering selfunits assisted by third party		
208021	按时间计收自有设备交货费	Delivering selfunits on time-basis		
208022	拖车交货费	Delivering trailers		
208023	非集装箱货物交货费	Delivering uncontainerized cargo		
208024	非集装箱货物交货费(按小时计费)	Delivering uncontainerized cargo (tariff per hour)		
208025	非集装箱货物交货费(按件数计费)	Delivering uncontainerized cargo (tariff per piece)		
208026	拖板上的设备交货费	Delivering units on wheels		
208027	按时间计收的拖板上的设备交货费	Delivering units on wheels on time-basis		
208028	无包装吊装货物交货费	Delivering unpacked lifts		
208030	交货费	Delivery		D1
208030	交货手续费	Delivery charges	(FF)	D2

表 2（续）

代码	运费中文名称	运费英文名称	MI	DI
208030	交货手续费	Delivery costs	(DD)	D3
208030	交货手续费	Delivery fee		D4
208031	在仓库内交货费(仓库、货栈、海关地区、中转仓库)	Delivery into store (Store, warehouse, Customs area, transit store)		
208032	在海关仓库交货	Delivery in the customs depot		
208034	在仓库、货栈、海关仓库、T. I. R. 仓库内交货费	Delivery into store, warehouse, customs depot, T. I. R. depot		
208035	分批再交货费	Redelivery out of store		
208036	仓库再交货至运输工具费	Redelivery ex warehouse into/onto means of transport		
208037	20 英尺集装箱重箱交货费	Delivery 20 feet container full		
208038	40 英尺集装箱重箱交货费	Delivery 40 feet container full		
208039	20 英尺集装箱重箱交货费,内装超高超宽货物	Delivery 20 feet container full with overheight/overwide		
208040	40 英尺集装箱重箱交货费,内装超高超宽货物	Delivery 40 feet container full with overheight/overwide		
208041	20 英尺集装箱重箱交货附加费,内装超高超宽货物	Delivery 20 feet container full with overheight/overwide-additional		
208042	40 英尺集装箱重箱交货附加费,内装超高超宽货物	Delivery 40 feet container full with overheight/overwide-additional		
208043	20 英尺集装箱空箱交货费	Delivery 20 feet container empty		
208044	40 英尺集装箱空箱交货费	Delivery 40 feet container empty		
208045	分批全部再交货费	Redelivery out of store empty		
208046	45 英尺集装箱重箱交货费	Delivery 45 feet container full		
208047	45 英尺集装箱重箱交货费,内装超高超宽货物	Delivery 45 feet container full with overheight/overwide		
208048	45 英尺集装箱重箱交货附加费,内装超高超宽货物	Delivery 45 feet container full with overheight/overwide-additional		
208049	45 英尺集装箱空箱交货费	Delivery 45 feet container empty		
209000	**码头/场站操作费**	**TERMINAL ACTIVITIES CHARGES**		
209001	联接/断开设备费	Attaching/detaching clip-on units		
209002	集装箱清洗费	Containers to be washed		
209003	集装箱出场费	Containers-moves export		
209004	集装箱进场费	Containers-moves import		
209005	以链式固定的集装箱出场费	Containers-moves with chains export		
209006	以链式固定的集装箱进场费	Containers-moves with chains import		

表 2（续）

代码	运费中文名称	运费英文名称	MI	DI
209007	残损集装箱操作费	Damaged containers		
209008	按时间计收的专项操作费	Extra handling on time-basis		
209009	出口集装箱场内移动和堆放费	Internal transport and (un)-stacking of containers export		
209010	进口集装箱场内移动和堆放费	Internal transport and (un)-stacking of containers import		
209011	集装箱开门费	Opening doors of containers		
209012	冷藏集装箱运输的预冷操作费	Pretrip transport of coolcontainers		
209013	途中运输费	Travellen		
209014	集装箱挂车的卸车费	Unstacking of trailers		
209032	码头/场站费用	Terminal charges		
209033	码头/场站装货费	Terminal handling charge-loading		
209034	码头/场站卸货费	Terminal handling charge-discharge		
209058	目的地码头/场站装卸费	Terminal handling charge-destination		
209060	启运地码头/场站装卸费	Terminal handling charge-origin		
209061	移除受损旋锁费	Remove damaged twistlocks		
209062	安全封志设置费	Set safety seals		
210000	**堆存费**	**STORAGE CHARGES**		
210001	出口 20 英尺集装箱堆存费	Storage 20 feet containers export		
210002	出口 30 英尺集装箱堆存费	Storage 30 feet containers export		
210003	出口 35 英尺集装箱堆存费	Storage 35 feet containers export		
210004	出口 40 英尺集装箱堆存费	Storage 40 feet containers export		
210005	非船运 20 英尺集装箱堆存费	Storage 20 feet containers not shipbound		
210006	非船运 30 英尺集装箱堆存费	Storage 30 feet containers not shipbound		
210007	非船运 35 英尺集装箱堆存费	Storage 35 feet containers not shipbound		
210008	非船运 40 英尺集装箱堆存费	Storage 40 feet containers not shipbound		
210009	进口 20 英尺集装箱堆存费	Storage 20 feet containers import		
210010	进口 30 英尺集装箱堆存费	Storage 30 feet containers import		
210011	进口 35 英尺集装箱堆存费	Storage 35 feet containers import		
210012	进口 40 英尺集装箱堆存费	Storage 40 feet containers import		
210013	20 英尺空箱堆存费	Storage 20 feet empty container		
210014	30 英尺空箱堆存费	Storage 30 feet empty container		
210015	35 英尺空箱堆存费	Storage 35 feet empty container		

表 2（续）

代码	运费中文名称	运费英文名称	MI	DI
210016	40 英尺空箱堆存费	Storage 40 feet empty container		
210017	20 英尺冷藏空箱堆存费	Storage 20 feet empty reefer container		
210018	30 英尺冷藏空箱堆存费	Storage 30 feet empty reefer container		
210019	35 英尺冷藏空箱堆存费	Storage 35 feet empty reefer container		
210020	40 英尺冷藏空箱堆存费	Storage 40 feet empty reefer container		
210021	出口 20 英尺空箱堆存费	Storage 20 feet empty container export		
210022	出口 30 英尺空箱堆存费	Storage 30 feet empty container export		
210023	出口 35 英尺空箱堆存费	Storage 35 feet empty container export		
210024	出口 40 英尺空箱堆存费	Storage 40 feet empty container export		
210025	进口 20 英尺空箱堆存费	Storage 20 feet empty container import		
210026	进口 30 英尺空箱堆存费	Storage 30 feet empty container import		
210027	进口 35 英尺空箱堆存费	Storage 35 feet empty container import		
210028	进口 40 英尺空箱堆存费	Storage 40 feet empty container import		
210029	非船运出口 20 英尺空箱交付堆存费	Storage 20 feet empty container export not shipbound delivered		
210030	非船运出口 30 英尺空箱交付堆存费	Storage 30 feet empty container export not shipbound delivered		
210031	非船运出口 35 英尺空箱交付堆存费	Storage 35 feet empty container export not shipbound delivered		
210032	非船运出口 40 英尺空箱交付堆存费	Storage 40 feet empty container export not shipbound delivered		
210033	特殊设备堆存费	Storage of special units		
210034	拖车堆存费	Storage of trailers		
210035	拖拉机堆存费	Storage of tractors		
210036	拖板上的设备堆存费	Storage of units on wheels		
210037	无包装吊装货物堆存费	Storage of unpacked lifts		
210038	每天每吨杂货堆存费	Storage of general cargo per ton per day		
210039	每天每件杂货堆存费	Storage of general cargo per unit per day		
210040	空底盘车堆存费	Storage of empty chassis		
210041	航空保管费	Airline storage	(FF)	D1
210041	堆存费	Storage		D2
210041	堆存费	Storage	(FF)	D3
210041	堆存费用	Storage charges	(10)	D4
210041	堆存费用	Storage charges	(DD)	D5

表 2（续）

代码	运费中文名称	运费英文名称	MI	DI
210042	目的地保管费	Storage-destination		
210043	启运地堆存费	Storage-origin		
210044	特殊集装箱空箱堆存费	Storage dues for special container empty		
210045	特殊集装箱空箱堆存费	Storage dues for special container empty		
210046	20 英尺集装箱空箱堆存费	Storage dues for 20 feet container empty		
210047	40 英尺集装箱空箱堆存费	Storage dues for 40 feet container empty		
210048	堆存附加费	Storage dues-additional charges		
210049	超过规定计量次数的货物堆存费	Storage dues for over x times cargo measurement		
210050	出口 45 英尺集装箱堆存费	Storage 45 feet containers export		
210051	非船运 45 英尺集装箱堆存费	Storage 45 feet containers not shipbound		
210052	进口 45 英尺集装箱堆存费	Storage 45 feet containers import		
210053	45 英尺空箱堆存费	Storage 45 feet empty container		
210054	45 英尺冷藏空箱堆存费	Storage 45 feet empty reefer container		
210055	出口 45 英尺空箱堆存费	Storage 45 feet empty container export		
210056	进口 45 英尺空箱堆存费	Storage 45 feet empty container import		
210057	非船运 45 英尺出口空箱交付堆存费	Storage 45 feet empty container export not shipbound delivered		
210058	45 英尺集装箱空箱堆存费	Storage dues for 45 feet container empty		
210059	一个月以上码头/场站堆存费	Storage full more than one month at terminal		
211000	**按小时计收的人工费**	**MAN HOURS CHARGES**		
211001	每小时码头/场站人工费	Terminal labour per hour		
211002	每小时人工捆扎费	Lashingman per hour		
211003	每小时货棚管理员人工费	Shed operators per hour		
211004	每小时拖轮驾驶员人工费	Tug master drivers per hour		
211005	每小时叉车驾驶员费	Forktruck drivers per hour		
211006	每小时无线报务员费	Radiomen per hour		
211007	每小时交通警察费	Traffic leaders per hour		
211008	每小时小型送货车驾驶员人工费	Van carrier drivers per hour		
211009	每小时起重驾驶员费	Crane drivers per hour		
211010	每小时技术人员费	Technical men per hour		
211011	每小时管理人员费	Supervisors per hour		

表 2（续）

代码	运费中文名称	运费英文名称	MI	DI
211012	每小时消防人员费	Firemen per hour		
211013	每小时警卫人员费	Guardmen		
211014	每小时维护人员费	Maintenance men per hour		
211015	超时码头/场站人工费	Terminal labour in overtime		
211016	超时人工捆扎费	Lashing men in overtime		
211017	货棚管理员加班费	Shed operators in overtime		
211018	拖轮驾驶员加班费	Tug master drivers in overtime		
211019	超时叉车驾驶员费	Fork truck drivers in overtime		
211020	超时无线报务员费	Radiomen in overtime		
211021	超时交通警察费	Traffic leaders in overtime		
211022	小型送货车驾驶员加班费	Van carrier drivers in overtime		
211023	超时起重驾驶员费	Crane drivers in overtime		
211024	超时技术人员费	Technical men in overtime		
211025	超时管理人员费	Supervisors in overtime		
211026	超时消防人员费	Firemen in overtime		
211027	超时警卫人员费	Guardmen in overtime		
211028	超时维护人员费	Maintenance men in overtime		
211029	船上集装箱绑扎费	Lashing in containers on board		
211030	船上集装箱绑扎附加费	Additional charge for containerlashing on board		
211031	特殊翻装集装箱捆扎费	Lashing in container on special shift		
211032	20 英尺集装箱空箱收货附加费	Receiving 20 feet container empty-additional charges		
211033	40 英尺集装箱空箱收货附加费	Receiving 40 feet container empty-additional charges		
211034	20 英尺集装箱重箱收货附加费	Receiving 20 feet container full-additional charges		
211035	40 英尺集装箱重箱收货附加费	Receiving 40 feet container full-additional charges		
211036	20 英尺集装箱空箱交货附加费	Delivering 20 feet container empty-additional charges		
211037	40 英尺集装箱空箱交货附加费	Delivering 40 feet container empty-additional charges		
211038	20 英尺集装箱重箱交货附加费	Delivering 20 feet container full-additional charges		
211039	40 英尺集装箱重箱交货附加费	Delivering 40 feet container full-additional charges		
211040	45 英尺集装箱空箱收货附加费	Receiving 45 feet container empty-additional charges		
211041	40 英尺集装箱重箱收货附加费	Receiving 40 feet container full-additional charges		
211042	45 英尺集装箱重箱收货附加费	Receiving 45 feet container full-additional charges		

表 2（续）

代码	运费中文名称	运费英文名称	MI	DI
211043	45 英尺集装箱空箱交货附加费	Delivering 45 feet container empty-additional charges		
211044	45 英尺集装箱重箱交货附加费	Delivering 45 feet container full-additional charges		
212000	**标签和标记费**	**LABELLING AND MARKING**		
212001	加标签、重新装箱和相关服务费	Labelling, repacking and allied services	(FF)	
212002	加贴或移除标签、标记费	Marking / labelling / removing marks or labels		
212003	重加标签/重新装箱费	Relabelling/Repacking		
212004	集装箱拍照服务费	Container photo service		
213000	**分类费**	**SORTING CHARGE**		
213001	分类费	Sorting out		
213002	综合服务费	Assembly service fee		
213003	抽样和/或检查费	Assistance during sampling and/or survey		
213004	货物装卸费	Cargo handling charges		
213005	托运物分票和分类费用	Charges for splitting and sorting consignments		
214000	**包装费**	**PACKING CHARGE**		
214001	包装费	Packaging		
214002	包装、再包装、标志费	Packing, repacking, marking		
214003	托盘货(包括托盘)装卸费	Palletizing, including pallets		
214004	搬运费	Handling charge		D1
214004	搬运费用	Handling charges	(FF)	D2
214004	包装费(搬运等)	Packaging (handling, etc.)	(40)	D3
215000	**过磅费**	**WEIGHING CHARGE**		
215001	过磅/加标志/人力费	Weigh / mark / labour charges		
215002	人工过磅费	Weighing-labour costs		D1
215002	过磅监管费	Weighing-superintending costs		D2
215004	重量控制费	Weight control		
215005	过磅费	Weighing	(10)	D1
215005	过磅费	Weighing (charge for)	(20)	D2
215005	过磅费	Weighing charges		D3
215005	集装箱过磅费	Weighing containers	(BB)	D4
215006	再过磅费	Reweighing		
215007	公共桥称费用	Public weighbridge charges	(FF)	
215008	集装箱空箱重新过磅费	Rehandling of empty containers for weighing		

表 2（续）

代码	运费中文名称	运费英文名称	MI	DI
215009	集装箱车辆过磅费	Weighing container-vehicle		
215010	小型集装箱过磅费	Weighing small container		
215011	货车过磅费	Weighing truck		
216000	**其他装卸费**	**MISCELLANEOUS HANDLING CHARGES**		
216001	气压/温度附加费	Atmosphere/temperature suppl. fee		
216002	拼装集装箱折让	Consolidated container allowance		
216003	集装箱交货费	Container-delivery charges		
216004	租箱费	Container-rent		
216005	正式向海关仓库交货费	Costs of official delivery into customs depot		
216006	额外移动集装箱费	Extra move container		
216007	远洋/近海船开关舱费	Handling of hatchcovers DeepSea/ShortSea		
216008	支线船开关舱费	Handling of hatchcovers feeder		
216009	远洋/近海船按时间计收开关舱费	Handling of hatchcovers on time-basis DeepSea/ShortSea		
216010	支线船按时间计收链式开关舱费	Handling of hatchcovers on time-basis Feeder		
216011	远洋/近海船链式开关舱费	Handling of hatchcovers with chains DeepSea/ShortSea		
216012	支线船链式开关舱费	Handling of hatchcovers with chains Feeder		
216013	超时开关舱费	Handling of hatchcovers in overtime		
216014	超时链式开关舱费	Handling of hatchcovers with chains in overtime		
216015	搬运/加固费	Handling/securing charge		
216016	固定费	Immobilization		D1
216016	装卸固定费	Immobilization for loading and unloading	(30)	D2
216016	转运中/运输工具上/海关的固定费	Immobilization in transit / at border / customs station	(FF)	D3
216016	标签、再包装和必要的相关服务费	Immobilization of stock other than waggons (charge for)	(20)	D4
216017	起吊费	Lifting charges		
216019	港区内搬运费	Movement within the port limits		
216020	平舱费	Neutralizing		
216021	接货费	Pick-Up		
216022	优先装卸费	Priority handling		
216023	目的地站专线使用费	Private siding at destination station (charge for)		
216024	转运站专线使用费	Private siding at forwarding station (charge for)		

表 2（续）

代码	运费中文名称	运费英文名称	MI	DI
216025	用泵费	Pumping charges		
216026	再抽样费	Re-sampling		
216027	按 512B 收费	Resolution 512B		
216028	抽样费	Sampling		
216029	运输必需的固定、绑扎和衬垫费用	Securing，lashing and chocking，etc. of traffic，as necessary		
216030	卸货费分摊	Share discharging costs arrangement		
216031	调度费	Shunting		D1
216031	转运站/目的站调度费	Shunting at forwarding/destination station (charge for)	(20)	D2
216031	货车调度费	Shunting wagons	(10)	D3
216032	货物特殊堆存费	Special stowage of cargo		
216033	分装费用	Splitting charges		
216034	拆箱和装箱费	Stripping and stuffing container		
216035	拆箱并入库堆存费	Stripping container and handling in for storage		
216036	车板交货卸车费，包括一个月库存费	Stripping ex vehicle till free on truck incl. 1 month warehouserent		
216037	卸驳船并入库操作费	Stripping lighter and handling in for storage		
216038	卸火车并入库堆存费	Stripping railcar and handling in for storage		
216039	卸卡车并入库堆存费	Stripping truck and handling in for storage		
216040	水陆运费—目的地	Surface charge-destination		
216041	理货费	Tallying		
216042	海关监管运输费	Transport in custody of customs		
216044	运送费用	Pick-Up charges		
216045	到达站调度费	Shunting charge at destination station		
216046	吊装设备使用费	Charge for use of lifting equipment		
216047	额外的重箱搬运费	Extra move container full		
216048	为检验而发生的额外搬运费	Extra move for inspection		
216049	额外的空箱搬运费	Extra move container empty		
216050	为重新装箱而发生的额外搬运费	Extra move for repacking		
216051	为拆箱而发生的额外搬运费	Extra move for stripping		
216052	为拆箱而发生的额外搬运费—来回程	Extra move for stripping-round trip		
216053	按协议支付的搬运费	Handling dues as per agreement		

表 2（续）

代码	运费中文名称	运费英文名称	MI	DI
216054	重吊装货费	Loading heavy lifts		
216055	重吊卸货费	Discharging heavy lifts		
216056	重吊附加费	Additional charges for heavy lifts		
216057	超过规定计量次数的货物起吊附加费	Additional charges for over x times measurement of cargo lifts		
216058	20 英尺集装箱装箱费	Stuffing 20 feet container		
216059	40 英尺集装箱装箱费	Stuffing 40 feet container		
216060	部分装箱费	Partial stuffing		
216061	20 英尺集装箱部分装箱费	Partial stuffing of 20 feet container		
216062	40 英尺集装箱部分装箱费	Partial stuffing of 40 feet container		
216063	拆箱过磅费	Weight dues for stripping and stuffing container		
216064	超过规定计量次数的集装箱部分装箱费	Container partially stuffed over x times measurement		
216065	装有轿车的 20 英尺集装箱装箱费	Stuffing of 20 feet containers with passenger cars		
216066	装有轿车的 40 英尺集装箱装箱费	Stuffing of 40 feet containers with passenger cars		
216067	部分装填集装箱的翻装费	Rehandling of partially stuffed containers		
216068	边帮可放倒的箱式底盘车的费用	Collapsible flatracks		
216069	20 英尺集装箱拆箱费	Stripping 20 feet container		
216070	40 英尺集装箱拆箱费	Stripping 40 feet container		
216071	45 英尺集装箱装箱费	Stuffing 45 feet container		
216072	45 英尺集装箱部分装箱费	Partial stuffing of 45 feet container		
216073	装有轿车的 45 英尺集装箱装箱费	Stuffing of 45 feet containers with passenger cars		
216074	45 英尺集装箱拆箱费	Stripping 45 feet container		
216075	轿车卸车费	Stripping of cars		
216076	T 单证重开费	Renew T-documents		
216077	码头费	Quay dues		
216078	消防费	Firebrigade assistance		
216079	按天计的防渗地板使用费	Use of liquid proof floor，per day		
216080	标签更正费	Correction of labels		
216081	IMO 1/7 集装箱额外移动费	Extra movements for IMO 1/7 containers		

表 2（续）

代码	运费中文名称	运费英文名称	MI	DI
216082	煤气检测费	Checking presence of gas		
216083	集装箱装卡车和堆放费	Trucking and unstacking/stacking of containers		
216084	动物检疫费	Veterinarian inspection		
216085	成卷帆布额外操作费	Extra handling charges for rolling tarpaulins		
216086	自动旋锁操作费	Handling of automatic twistlocks		
300000	**单证费**	**DOCUMENTATION CHARGES**		
300999	所有单证费用	All documentation charges		
301000	**贸易单证费**	**TRADE DOCUMENTATION CHARGES**		
301001	附加单证费	Additional documentation charge		D1
301001	附加单证费	Additional documentation charge	(10)	D2
301001	其他管理单证费	Other administrative formalities (charge for)	(20)	D3
301002	管理费	Administration charges		D1
301002	管理费	Administration fee	(FF)	D2
301002	管理费(鲁昂)	Administration fee (Rouen)		D3
301002	单证/管理费	Documentation/administration allowance	(DD)	D4
301003	承运人海关手续费	Carrier charges for customs formalities		
301004	黑名单证明费	Black list certificate		
301005	黑名单说明费	Black list statement		
301006	空白原产地证书费	Blank certificates of origin		
301007	空白领事发票费	Blank consular invoices		
301008	精确度证书费	Certificate of accuracy		
301009	重量公证书费(由公证度量人签发)	Certified weight ticket (issued by sworn weighers)		
301010	复核费	Checking		
301011	通信费	Communication charges		D1
301011	邮政和电话费	Postage and telephone	(30)	D2
301011	电传、电话、传真、邮政费用	Telex, telephone, telefax, postage costs	(DD)	D3
301011	电传、电话、电报、信件、影印本费用	Telex, telephone, telegrams, correspondence, photo-copy charges	(FF)	D4
301012	领事证书费	Consular certificate fee		
301013	领事费	Consular charges	(FF)	D1
301013	领事费	Consular fee		D2
301014	领事核查费	Consular attendance		

表 2（续）

代码	运费中文名称	运费英文名称	MI	DI
301015	领事签证费	Consular charges-Visas		
301016	领事印制费	Consular charges-preparing printed forms		
301017	集装箱管理费	Container administration fee		
301018	海关单证副本费	Copies of customs documents		
301019	随船单证费	Cost of accompanying documents		
301020	出口单证(填写和/或提交)费	Export documents (making out and/or presentation)		
301021	运输单证费	Freight documents		
301022	送出的货不被接收	Futile Trip		
301023	开具不可更改证书费	Issuing non-manipulation certificate		
301024	开具原产地证书费	Issuing certificate of origin		
301025	开具商品检验证书费	Issuing inspection certificate		
301026	用客户抬头信笺开具发票费	Issuing invoice on your letterheaded paper		
301027	开具装箱单费	Issuing packinglist		
301028	开具委托书费	Issuing warrant		
301029	开具/分解欧洲(EUR)证书费	Issuing/splitting EUR-certificate		
301030	拼装集装箱管理费	LCL container administration fee		
301031	公证费	Legalization charges	(FF)	D1
301031	公证费	Legalization Fee		D2
301032	舱单费	Manifest fee		
301033	商船税	Mercantile marine tax		
301034	其他单证费用	Other documentary charges		
301035	收费通知制单费	Preparing CCA (Charges Collect Advice)		
301036	编制单证费	Preparing documents		
301037	编制和/或递交原产地证书费	Preparing and/or presentation of certificate of origin		
301038	编制和/或递交出口证书费	Preparing and/or presentation of export certificate		
301039	编制和/或递交接受证书费	Preparing and/or presentation of take over/acceptance certificate		
301040	编制原产地证书费	Preparing certificates of origin		
301041	编制领事发票费	Preparing consular invoices		
301042	编制海关单证副本费	Preparing copies of customs documents		
301043	签章费	Stamps		
301044	转让税	Transfer duty		

表 2（续）

代码	运费中文名称	运费英文名称	MI	DI
301045	认可舱单费	Consular manifest fee		
301046	空白提单费	Blank bills of lading		
301047	T 单证费	Charges T-Document		
301048	编制 D. A. S. 海关单证费	Charges for the presentation of customs documents completion of a D. A. S.		D1
301048	结关费用(格式 DV1)	Customs clearance charges (Form DV1)	(DD)	D2
301048	海关文档费用	Customs documentation costs	(10)	D3
301048	海关手续费	Customs formalities		D4
301048	海关手续费	Customs Formalities	(DD)	D5
301048	海关手续费(应征)	Customs formalities (charge for)	(20)	D6
301048	编制 EUR/ATR 原产地证书费	Preparing EUR/ATR certificate of origin		D7
301049	目的地结关手续费	Clearance and handling-destination		
301050	原产地结关手续费	Clearance and handling-origin		
301051	海关证书费	Customs certification charge		
301052	海关检查费	Customs examination charges		
301053	工作时间之外的海关检查费	Customs Inspection beside opening hours		
301054	海关滞期费	Customs deferment		
301055	海关加班费	Customs overtime		
301056	EEC 证书核查费	EEC certificate attendance		
301057	境外结关费	Foreign clearance fee		
301058	对农产品征税	Impos. of Taxes on Agricultural Products		
301059	开据/分解可可或咖啡临时证书费	Issuing/splitting Int. Cocoa or Coffee Certificate		
301060	其他费	Other dues		
301061	其他各税	Other taxes		
301062	港口费	Port dues		
301063	价格协定税	Price agreement tax		
301064	再次验证单证费	Re-validity documents		
301065	放货费	Release of goods		
301066	封志费	Sealing charges		
301067	特别关税	Special duty		
301068	法国境内运输增值税	T. V. A. transport sur parcours francais		
301069	转口报关单费	Transit customs declaration		

表 2（续）

代码	运费中文名称	运费英文名称	MI	DI
301070	墨西哥领事费	Mexican consular fee		
301072	结关代理费	Customs clearing agent-Fees		
301073	在其他国办理海关手续的费用	Costs of customs formalities in other countries		
301074	启运国海关手续费	Charge for customs formalities in the departure country		
301075	中转国海关手续费	Charge for customs formalities in the transit countries		
301076	到达国海关手续费	Charge for customs formalities in the arrival country		
301077	封志检查费	Seal checking		
301078	信用证制单费	Preparing L/C (Letter of Credit)		
302000	**运输单证费**	**TRANSPORT DOCUMENTATION CHARGES**		
302001	提单(B/L)更改费	Additional B/L charge		
302002	到达通知费	Advice of arrival (charge for)		
302003	提货通知费	Advice of delivery (charge for)		
302004	空运单费	Airwaybill fee	(40)	D1
302004	编制空运单费	Preparing airwaybill	(FF)	D2
302004	编制提单费	Preparing Bills of Lading	(10)	D3
302004	编制提单费	Preparing Bs/L	(DD)	D4
302004	编制国际运输单证费	Preparing international transport document		D5
302005	提单转让费	Bill of Lading transfer charge		
302006	提单费	Bill of lading dues		
302007	开运输单证费	Issuing transport-document		
302008	编制 FCR 单证费	Preparing FCR-document		
302009	编制 FCT 单证费	Preparing FCT-document		
302010	进口许可证编制及核查费	Preparing and attendance for a request for import license		
302011	编制提货单费	Preparing delivery-orders		
302012	编制货物收据费	Preparing goods' receipt		
302013	编制大副收据费	Preparing mate's receipt		
302014	变更地址费	Redirection		
302016	计算机化的海关结关手续费	Cost of (computerized) customs clearance	(FF)	
302017	出口结关费	Customs clearance export		
302018	进口结关费	Customs clearance import		
400000	**运输设备费用**	**TRANSPORT EQUIPMENT CHARGES**		
400999	所有运输设备费用	All transport equipment charges		

表 2（续）

代码	运费中文名称	运费英文名称	MI	DI
401000	**运输设备租用费**	**TRANSPORT EQUIPMENT RENT**		
401001	载运活牲畜集装箱费用	Animal container		
401003	集装箱滞留费	Container detention charges		
401004	集装箱租金	Container hire		
401005	集装箱租金/滞期费	Container rent/demurrage		
401006	空设备移交费	Empty equipment handover charge		
401009	专用设备(冷藏/冷冻机)使用费	Special equipment (cool/deeploaders)		
401015	专门装运大篷车的挂车使用费	Use of Wagon-carrying Trailer (charge for)		D1
401015	货车滞期费	Wagon demurrage charge		D2
401016	除货车外的设备固定费	Charge for immobilising of equipment other than wagons		
401017	专门装运大篷车的挂车离港费	Charge for using a wagon-carrying trailer on departure		
401018	专门装运大篷车的挂车到港费	Charge for using a wagon-carrying trailer on arrival		
402000	**运输附件租用费**	**TRANSPORT ACCESSORIES RENT**		
402001	底盘车租金	Chassishire		
402002	叉车租用费	Rent forklift truck		
402003	帆布租用费	Tarpaulin hire		
402004	平板车滞留费	Trailer detention charges		
402005	平板车租金	Trailer hire charges		
402006	保温设备使用费	Charge for using heating equipment		
402007	拖车租用费	Trailer rental		
500000	**海关税费**	**CUSTOMS CHARGES**		
500999	所有海关费用	All customs charges		
501000	**海关税**	**CUSTOMS DUTY**		
501001	保税货车手续费	Bonded truck handling		
501002	边境费	Border charges		
501003	海关核查费	Customs attendance		
501004	海关费用	Customs costs		
501005	海关例费	Customs dues		D1
501005	海关例费	Customs dues	(30)	D2
501005	除关税和除增值税以外的海关代征的其他费	Customs duties and other sums collected by customs other than VAT	(20)	D3
501005	费和关税	Dues and duty	(FF)	D4

表 2（续）

代码	运费中文名称	运费英文名称	MI	DI
501006	海关罚金	Customs fine	(DD)	D1
501006	海关罚金	Customs fines		D2
501006	海关罚金	Customs fines	(10)	D3
501006	按基本财产账征收的海关罚金	Customs fines for account of principal	(FF)	D4
501007	关税、税或消费税	Duties, taxes or excise	(10)	D1
501007	进口退税	Restitution of Import Duties		D2
501008	补交进口税	Suppl. Payment import duties		
501009	公路税	Road Taxes	(30)	D1
501009	税	Taxes		D2
501009	税	Taxes	(40)	D3
501009	税、消费税或国内消费税	Taxes, Excise or Excise Duties	(FF)	D4
502000	**增值税**	**VALUE ADDED TAX**		
502001	E. U. S. T.（货物价值＋关税）费	E. U. S. T. (Value of goods ＋ duty)		
502002	进口关税	Import duties	(FF)	D1
502002	海关代征增值税	Value added tax (VAT) collected by customs	(20)	D2
502002	增值税	VAT		D3
502003	增值税退税	Restitution of VAT		
502004	补交增值税	Suppl. Payment of VAT		
502005	为发货人账户服务营业额税(E. U. S. T.)	Turnover tax (E. U. S. T.) on services for account of Consignor		
502006	通过法国转运的运输费营业额税(E. U. S. T.)(支付给第三方(欧盟))	Turnover tax (E. U. S. T.) on transport charges in transit through France (in cases where this is paid to a third Union (EU)		
600000	**其他费用**	**MISCELLANEOUS CHARGES**		
600018	冷冻或再冷冻费	Icing or re-icing charge		
600926	清洁或消毒费	Cleaning or disinfection charge		
600999	所有杂费	All miscellaneous charges		
601000	**运输保险费**	**TRANSPORT INSURANCE CHARGES**		
601001	保险费资本—保险	Insurance-insured capital		
601002	保险费风险—保险	Insurance-insured risks		
601003	保险费用	Insurance charges		D1
601003	保险费用	Insurance charges	(DD)	D2
601003	保险费用	Insurance costs	(FF)	D3

表 2（续）

代码	运费中文名称	运费英文名称	MI	DI
601003	保险或申报价格费	Insurance or declaration of value (charge for)	(20)	D4
601004	保险金	Insurance premium		
601005	保税仓库内货物保险费	Insurance on goods in bonded warehouse		
601006	保税仓库内货物火灾保险费	Insurance on goods in bonded warehouse-fire		
601007	保税仓库内货物其他风险保险费	Insurance on goods in bonded warehouse-other risks		
601008	U. M. C. 税	U. M. C. -Tax (Dunkirk)		
602000	**仓储保险费**	**WAREHOUSE INSURANCE CHARGES**		
602001	仓库火灾保险费	Warehouse insurance-fire		
602002	仓库其他风险保险费	Warehouse insurance-other risks		
602003	仓库火灾保险费	Warehouse insurance charges		
603000	**仓库租用费**	**WAREHOUSE RENT**		
603001	仓库租用费	Warehouse rent	(30)	
603002	超过规定免费期限继续留在转关区域货物的仓库租金	Warehouse rent on goods which have remained in the transit area over the allotted free period		
603003	每月每 cbm 仓库租用费或仓库局部租用费	Warehouse rent per cbm per month or part thereof		
603004	每周每 cbm 仓库租用费或仓库局部租用费	Warehouse rent per cbm per week or part thereof		
603005	每月仓库租用费或仓库局部租用费	Warehouse rent per month or part thereof		
603006	每月每包仓库租用费或仓库局部租用费	Warehouse rent per package per month or part thereof		
603007	每周每包仓库租用费或仓库局部租用费	Warehouse rent per package per week or part thereof		
603008	每月每吨仓库租用费或仓库局部租用费	Warehouse rent per ton per month or part thereof		
603009	每周每吨仓库租用费或仓库局部租用费	Warehouse rent per ton per week or part thereof		
603010	每周仓库租用费或仓库局部租用费	Warehouse rent per week or part thereof		
604000	**海关仓库租用费**	**CUSTOMS WAREHOUSE RENT**		
604001	海关货仓租用费	Customs warehouse rent	(FF)	D1
604001	仓库费用	Warehousing		D2
604001	仓库费用	Warehousing (charge for)		D3
604002	保税仓库使用费	Charges for the use of a bonded warehouse		

表 2（续）

代码	运费中文名称	运费英文名称	MI	DI
605000	**海关装卸附加费**	**HANDLING ASSISTANCE TO CUSTOMS**		
606000	**管理费**	**ADMINISTRATION FEE**		
606003	向海关提交及处理费用	Presentation (to customs) and handling charges	(FF)	D1
606003	向海关提交费	Presentation to customs		D2
606004	信用证限额手续费	Credit limitation fee		
606005	平衡税(敦刻尔克)	Equalization Tax (Dunkirk)		
606006	信用证限额费	Credit limitation		
606007	检验/海关结关时的监管费	Supervision during inspection/customs clearance		
606008	与价值有关的申报费	Expenses declaration related to the value		
606009	与交货有关的申报费	Expenses declaration related to the delivery		
607000	**备用金**	**DISBURSEMENT**		
607001	货到预付和已付费用(准备金/费用预付)	Charges prepaid and paid on delivery (disbursement/charges forward)	(FF)	D1
607001	备用金	Disbursements		D2
607001	发货人准备金	Shippers' disbursement	(30)	D3
608000	**备用金费用**	**DISBURSEMENT FEE**		
608001	预付费用	Advance fee		D1
608001	预付费用	Advance fee	(30)	D2
608001	预付佣金	Advanced money commission	(20)	D3
608001	预付佣金	Advanced money commission	(FF)	D4
608002	代收手续费	Collection fee disbursement		
608003	货到付款	Cash on delivery (charge for)	(20)	D1
608003	准备金	Disbursement collection fee	(10)	D2
608003	准备金	Disbursement collection fee	(30)	D3
608003	准备金	Disbursement collection fee	(40)	D4
608003	准备金	Disbursement fee		D5
609000	**超出费用**	**SURPLUS COST**		
609001	ATAF 总额	ATAF lumpsum		
609002	废弃费用	Abandoning charges		
609003	卡车运输后费用	After trucking charges		
609004	代理费用	Agent's charges		
609005	每月商定费用	Agreed charges per month		

表 2（续）

代码	运费中文名称	运费英文名称	MI	DI
609006	机场费用	Airport charges		
609007	场馆装卸费	Arrival hall handling		
609008	看管费	Attendant	(10)	D1
609008	看管费	Attendant	(DD)	D2
609008	动物看管费	Care of animals		D3
609008	动物看管费	Care of animals (charge for)	(20)	D4
609008	动物看管费	Live animals	(40)	D5
609009	银行(放行)费用	Bank (release) charges		
609010	银行放行手续费	Bank release		
609011	银行担保费	Bank guarantee charges		
609012	停泊费	Berthing dues		
609013	C. O. D金额(货到付款金额)	C. O. D. Amount		
609015	保证金	Caution fee		
609016	商会费用	Charges chamber of commerce		
609017	货车返空费	Charges for truck returning empty		
609018	发运人向海关或其他管理机构等候办理货物交付手续所发生的费用(参考 CIM3 (1)第 25 条)	Charges resulting from the fact of having to wait for the consignor to supply documents needed for the completion of formalities required by Customs or other authorities (cf. article 25/paragraph 3(1) of CIM)		
609019	发运人报关进口寄售单中某些项目不规范/不正确/不完全或没加空格而发生的费用(参考 CIM 第 18 条)	Charges resulting from the fact that the consignor has entered in the consignment note particulars which are irregular/incorrect/incomplete or not in the alloted spaces (cf. article 18 of CIM)		
609020	清洁车辆费	Cleaning of vehicle		
609022	保证放行货物信用预付款补偿	Compensation for advance of credit to secure release of goods		
609023	阿姆斯特丹/鹿特丹转运补偿费	Compensation forwarding Amsterdam/Rotterdam		
609024	发货人付收货费	Consignor-payment on delivery		
609025	发货人付收货费(已付)	Consignor-payment on delivery (charges forward)		
609026	集装箱装卸费	Container handling charge		
609027	核实费	Contradictory verification (charge for)		
609028	押运费	Convoying (charge for)		
609029	担保费	Costs for guarantees undertaken		
609030	在其他国完成服务的费用	Costs of services performed in other countries		

表 2（续）

代码	运费中文名称	运费英文名称	MI	DI
609031	包装或动物的计算或检疫费	Counting or inspection of packages or animals (charge for)	(20)	D1
609031	货物检查费	Examination of goods		D2
609032	结关前的货物检查费	Examination of goods before customs clearance	(FF)	D1
609032	货物专项检验费	Special supervision on cargo (charge for)		D2
609033	货物或长物品现场检验费	Examination on the spot of a cargo of long articles (charge for)		
609034	专用铁路货车现场检验费	Examination on the spot of railway wagons on private bogies (charge for)		
609035	超时特殊服务费	Exceptional services performed, overtime		
609036	机场交货价(FOA)费	FOA-charges		
609037	离岸条款全部费用	FOB oceanport charges-all in		
609038	支线船卸货栈附加费	Feeder addition discharging side		
609039	咨询费	Fees for consultancy		
609040	计量费	Fees for measurement		
609041	动植物检疫提交费	Fees for presentation for veterinary and/or phyto-sanitary examination	(FF)	D1
609041	清障费	Interference charges		D2
609042	检验费	Fees for survey		
609043	资金费用	Financial charges		D1
609043	国际货币转账担保人预付现金费用	Financial charges on cash advanced, for guarantees undertaken or for international currency transfers	(FF)	D2
609044	出口担保费	For guarantees undertaken for export		
609045	进口担保费	For guarantees undertaken for import		
609046	国际通用货币汇款	For international currency transfers		
609047	Forw. Resp. Cond. 费	Forw. Resp. Cond.		
609049	船方不负担装卸费减免	Free-in reduction		
609050	第三方承运人责任保险	Freight forwarders' liability insurance		
609051	到港至卡车交货，包括 1 个月的堆存费	From CIF oceanport till free on truck, incl. 1 month warehouse rent		
609052	远洋港到港至仓库交货价	From CIF oceanport till stored in warehouse		
609053	贵金属保证和鉴定费	Guarantees and assay fees on precious metals		
609054	蔽光罩费	Heli-charges survival suit		
609055	冷冻或再冷冻费	Icing or re-icing (charge for)		

表 2（续）

代码	运费中文名称	运费英文名称	MI	DI
609056	检查费	Inspection charges		D1
609056	植物检疫费	Inspection charges / phyto-sanitary dues	(FF)	D2
609056	卫生、动植物检疫费	Sanitary, veterinary, phyto-sanitary inspection	(30)	D3
609057	检查费用(事故)	Inspection charges (AID)		
609058	交货付款利息	Interest in delivery (charge for)		
609059	车轴变更费	Change of axel (charge for)		
609060	灯塔费	Light dues		
609061	本地搬运入库费	Local haulage to warehouse		
609062	总额	Lumpsum		
609063	舱单费用	Manifest charges		
609064	人力税(波尔多)	Manpower Tax (Bordeaux)		
609065	货方自己接运费	Merchant haulage		
609067	其他费—代理人费	Miscellaneous-Due Agent		
609068	其他费—承运人费	Miscellaneous-Due Carrier		
609069	其他费—实际承运人费	Miscellaneous-Due Issuing Carrier		
609070	其他费—最终承运人费	Miscellaneous-Due Last Carrier		
609071	其他费—不确定费用	Miscellaneous-Unassigned		
609072	存货提取费	Orderpicking		
609073	收取收货人的其他费用	Other charges to be collected from the consignee		
609074	到货付款	Paid on arrival		
609075	植物检疫费	Phyto-sanitary dues		
609077	引航费	Pilotage		
609078	港口建设费	Port improvement charge		
609079	邮资	Postal charges		
609080	装运前期费用	Pre shipment charges		
609081	卡车运输前费用	Pre trucking charges		
609082	预付费	Prepaid charges		
609083	铁路段代理费	Rail journey		
609084	铁路使用费	Railroad usage charge		
609085	火车站费用	Railway station charges		
609087	代收费用汇款手续费(FRC)	Remit Following Collection Fee (FRC)		
609088	请求自由通行费	Request free pass		

表 2（续）

代码	运费中文名称	运费英文名称	MI	DI
609089	特权费	Royalties		
609090	货物转运保险证书/货物保险证书	SVS/RVS		
609091	安全费	Safe costs		
609092	保密和监管费	Security and surveillance charges		
609093	部分早期放行费	Separate Early Release		
609094	中转区域内存货超过货物免费期的货棚/码头租费	Shed/quay rent on goods which have remained in the transit area over the allotted free period		
609095	棚屋租用费	Shed rent sea shed		
609096	货运费	Shipping charges		
609097	理舱费减免	Shipping stowage reduction		
609098	签字费	Signature Service		
609099	起吊装置折扣	Sling discount		
609100	特殊回扣费	Special commission rebate		
609101	承运人费用	Courier charges		
609102	中止运输费	Stop in transit		
609103	收取收货人的其他费用	Sums collected by other administrative authorities		
609104	运输超级监管费	Superintending charges on shipment		
609105	附加费用	Supplementary charges		
609106	液体舱清洁费	Tankcleaning charges		
609107	码头/场站费	Terminal fee		
609111	卡车运输折扣	Trucking discount		
609112	不确定费用	Unassigned		
609113	不可预见费	Unknown charges		
609115	从价运费	Valuation charges		
609116	动物检疫费	Veterinary fees		
609117	码头费	Wharfage fee		
609118	码头船舶吨费	Wharfage tonnage dues		
609119	收费	Collection (charge for)		
609120	分票服务费	Distribution service fee		
609122	预付现金	On cash advanced		
609123	银行手续费	Bank charges		
609124	货棚租用费	Shed rent		

表 2（续）

代码	运费中文名称	运费英文名称	MI	DI
609125	卡车运费	Trucking		
609126	从目的地发出或发往目的地的整车货载的重新转运费	Charges for reforwarding complete wagonloads emanating from or going to destination		
609128	其他辅助费用	Other ancillary charges		
609129	根据 CIM 第 6 章第 9 条的其他费用	Other expenses (according to Art. 6, paragraph 9 of the CIM)		
609130	收取收货人其他费用	Other charges to be collected from consignee		
609131	清洁或消毒费	Cleaning or desinfection charge		
609132	工人雇佣费	Hire of workers		
609133	计划员工作附加费	Additional planner work		
609134	星期日加班附加费	Supplementary charges for Sundays		
609135	特殊翻装附加费	Supplementary charges for special shift		
609136	电话费	Telephone costs		
609137	20 英尺集装箱清扫费	Sweeping 20 feet container		
609138	40 英尺集装箱清扫费	Sweeping 40 feet container		
609139	清扫后垃圾处理费	Disposal of rubbish after sweeping		
609140	充气棚使用费	Use of shed space for gasifying		
609141	危险品事故处理费	Accident procedures when dangerous goods		
609142	危险品事故处理额外费用	Extras used in accident procedures when dangerous goods		
609143	先前的运输费	Former transport charges		
609144	45 英尺集装箱清扫费	Sweeping 45 feet container		

4.3 按运费英文名称字母顺序排列的运费代码

表 3 中给出了按照运费的英文名称字母顺序排列的运费代码。

表 3 按运费英文名称字母顺序排列的运费代码

代码	运费英文名称	运费中文名称	MI	DI
100000	**FREIGHT CHARGES**	**运费**		
100999	All freight charges	所有运费		
101000	**BASIC FREIGHT**	**基本运费**		
101015	Accumulated FCL maximum	整箱货累计最高运费		
101014	Accumulated FCL minimum	整箱货累计最低运费		
101013	Accumulated freight	累计运费		
101021	Air freight	空运费	(FF)	D1
101021	All-in Ocean Freight	包干海运费	(10)	D2
101002	Arbitrary basis freight	专项基本运费		

表 3（续）

代码	运费英文名称	运费中文名称	MI	DI
101021	Basic price according to transport tariff	运价表基本运费	(30)	D3
101021	Basic transport cost	基本运输费用		D4
101040	Change of destination fee	目的地变更费		
101027	Charges incoming AWB	计入空运单的费用		
101059	Collection ex house, movement including any urban area transport congestion surcharge	上门收货运费，包括任何城市地区运输交通拥挤附加费		
101050	Compensation for deck cargo	舱面货物补偿费		
101051	Compensation for tarpaulins	帆布补偿费		
101024	Contract price	合同价		
101046	Cost increase charge	成本增加费用		
101056	Cost of transportation (sea, inland waterways, or air freight, or overland carriage)	运输成本(海运、内陆水运、空运或陆路运输)		
101016	Declared value charge	从价运费		
101038	Exceed maximum	超量货物最高运费		
101010	Excess freight	超量货物运费		
101011	Excess freight over FCL minimum	超过整箱货最低计费金额货量的运费		
101033	Extra for FCL-minimum	整箱货最低额外附加费		
101052	Extra for separation in different holds	分舱附加费		
101045	Extra to reach consolidated container minimum	达到最低拼箱货运费的额外费用		
101018	FCL maximum all measurement	全部按体积计费的整箱货最高运费		
101020	FCL maximum mixed weight measure	按重量体积混合计费的整箱货最高运费		
101019	FCL maximum multi rate measurement	按体积以多重费率计费的整箱货最高运费		
101009	FCL minimum revenue shortfall	亏舱整箱货最低收入		
101021	Freight all kinds	综合运费	(FF)	D5
101047	Freight ex border	跨境运费		
101012	Freight free	免收的运费		
101029	Freight till border	运费付至边境		
101031	Human remains	人类遗体运费		
101036	Inland freight destination	目的地内陆运费		
101035	Inland freight origin	启运地内陆运费		

表 3（续）

代码	运费英文名称	运费中文名称	MI	DI
101043	Inland freight truck	内陆卡车运费		
101041	Inland freight rail	内陆铁路运费		
101044	Intermodal freight	多式联运运费		
101053	Lying idle and/or sailing-followed by sailing	滞留和/或开航-随后开航费		
101054	Lying idle and/or sailing-if not followed by sailing	滞留和/或开航-随后不开航费		
101017	Maximum freight	最高运费		
101003	Minimum freight	最低运费		
101004	Minimum freight Bill of Lading	提单最低运费		
101007	Minimum freight FCL cargo	整箱货最低运费		
101006	Minimum freight LCL cargo	拼箱货最低运费		
101005	Minimum ocean freight supplement	最低海运费补差		
101039	Option fee	选卸费		
101028	Rail charges	铁路费用		
101021	Rate	费率	(20)	D6
101021	Rate	费率	(40)	D7
101058	Road transport, delivery to free house, including any urban area congestion surcharge	公路运费，交货到门，包括任何城市地区交通拥挤附加费		
101021	Seafreight	海运费	(DD)	D8
101061	Security charge export	出口安全费		
101060	Security charge import	进口安全费		
101034	Special cargo freight additional	特种货物运费附加费		
101022	Special freight supplement	特别附加运费		
101048	Standard freight I	标准运费 I		
101049	Standard freight II	标准运费 II		
101008	Supplement to minimum FCL freight	整箱货最低运费补差		
101037	Through freight	联运运费		
101057	Transport-rail, road, water	运输费-铁路、公路、水路		
101042	Zone transport charges	区段运输费用		
102000	**FREIGHT CHARGE ALLOWANCE**	**运费折让**		
102003	Allowance-container	集装箱折让		
102006	Allowance-groupage	成组运输货物折让		
102005	Allowance-LCL	拼箱货折让		

表 3（续）

代码	运费英文名称	运费中文名称	MI	DI
102004	Allowance-pallet	托盘折让		
102002	Allowance-wool	毛织品折让		
102042	Commissions	佣金		
102041	Container reduction	集装箱费用减免		
102018	Discount-accumulated	累计折扣		
102019	Discount-accumulated FCL	累计整箱货折扣		
102027	Discount-CCV	CVV 折扣		
102030	Discount-charity	捐赠折扣		
102016	Discount-chemical contract	化工产品合同折扣		
102011	Discount-contract	合同折扣		
102025	Discount-FCL	整箱货折扣		
102026	Discount-groupage	成组运输货物折扣		
102013	Discount-high commission	高额佣金折扣		
102021	Discount-on extra length additional	超长附加费折扣		
102020	Discount-on heavy lift additional	重吊附加费折扣		
102024	Discount-on out of gauge additional	按超标附加费折扣		
102022	Discount-on over height additional	超高附加费折扣		
102023	Discount-on over width additional	超宽附加费折扣		
102015	Discount-potato/onion	土豆/洋葱折扣		
102014	Discount-product	产品折扣		
102029	Discount-special heavy lift	专用重吊折扣		
102012	Discount-special project	特别项目折扣		
102028	Discount-temporary	临时折扣		
102017	Discount-tractor	拖拉机折扣		
102051	FCL abatement	整箱货运费减免		
102052	FCL abatement repayment	整箱货运费减免返还款项		
102043	Forwarding Agents' Commission	货运代理人佣金		D1
102044	Forwarding Agents' Commission-Deferred	货运代理人佣金-预留		
102043	Forwarding commission	货运佣金	(FF)	D2
102047	Measurement reduction	体积扣减		
102049	Pallet/skid reduction	托盘/货架扣减		
102045	Performance bonus	奖金		
102087	Rebate-charity	捐赠回扣		
102079	Rebate-conference project	会议项目回扣		
102072	Rebate-contract	合同回扣		

表 3（续）

代码	运费英文名称	运费中文名称	MI	DI
102073	Rebate-deferred	延期回扣		
102084	Rebate-direct on collect seafreight	回扣-直接按到付海运费		
102081	Rebate-direct on oncarrying freight	回扣-直接按续运运费		
102082	Rebate-direct on seafreight	回扣-直接按海运费		
102070	Rebate-immediate	回扣-立即支付		
102075	Rebate-loyalty	信用回扣		
102086	Rebate-minimum pallet/unit/skid	托盘/成组/货架的最小回扣		
102085	Rebate-on loadingcosts	回扣-按装货费		
102077	Rebate-oncarriage wool	续运毛织品回扣		
102080	Rebate-special	特别回扣		
102076	Rebate-special commodity	特殊商品回扣		
102074	Rebate-special deferred	特别回扣-预留		
102083	Rebate-special direct	特别回扣-直接		
102071	Rebate-special immediate	特别回扣-立即支付		
102078	Rebate-wool shippers	毛织品发货人回扣		
102050	Sea freight reduction	海运费扣减		
102088	Unofficial allowance	非正式折让		
102046	Unspecified reduction	未列明扣减		
103000	**FREIGHT CHARGE ADJUSTMENT**	**运费调节费**		
103012	Bad weather surcharge	恶劣气候附加费		
103001	BAF	燃油调节费		
103004	BAF on-carriage	续运燃料调节费		
103002	BAF pre-carriage	前程运输燃料调节费		
103003	BAF sea freight	海运燃料调节费		
103005	Bunker adjustment rebate	燃油调整的回扣		
103016	Bunker surcharge	燃料附加费		
103008	Bunker/fuel surcharge	燃料/燃油附加费		
103006	CAF	货币调节费		
103015	CAF/BAF	货币调节费/燃油调节费		
103007	Currency adjustment rebate	货币调节费回扣		
103013	Currency devaluation surcharge	货币贬值附加费		
103017	Energy surcharge	能源附加费		

表 3（续）

代码	运费英文名称	运费中文名称	MI	DI
103019	Freight surcharge	额外运费		
103018	Freight surcharge (sea or inland waterways)	货运附加费(海运或内河)		
103011	Reduction on basic price	基准价格扣减		
103009	Surcharge	附加费		
103010	Surcharge on basic price	基准价格附加费		
104000	**FREIGHT CHARGES ADDITIONAL**	**运费附加费**		
104032	Additional dunnaging charge	衬垫附加费		
104081	Additional for extra labour due to type of goods	因货物类型导致额外人工附加费		
104071	Additional for extra loading/discharging sites	计划外装卸地点附加费		
104072	Additional for extra sailing/detention cost	计划外航行/滞留附加费		
104073	Additional for loading/unloading at special places	特殊地点装/卸附加费		
104074	Additional for low water	浅吃水附加费		
104080	Additional for vermin, stench, dirt	虫害、异味、污物附加费		
104075	Additional for waterways with limited draught	吃水限制航道附加费		
104077	Additional on tariff for special goods	按运价本计算的特种货物附加费		
104076	Additional on weight for special goods	按重量计算的特种货物附加费		
104078	Additional on weight for voluminous goods	按重量计算的大件货物附加费		
104079	Additional per WT for dangerous goods; extra work	危险货物每重量吨的额外工作附加费		
104160	Advance of funds	预付款		
104106	Arbitrary charge/differential	专项费用/差额		
104045	Area additional	地区附加费		
104107	Australian shore costs	澳大利亚海岸费用		
104109	Break of journey (charge for)	中断航程费		
104108	BSR differential	基本服务费率差异		
104111	Call charges	停靠费		
104112	Canadian terminal service charge	加拿大码头服务费		
104113	Canal charges, tolls, etc.	运河通行费用		
104114	Cartage	货车运费		
104002	Cartage and labour	运送和人工费		
104115	Change of delivery status charge	交货状况变更费		
104116	Charges collect fee	收费手续费		
104118	Chilean mercantile marine tax	智利商船税		

表 3（续）

代码	运费英文名称	运费中文名称	MI	DI
104110	CMR letter of freight	CMR 货运单费		
104119	Collection fee seafreight	海运费收取手续费		
104120	Commodity service charge	商品服务费		
104083	Compensation for actual sailing in overtime	实际航行超时补偿费		
104082	Compensation for willingness to sail in overtime	计划航行超时补偿费		
104010	Compensation inland freight	补偿内陆运费		
104059	Congestion surcharge	外港拥挤附加费		
104121	Container rental	集装箱租用费		
104025	Container service charge	集装箱服务费		
104024	Container usage charge	集装箱使用费	(DD)	D1
104024	Container utilization charge	集装箱使用费		D2
104201	Costs for crossing the channel tunnel	(英吉利)海峡跨海隧道通行费		
104135	Crane charge	起重机费	(11)	D1
104124	Customs clearance charges	海关清关手续费		
104125	Demurrage	滞期费		D1
104127	Demurrage and/or standage charges for vehicles (lorries or rail trucks) or containers	车辆(卡车或铁路货车)或集装箱滞期和/或停留费		
104125	Demurrage charges	滞期费	(DD)	D2
104125	Demurrage costs	滞期费	(10)	D3
104129	Destination depot service charge	目的地堆场服务费		
104130	Destination fees	目的地费用		
104012	Destination port additional	目的港附加费		
104131	Destination port service charge	目的港服务费		
104132	Detention charges	超期滞留费		
104015	Direct call additional	直挂附加费		
104056	Direct outport additional	直挂偏僻港附加费		
104038	Drop-off Charge	集装箱卸车费		
104046	East mediterranean surcharge	东地中海附加费		
104044	Emergency surcharge	紧急附加费		
104134	Equipment additional	设备附加费		
104135	Equipment charge	设备费用		D2
104028	Equipment demurrage	设备超期使用费		

表 3（续）

代码	运费英文名称	运费中文名称	MI	DI
104037	Equipment detention charge	设备扣留费		
104029	Equipment transfer charge destination	目的地设备转运费		
104027	Equipment transfer charge origin	启运地设备转运费		
104006	Extra length additional	超长附加费		
104036	FCL additional	整箱货附加费		
104070	FCL port service charge	整箱货港口服务费		
104136	Feeder additional	支线船运输附加费		
104102	Ferry charges	轮渡费		D1
104102	Ferry-boat crossing or maritime crossing (charge for)	内河或海运轮渡费	(20)	D2
104137	Forwarding (from/to)	接转费(从/到)	(FF)	D1
104137	Forwarding at origin or destination	启运地或目的地接转费	(10)	D2
104137	Forwarding charges	接转运输费		D3
104138	Free house charges	交货到门费		D1
104157	Freight collection fee	运费收取手续费		
104139	Fumigation	熏蒸费		D1
104139	Fumigation	熏蒸费	(FF)	D2
104139	Fumigation (due to vermin in cargo)	熏蒸费(由于货物中有虫害)	(80)	D3
104139	Fumigation fee	熏蒸费	(10)	D4
104140	General Average (consignor's appointment)	共同海损(发货人的约定)		
104141	Genoa port differential	热那亚港口运费率差		
104142	Great Lakes additional	北美洲五大湖附加费		
104162	Harbour dues	港口费		
104004	Heavy lift additional	重吊附加费		D1
104004	Heavy lift charges	重吊费用	(FF)	D2
104084	Ice risk arrangment	封冻水域风险处理费		
104145	In-bond charge	入境费		
104146	Inland drayage	内陆搬运费		
104148	Interchange fee	换装费		
104150	Landing charge	卸货费		
104030	LCL additional	拼箱货附加费		
104149	LCL and breakbulk service charge	拼箱货和散件服务费		
104069	LCL port service charge	拼箱货港口服务费		

表 3（续）

代码	运费英文名称	运费中文名称	MI	DI
104031	LCL service charge	拼箱货服务费		
104068	LCL service charge destination	目的地拼箱货服务费		
104055	LCL service charge origin	启运地拼箱货服务费		
104151	Lift-On Lift-Off Charges	上下吊装费		
104152	Lighterage	驳运费		
104153	Local drayage	本地搬运费		
104154	Meat transit storage levy	肉类转运贮存税		
104155	Mexican taxes	墨西哥税		
104156	Montreal tailgate charge	蒙特利尔过闸费		
104003	Non-conference surcharge	非公会附加费		
104138	Optional destination fee	目的地选择费	(10)	D2
104158	Optional port surcharge	选港附加费		
104013	Origin port additional	启运港附加费		
104052	Other charges	其他费用	(FF)	D1
104159	Other costs not specified	未列明的其他费用	(20)	D1
104052	Other supplementary charges not specified	其他未列明的追加费用		D2
104009	Out of gauge additional	超标附加费		
104159	Out of pocket costs	现金支付的费用		D2
104014	Outport additional	港外附加费		
104007	Over height additional	超高附加费		
104008	Over width additional	超宽附加费		
104161	Overtime	超时费		
104144	Pallet additional	托盘附加费		D1
104163	Panama canal charges	巴拿马运河附加费		
104164	Plugging-in fee	通电费		
104165	Port additional	港口附加费		
104063	Port charges	港口费用		
104166	Port commodity tariff	港口货物装卸费率		
104167	Port liner terminal charges	港口班轮码头费		
104168	Port liner terms charge	班轮条款港口费用		
104169	Port service charge	港口服务费		
104060	Port surcharge	港口附加费		

表 3（续）

代码	运费英文名称	运费中文名称	MI	DI
104170	Portuguese tax	葡萄牙税		
104064	Primage	运费补贴		
104085	Range additional	航程附加费		
104172	Renumeration for shippers' owned equipment	发货人自有设备重新编号费		
104173	Ro-Ro terminal handling charge	码头/场站滚装作业费		
104104	Scale fees	度量费		
104175	South-america tax	南美税		
104176	Spanish tax	西班牙税		
104135	Special equipment charge	特种设备费	(10)	D3
104177	Specific commodity charge	特殊商品费		
104178	Specific port/country additional	特定港口/国家附加费		
104039	SQS Unpacking	SQS 拆包费		
104179	St. Lawrence seaway charges	圣劳伦斯航道费		
104125	Stabling or demurrage of wagons (charge for)	货车(驻留或)滞期费		D4
104180	Subagent commission france	法国分代理佣金		
104181	Suez surcharge	苏伊士运河附加费		
104182	Swedish light dues	瑞典灯塔费		
104183	Tank/bag cleaning charge	罐/袋清理费		
104185	Transfercharge for heavy articles	重大件换车费		
104186	Transhipment additionals	转运附加费		
104011	Transhipment charges	中转费用		
104188	Transhipment costs	转运费		
104005	Transhipment heavy lift additional	转船重吊货附加费		
104016	Transhipment or transfer (charge for)	转船或中转费		
104189	Transit	中转费		
104190	Transit charges	中转费用		
104202	Transport between terminals	码头/场站间运输费		
104191	Transportcharges free domicile cleared	到指定地点的运输费用已结清		
104192	Transportcharges free domicile uncleared	到指定地点的运输费用未结清		
104193	Transportcharges to border	运至边界运输费用		
104194	Transportcharges to depot	运至堆场运输费用		
104195	Uncontainerized port charge	非箱货港口费		

表 3（续）

代码	运费英文名称	运费中文名称	MI	DI
104052	Unspecified Additionals	未列明附加费		D3
104052	Unspecified charges	未列明费用	(DD)	D4
104024	Use of container (charge for)	集装箱使用费	(20)	D3
104135	Use of loading tackle/lifting device (charge for)	装货吊具/起吊装置使用费	(20)	D4
104144	Use of pallets (charge for)	托盘使用费	(20)	D2
104144	Use of sheet (charge for)	苫布使用费	(20)	D3
104196	Utilization allowance	使用折让		
104197	Vanning and dumping charge	车辆搬运和倾卸费		
104042	War risk additional	战争险附加费		
104198	War risk surcharge	战争风险附加费		
104043	War surcharge	战争附加费		
104041	Warlike operations additional	准战争状态作业附加费		
104199	Wharfage	码头使用费		
104200	Wool overflow charge	毛织品轻泡费		
105000	**PRE-CARRIAGE CHARGE**	**前程运输费用**		
105015	FCL packing	整箱货装箱费		
105018	Handover charge pre-carriage	前程运输交接费		
105016	LCL packing	拼箱货装箱费		
105012	Origin depot additional	启运地堆场附加费		
105017	Origin zone transport charge	启运地区段运输费用		
105007	Pre-Carriage air	前程运输的航空运费		
105009	Pre-Carriage fuel surcharge	前程运输燃油附加费		
105004	Pre-Carriage haulage charges	前程运输拖运费		
105010	Pre-Carriage port costs	前程运输港口费用		
105005	Pre-Carriage rail	前程运输的铁路运费		
105006	Pre-Carriage road	前程运输的公路运费		
105002	Pre-Carriage sea freight	前程运输的海运费		
105020	Precarrying freight	前程运输运费		
105013	Pre-Shipment charge	装运前费用		
105014	Pre-Shipment charge-wool	装运前费用-羊毛		
105001	Transhipment charge precarriage	前程运输转运费		
105003	Unspecified freight additional precarriage sea	未列明的前程海运运费附加费		

表 3（续）

代码	运费英文名称	运费中文名称	MI	DI
106000	**ON-CARRIAGE CHARGE**	**续运运输费用**		
106015	Delivery and zone charge wool	毛织品交货和地区费用		
106014	Destination zone transport charge	目的地区段运输费用		
106012	FCL unpacking	整箱货集装箱拆箱费		
106016	Handover charge on-carriage	续运运输交付费		
106011	LCL unpacking	拼箱货集装箱拆箱费		
106013	LCL wool unpacking charge	毛织品拼箱货集装箱拆箱费		
106007	On-Carriage air	续运运输的航空运费		
106008	On-Carriage fuel surcharge	续运运输燃油附加费		
106004	On-Carriage haulage charge	续运托运费		
106009	On-Carriage port costs	续运运输港口费用		
106005	On-Carriage rail	续运运输的铁路运费		
106006	On-Carriage road	续运运输的公路运费		
106002	On-Carriage sea freight	续运运输的海运费		
106018	Oncarrying freight	续运运输运费		
106010	Post shipment charge	装运后的费用		
106001	Transhipment charge-oncarriage	续运转运费		
106003	Unspecified freight additional oncarriage sea	未列明的海运运费附加费		
107000	**DANGEROUS GOODS ADDITIONAL CHARGES**	**危险品附加费用**		
107001	Dangerous goods additional	危险品附加费		D1
107001	Dangerous goods fee	危险品费	(FF)	D2
107002	Safety person (dangerous goods)	危险品安保人员费		
108000	**SPECIAL TRANSPORT ADDITIONAL CHARGES**	**特种运输附加费**		
108006	Charge for out of-gauge consignments	托运货物超规格费		
108003	Charge for use of special wagon, for example well-wagon	特种货车(例如井状台车/凹底平车)使用费		
108005	Charge for use of trucks/carrying bogies	转向架/台车使用费		
108004	Cost of carriage by special train	专列火车运输费		
108001	Hanging garment rack fee	服装挂架费		
108002	Special container additional	特种集装箱附加费		
109000	**HEATING ADDITIONAL CHARGES**	**保温附加费**		
109001	Container heating additional	集装箱保温附加费		

表 3（续）

代码	运费英文名称	运费中文名称	MI	DI
110000	**COOLING ADDITIONAL CHARGES**	**冷藏附加费**		
110003	Insulated container days between first/last day export	出口保温集装箱第一天至最后一天的费用		
110004	Insulated container days between first/last day import	进口保温集装箱第一天至最后一天的费用		
110005	Insulated container first/last day export	出口保温集装箱第一天/最后一天费用		
110006	Insulated container first/last day import	进口保温集装箱第一天/最后一天费用		
110008	Interfrigo mechanically-refrigerated wagon charge	国际铁路冷藏运输协会(Interfrigo)机械制冷货车费		
110007	Mechanically refrigerated wagon charge, other than Interfrigo	机械制冷货车费,国际铁路冷藏运输协会(Interfrigo)除外		
110001	Reeferconnection electric-cont/days export	按天计收的出口冷藏箱电费		
110002	Reeferconnection electric-cont/days import	按天计收的进口冷藏箱电费		
110009	Reeferconnection electric-first or last day export	出口冷藏箱第一天或最后一天的电费		
110010	Reeferconnection electric-first or last day import	进口冷藏箱第一天或最后一天的电费		
110011	Reeferconnection electric for shifted containers	移位冷藏箱电费		
200000	**GOODS HANDLING CHARGES**	**货物装卸费**		
200999	All goods handling charges	货物装卸总费用		
202000	**HANDLING EQUIPMENT HIRE CHARGES**	**装卸设备租用费**		
202012	Unit load device	航空集装箱租用费	(FF)	
202004	Use of 01-ton forktruck	1 吨叉车使用费		
202005	Use of 02.5 ton forktruck	2.5 吨叉车使用费		
202006	Use of 05-ton forktruck	5 吨叉车使用费		
202007	Use of 10-ton forktruck	10 吨叉车使用费		
202009	Use of 20 feet terminal chassis	20 英尺码头/场站底盘车使用费		
202010	Use of 40 feet terminal chassis	40 英尺码头/场站底盘车使用费		
202013	Use of 45 feet terminal chassis	45 英尺码头/场站底盘车使用费		
202001	Use of containercrane	集装箱吊车使用费		
202011	Use of heavy tugmaster	重型拖轮使用费		
202008	Use of railway gantry	铁路龙门吊使用费		
202003	Use of tugmasters	拖轮使用费		

表 3（续）

代码	运费英文名称	运费中文名称	MI	DI
202002	Use of vancarriers	车辆运输车使用费		
203000	**LOADING CHARGES**	**装货费**		
203005	Loading 20 feet container empty DS/SS	远洋/近海 20 英尺空箱装货费		
203143	Loading 20 feet container empty into barge-additional charges	20 英尺空箱的驳船装货附加费		
203016	Loading 20 feet container empty on feeders	20 英尺空箱的支线船装货费		
203136	Loading 20 feet container full dangerous goods on feeders	20 英尺危险品重箱的支线船装货费		
203012	Loading 20 feet container full on feeders	20 英尺重箱的支线船装货费		
203139	Loading 20 feet container full with overheight/overwide into barge	20 英尺重箱的驳船装货费，内装超高超宽货物		
203135	Loading 20 feet container full with overheight/overwide on feeders	20 英尺重箱的支线船装货费，内装超高超宽货物		
203027	Loading 20 feet container into barge empty	20 英尺空箱的驳船装货费		
203023	Loading 20 feet container into barge full	20 英尺重箱的驳船装货费		
203140	Loading 20 feet container into barge full-additional charges	20 英尺重箱的驳船装货附加费		
203175	Loading 20 feet containers empty DS/SS main vessel to main vessel	远洋/近海 20 英尺空箱干线船到干线船装货费		
203187	Loading 20 feet containers empty DS/SS main vessel to main vessel in overtime	远洋/近海 20 英尺空箱干线船到干线船超时装货费		
203178	Loading 20 feet containers empty feeder vessel to main vessel	20 英尺空箱支线船到干线船装货费		
203190	Loading 20 feet containers empty feeder vessel to main vessel in overtime	20 英尺空箱支线船到干线船超时装货费		
203001	Loading 20 feet containers full DS/SS	远洋/近海 20 英尺重箱装货费		
203150	Loading 20 feet containers full DS/SS main vessel to main vessel	远洋/近海干线船到干线船的 20 英尺集装箱重箱装货费		
203181	Loading 20 feet containers full DS/SS main vessel to main vessel in overtime	远洋/近海 20 英尺重箱干线船到干线船超时装货费		
203147	Loading 20 feet containers full DS/SS with dangerous goods	远洋/近海 20 英尺危险品重箱装货费		
203149	Loading 20 feet containers full DS/SS with flats/platform	远洋/近海 20 英尺板架/平台式集装箱重箱装货费		
203148	Loading 20 feet containers full DS/SS with overheight/overwide	远洋/近海 20 英尺重箱装货费，内装超高超宽货物		
203172	Loading 20 feet containers full feeder vessel to main vessel	20 英尺重箱支线船到干线船装货费		

表 3（续）

代码	运费英文名称	运费中文名称	MI	DI
203184	Loading 20 feet containers full feeder vessel to main vessel in overtime	20英尺重箱支线船到干线船超时装货费		
203006	Loading 30 feet container empty DS/SS	远洋/近海30英尺空箱装货费		
203017	Loading 30 feet container empty on feeders	30英尺空箱的支线船装货费		
203013	Loading 30 feet container full on feeders	30英尺重箱的支线船装货费		
203028	Loading 30 feet container into barge empty	30英尺空箱的驳船装货费		
203024	Loading 30 feet container into barge full	30英尺重箱的驳船装货费		
203002	Loading 30 feet containers full DS/SS	远洋/近海30英尺重箱装货费		
203007	Loading 35 feet container empty DS/SS	远洋/近海35英尺空箱装货费		
203018	Loading 35 feet container empty on feeders	35英尺空箱的支线船装货费		
203014	Loading 35 feet container full on feeders	35英尺重箱的支线船装货费		
203029	Loading 35 feet container into barge empty	35英尺空箱的驳船装货费		
203025	Loading 35 feet container into barge full	35英尺重箱的驳船装货费		
203003	Loading 35 feet containers full DS/SS	远洋/近海35英尺重箱装货费		
203008	Loading 40 feet container empty DS/SS	远洋/近海40英尺空箱装货费		
203144	Loading 40 feet container empty into barge-additional charges	40英尺空箱的驳船装货附加费		
203019	Loading 40 feet container empty on feeders	40英尺空箱的支线船装货费		
203138	Loading 40 feet container full dangerous goods on feeders	40英尺危险品重箱的支线船装货费		
203015	Loading 40 feet container full on feeders	40英尺重箱的支线船装货费		
203141	Loading 40 feet container full with overheight/overwide into barge	40英尺重箱的驳船装货费，内装超高超宽货物		
203137	Loading 40 feet container full with overheight/overwide on feeders	40英尺重箱的支线船装货费，内装超高超宽货物		
203030	Loading 40 feet container into barge empty	40英尺空箱的驳船装货费		
203026	Loading 40 feet container into barge full	40英尺重箱的驳船装货费		
203142	Loading 40 feet container into barge full-additional charges	40英尺重箱的驳船装货附加费		
203176	Loading 40 feet containers empty DS/SS main vessel to main vessel	远洋/近海40英尺空箱干线船到干线船装货费		
203188	Loading 40 feet containers empty DS/SS main vessel to main vessel in overtime	远洋/近海40英尺空箱干线船到干线船超时装货费		
203179	Loading 40 feet containers empty feeder vessel to main vessel	40英尺空箱支线船到干线船装货费		

表 3（续）

代码	运费英文名称	运费中文名称	MI	DI
203191	Loading 40 feet containers empty feeder vessel to main vessel in overtime	40 英尺空箱支线船到干线船超时装货费		
203004	Loading 40 feet containers full DS/SS	远洋/近海 40 英尺重箱装货费		
203154	Loading 40 feet containers full DS/SS main vessel to main vessel	远洋/近海干线船到干线船的 40 英尺集装箱重箱装货费		
203182	Loading 40 feet containers full DS/SS main vessel to main vessel in overtime	远洋/近海 40 英尺重箱干线船到干线船超时装货费		
203151	Loading 40 feet containers full DS/SS with dangerous goods	远洋/近海 40 英尺危险品重箱装货费		
203153	Loading 40 feet containers full DS/SS with flats/platform	远洋/近海 40 英尺板架/平台式集装箱重箱装货费		
203152	Loading 40 feet containers full DS/SS with overheight/overwide	远洋/近海 40 英尺重箱装货费，内装超高超宽货物		
203173	Loading 40 feet containers full feeder vessel to main vessel	40 英尺重箱支线船到干线船装货费		
203185	Loading 40 feet containers full feeder vessel to main vessel in overtime	40 英尺重箱支线船到干线船超时装货费		
203156	Loading 45 feet container empty DS/SS	远洋/近海 45 英尺集装箱空箱装货费		
203165	Loading 45 feet container empty into barge-additional charges	45 英尺空箱驳船装货附加费		
203158	Loading 45 feet container empty on feeders	45 英尺集装箱空箱的支线船装货费		
203162	Loading 45 feet container full dangerous goods on feeders	45 英尺危险品重箱的支线船装货费		
203157	Loading 45 feet container full on feeders	45 英尺集装箱重箱的支线船装货费		
203163	Loading 45 feet container full with overheight/overwide into barge	45 英尺重箱的驳船装货费，内装超高超宽货物		
203161	Loading 45 feet container full with overheight/overwide on feeders	45 英尺重箱的支线船装货费，内装超高超宽货物		
203160	Loading 45 feet container into barge empty	45 英尺空箱驳船装货费		
203159	Loading 45 feet container into barge full	45 英尺重箱驳船装货费		
203164	Loading 45 feet container into barge full-additional charges	45 英尺重箱驳船装货附加费		
203177	Loading 45 feet containers empty DS/SS main vessel to main vessel	远洋/近海 45 英尺空箱干线船到干线船装货费		
203189	Loading 45 feet containers empty DS/SS main vessel to main vessel in overtime	远洋/近海 45 英尺空箱干线船到干线船超时装货费		

表 3（续）

代码	运费英文名称	运费中文名称	MI	DI
203180	Loading 45 feet containers empty feeder vessel to main vessel	45 英尺空箱支线船到干线船装货费		
203192	Loading 45 feet containers empty feeder vessel to main vessel in overtime	45 英尺空箱支线船到干线船超时装货费		
203155	Loading 45 feet containers full DS/SS	远洋/近海 45 英尺集装箱重箱装货费		
203169	Loading 45 feet containers full DS/SS main vessel to main vessel	远洋/近海干线船到干线船的 45 英尺集装箱重箱装货费		
203183	Loading 45 feet containers full DS/SS main vessel to main vessel in overtime	远洋/近海 45 英尺重箱干线船到干线船超时装货费		
203166	Loading 45 feet containers full DS/SS with dangerous goods	远洋/近海 45 英尺危险品重箱装货费		
203168	Loading 45 feet containers full DS/SS with flats/platform	远洋/近海 45 英尺板架/平台式集装箱重箱装货费		
203167	Loading 45 feet containers full DS/SS with overheight/overwide	远洋/近海 45 英尺重箱装货费，内装超高超宽货物		
203174	Loading 45 feet containers full feeder vessel to main vessel	45 英尺重箱支线船到干线船装货费		
203186	Loading 45 feet containers full feeder vessel to main vessel in overtime	45 英尺重箱支线船到干线船超时装货费		
203091	Loading adaptors in overtime	使用联接器超时装货费		
203077	Loading bagged cargo in bags of min. 40 kg-parcels over 250 tons or paying for 250 tons	批量超过 250 吨每袋 40 kg 以上袋装货物装货费		
203076	Loading bagged cargo in bags of min. 40 kg-parcels up to/incl 250 tons	批量在 250 吨以下(包括 250 吨)每袋 40 kg 以上袋装货物装货费		
203060	Loading bars of min. 25 kg each	每根 25 kg 以上棒材装货费		
203034	Loading big bags of at least 1 000 kg, provided with hoisting loops	设有起重环的 1 000 kg 以上大包的装货费		
203051	Loading billets over 5 000 kg per piece/bundle	每件/捆 5 000 kg 以上钢坯装货费		
203038	Loading billets up to/incl. 5 000 kg per piece/bundle	每件/捆 5 000 kg 以下(包括 5 000 kg)钢坯装货费		
203058	Loading blocks of min. 25 kg each	每块 25 kg 以上块材装货费		
203064	Loading blocks of min. 950 kg	每块 950 kg 以上的装货费		
203049	Loading blooms over 5 000 kg per piece/bundle	每件/捆 5 000 kg 以上钢锭装货费		
203036	Loading blooms up to/incl. 5 000 kg per piece/bundle	每件/捆 5 000 kg 以下(包括 5 000 kg)钢锭装货费		

表 3（续）

代码	运费英文名称	运费中文名称	MI	DI
203099	Loading breakbulk (<1 ton) ro-ro in overtime	1 吨以下杂货滚装超时装货费		
203098	Loading breakbulk (1 ton to 7 ton) ro-ro in overtime	1 吨～7 吨杂货滚装超时装货费		
203009	Loading bundles containers DS/SS	远洋/近海可折叠箱装箱费		
203020	Loading bundles containers on feeders	可折叠箱的支线船装箱费		
203063	Loading bundles of min. 950 kg	每捆 950 kg 以上的装货费		
203100	Loading cars (not selfdriven) ro-ro	轿车(非自行驱动)滚装装货费		
203102	Loading cars (not selfdriven) ro-ro in overtime	轿车(非自行驱动)滚装超时装货费		
203104	Loading cars (selfdriven) ro-ro	轿车(自行驱动)滚装装货费		
203105	Loading cars (selfdriven) ro-ro in overtime	轿车(自行驱动)滚装超时装货费		
203130	Loading charges	装货费		D1
203097	Loading chassis in overtime	使用底盘车超时装货费		
203052	Loading coils over 5 000 kg per piece/bundle	每件/捆 5 000 kg 以上钢卷装货费		
203039	Loading coils up to/incl. 5 000 kg per piece/bundle	每件/捆 5 000 kg 以下(包括 5 000 kg)钢卷装货费		
203031	Loading container with chains into barge	以链式固定的集装箱的驳船装箱费		
203131	Loading containers	装载集装箱费		
203089	Loading containers DeepSea/ShortSea in overtime	远洋/近海集装箱超时装箱费		
203095	Loading containers feeders in overtime	集装箱的支线船超时装箱费		
203193	Loading containers main vessel to main vessel with dangerous goods	危险品集装箱干线船到干线船装货费		
203195	Loading containers main vessel to main vessel with dangerous goods in overtime	危险品集装箱干线船到干线船超时装货费		
203194	Loading containers main vessel to main vessel with overheight/overwidth	超高或超宽箱干线船到干线船装货费		
203196	Loading containers main vessel to main vessel with overheight/overwidth in overtime	超高或超宽箱干线船到干线船超时装货费		
203011	Loading containers on time-basis DS/SS	按时间计收远洋/近海装箱费		
203022	Loading containers on time-basis on feeders	按时间计收的支线船装箱费		
203106	Loading containers on wheels ro-ro	车载集装箱滚装装货费		
203107	Loading containers on wheels ro-ro in overtime	拖板上的集装箱滚装超时装货费		

表 3（续）

代码	运费英文名称	运费中文名称	MI	DI
203090	Loading containers with chains DeepSea/ShortSea in overtime	远洋/近海以链式固定的集装箱超时装箱费		
203010	Loading containers with chains DS/SS	远洋/近海以链式固定的集装箱装箱费		
203096	Loading containers with chains feeders in overtime	以链式固定的集装箱的支线船超时装箱费		
203021	Loading containers with chains on feeders	以链式固定的集装箱的支线船装箱费		
203088	Loading containers/flats over 50 pieces per call	每次停靠装 50 个以上的集装箱/货盘装货费		
203087	Loading containers/flats up to/incl. 50 pieces per call	每次停靠装 50 个以下(包括 50 个)的集装箱/货盘装货费		
203074	Loading cooled and refrig. cargo over 20 kg per package	每包装 20 kg 以上冷藏/冷冻货物装货费		
203073	Loading cooled and refrig. cargo up to/incl. 20 kg per package	每包装 20 kg 以下(包括 20 kg)冷藏/冷冻货物装货费		
203075	Loading cooled and refrig. cargo, palletized	托盘装载冷藏/冷冻货物装货费		
203078	Loading drums and barrels of min. 160 kg to be handled with chimbhooks	每桶 160 kg 以上的桶上有吊边的大桶的装货费		
203079	Loading drums and barrels of min. 160 kg, to be handled without chimbhooks or limited hoist size due to IMCO class	每桶 160 kg 以上的桶上没有吊边的或 IMCO 分类中限制起吊尺寸的大桶的装货费		
203071	Loading fresh fruits in crates, bags over 15 kg up to/incl. 45 kg per package	每包装 15 kg～45 kg(包括 45 kg)鲜水果装货费		
203068	Loading garlic palletized, over 750 kg per pallet	每盘 750 kg 以上托盘装载蒜装货费		
203067	Loading garlic palletized, up to/incl. 750 kg per pallet or in bins of min. 400 kg	每盘 750 kg 以下(包括 750 kg)或 400 kg 以上托盘装载蒜装货费		
203082	Loading general cargo-extra for measuring over 3 cbm per 1 000 kg	每 1 000 kg 3 cbm 以上杂货专用装货费		
203109	Loading general cargo (<1 ton) ro-ro	1 吨以下杂货滚装装货费		
203108	Loading general cargo (1 ton to 7 tons) ro-ro	1 吨～7 吨杂货滚装装货费		
203080	Loading general cargo measuring up to/incl. 3 cbm per 1 000 kg	每 1000 kg 3 cbm 以下(包括 3 cbm)杂货装货费		
203081	Loading general cargo measuring up to/incl. 3 cbm per 1 000 kg, delivered on shipper's pallets to be broken down during loading and to be redelivered to shore	每 1 000 kg 3 cbm 以下(包括 3 cbm)杂货装货费，装货或将货物交付商店过程中不使用发货人托盘		

表 3（续）

代码	运费英文名称	运费中文名称	MI	DI
203083	Loading general cargo, delivered on shipper's pallets to be broken down during loading and to be broken down during loading and to be redelivered to shore	杂货装货费，装货或到岸卸货过程中，发货人托盘将被破坏		
203057	Loading ingots of min. 25 kg each	每块 25 kg 以上铸锭装货费		
203130	Loading into containers	集装箱装货费	(FF)	D2
203035	Loading linerboard on reels of min. 1 500 kg per reel	每卷 1 500 kg 以上卷装板装货费		
203110	Loading logs (bundled) ro-ro	原木(捆)滚装装货费		
203111	Loading logs (bundled) ro-ro in overtime	原木(捆)滚装超时装货费		
203112	Loading logs (loose) ro-ro	原木(散)滚装装货费		
203113	Loading logs (loose) ro-ro in overtime	原木(散)滚装超时装货费		
203086	Loading motorcars or other rolling stock unpacked with tyres or tracks, over 17.5 tons per piece	每辆 17.5 吨以上机动车或滚动车辆装货费		
203085	Loading motorcars or other rolling stock unpacked with tyres or tracks, over 5 tons but up to/incl. 17.5 tons per piece	每辆 5 吨～17.5 吨（包括 17.5 吨）机动车或滚动车辆装货费		
203084	Loading motorcars or other rolling stock unpacked with tyres or tracks, up to/incl. 5 tons per piece	每辆 5 吨以下（包括 5 吨）机动车或滚动车辆装货费		
203056	Loading non ferrous metals loose or in bundles or in units	散装/成组/捆有色金属装货费		
203048	Loading normal structural- and merchant steel over 12 metres length	长度 12 米以上的普通和商品钢装货费		
203045	Loading normal structural- and merchant steel up to/incl. 12 metres length	长度 12 米以下（包括 12 米）的普通和商品钢装货费		
203133	Loading on trailer/wagon	拖车/货车装货费		
203066	Loading onions palletized, over 750 kg per pallet	每盘 750 kg 以上托盘装载洋葱装货费		
203065	Loading onions palletized, up to/incl. 750 kg per pallet or in bins of min. 400 kg	每盘 750 kg 以下（包括 750 kg）或 400 kg 以上托盘装载洋葱装货费		
203072	Loading other agricultural products in crates, bags, etc. over 45 kg per package	每包装 45 kg 以上其他农产品装货费		
203046	Loading other iron and steel of min. 500 kg per piece/bundle	每件/捆 500 kg 以上其他钢铁装货费		
203033	Loading palletized cargo-increase for exceeding 3 cbm per 1 000 kg	每 1 000 kg 3 cbm 以上托盘货物装货费		
203092	Loading palletized cargo in overtime	托盘货物超时装货费		
203032	Loading palletized cargo up to and including 3 cbm per 1 000 kg	每 1 000 kg 3 cbm 以下（包括 3 cbm）托盘货物装货费		

表 3（续）

代码	运费英文名称	运费中文名称	MI	DI
203054	Loading plates (also corrugated) over 5 000 kg per piece/bundle	每件/捆 5 000 kg 以上钢板(包括钢筋)装货费		
203041	Loading plates (also corrugated) up to/incl. 5 000 kg per piece/bundle	每件/捆 5 000 kg 以下(包括 5 000 kg)钢板(包括钢筋)装货费		
203059	Loading plates of min. 25 kg each	每块 25 kg 以上板材装货费		
203070	Loading potatoes palletized, over 750 kg per pallet	每盘 750 kg 以上托盘装载土豆装货费		
203069	Loading potatoes palletized, up to/incl. 750 kg per pallet or in bins of min. 400 kg	每盘 750 kg 以下(包括 750 kg)或 400 kg 以上托盘装载土豆装货费		
203047	Loading project cargo	计划货物装货费		
203061	Loading slabs of min. 25 kg each	每块 25 kg 以上钢板装货费		
203050	Loading slabs over 5 000 kg per piece/bundle	每件/捆 5 000 kg 以上钢板装货费		
203037	Loading slabs up to/incl. 5 000 kg per piece/bundle	每件/捆 5 000 kg 以下(包括 5 000 kg)钢板装货费		
203114	Loading special units ro-ro	特殊设备滚装装货费		
203115	Loading special units ro-ro in overtime	特殊设备滚装超时装货费		
203053	Loading strips and hoops over 5 000 kg per piece/bundle	每件/捆 5 000 kg 以上带钢装货费		
203040	Loading strips and hoops up to/incl. 5 000 kg per piece/bundle	每件/捆 5 000 kg 以下(包括 5 000 kg)带钢装货费		
203055	Loading tinplates and sheets over 5 000 kg per piece/bundle	每件/捆 5 000 kg 以上马口铁/金属板装货费		
203042	Loading tinplates and sheets up to/incl. 5 000 kg per piece/bundle	每件/捆 5 000 kg 以下(包括 5 000 kg)马口铁/金属板装货费		
203116	Loading tractors (not selfdriven) ro-ro	拖拉机(非自行驱动)滚装装货费		
203117	Loading tractors (not selfdriven) ro-ro in overtime	拖拉机(非自行驱动)滚装超时装货费		
203118	Loading tractors (selfdriven) ro-ro	拖拉机(自行驱动)滚装装货费		
203119	Loading tractors (selfdriven) ro-ro in overtime	拖拉机(自行驱动)滚装超时装货费		
203120	Loading trailers ro-ro	拖车滚装装货费		
203121	Loading trailers ro-ro in overtime	拖车滚装超时装货费		
203122	Loading trucks (not selfdriven) ro-ro	卡车(非自行驱动)滚装装货费		
203123	Loading trucks (not selfdriven) ro-ro in overtime	卡车(非自行驱动)滚装超时装货费		

表 3（续）

代码	运费英文名称	运费中文名称	MI	DI
203124	Loading trucks (selfdriven) ro-ro	卡车(自行驱动)滚装装货费		
203125	Loading trucks (selfdriven) ro-ro in overtime	卡车(自行驱动)滚装超时装货费		
203044	Loading tubes, pipes of min. 500 kg, and over 3 000 kg per piece/bundle	每件/捆 500 kg 以下或 3 000 kg 以上管材装货费		
203043	Loading tubes, pipes of min. 500 kg, up to/incl. 3 000 kg per piece/bundle	每件/捆 500 kg～3 000 kg(包括 3 000 kg)管材装货费		
203170	Loading uncontainerized cargo	非集装箱货物装货费		
203094	Loading uncontainerized cargo in overtime	非集装箱货物超时装货费		
203171	Loading uncontainerized cargo in overtime	非集装箱货物超时装货费		
203062	Loading units of min. 950 kg	每组 950 kg 以上的装货费		
203126	Loading units on wheels (selfdriven) ro-ro	拖板上的设备(自行驱动)滚装装货费		
203127	Loading units on wheels (selfdriven) ro-ro in overtime	拖板上的设备(自行驱动)滚装超时装货费		
203093	Loading unpacked lifts in overtime	无包装吊装货物超时装货费		
203134	Loading, unloading or adjustment of load (charge for)	装、卸或货载调整费	(20)	D1
203134	Loading/Offloading/Unsheeting/Stripping/Stuffing	装/卸/去掉苫布/拆/填费	(FF)	D2
203134	Loading/Unloading charges	装卸费		D3
203145	Loading/Unloading charges of over X times cargo measurement	超过规定次数货物计量的装卸费		
203146	Loading/Unloading dues-sea transit	海运中转装卸费		
204000	**DISCHARGING CHARGE**	**卸货费**		
204005	Discharging 20 feet container empty DS/SS	远洋/近海 20 英尺空箱卸货费		
204183	Discharging 20 feet container empty ex barge - additional charges	20 英尺空箱的驳船卸货附加费		
204016	Discharging 20 feet container empty ex feeders	20 英尺空箱的支线船卸货费		
204027	Discharging 20 feet container ex barge empty	20 英尺空箱的驳船卸货费		
204023	Discharging 20 feet container ex barge full	20 英尺重箱的驳船卸货费		
204001	Discharging 20 feet container full DS/SS	远洋/近海 20 英尺重箱卸货费		
204185	Discharging 20 feet container full DS/SS with dangerous goods	远洋/近海 20 英尺危险品重箱卸货费		
204192	Discharging 20 feet container full DS/SS with dangerous goods ex feeders	远洋/近海 20 英尺危险品重箱的支线船卸货费		
204187	Discharging 20 feet container full DS/SS with flats/platform	远洋/近海 20 英尺板架/平台式集装箱重箱卸货费		

表 3（续）

代码	运费英文名称	运费中文名称	MI	DI
204186	Discharging 20 feet container full DS/SS with over-height/overwide	远洋/近海 20 英尺重箱卸货费，内装超高超宽货物		
204191	Discharging 20 feet container full DS/SS with over-height/overwide ex feeders	远洋/近海 20 英尺重箱的支线船卸货费，内装超高超宽货物		
204179	Discharging 20 feet container full ex barge -additional charges	20 英尺集装箱重箱的驳船卸货附加费		
204180	Discharging 20 feet container full ex barge with over-height/overwide	20 英尺集装箱的驳船卸货费，内装超高超宽货物		
204012	Discharging 20 feet containers full ex feeders	20 英尺重箱的支线船卸货费		
204006	Discharging 30 feet container empty DS/SS	远洋/近海 30 英尺空箱卸货费		
204017	Discharging 30 feet container empty ex feeders	30 英尺空箱的支线船卸货费		
204028	Discharging 30 feet container ex barge empty	30 英尺空箱的驳船卸货费		
204024	Discharging 30 feet container ex barge full	30 英尺重箱的驳船卸货费		
204002	Discharging 30 feet container full DS/SS	远洋/近海 30 英尺重箱卸货费		
204013	Discharging 30 feet containers full ex feeders	30 英尺重箱的支线船卸货费		
204007	Discharging 35 feet container empty DS/SS	远洋/近海 35 英尺空箱卸货费		
204018	Discharging 35 feet container empty ex feeders	35 英尺空箱的支线船卸货费		
204029	Discharging 35 feet container ex barge empty	35 英尺空箱的驳船卸货费		
204025	Discharging 35 feet container ex barge full	35 英尺重箱的驳船卸货费		
204003	Discharging 35 feet container full DS/SS	远洋/近海 35 英尺重箱卸货费		
204014	Discharging 35 feet containers full ex feeders	35 英尺重箱的支线船卸货费		
204008	Discharging 40 feet container empty DS/SS	远洋/近海 40 英尺空箱卸货费		
204184	Discharging 40 feet container empty ex barge-additional charges	40 英尺空箱的驳船卸货附加费		
204019	Discharging 40 feet container empty ex feeders	40 英尺空箱的支线船卸货费		
204030	Discharging 40 feet container ex barge empty	40 英尺空箱的驳船卸货费		
204026	Discharging 40 feet container ex barge full	40 英尺重箱的驳船卸货费		
204004	Discharging 40 feet container full DS/SS	远洋/近海 40 英尺重箱卸货费		
204188	Discharging 40 feet container full DS/SS with dangerous goods	远洋/近海 40 英尺危险品重箱卸货费		
204194	Discharging 40 feet container full DS/SS with dangerous goods ex feeders	远洋/近海 40 英尺危险品重箱的支线船卸货费		
204190	Discharging 40 feet container full DS/SS with flats/platform	远洋/近海 40 英尺板架/平台式集装箱重箱卸货费		

表 3（续）

代码	运费英文名称	运费中文名称	MI	DI
204189	Discharging 40 feet container full DS/SS with over-height/overwide	远洋/近海 40 英尺重箱卸货费，内装超高超宽货物		
204193	Discharging 40 feet container full DS/SS with over-height/overwide ex feeders	远洋/近海 40 英尺重箱的支线船卸货费，内装超高超宽货物		
204181	Discharging 40 feet container full ex barge -additional charges	40 英尺集装箱重箱的驳船卸货附加费		
204182	Discharging 40 feet container full ex barge with over-height/overwide	40 英尺集装箱重箱的驳船卸货费，内装超高超宽货物		
204015	Discharging 40 feet containers full ex feeders	40 英尺重箱的支线船卸货费		
204196	Discharging 45 feet container empty DS/SS	远洋/近海 45 英尺空箱卸货费		
204203	Discharging 45 feet container empty ex barge-additional charges	45 英尺空箱的驳船卸货附加费		
204198	Discharging 45 feet container empty ex feeders	45 英尺集装箱的支线船空箱卸货费		
204200	Discharging 45 feet container ex barge empty	45 英尺空箱的驳船卸货费		
204199	Discharging 45 feet container ex barge full	45 英尺重箱的驳船卸货费		
204195	Discharging 45 feet container full DS/SS	远洋/近海 45 英尺重箱卸货费		
204204	Discharging 45 feet container full DS/SS with dangerous goods	远洋/近海 45 英尺危险品重箱卸货费		
204208	Discharging 45 feet container full DS/SS with dangerous goods ex feeders	远洋/近海 45 英尺危险品重箱的支线船卸货费		
204206	Discharging 45 feet container full DS/SS with flats/platform	远洋/近海 45 英尺板架/平台式集装箱重箱卸货费		
204205	Discharging 45 feet container full DS/SS with over-height/overwide	远洋/近海 45 英尺重箱卸货费，内装超高超宽货物		
204207	Discharging 45 feet container full DS/SS with over-height/overwide ex feeders	远洋/近海 45 英尺重箱的支线船卸货费，内装超高超宽货物		
204201	Discharging 45 feet container full ex barge -additional charges	45 英尺集装箱重箱的驳船卸货附加费		
204202	Discharging 45 feet container full ex barge with over-height/overwide	45 英尺集装箱重箱的驳船卸货费，内装超高超宽货物		
204197	Discharging 45 feet containers full ex feeders	45 英尺重箱的支线船卸货费		
204137	Discharging adapters in overtime	使用联接器超时卸货费		
204113	Discharging bagged cargo，min. 40 kg per bag vide alphabetic list group B	每包 40 kg 以上袋装货物卸货费，参见字母表 B 组		
204112	Discharging bagged cargo，min. 40 kg per bag vide alphabetic list group A	每包 40 kg 以上袋装货物卸货费，参见字母表 A 组		
204075	Discharging bars of min. 25 kg each	每根 25 kg 以上棒材卸货费		

表 3（续）

代码	运费英文名称	运费中文名称	MI	DI
204034	Discharging big bags of at least 1 000 kg, provided with hoisting loops	设有起重环的 1 000 kg 以上的大包的卸货费		
204057	Discharging billets over 5 000 kg per piece/bundle	每件/捆 5 000 kg 以上钢坯卸货费		
204056	Discharging billets up to/incl. 5 000 kg per piece/bundle	每件/捆 5 000 kg 以下（包括 5 000 kg)钢坯卸货费		
204082	Discharging bismut in cases of min. 500 kg	箱装的 500 kg 以上的铋卸货费		
204073	Discharging blocks of min. 25 kg each	每块 25 kg 以上块材卸货费		
204079	Discharging blocks of min. 950 kg	每块 950 kg 以上的卸货费		
204053	Discharging blooms over 5 000 kg per piece/bundle	每件/捆 5 000 kg 以上钢锭卸货费		
204052	Discharging blooms up to/incl 5 000 kg per piece/bundle	每件/捆 5 000 kg 以下（包括 5 000 kg)钢锭卸货费		
204145	Discharging breakbulk (<1 ton) ro-ro in overtime	1 吨以下杂货滚装超时卸货费		
204144	Discharging breakbulk (1 ton to 7 ton) ro-ro in overtime	1 吨～7 吨杂货滚装超时卸货费		
204176	Discharging bulkcargo	散货卸货费		
204009	Discharging bundles containers DS/SS	远洋/近海可折叠箱卸箱费		
204020	Discharging bundles containers ex feeders	可折叠箱的支线船卸箱费		
204078	Discharging bundles of min. 950 kg	每捆 950 kg 以上的卸货费		
204081	Discharging cadmium in cases of min. 500 kg	箱装的 500 kg 以上的镉卸货费		
204105	Discharging capoc in bales	袋装 Capoc 卸货费		
204146	Discharging cars (not selfdriven) ro-ro	轿车(非自行驱动)滚装卸货费		
204148	Discharging cars (not selfdriven) ro-ro in overtime	轿车(非自行驱动)滚装超时卸货费		
204150	Discharging cars (selfdriven) ro-ro	轿车(自行驱动)滚装卸货费		
204151	Discharging cars (selfdriven) ro-ro in overtime	轿车（自行驱动）滚装超时卸货费		
204037	Discharging cellulose/woodpulp in units of min. 4 bales to be lifted on steelstrips	由钢带起吊的 4 捆为一包装的纤维/木(纸)浆卸货费		
204143	Discharging chassis in overtime	使用底盘车超时卸货费		
204101	Discharging chilled meat, unpacked or in bags, over 20 kg but up to/incl. 45 kg per package	每包装 20 kg～45 kg(包括45 kg)无包装或袋装冷藏肉卸货费		
204102	Discharging chilled meat, unpacked or in bags, over 45 kg per package	每包装 45 kg 以上无包装或袋装冷藏肉卸货费		
204100	Discharging chilled meat, unpacked or in bags, up to/incl. 20 kg per package	每包装 20 kg 以下(包括 20 kg)无包装或袋装冷藏肉卸货费		

表 3（续）

代码	运费英文名称	运费中文名称	MI	DI
204124	Discharging coal by grab	抓斗卸煤卸货费		
204114	Discharging cocoa，expellers in bags of min. 50 kg	50 kg 以上袋装可可卸货费		
204059	Discharging coils over 5 000 kg per piece/bundle	每件/捆 5 000 kg 以上钢卷卸货费		
204058	Discharging coils up to/incl. 5 000 kg per piece/bundle	每件/捆 5 000 kg 以下（包括 5 000 kg）钢卷卸货费		
204125	Discharging coke by grab	抓斗卸焦炭卸货费		
204135	Discharging containers DeepSea/ShortSea in overtime	远洋/近海集装箱超时卸箱费		
204141	Discharging containers feeders in overtime	集装箱的支线船超时卸箱费		
204022	Discharging containers on time-bases ex feeders	按时间计收支线船卸箱费		
204011	Discharging containers on time-basis DS/SS	按时间计收远洋/近海卸箱费		
204152	Discharging containers on wheels ro-ro	拖板上的集装箱滚装卸货费		
204153	Discharging containers on wheels ro-ro in overtime	拖板上的集装箱滚装超时卸货费		
204136	Discharging containers with chains DeepSea/ShortSea in overtime	远洋/近海以链式固定的集装箱超时卸箱费		
204010	Discharging containers with chains DS/SS	远洋/近海以链式固定的集装卸箱费		
204031	Discharging containers with chains ex barge	以链式固定的集装箱的驳船卸箱费		
204021	Discharging containers with chains ex feeders	以链式固定集装箱的支线船卸箱费		
204142	Discharging containers with chains feeders in overtime	以链式固定的集装箱的支线船超时卸箱费		
204134	Discharging containers/flats over 50 pieces per call	每次停靠卸 50 个以上的集装箱/货盘卸货费		
204133	Discharging containers/flats up to/incl. 50 pieces per call	每次停靠卸 50 个以下的集装箱/货盘（包括 50 个）卸货费		
204094	Discharging cooled and refrig. cargo other than meat，over 20 kg per package	每包装 20 kg 以上除肉类之外的冷藏/冷冻货物卸货费		
204095	Discharging cooled and refrig. cargo other than meat，over 20 kg per package，incl. weighing on deck	每包装 20 kg 以上包括船上计重，除肉类之外的冷藏/冷冻货物卸货费		
204096	Discharging cooled and refrig. cargo other than meat，palletized	托盘装载的除肉类之外的冷藏/冷冻货物卸货费		
204093	Discharging cooled and refrig. cargo other than meat，up to/incl. 20 kg per package，incl. extra for weighing	每包装 20 kg 以下（包括 20 kg），除肉类之外的冷藏/冷冻货物另加计重的卸货费		

表 3（续）

代码	运费英文名称	运费中文名称	MI	DI
204092	Discharging cooled/refrig. cargo other than meat, up to/incl 20 kg per package	每包装 20 kg 以下(包括 20 kg)除肉类之外的冷藏/冷冻货物卸货费		
204130	Discharging copra by elevator, incl. weighing	传送带卸椰肉干卸货费,包括过磅		
204127	Discharging copra or pallets by grab	抓斗卸椰肉干或草荐卸货费		
204175	Discharging costs incl. loading on truck/wagon	包括装车的卸货费		
204106	Discharging cotton in bales	袋装棉花卸货费		
204107	Discharging cottonwaste in bales	袋装棉纱卸货费		
204117	Discharging drums and barrels of at least 160 kg to be handled without chimbhooks or limited hoist size due to IMCO class	160 kg 以上桶上没有吊边的或 IMCO 分类中限制起吊尺寸的大桶的卸货费		
204116	Discharging drums and barrels of min. 160 kg, to be handled with chimbhooks	160 kg 以上桶上有吊边的大桶的卸货费		
204080	Discharging ferro chrome in cases of min. 500 kg	箱装的 500 kg 以上的铬铁卸货费		
204085	Discharging fresh fruits over 10 kg, up to/incl. 15 kg per package	每包装 10 kg～15 kg(包括 15 kg)鲜水果卸货费		
204086	Discharging fresh fruits over 15 kg per package	每包装 15 kg 以上鲜水果卸货费		
204088	Discharging fresh fruits palletized, over 750 kg per pallet	每盘 750 kg 以上托盘装载鲜水果卸货费		
204087	Discharging fresh fruits palletized, up to/incl 750 kg per pallet or in bins of min. 400 kg	每盘 750 kg 以下(包括 750 kg)或每箱 400 kg 以上托盘装载鲜水果卸货费		
204084	Discharging fresh fruits up to/incl. 10 kg per package	每包装 10 kg 以下(包括 10 kg)鲜水果卸货费		
204098	Discharging frozen meat, unpacked or in bags, over 20 kg but up to/incl 45 kg per package	每包装 20 kg～45 kg(包括 45 kg)无包装或袋装冻肉卸货费		
204099	Discharging frozen meat, unpacked or in bags, over 45 kg per package	每包装 45 kg 以上无包装或袋装冻肉卸货费		
204097	Discharging frozen meat, unpacked or in bags, up to/incl. 20 kg per package	每包装 20 kg 以下(包括 20 kg)无包装或袋装冻肉卸货费		
204103	Discharging fruit juices in drums of min. 160 kg	桶装 160 kg 以上果汁卸货费		
204104	Discharging fruit juices in drums of min. 160 kg, not stowed in cool chamber	不置于冷藏室桶装 160 kg 以上果汁卸货费		
204155	Discharging general cargo (<1 ton) ro-ro	1 吨以下杂货滚装卸货费		
204154	Discharging general cargo (1 ton to 7 tons) ro-ro	1 吨～7 吨杂货滚装卸货费		

表 3（续）

代码	运费英文名称	运费中文名称	MI	DI
204119	Discharging general cargo, extra for measuring over 3 cbm per 1 000 kg	每 1 000 kg 3 cbm 以上的杂货卸货费		
204118	Discharging general cargo, measuring up to/incl 3 cbm per 1 000 kg	每 1 000 kg 3 cbm 以下（包括 3 cbm）的杂货卸货费		
204123	Discharging granite and marble in blocks of min. 2 000 kg	每块 2 000 kg 以上的花岗岩和大理石卸货费		
204131	Discharging groundnuts (decorticated) by elevator, incl. weighing	传送带卸花生（脱壳）卸货费，包括过磅		
204108	Discharging hemp in bales	袋装大麻纤维卸货费		
204072	Discharging ingots of min. 25 kg each	每块 25 kg 以上铸锭卸货费		
204177	Discharging into shed	卸货入库费		
204109	Discharging jute in bales	袋装黄麻卸货费		
204039	Discharging linerboard on reels of min. 1 500 kg per reel	每卷 1 500 kg 以上卷装板卸货费		
204042	Discharging logs	原木卸货费		
204043	Discharging logs-from North America	北美原木卸货费		
204036	Discharging logs-receipt by arrangement	原木特殊卸货费		
204156	Discharging logs (bundled) ro-ro	原木（捆）滚装卸货费		
204157	Discharging logs (bundled) ro-ro in overtime	原木（捆）滚装超时卸货费		
204158	Discharging logs (loose) ro-ro	原木（散）滚装卸货费		
204159	Discharging logs (loose) ro-ro in overtime	原木（散）滚装超时卸货费		
204044	Discharging logs incl. delay & labour for measuring during discharge	原木卸货费，包括卸货中测量的延期和人工费用		
204122	Discharging motorcars or other rolling stock unpacked with tyres or tracks, over 17.5 tons per piece	每辆 17.5 吨以上机动车或滚动车辆卸货费		
204121	Discharging motorcars or other rolling stock unpacked with tyres or tracks, over 5 tons but up to/incl. 17.5 tons per piece	每辆 5 吨～17.5 吨（包括 17.5 吨）机动车或滚动车辆卸货费		
204120	Discharging motorcars or other rolling stock unpacked with tyres or tracks, up to/incl. 5 tons per piece	每辆 5 吨以下（包括 5 吨）机动车或滚动车辆卸货费		
204038	Discharging newsprint and other paper on reels of min. 1 000 kg per reel	每卷 1 000 kg 以上新闻纸卷或其他纸卷卸货费		
204070	Discharging normal structural-and merchant steel longer than 12 metres	长度 12 米以上的普通和商品钢卸货费		
204069	Discharging normal structural-and merchant steel up to/incl 12 metres in length	长度 12 米以下（包括 12 米）的普通和商品钢卸货费		
204126	Discharging ore or other minerals by grab	抓斗卸矿石或其他矿物卸货费		

表 3（续）

代码	运费英文名称	运费中文名称	MI	DI
204090	Discharging other agricultural products, over 15 kg up to/incl. 45 kg per package	每包装 15 kg～45 kg(包括 45 kg)其他农产品卸货费		
204091	Discharging other agricultural products, over 45 kg per package	每包装 45 kg 以上其他农产品卸货费		
204089	Discharging other agricultural products, up to/incl 15 kg per package	每包装 15 kg 以下(包括 15 kg)其他农产品卸货费		
204071	Discharging other iron and steel of min. 500 kg per piece/bundle	每件/捆 500 kg 以上其他钢铁卸货费		
204083	Discharging other non ferrous metals in cases of min. 500 kg	箱装的 500 kg 以上的有色金属卸货费		
204033	Discharging palletized cargo-increase for exceeding 3 cbm per 1 000 kg	每 1 000 kg 3 cbm 以上托盘货物卸货费		
204138	Discharging palletized cargo in overtime	托盘货物超时卸货费		
204032	Discharging palletized cargo up to and including 3 cbm per 1 000 kg	每 1 000 kg 3 cbm 以下(包括 3 cbm)托盘货物卸货费		
204132	Discharging palmkernels by elevator incl. weighing	传送带卸棕榈果卸货费,包括过磅		
204128	Discharging palmkernels by grab	抓斗卸棕榈果卸货费		
204067	Discharging pipes, loose or in bundles, over 3 000 kg	散装或捆装每件 3 000 kg 以上管材卸货费		
204063	Discharging plates (also corrugated), over 5 000 kg per piece/bundle	每件/捆 5 000 kg 以上钢板(包括钢筋)卸货费		
204062	Discharging plates (also corrugated), up to/incl. 5 000 kg per piece/bundle	每件/捆 5 000 kg 以下(包括 5 000 kg)钢板(包括钢筋)卸货费		
204074	Discharging plates of min. 25 kg each	每块 25 kg 以上板材卸货费		
204035	Discharging plywood/veneer bundled/on skids/crated, min. 300 kg per package-from North America	北美每包装 300 kg 以上捆装/绑扎/箱装胶合板卸货费		
204040	Discharging plywood/veneer in bundles/on skids/in crates of min. 300 kg per package	每包装 300 kg 以上捆装/绑扎/箱装胶合板卸货费		
204041	Discharging plywood/veneer in bundles/on skids/in crates of min. 300 kg per package-from North America	北美每包装 300 kg 以上捆装/绑扎/箱装胶合板卸货费		
204115	Discharging poppyheads	罂粟头卸货费		
204129	Discharging rice by grab	抓斗卸稻米卸货费		
204110	Discharging sisal in bales	袋装西沙尔麻卸货费		
204076	Discharging slabs of min. 25 kg each	每块 25 kg 以上钢板卸货费		
204055	Discharging slabs over 5 000 kg per piece/bundle	每件/捆 5 000 kg 以上钢板卸货费		

表 3（续）

代码	运费英文名称	运费中文名称	MI	DI
204054	Discharging slabs up to/incl. 5 000 kg per piece/bundle	每件/捆 5 000 kg 以下（包括 5 000 kg)钢板卸货费		
204160	Discharging special units ro-ro	特殊设备滚装卸货费		
204161	Discharging special units ro-ro in overtime	特殊设备滚装超时卸货费		
204061	Discharging strips and hoops over 5 000 kg per piece/bundle	每件/捆 5 000 kg 以上带钢卸货费		
204060	Discharging strips and hoops up to/incl. 5 000 kg per piece/bundle	每件/捆 5 000 kg 以下（包括 5 000 kg)带钢卸货费		
204045	Discharging timber/lumber in bundles of min. 0.5 cbm	每捆 0.5 cbm 以上的木材卸货费		
204048	Discharging timber/lumber in bundles of min. 0.5 cbm-from North-America	北美每捆 0.5 cbm 以上的木材卸货费		
204046	Discharging timber/lumber in bundles of min. 0.5 cbm-receipt by arrangement	每捆 0.5 cbm 以上的木材特殊卸货费		
204049	Discharging timber/lumber in bundles of min. 0.5 cbm from North-America-receipt by arrangement	北美每捆 0.5 cbm 以上的木材特殊卸货费		
204050	Discharging timber/lumber in bundles of min. 0.5 cbm from North-America incl. storage	北美每捆 0.5 cbm 以上的木材卸货费，包括堆存费		
204047	Discharging timber/lumber in bundles of min. 0.5 cbm incl. storage	每捆 0.5 cbm 以上的木材卸货费，包括堆存费		
204065	Discharging tinplates and sheets over 5 000 kg per piece/bundle	每件/捆 5 000 kg 以上马口铁/金属板卸货费		
204064	Discharging tinplates and sheets up to/incl. 5 000 kg per piece/bundle	每件/捆 5 000 kg 以下（包括 5 000 kg)马口铁/金属板卸货费		
204162	Discharging tractors (not selfdriven) ro-ro	拖拉机（非自行驱动）滚装卸货费		
204163	Discharging tractors (not selfdriven) ro-ro in overtime	拖拉机（非自行驱动）滚装超时卸货费		
204164	Discharging tractors (selfdriven) ro-ro	拖拉机（自行驱动）滚装卸货费		
204165	Discharging tractors (selfdriven) ro-ro in overtime	拖拉机（自行驱动）滚装超时卸货费		
204166	Discharging trailers ro-ro	拖车滚装卸货费		
204167	Discharging trailers ro-ro in overtime	拖车滚装超时卸货费		
204168	Discharging trucks (not selfdriven) ro-ro	卡车（非自行驱动）滚装卸货费		
204169	Discharging trucks (not selfdriven) ro-ro in overtime	卡车（非自行驱动）滚装超时卸货费		
204170	Discharging trucks (selfdriven) ro-ro	卡车（自行驱动）滚装卸货费		
204171	Discharging trucks (selfdriven) ro-ro in overtime	卡车（自行驱动）滚装超时卸货费		

表 3（续）

代码	运费英文名称	运费中文名称	MI	DI
204066	Discharging tubes	管材卸货费		
204209	Discharging uncontainerized cargo	非集装箱货物卸货费		
204140	Discharging uncontainerized cargo in overtime	非集装箱货物超时卸货费		
204210	Discharging uncontainerized cargo in overtime	非集装箱货物超时卸货费		
204077	Discharging units of min. 950 kg	每组 950 kg 以上的卸货费		
204172	Discharging units on wheels (selfdriven) ro-ro	拖板上的设备(自行驱动)滚装卸货费		
204173	Discharging units on wheels (selfdriven) ro-ro in overtime	拖板上的设备(自行驱动)滚装超时卸货费		
204139	Discharging unpacked lifts in overtime	无包装吊装货物超时卸货费		
204051	Discharging wallboards (like hardboard) on pallets/skids in bundles	托盘/货架上捆装的硬板卸货费		
204068	Discharging wire coils, unitized, over 1 200 kg	每卷 1 200 kg 以上成组金属线材卸货费		
204111	Discharging wool in bales	袋装羊毛卸货费		
204178	Unloading charge	卸货费		
205000	**SHIFTING CHARGES**	**翻装费用**		
205001	Shifting	翻装费		
205047	Shifting 20 feet container empty on board	20 英尺集装箱空箱翻舱捣载作业费		
205053	Shifting 20 feet container empty over quai	码头上 20 英尺空箱翻装费		
205045	Shifting 20 feet container full on board	20 英尺集装箱重箱翻舱捣载作业费		
205049	Shifting 20 feet container full on board with overheight/overwide	20 英尺重箱翻舱捣载作业费,内装超高超宽货物		
205051	Shifting 20 feet container full over quai	码头上 20 英尺重箱翻装费		
205055	Shifting 20 feet container full over quai with overheight/overwide	码头上 20 英尺重箱翻装费,内装超高超宽货物		
205048	Shifting 40 feet container empty on board	40 英尺集装箱空箱翻舱捣载作业费		
205054	Shifting 40 feet container empty over quai	码头上 40 英尺空箱翻装费		
205046	Shifting 40 feet container full on board	40 英尺集装箱重箱翻舱捣载作业费		
205050	Shifting 40 feet container full on board with overheight/overwide	40 英尺重箱翻舱捣载作业费,内装超高超宽货物		
205052	Shifting 40 feet container full over quai	码头上 40 英尺重箱翻装费		

表 3（续）

代码	运费英文名称	运费中文名称	MI	DI
205056	Shifting 40 feet container full over quai with overheight/overwide	码头上 40 英尺重箱翻装费，内装超高超宽货物		
205058	Shifting 45 feet container empty on board	45 英尺集装箱空箱翻舱捣载作业费		
205061	Shifting 45 feet container empty over quai	码头上 45 英尺集装箱空箱翻装费		
205057	Shifting 45 feet container full on board	45 英尺集装箱重箱翻舱捣载作业费		
205059	Shifting 45 feet container full on board with overheight/overwide	45 英尺重箱翻舱捣载作业费，内装超高超宽货物		
205060	Shifting 45 feet container full over quai	码头上 45 英尺集装箱重箱翻装费		
205062	Shifting 45 feet container full over quai with overheight/overwide	码头上 45 英尺重箱翻装费，内装超高超宽货物		
205004	Shifting adapters	使用联接器翻装费		
205014	Shifting adapters in overtime	使用联接器超时翻装费		
205021	Shifting breakbulk (<1 ton) ro-ro	1 吨以下杂货滚装翻装费		
205022	Shifting breakbulk (<1 ton) ro-ro in overtime	1 吨以下杂货滚装超时翻装费		
205019	Shifting breakbulk (1 ton to 7 ton) ro-ro	1 吨～7 吨杂货滚装翻装费		
205020	Shifting breakbulk (1 ton to 7 ton) ro-ro in overtime	1 吨～7 吨杂货滚装超时翻装费		
205023	Shifting cars (not selfdriven) ro-ro	轿车(非自行驱动)滚装翻装费		
205025	Shifting cars (not selfdriven) ro-ro in overtime	轿车(非自行驱动)滚装超时翻装费		
205027	Shifting cars (selfdriven) ro-ro	轿车(自行驱动)滚装翻装费		
205028	Shifting cars (selfdriven) ro-ro in overtime	轿车(自行驱动)滚装超时翻装费		
205010	Shifting containers in barge	驳船上集装箱翻装费		
205013	Shifting containers in overtime	集装箱超时翻装费		
205002	Shifting containers on time-basis	按时间计收集装箱翻装费		
205011	Shifting containers on time-basis on barge	按时间计收驳船上集装箱翻装费		
205029	Shifting containers on wheels ro-ro	拖板上的集装箱滚装翻装费		
205030	Shifting containers on wheels ro-ro in overtime	拖板上的集装箱滚装超时翻装费		
205003	Shifting containers with chains	以链式固定的集装箱翻装费		
205015	Shifting containers with chains in overtime	以链式固定的集装箱超时翻装费		

表 3（续）

代码	运费英文名称	运费中文名称	MI	DI
205012	Shifting containers with chains on barge	驳船上以链式固定的集装箱翻装费		
205005	Shifting palletized cargo	托盘货物翻装费		
205006	Shifting palletized cargo on time-basis	按时间计收托盘货物翻装费		
205031	Shifting special units ro-ro	特殊设备滚装翻装费		
205032	Shifting special units ro-ro in overtime	特殊设备滚装超时翻装费		
205033	Shifting tractors (not selfdriven) ro-ro	拖拉机（非自行驱动）滚装翻装费		
205034	Shifting tractors (not selfdriven) ro-ro in overtime	拖拉机（非自行驱动）滚装超时翻装费		
205035	Shifting tractors (selfdriven) ro-ro	拖拉机（自行驱动）滚装翻装费		
205036	Shifting tractors (selfdriven) ro-ro in overtime	拖拉机（自行驱动）滚装超时翻装费		
205037	Shifting trailers ro-ro	拖车滚装翻装费		
205038	Shifting trailers ro-ro in overtime	拖车滚装超时翻装费		
205039	Shifting trucks (not selfdriven) ro-ro	卡车（非自行驱动）滚装翻装费		
205040	Shifting trucks (not selfdriven) ro-ro in overtime	卡车（非自行驱动）滚装超时翻装费		
205041	Shifting trucks (selfdriven) ro-ro	卡车（自行驱动）滚装翻装费		
205042	Shifting trucks (selfdriven) ro-ro in overtime	卡车（自行驱动）滚装超时翻装费		
205009	Shifting uncontainerized cargo	非集装箱货物翻装费		
205018	Shifting uncontainerized cargo in overtime	非集装箱货物超时翻装费		
205043	Shifting units on wheels (selfdriven) ro-ro	拖板上的设备（自行驱动）滚装翻装费		
205044	Shifting units on wheels (selfdriven) ro-ro in overtime	拖板上的设备（自行驱动）滚装超时翻装费		
205007	Shifting unpacked lifts	无包装吊装货物翻装费		
205016	Shifting unpacked lifts in overtime	无包装吊装货物超时翻装费		
205008	Shifting unpacked lifts on time-basis	按时间计收无包装吊装货物翻装费		
205017	Shifting unpacked lifts on time-basis in overtime	按时间计收无包装吊装货物超时翻装费		
206000	**RELOADING CHARGES**	**重新装货费用**		
206001	Reloading	重新装货费		
206004	Reloading adapters	使用联接器重新装货费		

表 3（续）

代码	运费英文名称	运费中文名称	MI	DI
206012	Reloading adapters in overtime	使用联接器超时重新装货费		
206019	Reloading breakbulk (<1 ton) ro-ro	1 吨以下杂货滚装重新装货费		
206020	Reloading breakbulk (<1 ton) ro-ro in overtime	1 吨以下杂货滚装超时重新装货费		
206017	Reloading breakbulk (1 ton to 7 ton) ro-ro	1 吨～7 吨杂货滚装重新装货费		
206018	Reloading breakbulk (1 ton to 7 ton) ro-ro in overtime	1 吨～7 吨杂货滚装超时重新装货费		
206021	Reloading cars (not selfdriven) ro-ro	轿车(非自行驱动)滚装重新装货费		
206023	Reloading cars (not selfdriven) ro-ro in overtime	轿车(非自行驱动)滚装超时重新装货费		
206025	Reloading cars (selfdriven) ro-ro	轿车(自行驱动)滚装重新装货费		
206026	Reloading cars (selfdriven) ro-ro in overtime	轿车(自行驱动)滚装超时重新装货费		
206011	Reloading containers in overtime	集装箱超时重新装箱费		
206008	Reloading containers into barge	驳船上集装箱重新装箱费		
206009	Reloading containers into barge on time-basis	按时间计收驳船上集装箱重新装箱费		
206010	Reloading containers into barge with chains	驳船上以链式固定的集装箱重新装箱费		
206002	Reloading containers on time-basis	按时间计收集装箱重新装箱费		
206027	Reloading containers on wheels ro-ro	集装箱装载到滚装底盘装货费		
206028	Reloading containers on wheels ro-ro in overtime	拖板上的集装箱滚装超时重新装货费		
206003	Reloading containers with chains	以链式固定的集装箱重新装箱费		
206013	Reloading containers with chains in overtime	以链式固定的集装箱超时重新装箱费		
206029	Reloading special units ro-ro	特殊设备滚装重新装货费		
206030	Reloading special units ro-ro in overtime	特殊设备滚装超时重新装货费		
206031	Reloading tractors (not selfdriven) ro-ro	拖拉机(非自行驱动)滚装重新装货费		
206032	Reloading tractors (not selfdriven) ro-ro in overtime	拖拉机(非自行驱动)滚装超时重新装货费		
206033	Reloading tractors (selfdriven) ro-ro	拖拉机(自行驱动)滚装重新装货费		

表 3（续）

代码	运费英文名称	运费中文名称	MI	DI
206034	Reloading tractors (selfdriven) ro-ro in overtime	拖拉机（自行驱动）滚装超时重新装货费		
206035	Reloading trailers ro-ro	拖车滚装重新装货费		
206036	Reloading trailers ro-ro in overtime	拖车滚装超时重新装货费		
206037	Reloading trucks (not selfdriven) ro-ro	卡车(非自行驱动)滚装重新装货费		
206038	Reloading trucks (not selfdriven) ro-ro in overtime	卡车(非自行驱动)滚装超时重新装货费		
206039	Reloading trucks (selfdriven) ro-ro	卡车(自行驱动)滚装重新装货费		
206040	Reloading trucks (selfdriven) ro-ro in overtime	卡车(自行驱动)滚装超时重新装货费		
206007	Reloading uncontainerised cargo	非集装箱货物重新装货费		
206016	Reloading uncontainerized cargo in overtime	非集装箱货物超时重新装货费		
206041	Reloading units on wheels (selfdriven) ro-ro	拖板上的设备(自行驱动)滚装重新装货费		
206042	Reloading units on wheels (selfdriven) ro-ro in overtime	拖板上的设备(自行驱动)滚装超时重新装货费		
206005	Reloading unpacked lifts	无包装吊装货物重新装货费		
206014	Reloading unpacked lifts in overtime	无包装吊装货物超时重新装货费		
206006	Reloading unpacked lifts on time-basis	按时间计收无包装吊装货物重新装货费		
206015	Reloading unpacked lifts on time-basis in overtime	按时间计收无包装吊装货物重新装货费		
207000	**RECEIVING CHARGES**	**收货费**		
207032	Receipt control and storage	接收和堆存费		
207033	Receipt controll on damage and tally	收货的货损货差检验费		
207034	Receipt ex seashed and loading on vehicle	接收岸边货棚交货并装上货车的费用		
207035	Receipt ex seashed till stored for normal storage	码头边货棚交货直到堆存至仓库的费用		
207036	Receipt ex seashed till stored for terminal market	码头边货棚交货直到堆存至码头/场站的费用		
207038	Receipt ex vessel, tally, till stored for normal storage	船上交货、理货直到堆存至仓库的费用		

表 3（续）

代码	运费英文名称	运费中文名称	MI	DI
207039	Receipt ex vessel, tally, till stored for terminal market	船边收货、理货直到为最终销售储存的费用		
207059	Received/delivered by barge not shipbound empty	空箱在码头之间运送，由驳船接收/交货的费用		
207058	Received/delivered by barge not shipbound full	重箱在码头之间运送，由驳船接收/交货的费用		
207057	Received/delivered by rail not shipbound empty	空箱在码头之间运送，由铁路接收/交货的费用		
207056	Received/delivered by rail not shipbound full	重箱在码头之间运送，由铁路接收/交货的费用		
207055	Received/delivered by road not shipbound empty	空箱在码头之间运送，由汽车接收/交货的费用		
207054	Received/delivered by road not shipbound full	重箱在码头之间运送，由汽车接收/交货的费用		
207044	Receiving 20 feet container empty	20 英尺集装箱空箱收货费		
207040	Receiving 20 feet container full	20 英尺集装箱重箱收货费		
207042	Receiving 20 feet container full with overheight/overwide-additional	20 英尺重箱收货附加费，内装超高超宽货物		
207045	Receiving 40 feet container empty	40 英尺集装箱空箱收货费		
207041	Receiving 40 feet container full	40 英尺集装箱重箱收货费		
207043	Receiving 40 feet container full with overheight/overwide-additional	40 英尺重箱收货附加费，内装超高超宽货物		
207048	Receiving 45 feet container empty	45 英尺集装箱空箱收货费		
207046	Receiving 45 feet container full	45 英尺集装箱重箱收货费		
207047	Receiving 45 feet container full with overheight/overwide-additional	45 英尺重箱收货附加费，内装超高超宽货物		
207001	Receiving by rail of empty chassis	经铁路运输空底盘车收货费		
207002	Receiving by road of empty chassis	经公路运输空底盘车收货费		
207003	Receiving container via rail empty	经铁路运输空箱收货费		
207004	Receiving container via rail empty bundled	经铁路运输可折叠箱收货费		
207005	Receiving container via rail full	经铁路运输重箱收货费		
207006	Receiving container via rail not shipbound empty	非船运经铁路运输空箱收货费		
207007	Receiving container via rail not shipbound empty bundled	非船运经铁路运输可折叠箱收货费		
207008	Receiving container via rail not shipbound full	非船运经铁路运输重箱收货费		
207009	Receiving container via road empty	经公路运输空箱收货费		

表 3（续）

代码	运费英文名称	运费中文名称	MI	DI
207010	Receiving container via road full	经公路运输重箱收货费		
207011	Receiving container via road not shipbound empty	非船运经公路运输空箱收货费		
207012	Receiving container via road not shipbound empty bundled	非船运经公路运输可折叠箱收货费		
207013	Receiving container via road not shipbound empty bundled	经公路运输非船边可折空箱收货费		
207014	Receiving container via road not shipbound full	非船运经公路运输重箱收货费		
207015	Receiving containers with chains	以链式固定的集装箱收货费		
207037	Receiving costs into shed	收货入库费		
207016	Receiving generator-sets	发电机组收货费		
207017	Receiving logs bundled	捆装原木收货费		
207018	Receiving logs loose	散装原木收货费		
207060	Receiving more than one month at terminal	一个月以上码头/场站收货费		
207019	Receiving selfunits	自有设备收货费		
207020	Receiving selfunits (<10 ton)	10 吨以下自有设备收货费		
207022	Receiving selfunits assisted by third party	提供的自有设备收货费		
207023	Receiving selfunits on time-basis	按时间计收的自有设备收货费		
207024	Receiving trailers	拖车收货费		
207025	Receiving uncontainerized cargo	非集装箱货物收货费		
207026	Receiving uncontainerized cargo (tariff per hour)	非集装箱货物收货费(按小时计价)		
207027	Receiving uncontainerized cargo (tariff per piece)	非集装箱货物收货费(按件数计价)		
207028	Receiving units on wheels	拖板上的设备收货费		
207029	Receiving units on wheels on time-basis	按时间计收的拖板上设备收货费		
207030	Receiving unpacked lifts	无包装吊装货物收货费		
207051	Receiving/delivering by barge in overtime	驳船超时收/交货费		
207053	Receiving/delivering by feeder in overtime	支线船超时收/交货费		
207050	Receiving/delivering by rail in overtime	铁路超时收/交货费		
207049	Receiving/delivering by road in overtime	公路超时收/交货费		
207052	Receiving/delivering by shortsea in overtime	近海超时收/交货费		
208000	**DELIVERING CHARGES**	**交货费**		
208001	Delivering by rail of empty chassis	经铁路运输空底盘车交货费		

表 3（续）

代码	运费英文名称	运费中文名称	MI	DI
208002	Delivering by road of empty chassis	经公路运输空底盘车交货费		
208003	Delivering container via rail empty	经铁路运输空箱交货费		
208004	Delivering container via rail empty bundled	经铁路运输可折叠箱交货费		
208005	Delivering container via rail full	经铁路运输重箱交货费		
208006	Delivering container via rail not shipbound empty	非船运经铁路运输空箱交货费		
208007	Delivering container via rail not shipbound empty bundled	非船运经铁路运输可折叠箱交货费		
208008	Delivering container via rail not shipbound full	非船运经铁路运输重箱交货费		
208009	Delivering container via road empty	经公路运输空箱交货费		
208010	Delivering container via road empty bundled	经公路运输可折叠箱交货费		
208011	Delivering container via road full	经公路运输重箱交货费		
208012	Delivering container via road not shipbound empty	非船运经公路运输空箱交货费		
208013	Delivering container via road not shipbound empty bundled	非船运经公路运输可折叠箱交货费		
208014	Delivering container via road not shipbound full	非船运经公路运输重箱交货费		
208015	Delivering containers with chains	以链式固定的集装箱交货费		
208016	Delivering generator-sets	发电机组交货费		
208017	Delivering logs bundled	捆装原木交货费		
208018	Delivering logs loose	散装原木交货费		
208019	Delivering selfunits	自有设备交货费		
208020	Delivering selfunits assisted by third party	提供的自有设备交货费		
208021	Delivering selfunits on time-basis	按时间计收自有设备交货费		
208022	Delivering trailers	拖车交货费		
208023	Delivering uncontainerized cargo	非集装箱货物交货费		
208024	Delivering uncontainerized cargo (tariff per hour)	非集装箱货物交货费(按小时计费)		
208025	Delivering uncontainerized cargo (tariff per piece)	非集装箱货物交货费(按件数计费)		
208026	Delivering units on wheels	拖板上的设备交货费		
208027	Delivering units on wheels on time-basis	按时间计收的拖板上的设备交货费		
208028	Delivering unpacked lifts	无包装吊装货物交货费		
208030	Delivery	交货费		D1
208043	Delivery 20 feet container empty	20 英尺集装箱空箱交货费		

表 3（续）

代码	运费英文名称	运费中文名称	MI	DI
208037	Delivery 20 feet container full	20 英尺集装箱重箱交货费		
208039	Delivery 20 feet container full with overheight/overwide	20 英尺集装箱重箱交货费，内装超高超宽货物		
208041	Delivery 20 feet container full with overheight/overwide-additional	20 英尺集装箱重箱交货附加费，内装超高超宽货物		
208044	Delivery 40 feet container empty	40 英尺集装箱空箱交货费		
208038	Delivery 40 feet container full	40 英尺集装箱重箱交货费		
208040	Delivery 40 feet container full with overheight/overwide	40 英尺集装箱重箱交货费，内装超高超宽货物		
208042	Delivery 40 feet container full with overheight/overwide-additional	40 英尺集装箱重箱交货附加费，内装超高超宽货物		
208049	Delivery 45 feet container empty	45 英尺集装箱空箱交货费		
208046	Delivery 45 feet container full	45 英尺集装箱重箱交货费		
208047	Delivery 45 feet container full with overheight/overwide	45 英尺集装箱重箱交货费，内装超高超宽货物		
208048	Delivery 45 feet container full with overheight/overwide-additional	45 英尺集装箱重箱交货附加费，内装超高超宽货物		
208030	Delivery charges	交货手续费	(FF)	D2
208030	Delivery costs	交货手续费	(DD)	D3
208030	Delivery fee	交货手续费		D4
208032	Delivery in the customs depot	在海关仓库交货		
208031	Delivery into store (Store, warehouse, Customs area, transit store)	在仓库内交货费(仓库、货栈、海关地区、中转仓库)		
208034	Delivery into store, warehouse, customs depot, T. I. R. depot	在仓库、货栈、海关仓库、T. I. R. 仓库内交货费		
208036	Redelivery ex warehouse into/onto means of transport	仓库再交货至运输工具费		
208035	Redelivery out of store	分批再交货费		
208045	Redelivery out of store empty	分批全部再交货费		
209000	**TERMINAL ACTIVITIES CHARGES**	**码头/场站操作费**		
209001	Attaching/detaching clip-on units	联接/断开设备费		
209002	Containers to be washed	集装箱清洗费		
209003	Containers-moves export	集装箱出场费		
209004	Containers-moves import	集装箱进场费		
209005	Containers-moves with chains export	以链式固定的集装箱出场费		
209006	Containers-moves with chains import	以链式固定的集装箱进场费		

表 3（续）

代码	运费英文名称	运费中文名称	MI	DI
209007	Damaged containers	残损集装箱操作费		
209008	Extra handling on time-basis	按时间计收的专项操作费		
209009	Internal transport and (un)-stacking of containers export	出口集装箱场内移动和堆放费		
209010	Internal transport and (un)-stacking of containers import	进口集装箱场内移动和堆放费		
209011	Opening doors of containers	集装箱开门费		
209012	Pretrip transport of coolcontainers	冷藏集装箱运输的预冷操作费		
209061	Remove damaged twistlocks	移除受损旋锁费		
209062	Set safety seals	安全封志设置费		
209032	Terminal charges	码头/场站费用		
209058	Terminal handling charge-destination	目的地码头/场站装卸费		
209034	Terminal handling charge-discharge	码头/场站卸货费		
209033	Terminal handling charge-loading	码头/场站装货费		
209060	Terminal handling charge-origin	启运地码头/场站装卸费		
209013	Travellen	途中运输费		
209014	Unstacking of trailers	集装箱挂车的卸车费		
210000	**STORAGE CHARGES**	**堆存费**		
210041	Airline storage	航空保管费	(FF)	D1
210041	Storage	堆存费		D2
210041	Storage	堆存费	(FF)	D3
210042	Storage-destination	目的地保管费		
210043	Storage-origin	启运地堆存费		
210001	Storage 20 feet containers export	出口 20 英尺集装箱堆存费		
210009	Storage 20 feet containers import	进口 20 英尺集装箱堆存费		
210005	Storage 20 feet containers not shipbound	非船运 20 英尺集装箱堆存费		
210013	Storage 20 feet empty container	20 英尺空箱堆存费		
210021	Storage 20 feet empty container export	出口 20 英尺空箱堆存费		
210029	Storage 20 feet empty container export not shipbound delivered	非船运出口 20 英尺空箱交付堆存费		
210025	Storage 20 feet empty container import	进口 20 英尺空箱堆存费		
210017	Storage 20 feet empty reefer container	20 英尺冷藏空箱堆存费		
210002	Storage 30 feet containers export	出口 30 英尺集装箱堆存费		

表 3（续）

代码	运费英文名称	运费中文名称	MI	DI
210010	Storage 30 feet containers import	进口 30 英尺集装箱堆存费		
210006	Storage 30 feet containers not shipbound	非船运 30 英尺集装箱堆存费		
210014	Storage 30 feet empty container	30 英尺空箱堆存费		
210022	Storage 30 feet empty container export	出口 30 英尺空箱堆存费		
210030	Storage 30 feet empty container export not shipbound delivered	非船运出口 30 英尺空箱交付堆存费		
210026	Storage 30 feet empty container import	进口 30 英尺空箱堆存费		
210018	Storage 30 feet empty reefer container	30 英尺冷藏空箱堆存费		
210003	Storage 35 feet containers export	出口 35 英尺集装箱堆存费		
210011	Storage 35 feet containers import	进口 35 英尺集装箱堆存费		
210007	Storage 35 feet containers not shipbound	非船运 35 英尺集装箱堆存费		
210015	Storage 35 feet empty container	35 英尺空箱堆存费		
210023	Storage 35 feet empty container export	出口 35 英尺空箱堆存费		
210031	Storage 35 feet empty container export not shipbound delivered	非船运出口 35 英尺空箱交付堆存费		
210027	Storage 35 feet empty container import	进口 35 英尺空箱堆存费		
210019	Storage 35 feet empty reefer container	35 英尺冷藏空箱堆存费		
210004	Storage 40 feet containers export	出口 40 英尺集装箱堆存费		
210012	Storage 40 feet containers import	进口 40 英尺集装箱堆存费		
210008	Storage 40 feet containers not shipbound	非船运 40 英尺集装箱堆存费		
210016	Storage 40 feet empty container	40 英尺空箱堆存费		
210024	Storage 40 feet empty container export	出口 40 英尺空箱堆存费		
210032	Storage 40 feet empty container export not shipbound delivered	非船运出口 40 英尺空箱交付堆存费		
210028	Storage 40 feet empty container import	进口 40 英尺空箱堆存费		
210020	Storage 40 feet empty reefer container	40 英尺冷藏空箱堆存费		
210050	Storage 45 feet containers export	出口 45 英尺集装箱堆存费		
210052	Storage 45 feet containers import	进口 45 英尺集装箱堆存费		
210051	Storage 45 feet containers not shipbound	非船运 45 英尺集装箱堆存费		
210053	Storage 45 feet empty container	45 英尺空箱堆存费		
210055	Storage 45 feet empty container export	出口 45 英尺空箱堆存费		
210057	Storage 45 feet empty container export not shipbound delivered	非船运 45 英尺出口空箱交付堆存费		
210056	Storage 45 feet empty container import	进口 45 英尺空箱堆存费		

表 3(续)

代码	运费英文名称	运费中文名称	MI	DI
210054	Storage 45 feet empty reefer container	45 英尺冷藏空箱堆存费		
210041	Storage charges	堆存费用	(10)	D4
210041	Storage charges	堆存费用	(DD)	D5
210048	Storage dues-additional charges	堆存附加费		
210046	Storage dues for 20 feet container empty	20 英尺集装箱空箱堆存费		
210047	Storage dues for 40 feet container empty	40 英尺集装箱空箱堆存费		
210058	Storage dues for 45 feet container empty	45 英尺集装箱空箱堆存费		
210049	Storage dues for over x times cargo measurement	超过规定计量次数的货物堆存费		
210044	Storage dues for special container empty	特殊集装箱空箱堆存费		
210045	Storage dues for special container empty	特殊集装箱空箱堆存费		
210059	Storage full more than one month at terminal	一个月以上码头/场站堆存费		
210040	Storage of empty chassis	空底盘车堆存费		
210038	Storage of general cargo per ton per day	每天每吨杂货堆存费		
210039	Storage of general cargo per unit per day	每天每件杂货堆存费		
210033	Storage of special units	特殊设备堆存费		
210035	Storage of tractors	拖拉机堆存费		
210034	Storage of trailers	拖车堆存费		
210036	Storage of units on wheels	拖板上的设备堆存费		
210037	Storage of unpacked lifts	无包装吊装货物堆存费		
211000	**MAN HOURS CHARGES**	**按小时计收的人工费**		
211030	Additional charge for containerlashing on board	船上集装箱绑扎附加费		
211023	Crane drivers in overtime	超时起重驾驶员费		
211009	Crane drivers per hour	每小时起重驾驶员费		
211036	Delivering 20 feet container empty-additional charges	20 英尺集装箱空箱交货附加费		
211038	Delivering 20 feet container full-additional charges	20 英尺集装箱重箱交货附加费		
211037	Delivering 40 feet container empty-additional charges	40 英尺集装箱空箱交货附加费		
211039	Delivering 40 feet container full-additional charges	40 英尺集装箱重箱交货附加费		
211043	Delivering 45 feet container empty-additional charges	45 英尺集装箱空箱交货附加费		
211044	Delivering 45 feet container full-additional charges	45 英尺集装箱重箱交货附加费		
211026	Firemen in overtime	超时消防人员费		
211012	Firemen per hour	每小时消防人员费		

表 3（续）

代码	运费英文名称	运费中文名称	MI	DI
211019	Fork truck drivers in overtime	超时叉车驾驶员费		
211005	Forktruck drivers per hour	每小时叉车驾驶员费		
211013	Guardmen	每小时警卫人员费		
211027	Guardmen in overtime	超时警卫人员费		
211031	Lashing in container on special shift	特殊翻装集装箱捆扎费		
211029	Lashing in containers on board	船上集装箱绑扎费		
211016	Lashing men in overtime	超时人工捆扎费		
211002	Lashingman per hour	每小时人工捆扎费		
211028	Maintenance men in overtime	超时维护人员费		
211014	Maintenance men per hour	每小时维护人员费		
211020	Radiomen in overtime	超时无线报务员费		
211006	Radiomen per hour	每小时无线报务员费		
211032	Receiving 20 feet container empty-additional charges	20 英尺集装箱空箱收货附加费		
211033	Receiving 40 feet container empty-additional charges	40 英尺集装箱空箱收货附加费		
211034	Receiving 20 feet container full-additional charges	20 英尺集装箱重箱收货附加费		
211035	Receiving 40 feet container full-additional charges	40 英尺集装箱重箱收货附加费		
211040	Receiving 45 feet container empty-additional charges	45 英尺集装箱空箱收货附加费		
211041	Receiving 40 feet container full-additional charges	40 英尺集装箱重箱收货附加费		
211042	Receiving 45 feet container full-additional charges	45 英尺集装箱重箱收货附加费		
211017	Shed operators in overtime	货棚管理员加班费		
211003	Shed operators per hour	每小时货棚管理员人工费		
211025	Supervisors in overtime	超时管理人员费		
211011	Supervisors per hour	每小时管理人员费		
211024	Technical men in overtime	超时技术人员费		
211010	Technical men per hour	每小时技术人员费		
211015	Terminal labour in overtime	超时码头/场站人工费		
211001	Terminal labour per hour	每小时码头/场站人工费		
211021	Traffic leaders in overtime	超时交通警察费		
211007	Traffic leaders per hour	每小时交通警察费		
211018	Tug master drivers in overtime	拖轮驾驶员加班费		
211004	Tug master drivers per hour	每小时拖轮驾驶员人工费		

表 3（续）

代码	运费英文名称	运费中文名称	MI	DI
211022	Van carrier drivers in overtime	小型送货车驾驶员加班费		
211008	Van carrier drivers per hour	每小时小型送货车驾驶员人工费		
212000	**LABELLING AND MARKING**	**标签和标记费**		
212004	Container photo service	集装箱拍照服务费		
212001	Labelling，repacking and allied services	加标签、重新装箱和相关服务费	(FF)	
212002	Marking / labelling / removing marks or labels	加贴或移除标签、标记费		
212003	Relabelling/Repacking	重加标签/重新装箱费		
213000	**SORTING CHARGE**	**分类费**		
213002	Assembly service fee	综合服务费		
213003	Assistance during sampling and/or survey	抽样和/或检查费		
213004	Cargo handling charges	货物装卸费		
213005	Charges for splitting and sorting consignments	托运物分票和分类费用		
213001	Sorting out	分类费		
214000	**PACKING CHARGE**	**包装费**		
214004	Handling charge	搬运费		D1
214004	Handling charges	搬运费用	(FF)	D2
214001	Packaging	包装费		
214004	Packaging (handling，etc.)	包装费(搬运等)	(40)	D3
214002	Packing，repacking，marking	包装、再包装、标志费		
214003	Palletizing，including pallets	托盘货(包括托盘)装卸费		
215000	**WEIGHING CHARGE**	**过磅费**		
215007	Public weighbridge charges	公共桥称费用	(FF)	
215008	Rehandling of empty containers for weighing	集装箱空箱重新过磅费		
215006	Reweighing	再过磅费		
215001	Weigh / mark / labour charges	过磅/加标志/人力费		
215005	Weighing	过磅费	(10)	D1
215002	Weighing-labour costs	人工过磅费		D1
215002	Weighing-superintending costs	过磅监管费		D2
215005	Weighing (charge for)	过磅费	(20)	D2
215005	Weighing charges	过磅费		D3
215005	Weighing containers	集装箱过磅费	(BB)	D4

表 3（续）

代码	运费英文名称	运费中文名称	MI	DI
215009	Weighing container-vehicle	集装箱车辆过磅费		
215010	Weighing small container	小型集装箱过磅费		
215011	Weighing truck	货车过磅费		
215004	Weight control	重量控制费		
216000	**MISCELLANEOUS HANDLING CHARGES**	**其他装卸费**		
216056	Additional charges for heavy lifts	重吊附加费		
216057	Additional charges for over x times measurement of cargo lifts	超过规定计量次数的货物起吊附加费		
216001	Atmosphere/temperature suppl. fee	气压/温度附加费		
216046	Charge for use of lifting equipment	吊装设备使用费		
216082	Checking presence of gas	煤气检测费		
216068	Collapsible flatracks	边帮可放倒的箱式底盘车的费用		
216002	Consolidated container allowance	拼装集装箱折让		
216003	Container-delivery charges	集装箱交货费		
216004	Container-rent	租箱费		
216064	Container partially stuffed over x times measurement	超过规定计量次数的集装箱部分装箱费		
216080	Correction of labels	标签更正费		
216005	Costs of official delivery into customs depot	正式向海关仓库交货费		
216055	Discharging heavy lifts	重吊卸货费		
216085	Extra handling charges for rolling tarpaulins	成卷帆布额外操作费		
216006	Extra move container	额外移动集装箱费		
216049	Extra move container empty	额外的空箱搬运费		
216047	Extra move container full	额外的重箱搬运费		
216048	Extra move for inspection	为检验而发生的额外搬运费		
216050	Extra move for repacking	为重新装箱而发生的额外搬运费		
216051	Extra move for stripping	为拆箱而发生的额外搬运费		
216052	Extra move for stripping-round trip	为拆箱而发生的额外搬运费—来回程		
216081	Extra movements for IMO 1/7 containers	IMO 1/7 集装箱额外移动费		
216078	Firebrigade assistance	消防费		
216053	Handling dues as per agreement	按协议支付的搬运费		

表 3（续）

代码	运费英文名称	运费中文名称	MI	DI
216086	Handling of automatic twistlocks	自动旋锁操作费		
216007	Handling of hatchcovers DeepSea/ShortSea	远洋/近海船开关舱费		
216008	Handling of hatchcovers feeder	支线船开关舱费		
216013	Handling of hatchcovers in overtime	超时开关舱费		
216009	Handling of hatchcovers on time-basis DeepSea/ShortSea	远洋/近海船按时间计收开关舱费		
216010	Handling of hatchcovers on time-basis Feeder	支线船按时间计收链式开关舱费		
216011	Handling of hatchcovers with chains DeepSea/ShortSea	远洋/近海船链式开关舱费		
216012	Handling of hatchcovers with chains Feeder	支线船链式开关舱费		
216014	Handling of hatchcovers with chains in overtime	超时链式开关舱费		
216015	Handling/securing charge	搬运/加固费		
216016	Immobilization	固定费		D1
216016	Immobilization for loading and unloading	装卸固定费	(30)	D2
216016	Immobilization in transit / at border / customs station	转运中/运输工具上/海关的固定费	(FF)	D3
216016	Immobilization of stock other than waggons (charge for)	标签、再包装和必要的相关服务费	(20)	D4
216017	Lifting charges	起吊费		
216054	Loading heavy lifts	重吊装货费		
216019	Movement within the port limits	港区内搬运费		
216020	Neutralizing	平舱费		
216060	Partial stuffing	部分装箱费		
216061	Partial stuffing of 20 feet container	20 英尺集装箱部分装箱费		
216062	Partial stuffing of 40 feet container	40 英尺集装箱部分装箱费		
216072	Partial stuffing of 45 feet container	45 英尺集装箱部分装箱费		
216021	Pick-Up	接货费		
216044	Pick-Up charges	运送费用		
216022	Priority handling	优先装卸费		
216023	Private siding at destination station (charge for)	目的地站专线使用费		
216024	Private siding at forwarding station (charge for)	转运站专线使用费		
216025	Pumping charges	用泵费		
216077	Quay dues	码头费		
216067	Rehandling of partially stuffed containers	部分装填集装箱的翻装费		

表 3（续）

代码	运费英文名称	运费中文名称	MI	DI
216076	Renew T-documents	T 单证重开费		
216026	Re-sampling	再抽样费		
216027	Resolution 512B	按 512B 收费		
216028	Sampling	抽样费		
216029	Securing, lashing and chocking, etc. of traffic, as necessary	运输必需的固定、绑扎和衬垫费用		
216030	Share discharging costs arrangement	卸货费分摊		
216031	Shunting	调度费		D1
216031	Shunting at forwarding/destination station (charge for)	转运站/目的站调度费	(20)	D2
216045	Shunting charge at destination station	到达站调度费		
216031	Shunting wagons	货车调度费	(10)	D3
216032	Special stowage of cargo	货物特殊堆存费		
216033	Splitting charges	分装费用		
216069	Stripping 20 feet container	20 英尺集装箱拆箱费		
216070	Stripping 40 feet container	40 英尺集装箱拆箱费		
216074	Stripping 45 feet container	45 英尺集装箱拆箱费		
216034	Stripping and stuffing container	拆箱和装箱费		
216035	Stripping container and handling in for storage	拆箱并入库堆存费		
216036	Stripping ex vehicle till free on truck incl. 1 month warehouserent	车板交货卸车费，包括一个月库存费		
216037	Stripping lighter and handling in for storage	卸驳船并入库操作费		
216075	Stripping of cars	轿车卸车费		
216038	Stripping railcar and handling in for storage	卸火车并入库堆存费		
216039	Stripping truck and handling in for storage	卸卡车并入库堆存费		
216058	Stuffing 20 feet container	20 英尺集装箱装箱费		
216059	Stuffing 40 feet container	40 英尺集装箱装箱费		
216071	Stuffing 45 feet container	45 英尺集装箱装箱费		
216065	Stuffing of 20 feet containers with passenger cars	装有轿车的 20 英尺集装箱装箱费		
216066	Stuffing of 40 feet containers with passenger cars	装有轿车的 40 英尺集装箱装箱费		
216073	Stuffing of 45 feet containers with passenger cars	装有轿车的 45 英尺集装箱装箱费		
216040	Surface charge-destination	水陆运费—目的地		

表 3（续）

代码	运费英文名称	运费中文名称	MI	DI
216041	Tallying	理货费		
216042	Transport in custody of customs	海关监管运输费		
216083	Trucking and unstacking/stacking of containers	集装箱装卡车和堆放费		
216079	Use of liquid proof floor, per day	按天计的防渗地板使用费		
216084	Veterinarian inspection	动物检疫费		
216063	Weight dues for stripping and stuffing container	拆箱过磅费		
300000	**DOCUMENTATION CHARGES**	**单证费**		
300999	All documentation charges	所有单证费用		
301000	**TRADE DOCUMENTATION CHARGES**	**贸易单证费**		
301001	Additional documentation charge	附加单证费		D1
301001	Additional documentation charge	附加单证费	(10)	D2
301002	Administration charges	管理费		D1
301002	Administration fee	管理费	(FF)	D2
301002	Administration fee (Rouen)	管理费(鲁昂)		D3
301004	Black list certificate	黑名单证明费		
301005	Black list statement	黑名单说明费		
301046	Blank bills of lading	空白提单费		
301006	Blank certificates of origin	空白原产地证书费		
301007	Blank consular invoices	空白领事发票费		
301003	Carrier charges for customs formalities	承运人海关手续费		
301008	Certificate of accuracy	精确度证书费		
301009	Certified weight ticket (issued by sworn weighers)	重量公证书费(由公证度量人签发)		
301076	Charge for customs formalities in the arrival country	到达国海关手续费		
301074	Charge for customs formalities in the departure country	启运国海关手续费		
301075	Charge for customs formalities in the transit countries	中转国海关手续费		
301048	Charges for the presentation of customs documents completion of a D. A. S.	编制 D. A. S. 海关单证费		D1
301047	Charges T-Document	T 单证费		
301010	Checking	复核费		
301049	Clearance and handling-destination	目的地结关手续费		
301050	Clearance and handling-origin	原产地结关手续费		
301011	Communication charges	通信费		D1

表 3(续)

代码	运费英文名称	运费中文名称	MI	DI
301014	Consular attendance	领事核查费		
301012	Consular certificate fee	领事证书费		
301013	Consular charges	领事费	(FF)	D1
301016	Consular charges-preparing printed forms	领事印制费		
301015	Consular charges-Visas	领事签证费		
301013	Consular fee	领事费		D2
301045	Consular manifest fee	认可舱单费		
301017	Container administration fee	集装箱管理费		
301018	Copies of customs documents	海关单证副本费		
301019	Cost of accompanying documents	随船单证费		
301073	Costs of customs formalities in other countries	在其他国办理海关手续的费用		
301051	Customs certification charge	海关证书费		
301048	Customs clearance charges (Form DV1)	结关费用(格式 DV1)	(DD)	D2
301072	Customs clearing agent-Fees	结关代理费		
301054	Customs deferment	海关滞期费		
301048	Customs documentation costs	海关文档费用	(10)	D3
301052	Customs examination charges	海关检查费		
301048	Customs formalities	海关手续费		D4
301048	Customs Formalities	海关手续费	(DD)	D5
301048	Customs formalities (charge for)	海关手续费(应征)	(20)	D6
301053	Customs inspection beside opening hours	工作时间之外的海关检查费		
301055	Customs overtime	海关加班费		
301002	Documentation/administration allowance	单证/管理费	(DD)	D4
301056	EEC certificate attendance	EEC 证书核查费		
301020	Export documents (making out and/or presentation)	出口单证(填写和/或提交)费		
301057	Foreign clearance fee	境外结关费		
301021	Freight documents	运输单证费		
301022	Futile Trip	送出的货不被接收		
301058	Impos. of Taxes on Agricultural Products	对农产品征税		
301024	Issuing certificate of origin	开具原产地证书费		
301025	Issuing inspection certificate	开具商品检验证书费		
301026	Issuing invoice on your letterheaded paper	用客户抬头信笺开具发票费		

表 3（续）

代码	运费英文名称	运费中文名称	MI	DI
301023	Issuing non-manipulation certificate	开具不可更改证书费		
301027	Issuing packinglist	开具装箱单费		
301028	Issuing warrant	开具委托书费		
301029	Issuing/splitting EUR-certificate	开具/分解欧洲(EUR)证书费		
301059	Issuing/splitting Int. Cocoa or Coffee Certificate	开据/分解可可或咖啡临时证书费		
301030	LCL container administration fee	拼装集装箱管理费		
301031	Legalization charges	公证费	(FF)	D1
301031	Legalization Fee	公证费		D2
301032	Manifest fee	舱单费		
301033	Mercantile marine tax	商船税		
301070	Mexican consular fee	墨西哥领事费		
301001	Other administrative formalities (charge for)	其他管理单证费	(20)	D3
301034	Other documentary charges	其他单证费用		
301060	Other dues	其他费		
301061	Other taxes	其他各税		
301062	Port dues	港口费		
301011	Postage and telephone	邮政和电话费	(30)	D2
301037	Preparing and/or presentation of certificate of origin	编制和/或递交原产地证书费		
301038	Preparing and/or presentation of export certificate	编制和/或递交出口证书费		
301039	Preparing and/or presentation of take over/acceptance certificate	编制和/或递交接受证书费		
301035	Preparing CCA (Charges Collect Advice)	收费通知制单费		
301040	Preparing certificates of origin	编制原产地证书费		
301041	Preparing consular invoices	编制领事发票费		
301042	Preparing copies of customs documents	编制海关单证副本费		
301036	Preparing documents	编制单证费		
301048	Preparing EUR/ATR certificate of origin	编制 EUR/ATR 原产地证书费		D7
301078	Preparing L/C (Letter of Credit)	信用证制单费		
301063	Price agreement tax	价格协定税		
301065	Release of goods	放货费		
301064	Re-validity documents	再次验证单证费		
301077	Seal checking	封志检查费		

表 3（续）

代码	运费英文名称	运费中文名称	MI	DI
301066	Sealing charges	封志费		
301067	Special duty	特别关税		
301043	Stamps	签章费		
301011	Telex, telephone, telefax, postage costs	电传、电话、传真、邮政费用	(DD)	D3
301011	Telex, telephone, telegrams, correspondence, photo - copy charges	电传、电话、电报、信件、影印本费用	(FF)	D4
301044	Transfer duty	转让税		
301069	Transit customs declaration	转口报关单费		
301068	T. V. A. transport sur parcours francais	法国境内运输增值税		
302000	**TRANSPORT DOCUMENTATION CHARGES**	**运输单证费**		
302001	Additional B/L charge	提单(B/L)更改费		
302002	Advice of arrival (charge for)	到达通知费		
302003	Advice of delivery (charge for)	提货通知费		
302004	Airwaybill fee	空运单费	(40)	D1
302006	Bill of lading dues	提单费		
302005	Bill of Lading transfer charge	提单转让费		
302016	Cost of (computerized) customs clearance	计算机化的海关结关手续费	(FF)	
302017	Customs clearance export	出口结关费		
302018	Customs clearance import	进口结关费		
302007	Issuing transport-document	开运输单证费		
302004	Preparing airwaybill	编制空运单费	(FF)	D2
302010	Preparing and attendance for a request for import license	进口许可证编制及核查费		
302004	Preparing Bills of lading	编制提单费	(10)	D3
302004	Preparing Bs/L	编制提单费	(DD)	D4
302011	Preparing delivery-orders	编制提货单费		
302008	Preparing FCR-document	编制 FCR 单证费		
302009	Preparing FCT-document	编制 FCT 单证费		
302012	Preparing goods' receipt	编制货物收据费		
302004	Preparing international transport document	编制国际运输单证费		D5
302013	Preparing mate's receipt	编制大副收据费		
302014	Redirection	变更地址费		
400000	**TRANSPORT EQUIPMENT CHARGES**	**运输设备费用**		

表 3（续）

代码	运费英文名称	运费中文名称	MI	DI
400999	All transport equipment charges	所有运输设备费用		
401000	**TRANSPORT EQUIPMENT RENT**	**运输设备租用费**		
401001	Animal container	载运活牲畜集装箱费用		
401016	Charge for immobilising of equipment other than wagons	除货车外的设备固定费		
401018	Charge for using a wagon-carrying trailer on arrival	专门装运大篷车的挂车到港费		
401017	Charge for using a wagon-carrying trailer on departure	专门装运大篷车的挂车离港费		
401003	Container detention charges	集装箱滞留费		
401004	Container hire	集装箱租金		
401005	Container rent/demurrage	集装箱租金/滞期费		
401006	Empty equipment handover charge	空设备移交费		
401009	Special equipment (cool/deeploaders)	专用设备(冷藏/冷冻机)使用费		
401015	Use of Wagon-carrying Trailer (charge for)	专门装运大篷车的挂车使用费		D1
401015	Wagon demurrage charge	货车滞期费		D2
402000	**TRANSPORT ACCESSORIES RENT**	**运输附件租用费**		
402006	Charge for using heating equipment	保温设备使用费		
402001	Chassishire	底盘车租金		
402002	Rent forklift truck	叉车租用费		
402003	Tarpaulin hire	帆布租用费		
402004	Trailer detention charges	平板车滞留费		
402005	Trailer hire charges	平板车租金		
402007	Trailer rental	拖车租用费		
500000	**CUSTOMS CHARGES**	**海关税费**		
500999	All customs charges	所有海关费用		
501000	**CUSTOMS DUTY**	**海关税**		
501001	Bonded truck handling	保税货车手续费		
501002	Border charges	边境费		
501003	Customs attendance	海关核查费		
501004	Customs costs	海关费用		
501005	Customs dues	海关例费		D1
501005	Customs dues	海关例费	(30)	D2
501005	Customs duties and other sums collected by customs other than VAT	除关税和除增值税以外的海关代征的其他费	(20)	D3

表 3（续）

代码	运费英文名称	运费中文名称	MI	DI
501006	Customs fine	海关罚金	(DD)	D1
501006	Customs fines	海关罚金		D2
501006	Customs fines	海关罚金	(10)	D3
501006	Customs fines for account of principal	按基本财产账征收的海关罚金	(FF)	D4
501005	Dues and duty	费和关税	(FF)	D4
501007	Duties，taxes or excise	关税、税或消费税	(10)	D1
501007	Restitution of Import Duties	进口退税		D2
501009	Road Taxes	公路税	(30)	D1
501008	Suppl. Payment import duties	补交进口税		
501009	Taxes	税		D2
501009	Taxes	税	(40)	D3
501009	Taxes，Excise or Excise Duties	税、消费税或国内消费税	(FF)	D4
502000	**VALUE ADDED TAX**	**增值税**		
502001	E. U. S. T. (Value of goods + duty)	E. U. S. T.（货物价值+关税）费		
502002	Import duties	进口关税	(FF)	D1
502003	Restitution of VAT	增值税退税		
502004	Suppl. Payment of VAT	补交增值税		
502005	Turnover tax (E. U. S. T.) on services for account of Consignor	为发货人账户服务营业额税(E. U. S. T.)		
502006	Turnover tax (E. U. S. T.) on transport charges in transit through France (in cases where this is paid to a third Union (EU))	通过法国转运的运输费营业额税(E. U. S. T.)（支付给第三方（欧盟））		
502002	Value added tax (VAT) collected by customs	海关代征增值税	(20)	D2
502002	VAT	增值税		D3
600000	**MISCELLANEOUS CHARGES**	**其他费用**		
600999	All miscellaneous charges	所有杂费		
600926	Cleaning or disinfection charge	清洁或消毒费		
600018	Icing or re-icing charge	冷冻或再冷冻费		
601000	**TRANSPORT INSURANCE CHARGES**	**运输保险费**		
601001	Insurance-insured capital	保险费资本-保险		
601002	Insurance-insured risks	保险费风险-保险		
601003	Insurance charges	保险费用		D1
601003	Insurance charges	保险费用	(DD)	D2

表 3（续）

代码	运费英文名称	运费中文名称	MI	DI
601003	Insurance costs	保险费用	(FF)	D3
601005	Insurance on goods in bonded warehouse	保税仓库内货物保险费		
601006	Insurance on goods in bonded warehouse-fire	保税仓库内货物火灾保险费		
601007	Insurance on goods in bonded warehouse-other risks	保税仓库内货物其他风险保险费		
601003	Insurance or declaration of value (charge for)	保险或申报价格费	(20)	D4
601004	Insurance premium	保险金		
601008	U. M. C. -tax (Dunkirk)	U. M. C. 税		
602000	**WAREHOUSE INSURANCE CHARGES**	**仓储保险费**		
602001	Warehouse insurance-fire	仓库火灾保险费		
602002	Warehouse insurance-other risks	仓库其他风险保险费		
602003	Warehouse insurance charges	仓库火灾保险费		
603000	**WAREHOUSE RENT**	**仓库租用费**		
603001	Warehouse rent	仓库租用费	(30)	
603002	Warehouse rent on goods which have remained in the transit area over the allotted free period	超过规定免费期限继续留在转关区域货物的仓库租金		
603003	Warehouse rent per cbm per month or part thereof	每月每 cbm 仓库租用费或仓库局部租用费		
603004	Warehouse rent per cbm per week or part thereof	每周每 cbm 仓库租用费或仓库局部租用费		
603005	Warehouse rent per month or part thereof	每月仓库租用费或仓库局部租用费		
603006	Warehouse rent per package per month or part thereof	每月每包仓库租用费或仓库局部租用费		
603007	Warehouse rent per package per week or part thereof	每周每包仓库租用费或仓库局部租用费		
603008	Warehouse rent per ton per month or part thereof	每月每吨仓库租用费或仓库局部租用费		
603009	Warehouse rent per ton per week or part thereof	每周每吨仓库租用费或仓库局部租用费		
603010	Warehouse rent per week or part thereof	每周仓库租用费或仓库局部租用费		
604000	**CUSTOMS WAREHOUSE RENT**	**海关仓库租用费**		
604002	Charges for the use of a bonded warehouse	保税仓库使用费		
604001	Customs warehouse rent	海关货仓租用费	(FF)	D1
604001	Warehousing	仓库费用		D2
604001	Warehousing (charge for)	仓库费用		D3
605000	**HANDLING ASSISTANCE TO CUSTOMS**	**海关装卸附加费**		
606000	**ADMINISTRATION FEE**	**管理费**		

表 3（续）

代码	运费英文名称	运费中文名称	MI	DI
606006	Credit limitation	信用证限额费		
606004	Credit limitation fee	信用证限额手续费		
606005	Equalization Tax (Dunkirk)	平衡税(敦刻尔克)		
606009	Expenses declaration related to the delivery	与交货有关的申报费		
606008	Expenses declaration related to the value	与价值有关的申报费		
606003	Presentation (to customs) and handling charges	向海关提交及处理费用	(FF)	D1
606003	Presentation to customs	向海关提交费		D2
606007	Supervision during inspection/customs clearance	检验/海关结关时的监管费		
607000	**DISBURSEMENT**	**备用金**		
607001	Charges prepaid and paid on delivery (disbursement/charges forward)	货到预付和已付费用(准备金/费用预付)	(FF)	D1
607001	Disbursements	备用金		D2
607001	Shippers' disbursement	发货人准备金	(30)	D3
608000	**DISBURSEMENT FEE**	**备用金费用**		
608001	Advance fee	预付费用		D1
608001	Advance fee	预付费用	(30)	D2
608001	Advanced money commission	预付佣金	(20)	D3
608001	Advanced money commission	预付佣金	(FF)	D4
608003	Cash on delivery (charge for)	货到付款	(20)	D1
608002	Collection fee disbursement	代收手续费		
608003	Disbursement collection fee	准备金	(10)	D2
608003	Disbursement collection fee	准备金	(30)	D3
608003	Disbursement collection fee	准备金	(40)	D4
608003	Disbursement fee	准备金		D5
609000	**SURPLUS COST**	**超出费用**		
609002	Abandoning charges	废弃费用		
609141	Accident procedures when dangerous goods	危险品事故处理费		
609133	Additional planner work	计划员工作附加费		
609003	After trucking charges	卡车运输后费用		
609004	Agent's charges	代理费用		
609005	Agreed charges per month	每月商定费用		
609006	Airport charges	机场费用		
609007	Arrival hall handling	场馆装卸费		
609001	ATAF lumpsum	ATAF 总额		

表 3（续）

代码	运费英文名称	运费中文名称	MI	DI
609008	Attendant	看管费	(10)	D1
609008	Attendant	看管费	(DD)	D2
609009	Bank (release) charges	银行(放行)费用		
609123	Bank charges	银行手续费		
609011	Bank guarantee charges	银行担保费		
609010	Bank release	银行放行手续费		
609012	Berthing dues	停泊费		
609013	C. O. D. Amount	C. O. D 金额(货到付款金额)		
609008	Care of animals	动物看管费		D3
609008	Care of animals (charge for)	动物看管费	(20)	D4
609015	Caution fee	保证金		
609059	Change of axel (charge for)	车轴变更费		
609016	Charges chamber of commerce	商会费用		
609126	Charges for reforwarding complete wagonloads emanating from or going to destination	从目的地发出或发往目的地的整车货载的重新转运费		
609017	Charges for truck returning empty	货车返空费		
609018	Charges resulting from the fact of having to wait for the consignor to supply documents needed for the completion of formalities required by Customs or other authorities (cf. article 25/paragraph 3(1) of CIM)	发运人向海关或其他管理机构等候办理货物交付手续所发生的费用(参考 CIM3 (1)第 25 条)		
609019	Charges resulting from the fact that the consignor has entered in the consignment note particulars which are irregular/incorrect/incomplete or not in the alloted spaces (cf. article 18 of CIM)	发运人报关进口寄售单中某些项目不规范/不正确/不完全或没加空格而发生的费用(参考 CIM 第 18 条)		
609020	Cleaning of vehicle	清洁车辆费		
609131	Cleaning or desinfection charge	清洁或消毒费		
609119	Collection (charge for)	收费		
609022	Compensation for advance of credit to secure release of goods	保证放行货物信用预付款补偿		
609023	Compensation forwarding Amsterdam/Rotterdam	阿姆斯特丹/鹿特丹转运补偿费		
609024	Consignor-payment on delivery	发货人付收货费		
609025	Consignor-payment on delivery (charges forward)	发货人付收货费(已付)		
609026	Container handling charge	集装箱装卸费		
609027	Contradictory verification (charge for)	核实费		

表 3（续）

代码	运费英文名称	运费中文名称	MI	DI
609028	Convoying (charge for)	押运费		
609029	Costs for guarantees undertaken	担保费		
609030	Costs of services performed in other countries	在其他国完成服务的费用		
609031	Counting or inspection of packages or animals (charge for)	包装或动物的计算或检疫费	(20)	D1
609101	Courier charges	承运人费用		
609139	Disposal of rubbish after sweeping	清扫后垃圾处理费		
609120	Distribution service fee	分票服务费		
609031	Examination of goods	货物检查费		D2
609032	Examination of goods before customs clearance	结关前的货物检查费	(FF)	D1
609033	Examination on the spot of a cargo of long articles (charge for)	货物或长物品现场检验费		
609034	Examination on the spot of railway wagons on private bogies (charge for)	专用铁路货车现场检验费		
609035	Exceptional services performed, overtime	超时特殊服务费		
609142	Extras used in accident procedures when dangerous goods	危险品事故处理额外费用		
609038	Feeder addition discharging side	支线船卸货栈附加费		
609039	Fees for consultancy	咨询费		
609040	Fees for measurement	计量费		
609041	Fees for presentation for veterinary and/or phyto-sanitary examination	动植物检疫提交费	(FF)	D1
609042	Fees for survey	检验费		
609043	Financial charges	资金费用		D1
609043	Financial charges on cash advanced, for guarantees undertaken or for international currency transfers	国际货币转账担保人预付现金费用	(FF)	D2
609036	FOA-charges	机场交货价(FOA)费		
609037	FOB oceanport charges-all in	离岸条款全部费用		
609044	For guarantees undertaken for export	出口担保费		
609045	For guarantees undertaken for import	进口担保费		
609046	For international currency transfers	国际通用货币汇款		
609143	Former transport charges	先前的运输费		
609047	Forw. Resp. Cond.	Forw. Resp. Cond. 费		
609049	Free-in reduction	船方不负担装卸费减免		

表 3(续)

代码	运费英文名称	运费中文名称	MI	DI
609050	Freight forwarders' liability insurance	第三方承运人责任保险		
609051	From CIF oceanport till free on truck, incl. 1 month warehouse rent	到港至卡车交货,包括1个月的堆存费		
609052	From CIF oceanport till stored in warehouse	远洋港到港至仓库交货价		
609053	Guarantees and assay fees on precious metals	贵金属保证和鉴定费		
609054	Heli-charges survival suit	蔽光罩费		
609132	Hire of workers	工人雇佣费		
609055	Icing or re-icing (charge for)	冷冻或再冷冻费		
609056	Inspection charges	检查费		D1
609057	Inspection charges (AID)	检查费用(事故)		
609056	Inspection charges / phyto-sanitary dues	植物检疫费	(FF)	D2
609058	Interest in delivery (charge for)	交货付款利息		
609041	Interference charges	清障费		D2
609060	Light dues	灯塔费		
609008	Live animals	动物看管费	(40)	D5
609061	Local haulage to warehouse	本地搬运入库费		
609062	Lumpsum	总额		
609063	Manifest charges	舱单费用		
609064	Manpower Tax (Bordeaux)	人力税(波尔多)		
609065	Merchant haulage	货方自己接运费		
609067	Miscellaneous-Due Agent	其他费-代理人费		
609068	Miscellaneous-Due Carrier	其他费-承运人费		
609069	Miscellaneous-Due Issuing Carrier	其他费-实际承运人费		
609070	Miscellaneous-Due Last Carrier	其他费-最终承运人费		
609071	Miscellaneous-Unassigned	其他费-不确定费用		
609122	On cash advanced	预付现金		
609072	Orderpicking	存货提取费		
609128	Other ancillary charges	其他辅助费用		
609130	Other charges to be collected from consignee	收取收货人其他费用		
609073	Other charges to be collected from the consignee	收取收货人的其他费用		
609129	Other expenses (according to Art. 6, paragraph 9 of the CIM)	根据 CIM 第 6 章第 9 条的其他费用		
609074	Paid on arrival	到货付款		

表 3（续）

代码	运费英文名称	运费中文名称	MI	DI
609075	Phyto-sanitary dues	植物检疫费		
609077	Pilotage	引航费		
609078	Port improvement charge	港口建设费		
609079	Postal charges	邮资		
609080	Pre shipment charges	装运前期费用		
609081	Pre trucking charges	卡车运输前费用		
609082	Prepaid charges	预付费		
609083	Rail journey	铁路段代理费		
609084	Railroad usage charge	铁路使用费		
609085	Railway station charges	火车站费用		
609087	Remit Following Collection Fee (FRC)	代收费用汇款手续费(FRC)		
609088	Request free pass	请求自由通行费		
609089	Royalties	特权费		
609091	Safe costs	安全费		
609056	Sanitary, veterinary, phyto-sanitary inspection	卫生、动植物检疫费	(30)	D3
609092	Security and surveillance charges	保密和监管费		
609093	Separate Early Release	部分早期放行费		
609124	Shed rent	货棚租用费		
609095	Shed rent sea shed	棚屋租用费		
609094	Shed/quay rent on goods which have remained in the transit area over the allotted free period	中转区域内存货超过货物免费期的货棚/码头租费		
609096	Shipping charges	货运费		
609097	Shipping stowage reduction	理舱费减免		
609098	Signature Service	签字费		
609099	Sling discount	起吊装置折扣		
609100	Special commission rebate	特殊回扣费		
609032	Special supervision on cargo (charge for)	货物专项检验费		D2
609102	Stop in transit	中止运输费		
609103	Sums collected by other administrative authorities	收取收货人的其他费用		
609104	Superintending charges on shipment	运输超级监管费		
609105	Supplementary charges	附加费用		
609135	Supplementary charges for special shift	特殊翻装附加费		

表 3（续）

代码	运费英文名称	运费中文名称	MI	DI
609134	Supplementary charges for Sundays	星期日加班附加费		
609090	SVS/RVS	货物转运保险证书/货物保险证书		
609137	Sweeping 20 feet container	20 英尺集装箱清扫费		
609138	Sweeping 40 feet container	40 英尺集装箱清扫费		
609144	Sweeping 45 feet container	45 英尺集装箱清扫费		
609106	Tankcleaning charges	液体舱清洁费		
609136	Telephone costs	电话费		
609107	Terminal fee	码头/场站费		
609125	Trucking	卡车运费		
609111	Trucking discount	卡车运输折扣		
609112	Unassigned	不确定费用		
609113	Unknown charges	不可预见费		
609140	Use of shed space for gasifying	充气棚使用费		
609115	Valuation charges	从价运费		
609116	Veterinary fees	动物检疫费		
609117	Wharfage fee	码头费		
609118	Wharfage tonnage dues	码头船舶吨费		

ICS 07.040
A 77

中华人民共和国国家标准

GB/T 17158—2008
代替 GB/T 17158—1997

摄影测量数字测图记录格式

Record format for photogrammetric digital mapping

2008-06-20 发布 2008-12-01 实施

中华人民共和国国家质量监督检验检疫总局
中国国家标准化管理委员会 发布

前　言

本标准代替 GB/T 17158—1997《摄影测量数字测图记录格式》。

本标准与 GB/T 17158—1997 相比主要变化如下：

——按照 GB/T 1.1—2000《标准化工作导则　第 1 部分：标准的结构和编写规则》对标准进行了修改；

——对规范性引用文件进行了修订；

——对部分章节进行了调整。

本标准的附录 A 为资料性附录。

本标准由国家测绘局提出。

本标准由全国地理信息标准化技术委员会归口。

本标准由国家测绘局测绘标准化研究所负责起草。

本标准主要起草人：刘小强、陈骏、林定荣、姜翔鸾。

本标准所代替标准的历次版本发布情况为：

——GB/T 17158—1997。

摄影测量数字测图记录格式

1 范围

本标准规定了国家基本比例尺地形图解析摄影测量数字测图的记录格式。

本标准适用于国家基本比例尺地形图解析摄影测量数字测图的数据记录。

2 规范性引用文件

下列文件中的条款通过本标准的引用而成为本标准的条款。凡是注日期的引用文件,其随后所有的修改单(不包括勘误的内容)或修订版均不适用于本标准,然而,鼓励根据本标准达成协议的各方研究是否可使用这些文件的最新版本。凡是不注日期的引用文件,其最新版本适用于本标准。

GB/T 13923 基础地理信息要素分类与代码

GB/T 13989 国家基本比例尺地形图分幅和编号

GB/T 20257.1 国家基本比例尺地图图式 第1部分 1∶500 1∶1 000 1∶2 000 地形图图式

3 数据记录的技术规定

3.1 数据的计量

本标准规定摄影测量数字测图数据以图幅为基本记录单位,按矢量数据方式存贮。

地形图要素的高斯坐标、高程、距离均用米表示;小数点后最多取3位;角度用60进制度分秒表示,最多取至整秒。

地形图注记在图面上的位置用该注记第一个字符左下角的高斯坐标表示,其注记指向用和Y轴的夹角表示,单位和尾数取舍同地形图要素,注记的字高、间距则用毫米表示,小数点后取一位。

除上述外,其他各项数据的计量单位均应逐项标出。

3.2 数据文件的记录形式

数据文件采用标准的 ASCII 文本文件记录。

3.3 地形图要素的分类和代码

地形图要素的分类和代码按 GB/T 13923 执行。

3.4 数据文件的分类和命名

对地形图数据文件的分类和命名如表1所示。

表1

文件类别	命　名	文件类别	命　名
图幅基本信息文件	图号.MAP	等高线文件	图号.CON
像片定向文件	图号.POR	注记文件	图号.ANN
点要素文件	图号.POI	数字高程模型文件	图号.DEM
线要素文件	图号.LIN	数据质量评价文件	图号.EST

文件命名中国家基本比例尺地形图的图号按 GB/T 13989 中的规定,去掉百万分之一比例尺地形图的图号表示。1∶500、1∶1 000、1∶2 000 比例尺地形图的图号执行 GB/T 20257.1 的规定。

4 数据记录格式

4.1 图幅基本信息文件

图幅基本信息文件的记录格式如表2所示。如果有缺项的,应打出缺省号"…"(下同)。

表2

序号	项　目	格式	序号	项　目	格式
1	图号	A24	31	等高距	F5.1
2	图名	A24	32	图幅内控制点总数	I 3
3	密级	A8	33	控制点点名(号)	A24
4	行政区域	A60	34	控制点等级	A12
5	测制单位名称	A60	35	控制点高斯坐标 *XY*	2F12.3
6	测制者姓名	A12	36	控制点高程	F8.3
7	图形编辑者姓名	A12	37	控制点点名(号)…	
8	测制仪器型号	A20	38	东邻图幅号	A24
9	平面坐标系统名称	A60	39	接边情况(已接/未接,下同)	A4
10	高程系统名称	A60	40	东南邻图幅号	A24
11	地形图要素分类与代码标准名称	A60	41	接边情况	A4
12	相机型号	A20	42	南邻图幅号	A24
13	航摄日期	A20	43	接边情况	A4
14	航摄比例尺	A20	44	西南邻图幅号	A24
15	成图比例尺	A20	45	接边情况	A4
16	调绘时间	A20	46	西邻图幅号	A24
17	现势资料截止日期	A20	47	接边情况	A4
18	坐标带号	A6	48	西北邻图幅号	A24
19	左下角图廓点高斯坐标 *XY*	2F12.3	49	接边情况	A4
20	左上角图廓点高斯坐标 *XY*	2F12.3	50	北邻图幅号	A24
21	右上角图廓点高斯坐标 *XY*	2F12.3	51	接边情况	A4
22	右下角图廓点高斯坐标 *XY*	2F12.3	52	东北邻图幅号	A24
23	左下角图廓点地理坐标 *LB*	2A20	53	接边情况	A4
24	右上角图廓点地理坐标 *LB*	2A20	54	已修测次数(原测图填0)	I 2
25	图廓点理论边长 *a*(cm)	F6.2	55	修测单位	A60
26	图廓点理论边长 *b*(cm)	F6.2	56	修测日期	A20
27	图廓点理论边长 *c*(cm)	F6.2	57	相机型号	A20
28	图廓点理论对角线长 *d*(cm)	F6.2	58	航摄日期	A20
29	平均子午线收敛角	A16	59	航摄比例尺	A20
30	磁偏角	A36	60	其他	

4.2 像片定向文件

像片定向文件的记录格式如表 3 所示。按航线号Ⅰ、像对号 1、像对号 2……；航线号Ⅱ、像对号 1、像对号 2……次序依次排列。

表 3

<table>
<tr><td colspan="4">项　　目</td><td>格式</td></tr>
<tr><td colspan="4">航线号</td><td>A6</td></tr>
<tr><td rowspan="18">一条航线内的像对</td><td colspan="3">像对号</td><td>A26</td></tr>
<tr><td colspan="3">参加像对定向的点数</td><td>I2</td></tr>
<tr><td rowspan="14">一个像对内的定向点</td><td colspan="2">标准位置 3 点点号</td><td>A24</td></tr>
<tr><td rowspan="6">3 点的高斯坐标、高程及定向残差</td><td>X</td><td rowspan="3">2F12.3
F8.3</td></tr>
<tr><td>Y</td></tr>
<tr><td>Z</td></tr>
<tr><td>ΔX</td><td rowspan="3">3F5.2</td></tr>
<tr><td>ΔY</td></tr>
<tr><td>ΔZ</td></tr>
<tr><td colspan="2">标准位置 4 点点号</td><td>A24</td></tr>
<tr><td rowspan="4">4 点的高斯坐标、高程及定向残差</td><td>X</td><td rowspan="4">…</td></tr>
<tr><td>Y</td></tr>
<tr><td>Z</td></tr>
<tr><td>…</td></tr>
<tr><td colspan="2">本像对平面定向中误差</td><td></td></tr>
<tr><td colspan="2">本像对高程定向中误差</td><td></td></tr>
<tr><td colspan="3">像对号</td><td rowspan="2"></td></tr>
<tr><td colspan="3">…</td></tr>
</table>

4.3 点要素文件

点要素文件记录只有一个位置坐标的点状要素的各项信息。一个点要素的记录格式如表 4 所示。

表 4

项　目	格　式	项　目	格　式
地形图要素记录号	I10	分类代码 2	I8
像对号	A26	…	
要素分类项数	I2	高斯坐标及高程 X、Y、Z	2F12.3 F8.3
分类代码 1	I8	指向坐标	2F12.3

表 4 和表 5 中的"要素分类项数"为可选择项，指某地形图要素分别属于多于一个的不同的类别数，如某个点要素可以同是控制点和独立石，则要素分类项数为 2。

表 4 中的"指向坐标"指对于有方向性的点要素(如泉)指向坐标确定了该符号在图面上的指向。

4.4 线要素文件

线要素文件记录除地形等高线以外的所有线状要素(包括折线段、封闭折线、多边形、曲线段、封闭曲线等)的各项信息。一条线要素的记录格式如表 5 所示。

表 5

项　目		格　式
地形图要素记录号		Ⅰ10
像对号		A26
要素分类项数		Ⅰ2
分类代码 1		Ⅰ8
分类代码 2		Ⅰ8
…		
是否封闭(是/否)		A1
一条线要素的长度		F12.3
一条线要素中的点数		Ⅰ6
一条线要素的点列	X_1Y_1	3F12.3
	X_2Y_2	3F12.3
	…	
	X_NY_N	3F12.3

4.5 等高线文件

等高线文件仅记录等高线的各项信息。一条等高线的记录格式如表 6 所示。

表 6

项　目		格　式
地形图要素记录号		Ⅰ10
像对号		A26
等高线的高程		F6.1
是否封闭(是/否)		A1
一条等高线的点数		Ⅰ6
一条等高线的点列	X_1Y_1	2F12.3
	X_2Y_2	2F12.3
	…	
	X_NY_N	2F12.3

4.6 注记文件

地形图要素注记文件记录本图幅内所有文字数字注记的图面位置、字大、字体等各项信息。注记内容的记录格式如表 7 所示。

表 7

项　目	格式	项　目	格式
地形图要素记录号	Ⅰ10	字体	A10
像对号	A26	字高	F3.1
本注记内容第一个字符左下角坐标	2F12.3	间距	F3.1
指向	A20	注记内容字符串	A60

4.7 数字高程模型文件

数字高程模型文件为可选择文件，本幅图内一个完整的数字高程模型数据文件的记录格式如表 8 所示。

表 8

项　　目		格　式
模型起始点高斯坐标及高程 $X_0Y_0Z_0$		2F12.3 F8.3
模型内最大高程值		F8.3
模型内最小高程值		F8.3
扫描线方位		A10
扫描方式(单向/双向)		A4
起始点扫描走向		A10
扫描间距(M)		F8.3
纵向列数		I5
横向行数		I5
格网点高程	Z0.0	F8.3
	$Z0.1$	F8.3
	…	
	$ZI.J$	F8.3
	…	

4.8 数据质量评价文件

数据质量评价文件的记录格式如表 9 所示。

表 9

项　　目	格式	项　　目	格式
验收单位	A60	要素高程中误差	F5.2
验收者姓名	A12	图幅接边中误差	F5.2
验收日期	A20	质量等级	A2
要素平面中误差	F5.2	其他	

按照数据文件记录格式所记录的 1∶50 000 摄影测量数字测图数据记录示例如附录 A 所示。

附　录　A
（资料性附录）
1：50 000 摄影测量数字测图数据记录实例

设本记录的图号 H50E009006。

E009006 .MAP

图号	H50E009006
图名	方山市
密级	机密
行政区域	陕西省
测制单位名称	陕西省第八测绘大队
测制者姓名	李平
图形编辑者姓名	周小红
测制仪器型号	JX-3 92013
平面坐标系统名称	1980 西安坐标系
高程系统名称	1985 国家高程基准
地形图要素分类与代码标准名称	1：5 000、1：10 000、1：25 000、1：50 000 1：100 000 地形图要素分类与代码 (GB/T 1566—1995)
相机型号	RC—038
航摄日期	1991.4
航摄比例尺	1：61 000
成图比例尺	1：50 000
调绘时间	1992.6
现势资料截止日期	1992.8
坐标带号	20
左下角图廓点高斯坐标 X	3276904.2
Y	20331986.3
左上角图廓点高斯坐标 X	3395385.8
Y	20332273.6
右上角图廓点高斯坐标 X	3395039.1
Y	20356237.4
右下角图廓点高斯坐标 X	3276558.6
Y	20355991.2
左下角图廓点地理坐标 L	115°15′00″
B	30°30′00″
右上角图廓点地理坐标 L	115°30′00″
B	30°40′00″
图廓点理论边长 a (cm)	47.92 cm
图廓点理论边长 b (cm)	48.00 cm
图廓点理论边长 c (cm)	36.95 cm

图廓点理论对角线长 d (cm)	60.53 cm
平均子午线收敛角	−0°49′37″
磁偏角	+12°12′
等高距	10 m
图幅内控制点总数	1
控制点点名(号)	方山三角点
控制点等级	二等点
控制点高斯坐标 X	3384361.2
Y	20340071.0
控制点高程	366.4
东邻图幅号	E009 007
接边情况(已接/未接,下同)	已接边
东南邻图幅号	E010 007
接边情况	已接边
南邻图幅号	E010 006
接边情况	已接边
西南邻图幅号	E010 005
接边情况	已接边
西邻图幅号	E009 005
接边情况	未接边
西北邻图幅号	E008 005
接边情况	未接边
北邻图幅号	E008 006
接边情况	已接边
东北邻图幅号	E008 007
接边情况	已接边
已修测次数(原测图填 0)	0
修测单位	—
修测日期	—
相机型号	—
航摄日期	—
航摄比例尺	—
MAP 文件结束	−9999

E009006.POR

航线号	1
像对号	5277—5278
参加像对定向的点数	4
标准位置 3 点点号	A20
3 点的高斯坐标 X	3384873.1
Y	20349488.8
高程 Z	331.7
3 点的定向残差 ΔX	+7.5
ΔY	−10.2

ΔZ	+2.5
标准位置4点点号	A41
4点的高斯坐标 X	3372673.5
Y	20349475.1
高程 Z	317.8
4点的定向残差 ΔX	−6.9
ΔY	+7.4
ΔZ	−2.1
…	
本像对平面定向中误差	11.0
本像对高程定向中误差	3.2
…	
POR 文件结束	−9999
E009006.POI	
地形图要素记录号	1
像对号	5277—5278
要素分类项数	1
分类代码	3531
高斯坐标 X	3380987.9
Y	20339412.2
高程 Z	327.2
指向坐标 X	—
Y	—
地形图要素记录号	2
像对号	5277—5278
要素分类项数	2
分类代码1	6430
分类代码2	6410
高斯坐标 X	3384174.3
Y	20349238.1
高程 Z	323.7
指向坐标 X	3386281.1
Y	20349265.5
…	
POI 文件结束	−9999
E009006.LIN	
地形图要素记录号	183
像对号	5277—5278
要素分类项数	1
分类代码	2210
是否封闭(是/否)	是
一条线要素的长度	266.3
一条线要素中的点数	4

依序各点高斯坐标 X	3378113.9
Y	20340246.0
高程 Z	325.3
依序各点高斯坐标 X	3379038.1
Y	20340245.8
高程 Z	325.2
依序各点高斯坐标 X	3379030.4
Y	20340717.0
高程 Z	325.2
依序各点高斯坐标 X	3378113.7
Y	20348717.7
高程 Z	325.1
…	
地形图要素记录号	187
像对号	5277—5278
要素分类项数	2
分类代码 1	4420
分类代码 2	9100
是否封闭(是/否)	否
一条线要素的长度	135.3
一条线要素中的点数	3
依序各点高斯坐标 X	3379134.0
Y	20348783.6
高程 Z	325.7
依序各点高斯坐标 X	3378019.1
Y	20348010.2
高程 Z	341.6
依序各点高斯坐标 X	3377678.3
Y	20340812.4
高程 Z	320.3
地形图要素记录号	188
像对号	5277—5278
要素分类项数	1
分类代码	4255
是否封闭(是/否)	是
一条线要素的长度	563.1
一条线要素中的点数	3
依序各点高斯坐标 X	3377679.6
Y	20340820.3
高程 Z	330.1
依序各点高斯坐标 X	3377682.7
Y	20340907.7
高程 Z	332.7

依序各点高斯坐标 X	3377625.1
Y	20340957.0
高程　Z	329.7
…	
LIN 文件结束	－9999
E009006.CON	
地形图要素记录号	931
像对号	5277—5278
等高线的高程	300
是否封闭(是/否)	763
一条等高线的点数	是
依序各点高斯坐标 X_1	3377355.5
Y_1	20340227.5
依序各点高斯坐标 X_2	3377443.1
Y_2	20340207.1
依序各点高斯坐标 X_3	3377522.9
Y_3	20340186.6
…	
地形图要素记录号	932
像对号	5277—5278
等高线的高程	310
是否封闭(是/否)	是
一条等高线的点数	638
依序各点高斯坐标 X_1	3378685.0
Y_1	20347783.7
依序各点高斯坐标 X_2	3378767.1
Y_2	20347769.9
依序各点高斯坐标 X_3	3378879.6
Y_3	20347757.1
…	
CON 文件结束	－9999
E009006.ANN	
地形图要素记录号	1533
像对号	5277—5278
第一个字符左下角坐标 X	3380784.7
Y	20339212.1
指向	0°00′00″
字体	DX
字高	2.0
间距	1.5
注记内容字符串	慈恩塔
地形图要素记录号	1534

像对号	5277—5278
第一个字符左下角坐标 X	3385974.4
Y	20349020.0
指向	0°00′00″
字体	DX
字高	2.0
间距	1.5
注记内容字符串	滴翠泉
…	
ANN 文件结束	—9999
E009006.DEM	
模型起始点高斯坐标及高程 X_0	3276900
Y_0	20331900
Z_0	321.7
模型内最大高程值	366.4
模型内最小高程值	302.3
扫描线方位	东至西
扫描方式(单向/双向)	双向
起始点扫描走向	东至西
扫描间距(M)	100
纵向列数	186
横向行数	242
依序格网点高程 $Z0.0$	307.4
依序格网点高程 $Z0.1$	319.6
依序格网点高程 $Z0.2$	321.7
…	
DEM 文件结束	—9999
E009006.EST	
验收单位	陕西省测绘局
验收者姓名	黄宏一
验收日期	1993.1
要素平面中误差	11.5 m
要素高程中误差	3.2 m
图幅接边中误差	65.5 m
质量等级	优级
EST 文件结束	—9999

ICS 07.040
A 79

中华人民共和国国家标准

GB/T 17160—2008
代替 GB/T 17160—1997

1∶500　1∶1 000　1∶2 000
地形图数字化规范

Specifications for digitizing
1∶500,1∶1 000 and 1∶2 000 topographic maps

2008-06-20 发布　　　　2008-12-01 实施

中华人民共和国国家质量监督检验检疫总局
中国国家标准化管理委员会　发布

前言

本标准代替 GB/T 17160—1997《1∶500、1∶1 000、1∶2 000 地形图数字化规范》。

本标准与 GB/T 17160—1997 相比主要变化如下：

——按照 GB/T 1.1—2000《标准化工作导则　第 1 部分：标准的结构和编写规则》对标准进行了修改；

——删去了地形图手扶自动跟踪数字化的技术方法，对地形图扫描数字化方法进行了细化；

——删除原工作底图术语，增加扫描原图、栅格数据术语；

——删除原 4.1 手扶跟踪数字化仪，修改了 4.2、4.3 对扫描仪、绘图仪的要求；

——将原 4.4.2 数据采集软件改为软件功能；

——删除原第 6 章数据的分层要求及第 7 章图形数据库及数据文件命名规则；

——删除原 8.1.6 作业内容检查内容，替换为引用相关标准；

——将原第 8.2 扫描数字化细化为准备工作、扫描及预处理、数据采集、编辑及要素间的拓扑关系、质量控制与检查 4 个章节。

——删除原有提示性附录：图历簿，增加了对基础地理信息数字产品元数据的引用。

本标准的附录 A 为资料性附录。

本标准由国家测绘局提出。

本标准由全国地理信息标准化技术委员会归口。

本标准起草单位：国家测绘局测绘标准化研究所。

本标准主要起草人：张坤、陈骏、赵力彬、贾广业。

本标准所代替标准的历次版本发布情况为：

——GB/T 17160—1997。

1∶500 1∶1 000 1∶2 000
地形图数字化规范

1 范围

本标准规定了以1∶500、1∶1 000、1∶2 000地形图为信息源，采用地形图扫描数字化手段获取地形图数据的方法和要求。

本标准适用于采用地形图扫描数字化获取地形图数据，相应比例尺其他图种的数字化可参照执行。

2 规范性引用文件

下列文件中的条款通过本标准的引用而成为本标准的条款。凡是注日期的引用文件，其随后所有的修改单(不包括勘误的内容)或修订版均不适用于本标准，然而，鼓励根据本标准达成协议的各方研究是否可使用这些文件的最新版本。凡是不注日期的引用文件，其最新版本适用于本标准。

GB/T 13923 基础地理信息要素分类与代码

GB/T 18315 数字地形图系列和基本要求

GB/T 18316 数字测绘产品检查验收规定和质量评定

GB/T 20257.1 国家基本比例尺地图图式 第1部分：1∶500 1∶1 000 1∶2 000地形图图式

CH/T 1007 基础地理信息数字产品元数据

3 术语和定义

下列术语和定义适用于本标准。

3.1

扫描原图 map for scanning

用于扫描作业的地形图。

3.2

栅格数据 raster data

扫描原图经扫描仪扫描后按照栅格单元的行和列排列具有不同“灰度值”的数据。

3.3

检查图 check map

经地形图数字化作业过程，把编辑处理后的地形图数据通过绘图仪按图式规范输出的用于检查数字化作业内容和精度的地图。

4 专业设备要求

4.1 扫描仪

扫描仪应满足以下要求：

a) 扫描分辨率一般不低于12点/mm(300 dpi)；

b) 有效扫描面积不小于841 mm×597 mm(A1幅面)。

4.2 绘图仪

用于检查图输出的绘图仪应满足以下要求：

a) 分辨率不低于10点/mm(254 dpi)；

b) 有效绘图面积不小于 841 mm×597 mm(A1 幅面)。

4.3 数字化软件

4.3.1 软件的使用环境

数字化软件应在通用的操作系统和网络系统下运行,并便于和扫描仪、绘图仪进行通讯。

4.3.2 软件功能

数字化软件应具备以下基本功能:

a) 原图扫描及预处理;

b) 栅格数据纠正、定向;

c) 矢量化自动跟踪;

d) 地图的投影变换;

e) 图形采集、编辑;

f) 建立要素之间的拓扑关系;

g) 图形符号的开发和汉字处理;

h) 图廓整饰;

i) 矢量数据分层;

j) 数据输出;

k) 元数据采集。

5 扫描原图的基本要求

扫描原图应满足以下基本要求:

a) 扫描原图一般应为聚酯薄膜图,其变形应小于 0.2‰。若采用纸质图,根据用户需要精度可适当放宽,但变形要均匀,经仿射变换处理后应能达到相应的精度要求。

b) 扫描原图精度要求如下:

——图廓边长误差≤0.2 mm;

——图廓对角线误差≤0.3 mm;

——公里网点间距误差≤0.2 mm。

c) 扫描原图上的要素清晰、正确、图面整洁。

d) 宜采用最新版本的地形图。

6 数据分类与代码

地形图数字化时,其各要素的分类与代码应按照 GB/T 13923 的规定执行。

7 准备工作

7.1 前期准备

扫描数字化的前期准备工作包括以下内容:

a) 根据技术设计书,全面了解测区情况,如扫描原图的比例尺、等高距、四周接边情况及作业时应注意的事项;

b) 检查扫描原图是否符合第 5 章的要求,特别注意对图廓边长的检查,以保证扫描后地形图影像的精度;

c) 检查数据采集所需的软件是否安装齐备;

d) 准备好作业过程中所需资料及生僻字登记簿(见附录 A)。

7.2 扫描原图预处理

7.2.1 图面的预处理

在扫描前，应对图面进行以下预处理：

a） 检查扫描原图与相邻图幅的接边情况；线状要素的连续性，如道路、河流、境界的走向，名称、等级是否一致，等高线是否连续等；面状地物如水域、植被、房屋及大型工矿建筑物等是否闭合。发现问题应作处理并做记录。

b） 根据需要添补不完整的线划。

c） 对图上没有明确界线的面状要素部分，应加绘其概略范围线，如复合植被、土质类别、沼泽、水中滩等。

d） 如果扫描原图不整洁，线划、注记不清晰，可进行修补或重新标描。

7.2.2 属性数据的预处理

属性数据预处理的主要内容如下：

a） 对于图上不易区分的要素类别和属性应在预处理图上予以标识，如标明同一线状地物的属性变化和具有多重属性的地物的编码等；

b） 检查扫描原图中各要素信息是否完整（如行政区划名称、公路名称和编号等），如不完整，则应根据含有该要素信息的相邻图幅补充要素信息。

8 扫描及预处理

8.1 地形图的扫描

通过扫描仪将地形图扫描为栅格数据存放到计算机中，扫描分辨率不应低于 12 点/mm(300 dpi)。

8.2 栅格数据预处理

8.2.1 对栅格数据去噪声。

8.2.2 栅格数据的纠正一般采用内图廓四个角点进行栅格纠正，如四点纠正不能满足精度要求，则需要进行公里格网逐点纠正。纠正后的栅格数据平面精度应满足 GB/T 18315 中的规定。

8.2.3 在数据采集、编辑工作开始前，应进行栅格数据的定向工作。定向后的栅格数据图廓点与理论图廓点误差应不大于一个像素。

9 数据采集、编辑及要素间的拓扑关系

9.1 根据 GB/T 20257.1 规定的图形符号定位点（线）进行数据采集。

9.2 等高线可使用自动跟踪软件进行自动跟踪。自动跟踪时应正确输入等高线的高程信息，对跟踪完成的等高线应进行节点抽稀；抽稀后的等高线应做平滑处理并将自动跟踪时所产生的线划尖角消除，避免出现折线。

9.3 面状要素应构成闭合多边形。在预处理图上对没有明确界线的面状要素加绘的概略范围线，按辅助线采集；无法勾绘范围线的均按点状目标采集。多边形的分类代码为该范围内主要植被或土质类别的代码，次要植被或土质类别则按点状目标采集；辅助线的要素代码应与其面状多边形分类代码有所区分。

9.4 线状要素应保持其连续性（如被桥梁符号切断的公路、铁路、河流、管线；双线河及湖泊水面上的境界线等）。

9.5 有方向性要求的线状符号（如堤、自然保护区界等）应注意方向的正确性。

9.6 河流应从上游向下游进行数字化。

9.7 凡方向固定或无方向性的点状符号只采集其定位点坐标。有向点状符号，如泉、地下建筑物出入口等应采集旋转角度。

9.8 具有多重属性的公共边应完全重合。

9.9 不同级别的境界线重合时，只采集最高一级的境界线。

9.10 具有高程信息的要素，应正确输入高程信息。

9.11 注记的采集应正确无误，其字体、字号、定位点、方向及间隔应符合 GB/T 20257.1 的规定。计算机字库中无法表示的汉字应按要求输入其代码，并记录到生僻字登记簿中。

9.12 对图形数据中的要素关系进行编辑。

9.13 所采集的矢量数据应进行接边处理工作。接边时应保证接边的要素代码一致。如果接边要素的位置相差较小可移动一方接边；如果位置相差较大，则两方各移动一半进行接边；如果位置相差很大应分析原因再作处理。

9.14 各要素间的拓扑关系应正确。

9.15 依据 CH/T 1007 相关规定填写元数据。

10 质量控制与检查

10.1 作业精度要求

相对于纠正后的栅格数据，数字化后的点位误差不大于 0.15 mm，线划误差不大于 0.2 mm。

10.2 检查图输出

10.2.1 根据检查需要，选择绘图内容及输出形式。绘图内容可分为分层要素和全要素等，输出形式可以是单色输出或彩色输出。

10.2.2 检查图应采用硫酸纸或变形小、表面光洁、半透明的纸张绘制。

10.2.3 检查图图廓边长误差不超过 0.2 mm，对角线误差不超过 0.3 mm。

10.3 作业内容检查

检查方法一般应采用检查图与扫描原图套合的方法进行。检查内容应依据 GB/T 18316 的相关规定执行。

11 成果上交

上交的成果资料应包括：

a) 技术设计书、技术总结；

b) 扫描原图；

c) 地形图数据；

d) 元数据；

e) 检查报告；

f) 生僻字登记。

附　录　A
（资料性附录）
生僻字登记簿

图名	图号	编码	字型	汉语拼音	政区代码

ICS 17.040.30
J 42

中华人民共和国国家标准

GB/T 17163—2008
代替 GB/T 17163—1997

几何量测量器具术语　基本术语

Glossary of terms used in dimensional measuring instruments—General terms

2008-11-02 发布　　　　2009-05-01 实施

中华人民共和国国家质量监督检验检疫总局
中国国家标准化管理委员会　发布

前　言

本标准是对GB/T 17163—1997《几何量测量器具术语　基本术语》的修订。修订时主要参考了英国国家标准PD 6461:Part 1 1995《计量学词汇　第1部分:基础和通用术语(国际版)》。

本标准与GB/T 17163—1997相比内容变化比较多,附录A给出了本标准与GB/T 17163—1997主要变化情况对照表。

本标准的附录A为资料性附录。

本标准由中国机械工业联合会提出。

本标准由全国量具量仪标准化技术委员会(SAC/TC 132)归口。

本标准负责起草单位:成都工具研究所。

本标准参加起草单位:桂林量具刃具有限责任公司、中国计量科学研究院、中国计量学院。

本标准主要起草人:韩春阳、邓宁、赵伟荣、张恒、赵军、吴庆良。

本标准所代替标准的历次版本发布情况为:

——GB/T 17163—1997。

几何量测量器具术语　基本术语

1　范围

本标准界定了几何量测量器具的一般术语、测量器具术语、测量器具特性术语和测量标准、基准术语的定义。

本标准适用于几何量测量器具及其相关领域。

2　一般术语

2.1　量和单位

2.1.1

[可测量的]量　[measurable]quantity

现象、物体或物质可定性区别和定量确定的属性。

注1：术语“量”可指广义的量和或特定量。广义的量如长度、时间、质量、温度、电阻、物质的量浓度；特定量如某根棒的长度、某段导线的电阻、给定酒样的酒精浓度。

注2：可以相互按大小排序的量称为同种量。

注3：同种量可组合在一起形成量的种类，如波长、厚度、周长；功、热、能。

注4：量的符号在ISO 31(GB 3100～3102)中给出。

2.1.2

几何量　geometrical product

几何学中空间位置、形状与大小的量。

2.1.3

量值　value of a quantity

一般由一个数乘以测量单位表示特定量的大小。

例如：5.34 m，0.633 μm或633 nm，15 kg，10 s，－40 ℃。

注：对于不能由一个数乘以测量单位所表示的量，可以参照约定参考标尺，或参照测量程序，或两者都参照的方式表示。

2.1.4

[量的]真值　true value[of a quantity]

与给定的特定量的定义一致的值。

注1：真值只有通过完善的测量才有可能获得。

注2：真值按其本性是不确定的。

注3：与给定的特定量的定义一致的值不一定只有一个。

2.1.5

[量的]约定真值　conventional true value[of a quantity]

为某一给定目的，被赋予特定量的值，该值有时被约定采用并具有适当不确定度。例如：

a)　米定义：光在真空中1/299 792 458 s内经过的距离为1 m；

b)　在给定位置，通过参考标准复现的量所指定的值可以作为约定真值；

c)　常数委员会(CODATA)(1986)推荐的阿伏加德罗常数值，NA：6.002 136 7×10^{23} mol^{-1}。

注1：约定真值有时被称为指定值、最佳估算值、约定值或参考值。这里的参考值不应与“参考条件”定义注中所提的参考值混淆。

注2：通常用某量的多次测量结果来确定一个约定真值。

2.1.6

[量的]数值　numerical value [of a quantity]

在量值表达式中与单位相乘的数。

例如：在2.1.3例中的数字5.34、0.633、633、15、10和−40。

2.1.7

[测量]单位　unit [of measurement]

为表示同种量大小而与之比较的，约定地确定和采用的特定量。

注1：测量单位具有约定的名称和符号。

注2：同量纲量(不一定是同种量)的单位可有相同的名称和符号。

2.2　测量

2.2.1

测量　measurement

为确定量值进行的一组操作。

注：该操作可被自动执行。

2.2.2

测试　measurement and test

具有试验性质的测量。

2.2.3

检验　inspection

为确定被测量值是否达到预期要求所进行的操作。

2.2.4

静态测量　static measurement

对不随时间变化的量值的测量。

注：这里指的静态是针对被测量而非测量方法。

2.2.5

动态测量　dynamic measurement

对随时间变化量值的瞬间量值的测量。

注：这里指的动态是针对被测量而非测量方法。

2.2.6

测量原理　principle of measurement

测量的科学基础。例如：

a)　应用于长度测量的光电效应；

b)　应用于温度测量的热电效应；

c)　应用于电位差测量的约瑟夫森效应；

d)　应用于速度测量的多普勒效应。

2.2.7

测量方法　method of measurement

进行测量时所用的，按类别叙述的一组操作的逻辑次序。

注：测量方法可分为多种，如替代法、微差法、零位法。

2.2.8

测量程序　measurement procedure

进行特定测量时所用的，根据给定的测量方法具体叙述的一组操作。

注：测量程序通常被记录在被称为“测量程序”(或测量方法)的文件中，并且足够详尽，不需补充材料，即可完成一次测量操作。

2.2.9

被测量　measurand

受到测量的特定量。

例如：给定量块在 20 ℃时的长度。

注：对某一被测量的详细说明可能需要叙述象时间、温度和压力这样的量。

2.2.10

影响量　influence quantity

不是被测量但对测量结果有影响的量。

例如：用千分尺测量长度时的温度。

2.2.11

测量信号　measurement signal

表示被测量并与该量有函数关系的量。例如：

a）电感传感器输出的电信号；

b）压力传感器输出的电信号；

c）电压频率变换器的频率。

注：测量系统的输入信号可称为激励，输出信号可称为响应。

2.2.12

［被测量］变换值　transformed value［of a measurand］

表示给定被测量的测量信号的值。

2.2.13

直接测量法　direct method of measurement

不必测量与被测量有函数关系的其他量，而能直接得到被测量值的测量方法。例如：

a）用刻度尺测量长度；

b）用等臂天平测量质量。

注：为了确定影响量以便进行相应修正，虽然需要进行辅助测量，但仍为直接测量方法。

2.2.14

间接测量法　indirect method of measurement

通过测量与被测量有函数关系的其他量，来得到被测量值的测量方法。例如：

a）通过测量液柱高度进行压力测量；

b）利用电阻温度计进行温度测量。

2.2.15

定义测量法　definitive method of measurement

根据量的定义来确定该量的测量方法。

2.2.16

直接比较测量法　direct-comparison method of measurement

将被测量直接与已知量值的同种量相比较的测量方法。

例如：用刻度尺测量长度。

2.2.17

替代测量法　substitution method of measurement

将选定的且已知量值的同种量代替被测量，使在指示装置上得到相同效应，以确定被测量值的测量方法。

例如：借助天平和已知质量的砝码，利用波大替代方法确定质量。

2.2.18

微差测量法　differential method of measurement

将被测量与同它只有微小差别的已知同种量相比较，通过测量这两个量值间的差值来确定被测量值的测量方法。

例如：借助量块和比较仪进行活塞直径测量。

2.2.19

零位测量法　null method of measurement

调整一个或几个已知量值的量与已知关系的被测量达到平衡来确定被测量值的测量方法。

例如：利用桥式电路和零位探测器进行电阻测量。

注：被测量与可调整量可以是不同种类的量。

2.3　测量结果

2.3.1

测量结果　result of a measurement

由测量所得到的并赋予被测量的量值。

注1：在给出测量结果时，应说明它是示值、未修正测量结果或已修正测量结果，还应表明是否是几个值的平均。

注2：在测量结果的完整表达中应包括测量不确定度，必要时还应说明有关影响量的取值范围。

2.3.2

[测量器具]示值　indication [of measuring instruments]

测量器具所给出的量的值。

注1：由显示装置上读取的值可称为直接示值，将它乘以仪器常数即为示值。

注2：这里的量可以是被测量、测量信号或用于计算被测量值的其他量。

注3：对于实物量具，示值即为它所标出的值。

2.3.3

未修正结果　uncorrected result

系统误差修正前的测量结果。

2.3.4

已修正结果　corrected result

系统误差修正后的测量结果。

2.3.5

测量准确度　accuracy of measurement

测量结果与被测量真值之间的一致程度。

注1：准确度是一个定性概念。

注2：术语精密度不应用作为准确度。

2.3.6

[测量结果]重复性　repeatability [of results of measurement]

在相同测量条件下，同一被测量的连续多次测量结果之间的一致程度。

注1：这些条件称为重复性条件。

注2：重复性条件包括：相同的测量程序、相同的观测者、在相同的条件下使用相同的测量仪器、相同地点、在短时间内重复。

注3：重复性可以用测量结果的分散性定量地表示。

2.3.7

[测量结果]复现性　reproducibility [of results of measurements]

在测量条件改变时，同一被测量的测量结果之间的一致性。

注1：符合复现性的叙述，需要改变条件的规范来给出。

注 2：改变条件可包括：测量原理、测量方法、观察者、测量仪器、参考测量标准、地点、使用条件、时间。

注 3：复现性可用测量结果的分散性定量地表示。

注 4：测量结果在这里通常理解为已修正结果。

2.3.8

实验标准偏差　experimental standard deviation

对同一被测量的 n 次测量，其表征测量结果分散性的量 s 由下式计算：

$$s=\sqrt{\frac{\sum_{i=1}^{n}(x_i-\overline{x})^2}{n-1}}$$

式中：x_i 为第 i 次测量的结果，$\overline{x}$ 为 n 个测量结果的算术平均值。

注 1：当将 n 个值作为分布的取样时，$\overline{x}$ 为该分布的平均值 μ 的无偏差估计，s^2 为该分布的方差 σ^2 的无偏差估计。

注 2：$s/\sqrt{n}$为 $\overline{x}$ 分布的标准偏差的估计，称为平均实验标准偏差。

注 3：平均实验标准偏差有时误称为平均标准误差。

2.3.9

测量不确定度　uncertainty of measurement

与测量结果相联系的参数，表征可被合理地赋予被测量的量值的分散特性。

注 1：此参数可以是诸如标准偏差或其倍数，或是已说明了置信水平的区间的一半宽度。

注 2：测量不确定度一般由多个分量组成。其中一些分量可用测量列结果的统计分布估算，并用实验标准偏差表征。其他分量也可用标准偏差表征，可用基于经验或其他信息的假定概率分布估算。

注 3：应当理解测量结果是被测量值的最佳估计，而所有的不确定度分量均归于分散性，包括那些由系统效应引起的分量，如与修正值和参考标准有关的分量。

2.3.10

标准不确定度　standard uncertainty

以标准偏差表示的测量不确定度。

2.3.11

不确定度的 A 类评定　type A evaluation of uncertainty

用对观测列进行统计分析的方法，来评定标准不确定度。

注：不确定度的 A 类评定，有时也称为 A 类不确定度评定。

2.3.12

不确定度的 B 类评定　type B evaluation of uncertainty

用不同于对观测列进行统计分析的方法，来评定标准不确定度。

注：不确定度的 B 类评定，有时也称为 B 类不确定度评定。

2.3.13

合成标准不确定度　combined standard uncertainty

当测量结果由若干个其他量的值求得时，按其他各量的方差或(和)协方差算得的标准不确定度。

2.3.14

扩展不确定度　expanded uncertainty

确定测量结果区间的量，合理赋予被测量之值分布的大部分可望含于此区间。

注：扩展不确定度有时也称展伸不确定度或范围不确定度。

2.3.15

包含因子　coverage factor

为求得扩展不确定度，对合成标准不确定度所乘之数字因子。

注 1：包含因子等于扩展不确定度与合成标准不确定度之比。

注 2：包含因子有时也称覆盖因子。

2.3.16

[测量]误差 error [of measurement]

测量结果减去被测量的真值。

注1：由于真值不能确定，实际上用的是约定真值(见2.1.4和2.1.5)。

注2：当有必要与相对误差区别时，此术语有时称为测量的绝对误差。注意不要与误差的绝对值相混淆，后者为误差的模。

2.3.17

偏差 deviation

一个值减去其参考值。

2.3.18

相对误差 relative error

测量误差除以被测量的真值。

注：由于真值不能确定，实际上用的是约定真值(见2.1.4和2.1.5)。

2.3.19

随机误差 random error

测量结果与在重复性条件下，对同一被测量进行无限多次测量所得结果的平均值之差。

注1：随机误差等于误差减去系统误差；

注2：因为测量只能进行有限次数，故可能确定的只是随机误差的估计值。

2.3.20

系统误差 systematic error

在重复性条件下，对同一被测量进行无限多次测量所得结果的平均值与被测量的真值之差。

注1：系统误差等于误差减去随机误差；

注2：如真值一样，系统误差及其原因不能完全获知；

注3：对测量仪器而言，参见“偏移”(4.25)。

2.3.21

修正值 correction

用代数方法与未修正测量结果相加，以补偿其系统误差的值。

注1：修正值等于负的系统误差。

注2：由于系统误差不能完全获知，因此这种补偿并不完全。

2.3.22

修正因子 correction factor

为补偿系统误差而与未修正测量结果相乘的数字因子。

注：由于系统误差不能完全获知，因此这种补偿并不完全。

3 测量器具术语

3.1

几何量测量器具 dimensional measuring instruments

单独地或连同辅助装置一起用以确定几何量值的器具。

3.2

测量仪器 measuring instrument

单独地或连同辅助装置一起用以进行测量的器具。例如：

a) 坐标测量机；

b) 激光干涉仪；

c) 电感传感器；

d) 百分表；

e) 游标卡尺。

3.3

实物量具 material measure

使用时以固定形态复现或提供给定量的一个或多个已知量值的器具。例如：

a) 钢直尺；

b) 螺纹量规；

c) 铸铁平板；

d) 量块。

3.4

测量传感器 measuring transducer

提供与输入量有给定关系的输出量的部件。例如：

a) 光栅传感器；

b) 电感传感器；

c) 激光器。

3.5

测量链 measuring chain

构成测量信号从输入到输出通道的测量仪器或测量系统的系列单元。

例如：由激光管、稳频器、靶镜、光电转换器、放大器、滤波整形器、信号处理器、显示器组成的激光测量链。

3.6

测量系统 measuring system

由测量器具和辅助装置组成，用于进行特定测量的整体。例如：

a) 高精螺旋线测量装置；

b) 校准医用温度计的装置。

注 1：测量系统可包括实物量具和化学试剂。

注 2：固定安装的测量系统称为测量装备。

3.7

显示式[测量]仪器 displaying [measuring]instrument

指示式[测量]仪器 indicating [measuring]instrument

显示示值的测量仪器。例如：

a) 电感测微仪；

b) 百分表；

c) 千分尺。

注 1：显示可以是模拟的(连续或断续)或数字的。

注 2：多个量值可以同时显示。

注 3：显示式测量仪器也可提供记录。

3.8

记录式[测量]仪器 recording [measuring]instrument

提供示值记录的测量仪器。例如：

a) 轮廓仪；

b) 热释光剂量计；

c) 记录式光谱仪。

注1：记录(显示)可以是模拟的(连续或断续)或数字的。

注2：多个量值可以同时记录(显示)。

注3：记录式测量仪器也可显示示值。

3.9

累计式[测量]仪器　totalizing [measuring]instrument

通过对从一个或多个源中同时或依次得到的各分量值的求和，以确定被测量值的测量仪器。例如：

a)　累计式轨道衡；

b)　总加式电功率表。

3.10

积分式[测量]仪器　integrating [measuring]instrument

通过一量对另一量积分，以确定被测量值的测量仪器。例如：电能表。

3.11

模拟式测量仪器　analogue measuring instrument

模拟式指示仪器　analogue indicating instrument

其输出或显示为被测量或输入信号的连续函数的测量仪器。

注：本术语与输出或显示形式有关，而与仪器的工作原理无关。

3.12

数字式测量仪器　digital measuring instrument

数字式指示仪器　digital indicating instrument

提供数字化输出或显示的测量仪器。

注：本术语与输出或显示形式有关，而与仪器的工作原理无关。

3.13

显示装置　displaying device

指示装置　indicating device

测量仪器显示示值的部件。

注1：本术语可包括用于显示或设定由实物量具提供的量值的装置。

注2：模拟显示装置提供模拟显示，数字显示装置提供数字显示。

注3：由末位有效数字的连续变动进行内插的数字显示，或由标尺和指示器补充读数的数字显示称为半数字显示。

3.14

记录装置　recording device

提供示值记录的测量仪器部件。

3.15

感应器　sensor

敏感元件

测量仪器或测量链中，直接感受被测量作用的元件。例如：

a)　液位计的浮子；

b)　涡轮流量计的转子；

c)　压力计的波登管。

注：在一些领域将术语探测器用于此概念。

3.16

探测器　detector

用于指示某个现象的存在，而不必提供有关量值的装置或物质。例如：

a)　钢筋扫描探测仪；

b)　卤素泄漏探测器；

c） 石蕊试纸。

注 1：只有当量值达到阈值时才产生示值，有时称该阈值为探测器的探测限。

注 2：在一些领域将术语探测器用于感应器的概念。

3.17

指示器 index

指示装置中固定的或可动的部分，根据它相对于标尺标记的位置能够确定示值。例如：

a） 指针；

b） 光点；

c） 液面；

d） 记录笔。

3.18

[测量仪器]标尺 scale [of a measuring instrument]

由一组有序的标记连同相关的标数一起构成显示装置的部分。

注：每一标记称为标尺标记。

3.19

标尺长度 scale length

对于给定的标尺，始末两标尺标记之间且通过全部最短标尺标记中点的光滑连线的长度。

注 1：该线可能是真实的或虚构的，弯曲的或直的。

注 2：标尺长度用长度单位表示，与被测量的单位或标注在标尺上的单位无关。

3.20

示值范围 range of indication

极限示值界限内的一组值。

注 1：对模拟显示，可被称为标尺范围。

注 2：示值范围可用标注在显示器上的单位表示，与被测量单位无关，通常用其上下限说明，如，100 ℃～200 ℃。

注 3：参见 4.2 注。

3.21

标尺分度 scale division

任意两相邻标尺标记之间的部分。

3.22

标尺间距 scale spacing

沿着标尺长度的同一条线测得的两相邻标尺标记之间的距离。

注：标尺间距用长度单位表示，与被测量的单位或标注在标尺上的单位无关。

3.23

标尺间隔 scale interval

分度值

对应两相邻标尺标记的两个值之差。

注：标尺间隔用标注在标尺上的单位表示，与被测量的单位无关。

3.24

线性标尺 linear scale

在整个标尺中每个标尺间距与其对应的标尺间隔呈恒定比例关系的标尺。

注：具有恒等标尺间隔的标尺称为规则标尺。

3.25

非线性标尺 non-linear scale

在整个标尺中每个标尺间距与其对应的标尺间隔呈非恒定比例关系的标尺。

注：有些非线性标尺具有特殊名称，如对数标尺、平方律标尺。

3.26

抑零标尺　suppressed-zero scale

标尺范围内不含零值的标尺。

例如：医用温度计的标尺。

3.27

扩展标尺　expanded scale

标尺范围的一部分所占的标尺长度，不成比例地大于其他部分的标尺。

3.28

度盘　dail

带有一个或多个标尺的固定或可移动的显示装置的部分。

注：有些显示装置的度盘做成带有数字的鼓形或盘形，并相对于固定指示器或窗口移动。

3.29

标尺标数　scale numbering

与标尺标记关联的一组有序数字。

3.30

调准　gauging

按照所对应的被测量值，确定实物量具标记位置或测量仪器标尺标记位置的操作。

3.31

[测量仪器的]调整　adjustment [of a measuring instrument]

使测量仪器性能进入适于使用状态的操作。

注：调整可以是自动的、半自动的或手动的。

3.32

[测量仪器的]使用者调整　user adjustment [of a measuring instrument]

可由使用者进行的调整。

4　测量器具特性术语

4.1

标称范围　nominal range

测量仪器的操纵器件调到特定位置时所得到的示值范围。

注1：标称范围通常用其上限和下限表明，例如100 ℃～200 ℃。若下限为零，标称范围一般只用其上限表明，例如0 V～100 V的标称范围表示为100 V。

注2：见4.2注。

4.2

量程　span

标称范围两极限值之差的模。

例如：对于－10 V～＋10 V的标称范围，其量程为20 V。

注：在有些知识领域，最大值和最小值之差称为范围。

4.3

标称值　nominal value

用于指导使用的测量器具特性的圆整值或近似值。例如：

a）　标注在标准电阻上的标注值100 Ω；

b）　单标记量杯上标注的1 L。

4.4

测量范围　measuring range

工作范围　working range

测量器具的误差在规定极限内的一组被测量的值。

注1：相对于约定真值确定误差。

注2：见4.2的注。

4.5

额定工作条件　rated operating conditions

测量器具的规定计量特性处于给定的极限范围内的使用条件。

注：额定工作条件一般规定被测量或影响量的范围或额定值。

4.6

极限条件　limiting conditions

测量器具在额定工作条件下连续工作时，为不受损坏及其计量特性不会降低而规定的极端条件。

注1：贮存、运输和工作的极限条件可不相同。

注2：极限条件可包括被测量和影响量的极限值。

4.7

参考条件　reference conditions

为测量器具的性能试验或测量结果相互比对而规定的使用条件。

注：受影响量影响的测量仪器，其参考条件一般应包括参考值或参考条件。

4.8

仪器常数　instrument constant

为给出被测量的示值或用于计算被测量的量，必须与测量仪器的直接示值相乘的系数。

注1：单个显示的多量程测量仪器有几个仪器常数，比如它们对应选择开关的不同位置。

注2：仪器常数为1时，通常不必在仪器上标明。

4.9

响应特性　response characteristic

在规定条件下，激励与对应响应之间的关系。

例如：热电偶的电动势与温度的函数关系。

注1：这种关系可用数式、数表或图表示。

注2：当激励按时间函数变化时，响应特性的一种形式为变换函数(响应的拉氏变换除以激励的拉氏变换)。

4.10

灵敏度　sensitivity

测量仪器的响应变化除以相应的激励变化。

注：灵敏度取决于激励值。

4.11

鉴别力[阈]　discrimination [threshold]

使测量仪器的响应未产生可察觉变化的激励的最大变化，这种激励应在单向缓慢地产生。

注：鉴别力阈可取决于诸如噪声(内部的或外部的)。它也可取决于激励值。

4.12

[显示装置]分辨力　resolution [of a displaying device]

能被有效辨别的显示装置的示值间的最小差异。

注1：对于数显装置，即为最小有效数字变化一个步距时的示值变化。

注2：本概念也适于记录装置。

4.13

死区 dead band

在双向改变激励而未引起测量仪器响应变化的最大区间。

注1：死区可取决于变化速率。

注2：有时故意做得大些，以防止激励的微小变化引起响应变化。

4.14

稳定性 stability

测量仪器保持其计量特性随时间恒定的能力。

注1：当稳定性被认为与其他量有关而非时间时，则应明确说明。

注2：稳定性可用几种方式定量表示，例如：

用计量特性变化某个规定的量所经过的时间；

用计量特性在规定时间的变化。

4.15

超然性 transparency

测量仪器不改变被测量的能力。例如：

a) 质量天平是超然的；

b) 电阻温度计通过加热介质来测量温度不是超然的。

4.16

漂移 drift

测量仪器的计量特性缓慢变化。

4.17

响应时间 response time

从激励受到规定的突变瞬间，到响应变化及其最终稳定值保持在规定极限内瞬间的时间间隔。

4.18

测量仪器准确度 accuracy of a measuring instrument

测量仪器给出接近真值的响应的能力。

注：准确度是定性的概念。

4.19

准确度等级 accuracy class

符合一定的计量要求，使误差保持在规定极限以内的测量器具的级别。

注：通常约定采用的并称其为级别指示的数字或符号代表准确度等级。

4.20

测量仪器[示值]误差 error [of indication] of a measuring instrument

测量仪器的示值与对应输入量的真值之差。

注1：由于真值不能确定，实践中使用约定真值(见2.1.4和2.1.5)。

注2：本概念主要用于测量仪器与参考标准相比较的地方。

注3：对于实物量具，示值即为赋予它的值。

4.21

[测量器具]最大允许误差 maximum permissible error [of measuring instruments]

[测量器具]允许误差极限 limits permissible error [of measuring instruments]

对于测量器具，由技术规范、规程等允许的误差极限值。

4.22

[测量仪器]基值误差 datum error [of a measuring instrument]

为核查仪器而选择在规定的示值或规定的被测量值处的测量仪器的误差。

4.23

[测量仪器]零值误差　zero error [of a measuring instrument]

被测量值为零值的基值误差。

4.24

[测量仪器]固有误差　intrinsic error [of a measuring instrument]

在参考条件下确定的测量仪器的误差。

4.25

[测量仪器]偏移　bias [of a measuring instrument]

测量仪器示值的系统误差。

注：测量仪器的偏移通常用适当次数重复测量的示值误差的平均值来评估。

4.26

[测量仪器]抗偏移性　freedom from bias [of a measuring instrument]

测量仪器给出不含系统误差的示值的能力。

4.27

[测量仪器]重复性　repeatability [of a measuring instrument]

在相同测量条件下，重复测量同一被测量，测量仪器提供相近示值的能力。

注1：这些条件包括：观测者引起的变化减至最小、相同的测量程序、相同的观测者、在相同的测量条件下使用相同的测量装备、在相同地点、在短时间内重复。

注2：重复性可以用示值的分散性定量地表示。

4.28

[测量仪器]引用误差　fiducial error [of a measuring instrument]

测量器具的误差除以仪器的特定值。

注：特定值一般称为引用值，例如它可以是测量器具的量程或标称范围的上限值。

5　测量标准、基准术语

5.1

[测量]标准　[measurement]standard

基准　etalon

为了定义、实现、保存和复现量的单位或一个或多个量值，而用作为参考的实物量具、测量仪器、参考物质或测量系统。例如：

a)　标准量块；

b)　1 kg 质量标准；

c)　100 Ω 标准电阻；

d)　标准电流表。

注1：一组相似的实物量具或测量仪器，通过它们的组合使用所构成的标准称为集合标准。

注2：一组其值经过选择的标准，它们可单独或组合使用，从而提供一系列同种量值，称为标准组。

5.2

国际[测量]标准　international [measurement]standard

经国际协议承认的测量标准，在国际上作为对有关量的其他测量标准定值的依据。

5.3

国家[测量]标准　national [measurement]standard

经国家决定承认的测量标准，在一个国家内作为对有关量的其他测量标准定值的依据。

5.4

原级标准　primary standard

基准

具有最高的计量学特性，其值不必参考相同量的其他标准，被指定的或普遍承认的测量标准。

注：基准的概念等效于基本量和导出量。

5.5

次级标准　secondary standard

副基准

通过与相同量的基准比对而定值的测量标准。

5.6

参考标准　reference standard

在给定地区或在给定组织内，通常具有最高计量学特性的测量标准，在此所进行的测量由它传递。

5.7

工作标准　working standard

用于日常校准或校验实物量具、测量仪器或参考物质的测量标准。

注1：工作标准通常用参考标准校准。

注2：用于确保日常测量工作正常进行的工作标准称为校验标准。

5.8

变换标准　transfer standard

在测量标准相互比较中用作媒介的测量标准。

注：当媒介不是测量标准时，应该用术语变换装置。

5.9

移动的标准　travelling standard

有时为特殊结构，用于在异地间传送的测量标准。

例如：由电池供电的便携式铯频率标准。

5.10

溯源性　traceability

通过一条具有规定不确定度的不间断的比较链，使测量结果或测量标准的值能够与规定的参考标准，通常是与国家测量标准或国际测量标准联系起来的特性。

注1：本概念常用形容词"可溯源的"表达。

注2：不间断的比较链称为溯源链。

5.11

校准　calibration

在规定条件下，为确定测量仪器或测量系统所指示的量值，或实物量具或参考物质所代表的量值，与对应的由标准所复现的量值之间关系的一组操作。

注1：校准结果既可给出被测量的示值，又可确定示值的修正值。

注2：校准也可确定其他计量特性，如影响量的作用。

注3：校准结果可记录在文件中，有时称为校准证书或校准报告。

5.12

检定　verification

查明和确认计量器具是否符合法定要求的程序，它包括检查、加标记和(或)出具检定证书。

5.13

测量标准的保持　conservation of a measurement standard

为使测量标准的计量特性保持在规定限度内所必需的一组操作。

注：这些操作通常包括周期校准、合适条件下的贮存和精心使用。

5.14

参考物质　reference material（RM）

标准物质

具有一种或多种足够均匀的并很好地确定了的特性值，用于校准测量装置，评价测量方法或给材料赋值的材料或物质。

注：参考物质可以是纯的或混合的气体、液体或固体。例如校准黏度用的水，量热计法中作为热容量校准物的蓝宝石，化学分析校准用的溶液。

5.15

有证参考物质　certified reference material（CRM）

有证标准物质

附有证书的参考物质，它的一种或多种特性值通过建立了溯源性的程序确定，使之单位准确的复现，其中的特性值得到表示，以及每一种确定的值都附有给定置信水平的不确定度。

注1：有证参考物质一般成批制备，其特性值是通过对代表整批物质的样品进行测量而确定，并具有规定的不确定度。

注2：将物质装进特制装置时，有证参考物质的特性有时可方便和可靠地确定。

例如：将已知三相点物质装入三相点瓶；已知光密度的玻璃装入透射滤光器；尺寸均匀的球状颗粒安装在显微镜的载物片上；这些装置也可被认为是有证的参考物质。

注3：所有有证参考物质均符合“国际基本和通用计量学词汇（VIM）”给出的“测量标准”或“基准”的定义。

注4：有些参考物质和有证参考物质，由于不能和已确定的化学结构相关联或出于其他原因，其特性不能按严格规定的物理和化学测量方法确定。这类物质包括某些生物物质，如疫苗，世界卫生组织已规定了它的国际单位。

附　录　A
（资料性附录）
本标准与 GB/T 17163—1997 主要变化情况对照表

A.1　本标准与 GB/T 17163—1997 相比，主要变化见表 A.1。

表 A.1

序号	主要变化	本标准中章节号	GB/T 17163—1997 中章节号
1	按照 GB/T 1.1—2000 对编排格式进行了修订		
2	参照 PD 6461:Part 1 1995 对术语定义进行了文字修改	大部分条款	
3	增加了对术语条款的举例说明和注解	大部分条款	
4	增加了“[可测量的] 量”术语及定义	2.1.1	
5	增加了“[量的]数值”术语及定义	2.1.6	
6	增加了测量不确定度的相关术语及定义	2.3.10、2.3.11、2.3.12、2.3.13、2.3.14、2.3.15	
7	增加了“[测量]误差”和“偏差”术语及定义	2.3.16、2.3.17	
8	删除了“测量绝对误差”术语及定义		2.3.11
9	删除了有关误差的术语及定义		2.3.17、2.3.18、2.3.19、2.3.20、2.3.21、2.3.22、2.3.23、2.3.24
10	取消了 2.4 条，其中条款作了相应调整	5.12、5.11、3.30、3.31	2.4.1、2.4.2、2.4.3、2.4.4
11	删除了有关几何量测量器具分类的术语及定义		3.2、3.3、3.4、3.5、3.6、3.7、3.8
12	将“测量装置”改为“测量系统”	3.6	3.12
13	将“测量变换器”改为“测量传感器”	3.4	3.19
14	将“传感器”改为“感应器”	3.15	3.20
15	删除了“记录载体”和“标尺标记”术语及定义		3.23、3.24
16	将“标尺范围”改为“示值范围”	3.20	4.3
17	增加了“标尺间隔”术语及定义并与“分度值”术语及定义等同，更改了“分度值”定义	3.23	4.7
18	增加了“抑零标尺”、“扩展标尺”和“[测量仪器的]使用者调整”术语及定义	3.26、3.27、3.32	
19	增加了“工作范围”术语，其定义与“测量范围”相同	4.4	
20	增加了“超然性”、“[测量仪器]固有误差”和“[测量仪器]抗偏移性” 术语及定义	4.15、4.24、4.26	
21	删除了“测量仪器的零位”、“鉴别力”、“示值变动性”、“可靠性”、“回程”和“测量力”术语及定义		4.12、4.21、4.28、4.30、4.31、4.34

表 A.1(续)

序号	主要变化	本标准中章节号	GB/T 17163—1997 中章节号
22	将"标准条件"改为"参考条件"	4.7	4.17
23	将"稳定度"改为"稳定性"	4.14	4.29
24	将"允许误差"改为"[测量器具]最大允许误差",同时增加与之等同的术语"[测量器具]允许误差极限"	4.21	5.8
25	删除了部分误差及有关曲线的术语及定义		5.1、5.3、5.4、5.5、5.6、5.7、5.9、5.10、5.11、5.14、5.16、5.17、5.18、5.19、5.20、5.21
26	增加了测量标准、基准有关术语及定义	5.1、5.2、5.3、5.4、5.5、5.6、5.7、5.8、5.9、5.10、5.13、5.14、5.15	

ICS 17.040.30
J 42

中华人民共和国国家标准

GB/T 17164—2008
代替 GB/T 17164—1997

几何量测量器具术语　产品术语

Glossary of terms used in dimensional measuring instruments—Product terms

2008-11-02 发布　　2009-05-01 实施

中华人民共和国国家质量监督检验检疫总局
中国国家标准化管理委员会　发布

前　言

本标准是对GB/T 17164—1997《几何量测量器具术语　产品术语》的修订。

本标准与GB/T 17164—1997相比内容变化比较多，附录A给出了本标准与GB/T 17164—1997主要变化情况对照表。

本标准的附录A为资料性附录。

本标准由中国机械工业联合会提出。

本标准由全国量具量仪标准化技术委员会(SAC/TC 132)归口。

本标准负责起草单位：成都工具研究所。

本标准参加起草单位：桂林量具刃具有限责任公司、中国计量科学研究院、中国计量学院。

本标准主要起草人：邓宁、韩春阳、赵伟荣、张恒、吴庆良、赵军。

本标准所代替标准的历次版本发布情况为：

——GB/T 17164—1997。

几何量测量器具术语　产品术语

1　范围

本标准界定了长度测量器具、角度测量器具、形位误差测量器具、表面结构质量测量器具、齿轮测量器具、螺纹测量器具、其他测量器具、测量链和通用器件及附件等几何量测量器具的产品术语及定义。

本标准适用于几何量测量器具行业的产品及正式出版发行的标准和书刊。

2　长度测量器具

2.1　量具

2.1.1

量块　gauge block

具有一对相互平行测量面，且两平面间具有准确尺寸，其横截面为矩形等形式的实物量具。按其材质分为钢制量块、硬质合金量块和陶瓷量块等。

2.1.2

步距规　check master

将一组尺寸相等的量块按准确等间距，直线排列固定于矩形刚性座体内，用于水平和垂直定值校准、检验的实物量具。按量块材质分为钢制量块步距规和陶瓷量块步距规；按使用方式分为卧式步距规和立式步距规。

2.1.3

光滑极限量规　plain limit gauge

具有以孔径或轴径的最大极限尺寸和最小极限尺寸为标准测量面，能以包容原则反映被检孔或轴边界条件的实物量具。

2.1.3.1

塞规　plug gauge

用于孔径检验的光滑极限量规，其测量面为外圆柱面。其中，圆柱直径具有被检孔径最小极限尺寸的为孔用通规，具有被检孔径最大极限尺寸的为孔用止规。

2.1.3.2

环规　ring gauge

用于轴径检验的光滑极限量规，其测量面为内圆环面。其中，圆环直径具有被检轴径最大极限尺寸的为轴用通规，具有被检轴径最小极限尺寸的为轴用止规。

2.1.3.3

卡规　snap gauge

用于轴径检验的光滑极限量规，其测量面为两对称的平面。两测量面间距具有被检轴径最大极限尺寸的为轴用通规，具有被检轴径最小极限尺寸的为轴用止规。

2.1.4

量针　pin gauge

具有准确尺寸的圆柱工作面，用于间接检测螺纹等工件的实物量具。按量针材质分为钢制量针和陶瓷量针。又称为针规。

2.1.5

塞尺　feeler gauge

具有准确厚度尺寸的单片或成组的薄片，用于检验间隙的实物量具。

2.1.6

钢直尺　steel ruler

具有一组或多组有序的标尺标记及标尺标数所构成的钢制板状的实物量具。

2.1.7

精密玻璃线纹尺　precision glass linear scale

具有一组或多组有序的标尺标记及标尺标数，其截面为矩形的玻璃制实物量具，该量具与测微读数装置配合，用于精密测量。按用途又分为玻璃基准线纹尺、玻璃标准线纹尺和玻璃工作线纹尺三种。

2.1.8

精密金属线纹尺　precision metal linear scale

具有一组或多组有序的标尺标记及标尺标数，其截面为X形、H形或矩形的金属制实物量具，该量具与测微读数装置配合，用于精密测量。按用途又分为金属基准线纹尺、金属标准线纹尺和金属工作线纹尺三种。

2.1.9

半径样板　radius template

带有一组准确内、外圆弧半径尺寸的薄板，用于检验圆弧半径的实物量具。又称R规。

2.2　卡尺

2.2.1

游标卡尺　vernier calliper

利用游标原理对两同名测量面相对移动分隔的距离进行读数的测量器具。

2.2.2

带表卡尺　dial caliper

利用机械传动系统，将两同名测量面的相对移动转变为指示表指针的回转运动，并借助尺身标尺和指示表对两同名测量面相对移动所分隔的距离进行读数的测量器具。

2.2.3

数显卡尺　digital display calliper

利用电子测量、数字显示原理，对两同名测量面相对移动分隔的距离进行读数的测量器具。

2.2.4

游标深度卡尺　vernier depth calliper

利用游标原理对尺框测量面和尺身测量面（或测量爪的深度测量面）相对移动分隔的距离进行读数的测量器具。

2.2.5

带表深度卡尺　dial depth calliper

利用机械传动系统，将尺框测量面和尺身测量面（或测量爪的深度测量面）的相对移动转变为指示表指针的回转运动，并借助尺身标尺和指示表对尺框测量面和尺身测量面（或测量爪的深度测量面）相对移动所分隔的距离进行读数的测量器具。

2.2.6

数显深度卡尺　digital display depth calliper

利用电子测量、数字显示原理，对尺框测量面和尺身测量面（或测量爪的深度测量面）相对移动分隔的距离进行读数的测量器具。

2.2.7

游标高度卡尺　vernier height calliper

利用游标原理对装置在尺框上的划线量爪或测量头工作面与底座工作面相对移动分隔的距离进行读数的测量器具。

2.2.8

带表高度卡尺　dial height calliper

利用机械传动系统，将装置在尺框上的划线量爪或测量头工作面与底座工作面的相对移动转变为指示表指针的回转运动，并借助尺身标尺(或机械式数字显示装置)和指示表对划线量爪或测量头工作面与底座工作面相对移动所分隔的距离进行读数的测量器具。

2.2.9

数显高度卡尺　digital display height calliper

利用电子测量、数字显示原理，对装置在尺框上的划线量爪工作面与底座工作面相对移动分隔的距离进行读数的测量器具。

2.2.10

焊接检验尺　calliper for welding inspection

具有主尺、游标尺及测角尺，用于对焊缝宽度、高度、焊接间隙及坡口角度等尺寸读数的测量器具。

2.3　千分尺

2.3.1

测微头　micrometer head

利用螺旋副原理，对测微螺杆轴向位移量进行读数并备有安装部位的测量器具。

2.3.2

外径千分尺　external micrometer

利用螺旋副原理，对尺架上两测量面间分隔的距离进行读数的外尺寸测量器具，其分度值为0.01 mm和0.001 mm、0.002 mm 、0.005 mm。分度值为0.001 mm、0.002 mm和0.005 mm的称为微米千分尺。

2.3.3

杠杆千分尺　micrometer with dial comparator

利用杠杆传动机构及螺旋副原理，对尺架上两测量面间分隔的距离通过指示表和微分筒标尺进行读数，并可由指示表读取两测量面间微小位移量的微米级外径千分尺。

2.3.4

带计数器千分尺　micrometer with counter

利用螺旋副原理，对尺架上两测量面间分隔的距离用机械式数字显示装置进行读数的外径千分尺。

2.3.5

数显外径千分尺　digital display micrometer

利用螺旋副原理，通过电子测量、数字显示，对尺架上两测量面间分隔的距离进行读数的外径千分尺。

2.3.6

小测头千分尺　small anvil micrometer

具有两较小测量面的外径千分尺。

2.3.7

尖头千分尺　point micrometer

具有两锥形球测量面，适用于测量较小部位尺寸的外径千分尺。

2.3.8

板厚千分尺　sheet metal micrometer

具有球形测量面和平测量面及特殊形状的尺架，适用于测量板材厚度的外径千分尺。

2.3.9

壁厚千分尺　tube micrometer

具有球形测量面和平测量面及特殊形状的尺架，适用于测量管材壁厚的外径千分尺。

2.3.10

叶片千分尺 blade micrometer

具有两条形测量面，适用于测量叶片尺寸的外径千分尺。

2.3.11

奇数沟千分尺 odd fluted micrometer

具有特制的V形测砧，可测量带有3、5和7个沿圆周均布沟槽工件的外径千分尺。

2.3.12

深度千分尺 depth micrometer

利用螺旋副原理，对底板基准面与测量杆测量面间分隔的距离进行读数的深度测量器具。

2.3.13

数显深度千分尺 digital display depth micrometer

利用螺旋副原理，通过电子测量、数字显示，对底板基准面与测量杆测量面间分隔的距离进行读数的深度测量器具。

2.3.14

两点内径千分尺 internal micrometer with two-point contact

利用螺旋副原理，对主体两端球形测量面间分隔的距离进行读数的内尺寸测量器具。简称内径千分尺。其中，不带接长杆即整体结构的又称为单杆式内径千分尺。

2.3.15

带表内径千分尺 dial internal micrometer

利用螺旋副原理，对两球形测量面间分隔的距离由指示表读数的内径千分尺。

2.3.16

三爪式内径千分尺 three point internal micrometer

利用螺旋副原理，通过旋转塔形阿基米德螺旋体或移动锥体使三个测量爪作径向位移，使其与被测内孔接触，对内孔尺寸进行读数的内径千分尺。

2.3.17

数显三爪式内径千分尺 three point internal micrometer with digital display

利用螺旋副原理，使三个测量爪沿半径方向位移，将其与被测内孔接触，通过电子测量、数字显示，对内孔尺寸进行读数的内径千分尺。

2.3.18

内测千分尺 inside micrometer

具有两个圆弧测量面，适用于测量内尺寸的千分尺。

2.4 指示表

2.4.1

指示表 dial indicator

利用机械传动系统，将测量杆的直线位移转变为指针在圆度盘上的角位移，并由圆度盘进行读数的测量器具。其中，分度值为0.1 mm的称为十分表，分度值为0.01 mm的称为百分表，分度值为0.001 mm、0.002 mm、0.005 mm的称为千分表。量程超过10 mm的指示表又称为大量程指示表。

2.4.2

数显指示表 dial indicator with digital display

利用电子测量、数字显示原理，对测量杆的直线位移进行读数的测量器具。其中，分辨力为0.01 mm的称为数显百分表，分辨力为0.001 mm、0.005 mm的称为数显千分表。

2.4.3

深度指示表 depth dial indicator

借助标准块及指示表，对基座测量面与测头测量面间分隔的距离进行读数的深度测量器具。其中，分度值为 0.01 mm 的称为深度百分表；分度值为 0.001 mm、0.005 mm 的称为深度千分表。

2.4.4

数显深度指示表　depth dial indicator with digital display

利用电子测量、数字显示原理，借助标准块及指示表，对基座测量面与测头测量面间分隔的距离进行读数的深度测量器具。

2.4.5

杠杆指示表　dial test indicator

利用机械传动系统，将杠杆测头的摆动位移转变为指针在圆度盘上的角位移，并由圆度盘进行读数的测量器具。其中，分度值为 0.01 mm 的称为杠杆百分表；分度值为 0.001 mm、0.002 mm 的称为杠杆千分表。

2.4.6

数显杠杆指示表　dial test indicator with digital display

利用电子测量、数字显示原理，对杠杆测头的摆动位移进行读数的测量器具。其中，分辨力为 0.01 mm 的称为数显杠杆百分表；分辨力为 0.001 mm 的称为数显杠杆千分表。

2.4.7

内径指示表　bore dial indicator

利用机械传动系统，将活动测头的直线位移转变为指针在圆度盘上的角位移，并由圆度盘进行读数的内尺寸测量器具。其中，分度值为 0.01 mm 的称为内径百分表；分度值为 0.001 mm、0.002 mm 的称为内径千分表。

2.4.8

涨簧式内径指示表　expanding head bore dial indicator

利用机械传动系统，将涨簧测头的直线位移转变为指针在圆度盘上的角位移，并由圆度盘进行读数的内尺寸测量器具。其中，分度值为 0.01 mm 的称为涨簧式内径百分表；分度值为 0.001 mm、0.002 mm 的称为涨簧式内径千分表。

2.4.9

钢球式内径指示表　ball type bore dial indicator

利用机械传动系统，将钢球测头的直线位移转变为指针在圆度盘上的角位移，并由圆度盘进行读数的内尺寸测量器具。其中，分度值为 0.01 mm 的称为钢球式内径百分表；分度值为 0.001 mm、0.002 mm 的称为钢球式内径千分表。

2.4.10

厚度指示表　thickness dial indicator

用于测量固定于表架上的指示表测头测量面相对于表架测砧测量面的直线位移量(厚度)，并由指示表进行读数的测量器具。其中，分度值为 0.01 mm 的称为厚度百分表，分度值为 0.001 mm 的称为厚度千分表。又称为厚度表、测厚规。

2.4.11

数显厚度指示表　thickness dial indicator with digital display

利用数显指示表，对表架上的两测量面相对直线位移量(厚度)进行读数的测量器具。其中，分辨力为 0.01 mm 的称为数显厚度百分表，分辨力为 0.001 mm、0.005 mm 的称为数显厚度千分表。又称为数显厚度表、数显测厚规。

2.4.12

杠杆卡规　indicating snap gauge

利用杠杆传动机构，通过直接比较测量法，读取弧形尺架上两测量面间微小轴向位移量的微米级外尺寸测量器具。

2.4.13

带表卡规　dial snap gauge

利用杠杆传动机构，将活动量爪测量面的摆动转变为指示表量杆的移动，并由指示表进行读数的一种剪式测量器具。其中，用于外尺寸测量的称为带表外卡规，用于内尺寸测量的称为带表内卡规。

2.4.14

指示卡表　dial snap indicator

利用机械传动系统，将两测量爪间的相对位移转变为指针在指示表圆度盘上的角位移，并由指示表进行读数的测量器具。

2.4.15

数显指示卡表　dial snap indicator with digital display

利用电子测量、数字显示原理，对两测量爪间的相对位移进行读数的测量器具。

2.4.16

扭簧比较仪　microcator

利用扭簧元件作为尺寸的转换和放大机构，将测量杆的微小直线位移转变为指针在弧形度盘上的角位移，并由弧形度盘进行读数的测量器具。又称为扭簧测微仪。

2.4.17

光学扭簧比较仪　opticator

利用扭簧元件和光学元件作为尺寸的的转换和放大机构，将测量杆的微小直线位移转变为指标线在弧形度盘上的角位移，并由弧形度盘进行读数的测量器具。

2.4.18

杠杆齿轮比较仪　mechanical dial comparator

利用杠杆、齿轮传动系统，将测量杆的直线位移转变为指针在弧形度盘上的角位移，并由弧形度盘进行读数的测量器具。又称为杠杆齿轮测微仪。

2.4.19

电子量规　electronic gauge

由电感式传感器将被测尺寸的变化转换为电信号，并由指示装置指示的直接比较测量器具。其中，测量内尺寸的称为电子塞规，测量外尺寸的称为电子卡规。

2.4.19.1

电感式传感器　inductance type transducer

能将感受的线位移量转换成电感线圈电信号变化的装置。

2.4.20

电感测微仪　inductance micrometer

由电感式传感器将被测尺寸的变化转换为电信号，并由指示装置指示的直接比较测量仪器。其中，由数字指示装置指示的又称为数显电感测微仪。

2.4.21

峰值电感测微仪　peak inductance micrometer

能给出被测尺寸变化的最大值、最小值，最大值与最小值之差，最大值与最小值平均值等指示功能的电感测微仪。

2.4.22

电感内径比较仪　inductance bore comparator

利用瞄准传感器，将内径尺寸变化转换成电信号，并由指示装置指示的内径直接比较测量仪器。

2.4.22.1

瞄准传感器　aiming transducer

能准确实现瞄准、定位、读数功能的比较仪专用传感器。

3 角度测量器具

3.1

角度块 angle block gauge

形状为三角形、四边形等以相邻平面的夹角为测量角,并具有准确角度值的实物量具。

3.2

正多面棱体 regular polygon mirror

各相邻平面法线间的夹角为等值测量角,并具有准确角度值的正多边形的实物量具。

3.3

刀具角度样板 cutter angular template

具有确定的不同角值,且满足一定的准确度要求,用作角度标准对类同角度的刀具进行直接比较检验的实物量具。

3.4

直角尺 square

测量面与基面相互垂直,用以检验直角、垂直度和平行度的实物量具。又称为90°角尺。

3.4.1

平行直角尺 parallel square

测量面与基面宽度相等的直角尺。

3.4.2

宽座直角尺 wide-stand square

基面宽度大于测量面宽度的直角尺。

3.4.3

刀口形直角尺 edge square

两测量面为刀口形的直角尺。

3.4.4

矩形直角尺 square square

截面形状为矩形的直角尺。

3.4.5

三角形直角尺 three angle square

截面形状为三角形的直角尺。

3.4.6

圆柱直角尺 cylinder square

测量面为一圆柱面的直角尺。

3.4.7

方形角尺 square guage

具有相邻互为垂直面的四个测量面,用以测量直角、垂直度和平行度的直角尺。

3.5

游标万能角度尺 vernier universal bevel protractor

利用活动直尺测量面相对于基尺测量面的旋转,对该两测量面间分隔的角度利用游标原理进行读数的角度测量器具。

3.6

带表万能角度尺 dial universal bevel protractor

利用活动直尺测量面相对于基尺测量面的旋转,对该两测量面间分隔的角度利用指示表进行读数的角度测量器具。

3.7

数显万能角度尺　universal bevel protractor with digital display

利用电子测量、数字显示原理，对活动直尺测量面相对于基尺测量面的旋转分隔的角度进行读数的角度测量器具。

3.8

光学分度头　optical dividing head

利用光学度盘作为角度标准器，通过光学单元进行检测、定位的角度测量器具。

3.8.1

目镜式光学分度头　optical dividing head with microscope reading

通过目镜读数的光学分度头。

3.8.2

投影式光学分度头　optical dividing head with projection reading

通过投影屏读数的光学分度头。

3.9

光电分度头　optical-electronic dividing head

以圆光栅、圆感应同步器等作为角度标准器，通过光电转换、数字显示进行检测和定位的精密角度测量器具。

3.10

多齿分度台　multi-tooth division table

利用一对齿形、节距和直径相同的高精度平面齿轮作为角度标准器，通过彼此相对旋转、啮合，实现圆分度的精密角度测量器具。

3.11

分度转台　division rotary table

具有两个或三个相互垂直的精密转轴，利用度盘或圆光栅等作为角度标准器，通过光学或数显单元对具有两个或三个相互垂直的角度进行测量的角度测量器具。

3.12

正弦规　sine bar

根据正弦函数原理，利用量块的组合尺寸，以间接方法进行测量角度测量器具。

3.12.1

普通正弦规　general sine bar

具有平台工作面和直径相同且轴线互相平行的两个支承圆柱所组成的正弦规。

3.12.2

铰链式正弦规　hinge type sine bar

具有平台工作面和铰链的正弦规。

3.12.3

双向正弦规　dual-directional sine bar

具有互成90°的上、下两层正弦台的正弦规。

3.13

圆锥量规　cone gauge

具有标准光滑锥面，能反映被检内(外)锥体边界条件的锥度实物量具。按锥度种类分有公制圆锥量规、莫氏圆锥量规等；按使用场合分有工具圆锥量规、钻夹圆锥量规等。

3.13.1

圆锥塞规　plug cone gauge

用于内锥体检验的圆锥量规。

3.13.2

圆锥环规　ring cone gauge

用于外锥体检验的圆锥量规。

3.14

直角尺测量仪　square measuring instrument

根据比较测量法或直接测量法，以测微仪沿立柱导轨移动测量取值，用于宽座角尺及其他90°样板外角的线值误差测量器具。又称为直角尺检查仪。

4　形位误差测量器具

4.1

平晶　optical flat

由光学玻璃研磨而成的具有两个端面的正圆柱体，用于以光学干涉法测量工件平面形状误差的实物量具。

4.1.1

平面平晶　plane optical flat

一个端面为测量面的平晶。又称为单面平晶。

4.1.2

平行平晶　parallel optical flat

两个端面为测量面且相互平行的平晶。又称为双面平晶。

4.2

刀口形直尺　knife straight edge

测量面呈刃口状，用于测量工件平面形状误差的实物量具。

4.2.1

刀口尺　knife straight edge

具有一个测量面的刀口形直尺。

4.2.2

三棱尺　three edges straight edge

具有角度互为60°的三个测量面的刀口形直尺。

4.2.3

四棱尺　four edges straight edge

具有角度互为90°的四个测量面的刀口形直尺。

4.3

平尺　straight edge

测量面为平面，用于测量工件平面形状误差的实物量具。

4.3.1

矩形平尺　square straight edge

截面形状为矩形，具有上、下两个测量面的平尺。

4.3.2

工字形平尺　Ⅰ-beam straight edge

截面形状为工字形，具有上、下两个测量面的平尺。

4.3.3

桥形平尺　bridge type straight edge

侧面形状为弓形，且由两个支承座支承，具有一个上测量面的平尺。

4.3.4

角形平尺　angle straight edge

截面形状为三角形，具有角度互为60°三个测量面的平尺。

4.4

平板　surface plate

用于工件检测或划线的平面基准器具。又称为平台。

4.4.1

铸铁平板　cast iron surface plate

用铸铁材料做成的平板。

4.4.2

岩石平板　granite surface plate

用岩石材料做成的平板。

4.5

方箱　square box

由相互垂直的平面组成的矩形基准器具。又称为方铁。

4.6

水准器式水平仪　level meter

利用水准器气泡偏移来测量被测平面相对水平面微小倾角的角度测量仪器。又称为气泡式水平仪。

4.6.1

条式水平仪　bar level meter

具有一个基座测量面，且水准器气泡固定或可相对基座测量面调整的矩形水准器式水平仪。又称为钳工水平仪。

4.6.2

框式水平仪　frame level meter

具有一个基座测量面及两个垂直测量面，且水准器气泡固定或可相对基座测量面调整的框形水准器式水平仪。

4.6.3

合像水平仪　imaging level meter

具有一个基座测量面，以测微螺旋副相对基座测量面调整水准器气泡，并由光学原理合像读数的水准器式水平仪。

4.7

光学倾斜仪　optical inclinometer

具有一个基座测量面及两个水准器，以光学度盘相对基座测量面调整水准器气泡，并由读数显微镜读数，用于检测各种平面在120°范围内倾斜角度的测量仪器。又称为光学象限仪。

4.8

电子水平仪　electronic level meter

具有一个基座测量面，以电容摆等平衡原理测量被测面相对水平面微小倾角的测量仪器。

4.8.1

指针式电子水平仪　electronic level meter with indicator

以指针式指示装置指示测量值的电子水平仪。

4.8.2

数显式电子水平仪　electronic level meter with digital display

以数显式指示装置指示测量值的电子水平仪。

4.9

平直度测量仪　straightness measuring instrument

根据自准直原理，由自准直光管和平面反射镜测量取值，用于测量直线度、平面度等形位误差的测量仪器。又称为自准直仪。

4.9.1

光学式平直度测量仪　optical straightness measuring instrument

以目镜观察、照准，光学读数装置及测微鼓轮读数的平直度测量仪。

4.9.2

光电式平直度测量仪　photoelectrical straightness measuring instrument

以光电元件照准，指示表、测微鼓轮读数或数字显示读数的平直度测量仪。

4.10

圆度测量仪　roundness measuring instrument

根据半径测量法，以精密旋转轴线作为测量基准，采用电感、压电等传感器接触测量被测件的径向形状变化量，并按圆度定义作出评定和记录的测量仪器，用于测量回转体内、外圆及圆球的圆度、同轴度等。若传感器能作垂直移动，还可测量直线度和圆柱度，则称为圆柱度测量仪。

4.10.1

转轴式圆度测量仪　spindle-rotating type roundness measuring instrument

被测件固定于工作台，传感器随主轴旋转的圆度测量仪。又称为传感器旋转式圆度测量仪。

4.10.2

转台式圆度测量仪　table-rotating type roundness measuring instrument

传感器固定于立柱上，被测件安置在旋转工作台上并随其转动的圆度测量仪。又称为工作台旋转式圆度测量仪。

5　表面结构质量测量器具

5.1

表面粗糙度比较样块　surface roughness comparison specimen

采用特定合金材料和加工方法，具有不同的表面粗糙度参数值，通过触觉和视觉与其所表征的材质和加工方法相同的被测件表面作比较，以确定被测件表面粗糙度的实物量具。

5.1.1

铸造表面粗糙度比较样块　surface roughness comparison specimen for cast surface

采用铸造方法加工并经处理，已知表面轮廓算术平均偏差（*Ra*）值的表面粗糙度比较样块。

5.1.2

磨、车、镗、铣、插及刨加工表面粗糙度比较样块　surface roughness comparison specimen for ground, turned, bored, milled, shaped and planed surface

采用磨、车、镗、铣、插及刨方法加工，已知表面轮廓算术平均偏差（*Ra*）值的表面粗糙度比较样块。

5.1.3

电火花加工表面粗糙度比较样块　surface roughness comparison specimen for spark-erosion machined surface

采用电火花方法加工，已知表面轮廓算术平均偏差（*Ra*）值的表面粗糙度比较样块。

5.1.4

抛(喷)丸、喷砂加工表面粗糙度比较样块　surface roughness comparison specimen for shot blasted and grit blasted surface

采用抛(喷)丸、喷砂方法加工,已知表面轮廓算术平均偏差(Ra)值的表面粗糙度比较样块。

5.1.5

抛光加工表面粗糙度比较样块　surface roughness comparison specimen for polished surface

采用抛光方法加工,已知表面轮廓算术平均偏差(Ra)值的表面粗糙度比较样块。

5.2

便携式表面粗糙度测量仪　portable surface roughness measuring instrument

根据接触测量法,采用相应的触针式传感器,该传感器可随意放置于任意被测对象的表面,以触针沿被测表面作匀速直线或曲线滑行随机测取其表面微观轮廓值,经计算装置运算处理后由指示装置或打印机得到表面粗糙度测量结果及被测表面的轮廓图,是一种功能较单一,测量精度适中,适用于加工现场的小型测量仪器。

5.2.1

驱动箱　driving box

驱动传感器触针沿被测表面作匀速直线或曲线滑行并测量取值的装置。

5.3

台式表面粗糙度测量仪　bench type surface roughness measuring instrument

根据接触测量法,采用相应的触针式传感器,该传感器固定于工作台立柱,且只能沿该立柱移动调整,以触针沿被测表面作匀速直线或曲线滑行随机测取其表面微观轮廓值,经计算装置运算处理后由指示装置或打印机得到系统的表面粗糙度参数值和表面微观轮廓图,是一种功能较齐全,测量精度较高,适用于实验室等场合的测量仪器。

5.4

轮廓测量仪　profile measuring instrument

根据直接测量法,采用电感、压电和光学原理,以接触式或非接触式传感器沿被测表面作匀速直线或曲线滑行随机测取其表面轮廓值,经计算装置运算处理后由指示装置或打印机得到系统的表面轮廓轮廓图,用于测量各种机械零件素线形状和截面轮廓形状的测量仪器。

6　齿轮测量器具

6.1　专用器具

6.1.1

测量齿轮　master gear

作为标准,与被测齿轮啮合,用以检测齿轮的切向、径向综合误差的实物量具。

6.1.1.1

直齿测量齿轮　master straight gear

齿线为分度圆柱面直母线的测量齿轮。

6.1.1.2

斜齿测量齿轮　master helical gear

齿线为螺旋线的测量齿轮。

6.1.2

测量齿条　master rack

其轮齿沿直线排列在平面上,作为标准,与被测齿轮啮合,用以检测齿轮的切向、径向综合误差的实物量具。

6.1.3

测量蜗杆　master worm

作为标准,与被测齿轮或蜗轮啮合,用以检测齿轮或蜗轮的切向、径向综合误差的实物量具。

6.1.3.1

单头测量蜗杆　master worm with one thread

具有一条螺旋线的测量蜗杆。

6.1.3.2

双头测量蜗杆　master worm with two thread

具有两条螺旋线的间齿啮合测量蜗杆。

6.1.3.3

三头测量蜗杆　master worm with three thread

具有三条螺旋线的间齿啮合测量蜗杆。

6.1.4

渐开线样板　involute template

具有确定的渐开线齿面,且满足一定的准确度要求,用作渐开线标准对各种渐开线测量器具进行检验和校准的实物量具。

6.1.5

螺旋线样板　helix template

具有确定的螺旋面,且满足一定的准确度要求,用作螺旋线标准对圆柱齿轮螺旋线测量器具进行检验和校准的实物量具。

6.1.6

游标齿厚卡尺　vernier gear tooth caliper

利用游标原理,以齿高尺定位,对齿厚尺两测量爪相对移动分隔的距离进行读数的齿轮齿厚测量器具。

6.1.7

数显齿厚卡尺　digital display gear tooth caliper

利用电子测量、数字显示原理,以齿高尺定位,对齿厚尺两测量爪相对移动分隔的距离进行读数的齿轮齿厚测量器具。

6.1.8

公法线千分尺　gear tooth micrometer

利用螺旋副原理,对弧形尺架上两盘形测量面间分隔的距离进行读数的齿轮公法线测量器具。

6.1.9

数显公法线千分尺　digital display gear tooth micrometer

利用螺旋副原理,通过电子测量、数字显示,对弧形尺架上两盘形测量面间分隔的距离进行读数的齿轮公法线测量器具。

6.1.10

杠杆公法线千分尺　indicating gear tooth micrometer

利用杠杆传动机构及螺旋副原理,对弧形尺架上两盘形测量面间分隔的距离通过指示表和微分筒进行读数,并可由指示表读取两盘形测量面间微小位移量的微米级齿轮公法线测量器具。

6.1.11

正切齿后规　tangent gear tooth gauge

根据比较测量法,以两斜面量爪定位,利用机械式传感器将被测尺寸的变化转换成指示表指针的角位移,并由指示表读数的测量原始齿形位移的齿轮测量器具。

6.1.12

矩形花键量规　square spline gauge

具有标准矩形齿形,能反映被检内(外)矩形花键边界条件的实物量具。

6.1.12.1

矩形花键塞规　square spline internal gauge

用于矩形花键孔(内花键)检验的花键量规。其中,用于单项检验的为光滑塞规、板塞规和槽宽塞规;用于综合检验的为综合塞规。上述塞规中,通规的极限尺寸为被检的最小极限尺寸;止规的极限尺寸为被检的最大极限尺寸。

6.1.12.2

矩形花键环规　square spline ring gauge

用于矩形花键轴(外花键)检验的花键量规。其中,用于单项检验的为光滑卡规、板卡规和槽宽卡规;用于综合检验的为综合环规。上述卡(环)规中,通规的极限尺寸为被检的最大极限尺寸;止轨的极限尺寸为被检的最小极限尺寸。

6.1.13

圆柱直齿渐开线花键量规　straight cylindrical involute spline gauge

具有标准渐开线齿廓,能反映被检内(外)圆柱直齿渐开线花键边界条件的实物量具。

6.1.13.1

圆柱直齿渐开线花键塞规　straight cylindrical involute spline internal gauge

用于圆柱直齿渐开线花键孔(内花键)检验的花键量规。其中,用于控制工件内花键作用齿槽宽综合公差的下偏差的,为综合通端花键塞规;用于控制工件内花键作用齿槽宽综合公差的上偏差的,为综合止端花键塞规;用于控制工件内花键制造公差的上偏差的,为非全齿止端花键塞规。

6.1.13.2

圆柱直齿渐开线花键环规　straight cylindrical involute spline ring gauge

用于圆柱直齿渐开线花键轴(外花键)检验的花键量规。其中,用于控制工件外花键作用齿厚综合公差上偏差的为综合通端花键环规;用于控制工件外花键作用齿厚综合公差下偏差的为综合止端花键环规;用于控制工件外花键制造公差下偏差的为非全齿止端花键环规。

6.1.14

三角花键量规　triangular spline gauge

内花键齿形为三角形,外花键齿廓为压力角等于 45°的渐开线齿形或直齿形,能反映被检内(外)三角花键边界条件的实物量具。

6.1.14.1

三角花键塞规　triangular spline internal gauge

用于三角花键孔(内花键)检验的花键量规。其中,用于控制工件内花键中径综合公差(包括中径实际偏差、齿形误差和齿距误差的补偿值)下偏差的为综合通端花键塞规;用于控制工件内花键中径综合公差上偏差的为综合止端花键塞规;用于控制工件内花键实际中径最大极限尺寸的为非全齿止端花键塞规。

6.1.14.2

三角花键环规　triangular spline ring gauge

用于三角花键轴(外花键)检验的花键量规。其中,用于控制工件外花键中径综合公差(包括中径实际偏差、齿形误差和齿距误差的补偿值)上偏差的为综合通端花键环规;用于控制工件外花键中径综合公差下偏差的为综合止端花键环规;用于控制工件外花键实际中径最小极限尺寸的为非全齿止端花键环规。

6.2 单项误差测量仪

6.2.1

便携式齿轮齿距测量仪 manual gear circular pitch measuring instrument

根据相对测量法,采用指示表类器具测量相邻齿距偏差、齿距累积误差的测量仪器。又称为便携式齿轮周节检查仪。

6.2.2

上置式齿轮齿距测量仪 portable gear circular pitch measuring instrument

根据测量齿槽中心线等分性的近似方法,放置于被测齿轮处,采用指示表类器具测量相邻齿距偏差、齿距累积误差的测量仪器。

6.2.3

齿轮基节测量仪 gear base pitch measuring instrument

根据绝对测量法,采用指示表类器具测量基节偏差的测量仪器。又称为齿轮基节检查仪。

6.2.4

齿轮跳动测量仪 gear run-out measuring instrument

根据绝对测量法,采用指示表类器具测量齿圈径向跳动误差的测量仪器。又称为齿轮跳动检查仪。

6.2.5

齿轮螺旋角测量仪 gear helix angle measuring instrument

根据相对测量法,采用指示表类器具测量齿轮螺旋角误差或实际值的测量仪器。

6.2.6

齿轮导程测量仪 gear lead measuring instrument

根据比较测量法,采用指示表类器具及读数显微镜测量斜齿轮的导程、齿向误差的测量仪器。又称为齿轮导程检查仪。

6.2.7

单盘式齿形测量仪 disc type tooth profile measuring instrument

根据比较测量法,以直尺和基圆盘作直线、旋转的复合运动,形成标准渐开线;被测齿轮随基圆盘转动,采用指示表类器具随直尺作直线移动并测量取值,用于测量渐开线齿形误差的测量仪器。又称为单盘式渐开线检查仪。

6.2.7.1

基圆盘 base circle plate

其直径等于或近似等于被测齿轮基圆直径,与被测齿轮一起固定于主轴;测量时,由绕其外圆周上的直尺或钢带带动作纯滚动可产生渐开线的标准圆盘。

6.2.8

分级单盘式齿形齿向测量仪 variable single disc tooth profile and tooth directional measuring instrument

基圆盘直径在一定范围内可适当调整,用于测量齿形、齿向误差和齿面粗糙度及蜗杆导程误差的测量仪器。

6.2.9

万能式齿形测量仪 universal tooth profile measuring instrument

根据比较测量法,由机械机构作准确的直线、旋转复合运动,形成标准渐开线;带动被测齿轮作转动,采用指示表类器具测量渐开线齿形误差的测量仪器。

6.2.10

万能测齿仪 universal gear measuring instrument

以被测齿轮轴心线为基准,上、下顶尖定位,采用指示表类器具测量齿轮、蜗轮的齿距误差及基节偏差、公法线长度、齿圈径向跳动等的测量仪器。

6.2.11

齿轮齿向测量仪　gear tooth directional measuring instrument

根据比较测量法，采用相应的传感器测量直齿、斜齿、内啮合、外啮合圆柱齿轮齿向误差的测量仪器。

6.2.12

齿轮齿距测量仪　gear circular pitch measuring instrument

根据相对测量法，采用相应的传感器测量相邻齿距偏差、齿距累积误差及齿圈跳动等的测量仪器。

6.2.13

万能渐开线螺旋线测量仪　universal involute and helix measuring instrument

根据比较测量法，由机械机构带动相应的传感器相对被测齿轮移动，形成标准渐开线、螺旋线，传感器沿此标准渐开线、螺旋线测量取值，用于测量渐开线齿轮齿形误差和螺旋线波度误差的测量仪器。

6.2.14

齿轮测量机　gear measuring machine

根据坐标测量法，以上、下顶尖定位，角位移传感器和被测齿轮同轴回转，并推动线位移传感器测头与被测齿轮的齿面逐齿接触定位、测量取值，用于测量渐开线圆柱齿轮齿形误差、齿距累积误差、齿距偏差等，以及截面整体误差等的测量仪器。又称为万能齿轮测量机。

6.2.15

蜗轮副测量仪　worm wheel measuring instrument

根据电子创成式测量法，采用长、圆光栅传感器和被测蜗杆、蜗轮作单面啮合传动测量取值，用于测量圆柱蜗杆蜗轮副的切向综合误差、一齿切向综合误差、齿距偏差、齿距累积误差和接触斑点等的测量仪器。

6.3　综合误差测量仪

6.3.1

圆锥齿轮双面啮合综合测量仪　bevel gear dual-flank meshing measuring instrument

将被测圆锥齿轮与标准件(测量齿轮或测量蜗杆)作无间隙的双面啮合，采用指示表类器具测量被测齿轮与标准件轴线夹角的变动量或齿轮轴线位移变动量，以评定齿轮的运动精度、工作平稳性和齿侧间隙等误差的测量仪器。又称为圆锥齿轮双面啮合综合检查仪。

6.3.2

圆柱齿轮双面啮合综合测量仪　cylindrical gear dual-flank meshing measuring instrument

将被测圆柱齿轮与标准件(测量齿轮或测量蜗杆)作无间隙的双面啮合，并以径向移动或摆动的方式调整被测圆柱齿轮与标准件的中心距，采用标尺或指示表类器具测量取值，以评定齿轮的运动精度、工作平稳性和齿侧间隙等的测量仪器。又称为圆柱齿轮双面啮合综合检查仪。

6.3.3

圆锥齿轮单面啮合综合测量仪　bevel gear single-flank meshing measuring instrument

根据相对测量法，将被测圆锥齿轮与测量齿轮作单面啮合传动，采用角位移传感器测量取值，用于测量直齿锥齿轮、斜齿锥齿轮、弧齿和准双曲面锥齿轮的齿轮副切向综合误差、切向相邻综合误差、齿频周期误差、侧隙变动量及接触斑点等的测量仪器。

6.3.4

圆锥齿轮整体误差测量仪　bevel gear integrated error measuring instrument

根据“齿轮啮合分离测量法”，利用其齿面有规则分布的凸起棱带的特殊测量齿轮与被测圆锥齿轮作单点啮合传动，由两角位移传感器测量取值，用于测量螺旋锥齿轮副和准双曲面齿轮副及单个齿轮的切向综合误差、切向相邻综合误差、周期误差及多截面齿形误差和整体误差等的测量仪器。

6.3.5

齿轮单面啮合整体误差测量仪　gear single-flank meshing integrated error measuring instrument

根据“齿轮单面啮合整体误差测量法”，以上、下顶尖定位，利用间齿测量蜗杆与被测齿轮作单面啮合传动，由两角位移传感器测量取值，用于测量圆柱齿轮的齿距累积误差、切向综合误差、一齿切向综合误差、齿距偏差、齿形偏差和基节偏差等的测量仪器。

6.3.6

齿轮测量中心　gear measuring center

根据坐标测量法，以顶尖、圆转台定位，采用多轴数控的线位移、角位移传感器测量取值，可用于测量内(外)直齿轮、弧锥齿轮、蜗杆蜗轮副及滚刀、剃(插)齿刀等的多项误差，并作统计分析的测量仪器。

6.4　滚刀测量仪

6.4.1

立式滚刀测量仪　vertical hob measuring instrument

根据直接比较测量法，以上、下顶尖定位，由直尺、滚切盘和正弦尺导板的复合运动形成标准螺旋线，采用相应的传感器沿被测件轴向作直线移动并测量取值，用于测量渐开线圆柱齿轮滚刀、蜗轮滚刀的螺旋线误差、啮合误差和齿形误差等的测量仪器。

6.4.2

卧式滚刀测量仪　horizontal hob measuring instrument

根据直接比较测量法，以左、右顶尖定位，由测量滑座和右顶尖的复合运动形成标准螺旋线，线、角位移传感器沿被测件轴向作直线、旋转运动并测量取值，用于测量齿轮滚刀、蜗轮滚刀、蜗杆、丝杆的螺旋线误差、啮合误差和齿形误差等的测量仪器。

7　螺纹测量器具

7.1

螺纹样板　screw thread template

具有确定的螺距和牙形，且满足一定的准确度要求，用作螺纹标准对类同的螺纹进行测量的实物量具。

7.2

螺纹量规　screw thread gauge

具有标准螺纹牙形，能反映被检内(外)螺纹边界条件的实物量具。按螺纹种类分为普通螺纹量规、梯形螺纹量规和锯齿形螺纹量规等。按使用场合分为：制造工件螺纹过程时所用的工作螺纹量规、验收工件螺纹时所用的验收螺纹量规、在制造和检验时检验或调整螺纹环规尺寸的正确性时所用的校对螺纹量规。

7.2.1

螺纹塞规　screw thread plug gauge

用于螺纹孔(内螺纹)检验的螺纹量规。

工作螺纹量规和验收螺纹量规又分为：用于综合检查螺母的通端工作塞规、通端验收塞规；用于检查螺母内径的通端光滑塞规、止端光滑塞规；用于检查螺母中径的止端工作塞规。

校对螺纹量规又分为：用于校对(调整)通端工作环规的校通-通塞规、校通-止塞规、校通-损塞规；用于校对(调整)止端工作环规的校止-通塞规、校止-止塞规、校止-损塞规；用于校对(调整)通端验收环规的验通-通塞规；用于校对(调整)可调整的通端工作环规的校通-通塞规；用于校对(调整)可调整的止端工作环规的校止-通塞规。

7.2.2

螺纹环规(卡规)　screw thread ring gauge(screw thread calliper gauge)

用于螺纹轴(外螺纹)检验的螺纹量规。工作螺纹量规和验收螺纹量规又分为：用于综合检查螺栓的通端工作环规和通端验收环规、用于检查螺栓外径的通端光滑卡规和止端光滑卡规、用于检查螺栓中径的止端工作环规。

7.3

螺纹千分尺　screw thread micrometer

利用螺旋副原理，对弧形尺架上的锥形测量面和V形凹槽测量面间分隔的距离进行读数的测量螺纹中径的测量器具。

7.4

数显螺纹千分尺　digital display screw thread micrometer

利用螺旋副原理，以电子测量、数字显示，进行读数的螺纹千分尺。

7.5

带计数器螺纹千分尺　screw thread micrometer with counter

利用螺旋副原理，以机械式数字显示装置进行读数的螺纹千分尺。

7.6

丝杠静态测量仪　static lead screw measuring instrument

被测丝杠在头架、尾架间横卧固定不动，采用相应的传感器沿被测丝杠两侧轴向移动并测量取值，用于测量丝杠的螺距、中径及牙形角等的测量仪器。

7.7

丝杠动态测量仪　dynamic lead screw measuring instrument

以角位移传感器作为圆分度基准，激光干涉装置或其他线位移传感器作为长度基准，被测丝杠在头架、尾架横卧固定并作回转运动，测量头沿被测丝杠轴线作同步轴向移动并测量取值。用于测量丝杠螺距误差和螺旋线误差的测量仪器。

8　其他测量器具

8.1

测微高度规　micrometer height gauge

利用螺旋副原理，使立柱上排列的一组等间距的标准块在铅垂方向作上、下移动，提供比较测量用标准量值的测量器具。又称为可调高度测微仪。

8.2

带表高度规　dial height gauge

利用螺旋副原理，使立柱上排列的一组等间距的标准块在铅垂方向作上、下移动，并由指示表进行读数，提供比较测量用标准量值的测量器具。

8.3

数显高度规　height gauge with digital display

利用电子测量、数字显示原理，对测量头与底座工作面沿铅垂方向相对移动分隔的距离进行读数，提供比较测量用标准量值的测量器具。

8.4

数显高度测量仪　height measuring instrument with digital display

根据绝对测量法，以测量头相对基面作垂直移动，利用线位移传感器测量取值，经数据处理、显示并打印测量结果，用于测量轴、孔直径及垂直平面内距离等的测量仪器。

8.5

大直径测量仪　large diameter measuring instrument

根据直接比较测量法，由基准滚轮同被测件作无滑动滚动，采用角位移传感器与基准滚轮同轴转动并随机采样，经数据处理，给出测量结果，用于测量大型圆柱工件直径的测量仪器。

8.6

光栅式传动链测量仪　grating transmission chain measuring instrument

根据直接比较测量法,利用两光栅角位移传感器将被测传动链输入轴和输出轴的转动转换成频率相等的两路光电信号,经电路处理,用测出相位差的方式求得实际传动比相对理论传动比的偏差,并绘出其传动误差曲线。用于测量具有固定传动比的齿轮加工机床、谐波传动链及其他非渐开线齿轮传动系统的传动链误差专用测量仪器。

8.7

惯性式传动链测量仪　inretial transmission chain measuring instrument

根据直接比较测量法,利用两个具有单自由度的扭转振动系统将被测传动链输入轴和输出轴的转动经相应的传感器分别转换成两路电信号,由电路处理,绘出误差曲线。用于测量高精度回转机构的绝对和相对不匀速性专用测量仪器。

8.8

外圆磨加工主动测量仪　active measuring instrument for cylindrical grinding

根据直接比较测量法,在外圆磨床加工的过程中,采用相应的传感器对被加工件的尺寸主动进行测量取值;经电路数据处理,指示控制器指示,并按尺寸的变化向外圆磨床发出相应的信号,改变其加工状态,最终使被加工件的尺寸或形状误差控制在规定的公差范围内。用于成批工件外圆磨削加工且有横向进给的工序中,对外径尺寸或形状误差进行主动测量和控制的专用测量仪器。它由测量系统和指示控制器组成。该主动测量仪分为:连续表面主动测量仪、断续表面主动测量仪、配磨主动测量仪、几何形状主动测量仪、凸轮轴磨主动测量仪、宽量程主动测量仪和轴承内圈沟道磨主动测量仪等类型。

8.8.1

指示控制器　indicating controller

可发出控制信号的指示装置,又称为指示控制仪。控制信号用于控制磨床的进给机构,该控制器也适用于内圆磨加工主动测量仪。

8.9

内圆磨加工主动测量仪　active measuring instrument for internal grinding

根据直接比较测量法,在内圆磨床加工的过程中,采用相应的传感器对被加工件的尺寸主动进行测量取值;经电路数据处理,指示控制器指示,并按尺寸的变化向磨床发出相应的信号,改变其加工状态,最终使被加工件的尺寸或形状误差控制在规定的公差范围内。用于成批工件内圆磨削加工且有横向进给的工序中,对内径尺寸或形状误差进行主动测量和控制的专用测量器具。它由测量系统和指示控制器组成。

该主动测量仪分为:连续表面主动测量仪、断续表面主动测量仪、前插式主动测量仪、后插式主动测量仪和轴承外圈沟道磨主动测量仪等类型。

8.10

凸轮轴测量仪　camshaft measuring instrument

根据直接比较测量法,以两顶尖定位并带动被测凸轮转动,采用相应的传感器沿被测件轮廓测量取值,用于测量凸轮轴凸轮升程值和相位角的测量器具。

按照两顶尖轴线位置的不同,凸轮轴测量仪分为两种型式:两顶尖轴线垂直于水平面的为立式凸轮轴测量仪;两顶尖轴线平行于水平面的为卧式凸轮轴测量仪。

8.11

立式刀具预调测量仪　vertical tool presetting and measuring instrument

仪器主轴轴线垂直于水平面,被测刀具固定于仪器主轴且可绕其轴线回转。根据直接测量法,以光学投影屏或指示表定位对零,沿被测刀具轴向、径向移动测量取值,并由相应的指示装置表示出测量结果。用于在机外预调中测量各种加工中心、数控机床带轴镗铣刀具切削刃径向和轴向尺寸的专用测量仪器。

8.12

卧式刀具预调测量仪　horizontal tool presetting and measuring instrument

仪器主轴轴线平行于水平面，被测刀具固定于仪器主轴且可绕其轴线回转。根据直接测量法，以光学投影屏或指示表定位对零，沿被测刀具轴向移动测量取值，并由相应的指示装置表示出测量结果。用于在机外预调中测量各种加工中心、数控机床带轴镗铣刀具及车削刀具切削刃径向和轴向尺寸的专用测量仪器。

8.13

自动分选机　automatic sorting machine

根据直接比较测量法，采用相应的传感器，对工件自动地以接触或非接触的方式逐个测量，并按被测参数的测量结果，控制执行机构进行自动分选。用于对大量工件的几何量、重量、弹性、硬度、表面结构质量等参数按组别自动分检的测量分选仪器。

按照分选的对象，比较典型的自动分选机有：钢球、滚针和圆柱滚子三用自动分选机；圆柱滚子自动分选机；圆锥滚子自动分选机；钢球外观自动分选机；轴承外环外径自动分选机；针阀体内径自动分选机；活塞环厚度自动分选机；活塞自动分选机。按照测量工位数目的多少，自动分选机可分为单工位分选机和多工位分选机两种。自动分选机一般由上料装置、运送装置、测量系统、测量与控制线路、执行机构、程序控制系统和传动机构等部分组成。

8.14

自动检验机　automatic testing machine

根据直接比较测量法，采用相应的传感器，对工件自动地以接触或非接触的方式逐个测量，并由相应的装置表示被测件合格与否。用于对大量工件的几何量、重量、弹性、硬度及表面结构质量等项目作在线和非在线监控的测量器具。其中，在线使用的自动检验机除参与产品质量监测外尚可进行工艺过程的控制。

按照检测工位数目的多少，自动检验机可分为单工位自动检验机和多工位自动检验机。

按照检测的对象，典型的自动检验机有：连杆自动检验机、曲轴自动检验机、汽缸孔自动检验机。

8.15

坐标测量机　coordinate measuring machine

根据绝对测量法，采用触发式、扫描式等型式传感器随 x、y、z 等相互垂直的导轨相对移动或转动，并与固定于工作台上的被测件接触或非接触发讯、采样，计算机处理数据，显示、打印测量结果。用于空间坐标尺寸测量、定位等的测量器具。

坐标测量机种类较多，按其结构型式，大体可分为坐标镗式、龙门式、桥式和悬臂式等。

8.15.1

触发式传感器　touching sensor

能将测量头在垂直于其轴线任意方向，以及沿该轴线方向接触感受的位移量转换成触点开或关信号的传感器。其中，作空间定位用的传感器，又称为触发式探头，它包括测量头和控制器两部分。

8.15.2

扫描式传感器　scanning sensor

能将测量头在空间任意方向微位移，随机连续接触采样所感受的位移量转换成模拟量信号形式的传感器。又称为扫描式探头，它包括测量头和控制器两部分。

8.16

激光干涉仪　laser interferometer

利用稳频氦氖激光器，以激光波长为基准，按迈克尔逊原理产生干涉条纹进行几何量测量的仪器。激光干涉仪由激光头、干涉镜、反射镜和显示器等组成。

8.16.1

激光头　laser head

利用固定在轴向磁场内的激光器发出稳频准直光束，通过靶镜对被测件的位移进行测量的激光束发生装置。

8.17

光学影像测量仪　optical image measuring instrument

根据“计算机屏幕测量”原理，融合机器视觉软件等人工智能技术，实现对被测件多坐标的自动边缘提取、影像合成、测量合成的测量仪器。

9　测量链

9.1

光栅线位移测量链　grating linear displacement measuring chain

利用光栅副产生光信号的原理，由光栅线位移传感器感受线位移量，并用光栅数显表显示其值的长度测量单元。

9.1.1

光栅线位移传感器　grating linear displacement transducer

由光栅尺和读数头组成，能获取线位移光栅信息的光电转换装置。按其结构，该线位移传感器分为开启型和封闭型两种。

9.1.2

光栅数显表　grating digital display meter

接受光栅传感器输出的电信号，并经处理后以数字显示出位移量的装置。按其功能，数显表分为普通型和多功能型两种。

9.2

光栅角位移测量链　grating angular displacement measuring chain

利用光栅副产生光信号的原理，由光栅角位移传感器感受角位移量，并用光栅数显表显示其值的角度测量单元。

9.2.1

光栅角位移传感器　grating angular displacement transducer

由光栅盘和读数头组成，能获取角位移光栅信息的光电转换装置。按其结构，该角位移传感器分为开启型和封闭型两种。

9.3

磁栅线位移测量链　magnet-grid linear displacement measuring chain

利用磁头相对长磁栅（磁尺）线位移其磁通量变化而形成电感信号变化的原理，由磁栅线位移传感器感受位移量，并用磁栅数显表显示其值的长度测量单元。

9.3.1

磁栅线位移传感器　magnet-grid linear displacement transducer

由长磁栅（磁尺）和磁头组成，能获取线位移磁化信息的磁电转换装置，该线位移传感器分为线型和带型两种类型。

9.3.2

磁栅数显表　magnet-grid digital display meter

接受磁栅传感器输出的电信号，并经处理后以数字显示出位移量的装置。

9.4

磁栅角位移测量链　magnet-grid angular displacement measuring chain

利用磁头相对圆磁栅（磁盘）角位移其磁通量变化而形成电感信号变化的原理，由磁栅角位移传感器感受位移量，并用磁栅数显表显示其值的角度测量单元。

9.4.1

磁栅角位移传感器　magnet-grid angular displacement transducer

由圆磁栅（磁盘）和磁头组成，能获取角位移磁化信息的磁电转换装置。

9.5

容栅线位移测量链　capacitance linear displacement measuring chain

利用长动栅（副栅）相对长定栅（主栅）线位移形成电容信号输出的原理，由容栅线位移传感器感受位移量，并用容栅数显表显示其值的长度测量单元。

9.5.1

容栅线位移传感器　capacitance linear displacement transducer

由长动栅（副栅）和长定栅（主栅）组成，能获取线位移电容信息的电容电压转换装置。

9.5.2

容栅数显表　capacitance digital display meter

接受容栅传感器输出的电信号，并经处理后以数字显示出位移量的装置。

9.6

容栅数显标尺　capacitance digital scaie units

利用容栅测量、数字显示技术，对移动框体在标尺杆上相对移动的距离，进行读数的一种长度测量单元。

9.7

容栅角位移测量链　capacitance angular displacement measuring chain

利用圆环动栅（副栅）相对圆环定栅（主栅）角位移形成电容信号输出的原理，由容栅角位移传感器感受位移量，并用容栅数显表显示其值的角度测量单元。

9.7.1

容栅角位移传感器　capacitance angular displacement transducer

由圆环定栅（主栅）和圆环动栅（副栅）组成，能获取角位移电容信息的电容电压转换装置。

9.8

球栅线位移测量链　ball grid linear displacement measuring chain

利用读数头相对球栅尺线位移其磁通量变化而形成电感信号变化的原理，由球栅线位移传感器感受位移量，并用球栅数显表显示其值的长度测量单元。

9.8.1

球栅线位移传感器　ball grid linear displacement transducer

由球栅尺和读数头组成，能获取线位移磁化信息的磁电转换装置。

9.8.2

球栅数显表　ball grid digital display meter

接受球栅传感器输出的电信号，并经处理后以数字显示出位移量的装置。

9.9

感应同步器线位移测量链　linear displacement synchro-inductosyn measuring chain

利用激磁绕组（副尺）相对感应绕组（主尺）线位移形成电磁感应信号的原理，由线位移感应同步器感受位移量，并用感应同步器数显表显示其值的长度测量单元。

9.9.1

线位移感应同步器　linear displacement synchro-inductosyn

由激磁绕组（副尺）和感应绕组（主尺）组成，能获取线位移电磁感应信息的电磁转换装置。其分为标准型、窄型、带型和三层型四种类型。

9.9.2

感应同步器数显表　synchro-inductosyn digital display meter

接受感应同步器输出的电信号，并经处理后以数字显示出位移量的装置。

9.10

感应同步器角位移测量链　angular displacement synchro-inductosyn measuring chain

利用激磁绕组（转子）相对感应绕组（定子）角位移形成电磁感应信号的原理，由角位移感应同步器感受位移量，并用感应同步器数显表显示其值的角度测量单元。

9.10.1

角位移感应同步器　angular displacement synchro-inductosyn

由激磁绕组（转子）和感应绕组（定子）组成，能获取角位移电磁感应信息的电磁转换装置。

9.11

浮标式气动测量链　float type pneumatic measuring chain

利用气动传感器，将被测尺寸的变化转换成锥度玻璃管内浮标位置变化的直接比较测量单元。

9.11.1

气动传感器　pneumatic transducer

能感受被测尺寸变化，并将其转换成气体压力变化的装置。又称气动测量头。根据测量对象，分为气动外径测量头、气动内径测量头及气动槽宽测量头等类型。

9.11.2

浮标式气动指示器　float type pneumatic index

将气动传感器输出的气体压力变化转换成气体流量变化，用浮标在锥度玻璃管内的高度位置表示气动传感器所感受的被测尺寸变化量的装置。

9.12

水柱式气动测量链　water-column type pneumatic measuring chain

利用气动传感器，将被测尺寸的变化转换成水柱高度位置变化的直接比较测量单元。

9.12.1

水柱式气动指示器　water-column type pneumatic index

将气动传感器输出的气体压力变化转换成气体流速变化，用水柱在玻璃管内的位置来表示气动传感器所感受的被测尺寸变化量的装置。

9.13

波纹管式气动测量链　bellows type pneumatic measuring chain

利用气动传感器，将被测尺寸的变化转换成波纹管气室压力差变化，并用指示表指示的直接比较测量单元。

9.13.1

波纹管式气动指示器　bellows type pneumatic index

直接利用气动传感器输出的气体压力变化，用波纹管指示表来表示气动传感器所感受的被测尺寸变化量的装置。

9.14

薄膜式气动测量链　membrance type pneumatic measuring chain

利用气动传感器，将被测尺寸的变化转换成膜片间上下气室压力差变化，并用指示表指示的直接比较测量单元。

9.14.1

薄膜式气动指示器　membrance type pneumatic index

利用气动传感器输出的气体压力变化，用薄膜式指示表来指（表）示气动传感器所感受的被测尺寸变化量的装置。

9.15

双界限电接触传送器 dual-limit electric contact transducer

根据直接比较测量法，采用电接触型传感器，以电触点的分、合为开关信号确定被测工件公差的上下限，并由色灯信号指示，或与其他控制装置配合，作为被测件公差达到界限尺寸的信号发生器，用于单尺寸或多尺寸静态测量及自动分选机和磨削主动检查的测量器具。

10 通用器件及附件

10.1

万能表座 universal stand for dial indicator

用于支承指示表类量具，且靠自重固定位置的器具。

10.1.1

微调万能表座 microstroke universal stand

具有微量调节功能的万能表座。

10.1.2

普通万能表座 universal stand

不具有微量调节功能的万能表座。

10.2

磁性表座 magnetic stand

用于支承指示表类量具，且借助磁力固定位置的器具。

10.2.1

微调磁性表座 microstroke magnetic stand

具有微量调节功能的磁性表座。

10.2.2

普通磁性表座 general magnetic stand

不具有微量调节功能的磁性表座。

10.3

V 形架 V-block

工作面为一 V 形槽面，用于圆柱形工件检查或划线的器具。又称为三角铁。

10.4

测量台架 measuring stand

由水平工作台、立柱及支臂等组成，用于装夹各种测微仪(比较仪)及相应传感元件的器具。又称为比较仪座。

10.4.1

微动测量台架 microstroke measuring stand

具有微动工作台，能给出准确线位移的测量台架。

10.4.2

普通测量台架 general measuring stand

不具有微动工作台的测量台架。

10.5

光柱显示器 light-column display

由发光器件连线排列成的一组阵列光柱，以该光柱的发光高度表示被测量值大小的装置，与磨加工主动测量仪、电感测微仪、电子量规组合，可单个或多个排列使用。又称为电子柱。

10.6

气动放大器　pneumatic magnifier

将气动测量头的测量信号放大的装置,供测量器具进行显示、读数。

10.7

气电转换器　pneumatic-electronic signal transducer

将气动测量头的尺寸变化通过气压变化转换成电信号的装置,供测量器具进行显示、读数。

10.8

多点转换装置　multi-point transfer device

与主动测量仪及电感测微仪组合,可接多个电感式传感器测量取值,并交替指示各传感器测得值的装置。

10.9

继电控制装置　relay control device

与电感测微仪等组合,可在其测量范围内任意选定的区间发出"合格"、"正超差"、"负超差"等信号,表示测量结果的装置。

10.10

通用记录器　universal recorder

与电感测微仪等组合,将被测量的电信号变化用记录笔在记录纸上作出图形记录的装置。主要用于连续测量记录的场合。

10.11

长圆图记录器　linear and circular graph recorder

与电感测微仪、齿轮测量仪等组合,将被测量的电信号变化用记录笔在记录纸上作出长图或圆图记录的装置。

附 录 A
（资料性附录）
本标准与 GB/T 17164—1997 主要变化情况对照表

A.1 本标准与 GB/T 17164—1997 相比，主要变化见表 A.1。

表 A.1

序号	主要变化	本标准中章节号	GB/T 17164—1997 中章节号
1	按照 GB/T 1.1—2000 对编排格式进行了修订		
2	将范围中“本标准确定了几何量测量器具的产品术语及其定义”改为“本标准界定了几何量测量器具的产品术语及其定义”	1	1
3	修改了量块的定义	2.1.1	2.1.1
4	增加了步距规的术语及定义	2.1.2	
5	修改了光滑极限量规的定义	2.1.3	2.1.2
6	将量块、光滑极限量规、塞尺、钢直尺等术语界定为实物量具	2.1、3、4、5、6、7	2.1、3、4、5、6、7
7	将量针归类为长度测量器具的量具类，并重新定义，增加了量针的分类	2.1.4	7.2
8	增加了精密金属线纹尺截面形状的种类	2.1.8	2.1.6
9	将电子数显卡尺、电子数显深度卡尺和电子数显高度卡尺改称为数显卡尺、数显深度卡尺和数显高度卡尺	2.2.3、2.2.6、2.2.9	2.2.3、2.2.5、2.2.8
10	将深度游标卡尺改称为游标深度卡尺	2.2.4	2.2.4
11	增加了带表深度卡尺术语及定义	2.2.5	
12	将高度游标卡尺改称为游标高度卡尺	2.2.7	2.2.7
13	扩大了外径千分尺分度值的范围	2.3.2	2.3.2
14	修改了杠杆千分尺的定义	2.3.3	2.3.3
15	将电子数显外径千分尺、电子数显三爪式内径千分尺改称为数显外径千分尺、数显三爪式内径千分尺，并修改了其定义	2.3.5、2.3.17	2.3.5、2.3.17
16	增加了数显深度千分尺术语及定义	2.3.13	
17	将内径千分尺、单杆式内径千分尺合并称为两点内径千分尺，并作了定义	2.3.14	2.3.13、2.3.14
18	增加了十分表术语及定义，并将千分表的分度值扩大为 0.001 mm、0.002 mm、0.005 mm	2.4.1	
19	将电子数显指示表（电子数显百分表、电子数显千分表）改称为数显指示表（数显百分表、数显千分表），扩大了数显千分表的分辨力范围	2.4.2	2.4.7
20	修改了深度指示表的定义	2.4.3	2.4.2

表 A.1（续）

序号	主要变化	本标准中章节号	GB/T 17164—1997 中章节号
21	增加了数显深度指示表术语及定义	2.4.4	
22	修改了杠杆指示表的定义	2.4.5	2.4.3
23	增加了数显杠杆指示表术语及定义	2.4.6	
24	将测厚规改称为厚度指示表	2.4.10	2.4.10
25	增加了数显厚度指示表术语及定义	2.4.11	
26	修改了带表卡规的定义	2.4.13	2.4.9、2.4.9.1、2.4.9.2
27	增加了指示卡表、数显指示卡表、光学扭簧比较仪术语及定义	2.4.14、2.4.15、2.4.17	
28	修改了峰值电感测微仪的定义	2.4.21	2.4.15
29	修改了角度块的定义	3.1	3.1
30	修改了刀具角度样板的定义	3.3	3.3
31	删去万能角度尺术语，将游标式万能角度尺、表式万能角度尺分别改称为游标万能角度尺、带表万能角度尺，并重新分别对其作了定义	3.5、3.6	3.5
32	增加了数显式万能角度尺术语及定义	3.7	
33	将表面质量测量器具改称为表面结构质量测量器具	5	5
34	修改了便携式表面粗糙度测量仪的定义	5.2	5.2
35	修改了台式表面粗糙度测量仪的定义	5.3	5.3
36	增加了轮廓测量仪术语及定义	5.4	
37	修改了测量齿轮、测量齿条、测量蜗杆、渐开线样板、螺旋线样板的定义	6.1.1、6.1.2、6.1.3、6.1.4、6.1.5	6.1.1、6.1.2、6.1.3、6.1.4、6.1.5
38	将齿厚游标卡尺、电子数显齿厚卡尺改称为游标齿厚卡尺、数显齿厚卡尺	6.1.6、6.1.7	6.1.6、6.1.7
39	增加了数显公法线千分尺术语及定义	6.1.9	
40	修改了杠杆公法线千分尺的定义	6.1.10	6.1.9
41	修改了蜗轮测量仪的定义	6.2.15	6.2.15
42	将圆锥齿轮测量机改称为圆锥齿轮整体误差测量仪	6.3.4	6.3.4
43	修改了螺纹样板的定义	7.1	7.1
44	修改了螺纹量规的定义	7.2	7.3
45	增加了数显螺纹千分尺术语及定义	7.4	
46	将表式高度规、电子数显高度规、电子数显高度测量仪改称为带表高度规、数显高度规、数显高度测量仪	8.2、8.3、8.4	8.3、8.4、8.5
47	删去了外圆磨加工主动测量仪、自动分选机术语中的测量系统术语		8.9.1、8.13.1
48	增加了凸轮轴测量仪术语及定义	8.10	

表 A.1（续）

序号	主要变化	本标准中章节号	GB/T 17164—1997 中章节号
49	将双频激光干涉测量链改称为激光干涉仪，修改了定义，并将其归类为其他测量器具	8.16	9.13
50	增加了光学影像测量仪术语及定义	8.17	
51	增加了容栅数显标尺术语及定义	9.6	
52	增加了球栅线位移测量链、球栅线位移传感器、球栅数显表术语及定义	9.8、9.8.1、9.8.2	

中 文 索 引

（按汉语拼音顺序）

Q

R

S

T

V

W

英 文 索 引

（按英语字母顺序）

D

E

F

G

H

I

K

L

M

O

P

R

S

W

ICS 25.040.40
N 17

中华人民共和国国家标准

GB/T 17165—2008
代替 GB/T 17165.1—1997,GB/T 17165.2—1997

模糊控制装置和系统性能评定方法

Fuzzy control devices and systems—Method of evaluating performance

2008-06-30 发布 2009-01-01 实施

中华人民共和国国家质量监督检验检疫总局
中国国家标准化管理委员会 发布

前　言

本标准是由 GB/T 17165.1—1997《模糊控制装置和系统　第1部分：基本术语》和 GB/T 17165.2—1997《模糊控制装置和系统　第2部分：模糊控制单元性能检测一本要求》两标准整合而成的。

本标准并非试图替代家用电器、复杂系统、工业过程的测量及控制的有关产品的现存标准。使用模糊控制技术的产品均应满足电工电子产品的可靠性和安全性的有关标准的相应要求。

本标准与 GB/T 17165.1—1997 和 GB/T 17165.2—1997 相比，结构和内容都有较大改动，主要变化如下：

——将 GB/T 17165.1—1997 的“3　基础术语”、“4　模糊推理术语”和“5　模糊控制术语”和 GB/T 17165.2—1997 的“3　定义”修改合并为本标准的“3　术语和定义”；

——将 GB/T 17165.1—1997 的 3.11 的“[0. 1]”修改为本标准的“[0,1]”(GB/T 17165.1—1997 的 3.11，本标准的 3.11)；

——将 GB/T 17165.1—1997 的 3.13 的“作成”修改为本标准的“组成”(GB/T 17165.1—1997 的 3.13，本标准的 3.13)；

——将 GB/T 17165.1—1997 的 4.2.1 的“4.3”修改为本标准的“3.20”(GB/T 17165.1—1997 的 4.2.1，本标准的 3.19.1)；

——将 GB/T 17165.1—1997 的“则……”修改为本标准的“若……”(GB/T 17165.1—1997 的 4.11，本标准的 3.28)；

——将 GB/T 17165.2—1997 的“图 3”中增加“…”；

——将 GB/T 17165.2—1997 的“图 1”“图 2”“图 3”修改为“图 1 各规则块平行、独立实现模糊推理”“图 2 各规则块平行实现模糊推理，各规则块的输出为同类量”“图 3 各规则块分别实现模糊推理，规则块的部分输出作为其他规则块的输入”；

——删除了 GB/T 17165.1—1997 的附录 A 和附录 B。

本标准由中国机械工业联合会提出。

本标准由全国工业过程测量和控制标准化技术委员会第二分技术委员会归口。

本标准负责起草单位：西南大学、中国四联仪器仪表集团。

本标准参加起草单位：机械工业仪器仪表综合技术经济研究所、北京机械工业自动化研究所。

本标准主要起草人：张为群、张渝、祁虔、刘进。

本标准参加起草人：冯晓升、谢兵兵。

本标准所代替标准的历次发布情况为：

——GB/T 17165.1—1997；

——GB/T 17165.2—1997。

模糊控制装置和系统性能评定方法

1 范围

本标准确定了同模糊控制装置和系统有关的基础术语、模糊推理术语和控制术语，对模糊控制单元的性能检测提出了一般要求，规定了模糊控制单元基本性能检测方法和评价准则。

本标准适用于模糊控制装置和有关标准的制定，适用于该领域内系统和产品的研究、设计、开发和生产的相应技术文件的编制以及贸易、教学等工作，也适用于使用基于模糊逻辑的控制技术（以下简称为模糊控制技术）的有关产品和附件。涉及模糊控制技术的其他工作也可参照使用。

2 规范性引用文件

下列文件中的条款通过本标准的引用而成为本标准的条款。凡是注日期的引用文件，其随后所有的修改单（不包括勘误的内容）或修订版均不适用于本标准，然而，鼓励根据本标准达成协议的各方研究是否可使用这些文件的最新版本。凡是不注日期的引用文件，其最新版本适用于本标准。

GB/T 5271.2—1988　数据处理词汇　02 部分　算术和逻辑运算（eqv ISO 2382-2:1976）

GB/T 2828.1—2003　计数抽样检验程序　第 1 部分：按接收质量限（AQL）检索的逐批检验抽样计划（ISO 2859-1:1999，IDT）

GB/T 10111—1988　利用随机数骰子进行随机抽样的方法

3 术语和定义

下列术语和定义适用于本标准。

3.1

集合　set

具有某种给定性质或某些共同性质的有限个或无限个任何种类物体、对象或概念的整体。（GB/T 5271.2—1988 附录 C 001）

3.2

元素（关于集合的）　element(of a set)

具有可用以构成集合这样一种特性的物体、对象或概念。（GB/T 5271.2—1988 附录 C 002）

3.3

子集　subset

一种集合，其中每一元素是另一给定集合的元素。（GB/T 5271.2—1988 附录 C 004）

3.4

论域　universe of discourse

所论及事物（物体、对象或概念）的全体。

3.5

变量　variable

一对象，在给定的应用中未赋予它实际值以前，其值不定，或其值在已知界限内不定。（GB/T 5271.2—1988 附录 C 009）

3.6

函数　function

一种数学对象，其值（即因变量的值）以指定的方法随一个或多个自变量的值而定。对应于这些自

变量的各自区间的值的每种允许的组合，因变量的值不多于一个。(GB/T 5271.2—1988 附录 C 011)

3.7

模糊性 fuzziness

弗晰性 fuzziness

事物(物体、对象或概念)属性或类属划分的不清晰性。

3.8

模糊概念 fuzzy concept

外延不清晰的概念。

例：快速、高温。

3.9

模糊集合 fuzzy set

模糊集 fuzzy set

模糊子集(某论域上的) fuzzy subset(on an universe of discourse)

带有隶属程度(以[0,1]区间上的数表示)的事物(物体、对象或概念)的整体。

3.10

隶属函数 membership function

表征论域中每一元素隶属于一个模糊集合的程度的函数。

3.11

隶属度 degree of membership

隶属函数的值。表示指定元素隶属于一个模糊集合的程度，其取值范围为[0,1]区间。

3.12

模糊幂集 fuzzy power set

以论域上所有模糊集合为元素组成的集合。

3.13

笛卡儿积 Cartesian product

从多个集合中各任取一元素组成的序组的全体。

3.14

模糊关系 fuzzy relation

笛卡儿积上的模糊集合。表示多个集合的元素间所具有的某种关联的程度。

3.15

模糊矩阵 fuzzy matrix

表示有限论域上模糊关系的矩阵。其元素的取值范围为[0,1]区间。

3.16

模糊关系合成 composition of fuzzy relations

由第一个集合和第二个集合之间的模糊关系及第二个集合和第三个集合之间的模糊关系得到第一个集合和第三个集合之间的模糊关系的一中运算。

3.17

模糊变换(基于模糊关系的) fuzzy transformation(based on a fuzzy relation)

给定两个集合之间的一个模糊关系，据此将一个集合上的模糊子集经运算得到另一个集合上的模糊子集的过程。

3.18

语言变量 linguistic variable

以自然或人工语言的词、词组或句子作为值的变量。

例：在模糊控制中的“偏差”、“偏差变化率”等。

3.19

语言值　linguistic value

语言变量的取值。一般为自然或人工语言的词、词组或句子。

例:“极大”、“很大”、“大”、“较大”、“偏大”、“中”、“偏小”、“较小”、“小”、“很小”或“极小”等作为语言变量“偏差”或“偏差变化率”的值。

3.19.1

词义(语言值的)　meaning(of linguistic value)

语言变量的语言值所对应的基础变量(3.20)论域上的模糊集合。

3.20

基础变量　base variable

语言变量对应的数值变量。

例:语言变量“年纪”对应的以 0,1,2,…,100 作为值的数值变量为语言变量“年纪”的基础变量。

3.21

模糊命题　fuzzy proposition

含有模糊概念,具有某种真实程度的陈述句。

例:该熔炼炉是一个高温体。

3.21.1

真值(模糊命题的)　truth-value(of fuzzy proposition)

表征模糊命题真实程度的量。其取值范围为[0,1]区间。

3.22

模糊谓词　fuzzy predicate

在模糊命题中,表示一个个体的模糊性质或多个个体之间的模糊关系的部分。

例:(是)高温、(是)低压、(是)差别大。

3.23

模糊判断语句　fuzzy judgement statement

具有“x 是 a”句型的语句。其中 x 为语言变量,a 为该语言变量的一个值。

例:温度偏差(是)很大。

3.24

简单模糊条件语句　simple fuzzy conditional statement

句型为“若 x 是 a,则 y 是 b”的一种条件语句,其中“x 是 a”、“y 是 b”均为模糊判断语句。

例:若水箱水位很低,则进水阀门应开大。

3.25

多维模糊条件语句　multidimensional fuzzy conditional statement

句型为“若 x_1 是 a_1,且 x_2 是 a_2,……,且 x_n 是 a_n,则 y 是 b”的一种条件语句。其中“x_1 是 a_1”,“x_2 是 a_2”,……,“x_n 是 a_n”,“y 是 b”均为模糊判断语句。

例:若炉温偏差负大,且偏差变化率正小,则应给电炉升高电压。

3.26

多重简单模糊条件语句　multiple simple fuzzy conditional statement

由多个简单模糊条件语句并列组成的语句。

例:若水位高,则进水阀门应关小;若水位低,则进水阀门应开大……

3.27

多重多维模糊条件语句　multiple multidimensional fuzzy conditional statement

由多个多维模糊条件语句并列组成的语句。

例：若炉温偏差负大，且偏差变化率正小，则应给电炉升高电压；若炉温偏差正小，且偏差变化率正大，则应给电炉降低电压……

3.28

前件　antecedent

条件部分　condition part

简单或多维模糊条件语句“若……，则……”中的“若……”部分。

3.29

后件　consequent

结论部分　conclusion part

简单或多维模糊条件语句“若……，则……”中的“则……”部分。

3.30

模糊逻辑　fuzzy logic

应用模糊集合理论对模糊的概念、判断和推理进行量化处理和分析的一种非经典逻辑。

注：模糊逻辑的狭义理解是指真值在[0,1]区间上取值的无限多值逻辑。

3.31

模糊(逻辑)推理　fuzzy (logic) inference

以已知的模糊命题为前提(包括大前提和小前提)，推出新的模糊命题作为结论的过程。

注1：模糊推理包括三个组成部分：大前提、小前提和结论。大前提是一个或多个模糊条件语句，又称规则；小前提是一个模糊判断句，又称事实；结论是一个新的模糊判断句。

注2：模糊推理的英文名称，还有“fuzzy reasoning”这一用法。

3.31.1

模糊推理算法　fuzzy inference algorithm

实现模糊推理的数值计算方法。

3.31.1.1

关系合成推理法　compositional rule of inference

模糊推理算法的一种。

用一个模糊关系表述大前提中全部模糊条件语句前件的基础变量和后件的基础变量间的关系，用一个模糊集合表述小前提，进而用基于模糊关系的模糊变换运算给出推理结果的一种算法。简称CRI法。

3.31.1.2

规则评价法　rule evaluating method

模糊推理算法的一种。

依据小前提，对大前提中每条模糊条件语句分别进行评价，并将其结果综合成最终推理结果的一种算法。

3.32

多维模糊推理　multidimensional fuzzy inference

以多维模糊条件语句为大前提的一种模糊推理。

3.33

多重模糊推理　multiple fuzzy inference

以多重简单模糊条件语句为大前提的一种模糊推理。

3.34

多重多维模糊推理　multiple multidimensional fuzzy inference

以多重多维模糊条件语句为大前提的一种模糊推理。

3.35

模糊(逻辑)控制　fuzzy(logic)control

用模糊(逻辑)推理方法,模拟人的操作技能、控制经验和知识的一种控制方法。

3.36

模糊控制器　fuzzy controller

具有模糊控制功能的物理单元。

3.37

模糊控制装置　fuzzy control device

至少含有一个模糊控制器的装置。

3.38

模糊控制规则　fuzzy control rule

"IF-THEN"规则 "if-then" rule

表述模糊控制策略的模糊条件语句。

3.38.1

模糊控制规则表　rule table for fuzzy control

以语言变量及其值表示的模糊控制规则的表格。

3.39

模糊化　fuzzification

将输入量的确定值转变为可用于模糊(逻辑)推理的模糊集合的过程。

3.39.1

模糊化算法　fuzzification algorithm

实现模糊化的数值计算方法。

3.40

清晰化　defuzzification

将模糊(逻辑)推理后得到的模糊集合转变为用作控制的确定值的过程。

3.40.1

清晰化算法　defuzzification algorithm

实现清晰化的数值计算方法。

3.40.1.1

最大隶属度法　method of maximum member ship degree

清晰化算法的一种。

取模糊集合最大隶属度所对应的基础变量值作为确定值的方法。若最大隶属度所对应的基础变量值个数多于一个时,则取其平均值(为一区间时,取该区间中值)作为确定值。

3.40.1.2

重心法　method of centroid

清晰化算法的一种。

取模糊集合隶属函数曲线同基础变量轴所围面积的重心对应的基础变量值作为确定值。

3.40.1.3

加权平均法　method of weighted mean

清晰化算法的一种。

以各条规则的前件和输入的模糊集合按一定法则确定的值 k_i 为权,对后件代表值 y_i 加权平均计算输出的确定值 y 的方法,其计算公式为:

$$y=\sum_{i=1}^{n}k_iy_i/\sum_{i=1}^{n}k_i$$

式中：

i——规则序号；

n——规则总数；

k_i——权重，可根据每条控制规则对系统品质的不同影响进行调整。

3.41

模糊控制算法　fuzzy control algorithm

实现模糊控制的数值计算方法。一般包括模糊化算法、模糊推理算法和清晰化算法。

3.42

模糊控制查询表　look-up table of fuzzy control

根据模糊控制规则，通过模糊控制算法求出的模糊控制装置输入量和输出量给定离散点上的对应关系的表格。

3.43

模糊组合控制　fuzzy hybrid control

模糊控制和其他控制相结合的一种控制方法。

3.44

自适应模糊控制　adaptive fuzzy control

根据被控对象或环境的变化，自动改变模糊控制器的结构或参数的一种控制方法。

3.45

专家模糊控制　expert fuzzy control

模糊控制和专家系统技术相结合的一种控制方法。

3.46

模糊预测控制　fuzzy predictive control

根据被控对象的过去、现在时刻的信息，应用模糊集合理论，预测被控对象未来时刻的状态及其变化趋势，确定提前控制量，以提高控制效果的一种控制方法。

3.47

模糊系统辨识　fuzzy system identification

通过观测一个系统（或过程）的输入输出数据，应用模糊集合理论建立一个表征该系统（或过程）的数学模型。

3.48

神经模糊控制　neuro-fuzzy control

模糊控制和神经网络技术相结合的一种控制方法。

3.49

模糊控制单元　fuzzy control unit

模糊控制装置或系统中实现模糊控制功能的部分。

3.50

规则库　rule base

一个模糊控制单元所使用的模糊控制规则的集合。

3.51

规则块　rule base block

规则库分块时，每个子块包含的模糊控制规则的集合。

3.52

上界型模糊集　S-shape fuzzy set

随论域内变量值的增大，隶属函数值增加到1并保持1的模糊集。

同义词：戒上型模糊集

3.53

下界型模糊集　Z-shape fuzzy set

随论域内变量值的减小，隶属函数值增加到1并保持1的模糊集。

同义词：戒下型模糊集

3.54

输入　input

模糊控制规则前件中的基础变量。

3.55

输出　output

模糊控制规则后件中的基础变量。

3.56

输入输出关系　input-output relation

与一个规则块相对应的各个输入在论域内所有可能组合的取值与给定的模糊推理算法得到的相应输出取值的对应关系。

4　检测内容、途径和类别

4.1　检测内容

模糊控制是以模糊推理为核心的控制技术，模糊推理性能为输入输出关系所体现。为评定模糊控制单元所作检测的主要内容是：检测输入典型测试点(和/或输入典型测试点间插值点)经由模糊推理得到的输出值，以及必要的影响量试验。

4.2　检测途径

模糊控制单元的性能检测可采用下列两个途径之一：

a)　脱开被控系统仅对实施控制的模糊控制单元本身作检测，这时应保证模拟来自传感装置作为输入量的信号和输往执行机构的输出量的信号的正确。

b)　连接被控系统检测，这时应保证系统所使用的传感装置、执行机构和信号传输工作正常。

4.3　检测类别

模糊控制单元的性能检测分为两类：型式试验中的检测和出厂试验中的检测。

5　试样和技术资料

5.1　试验的抽取

作型式试验中的检测时，按该产品型式试验的有关规定由送检方提供试样。出厂试验检测的抽样方法遵从GB/T 2828.1—2003和GB/T 10111—1988的规定。

5.2　技术资料

送检方应随同试样提供产品标准、产品技术说明书和试样所用模糊推理方法说明资料。

5.2.1　产品标准

该产品执行的国家标准、行业标准、经备案的企业标准。

5.2.2　产品技术说明书

其内容包括：

a)　产品名称；

b） 型号和规格；

c） 功能；

d） 主要技术指标；

e） 基本工作原理；

f） 电气原理图；

g） 使用方法；

h） 其他。

5.2.3 试样所用模糊推理方法说明资料

应清楚记述模糊控制技术用于本产品或本系统的主要特征，包括：

a） 规则库控制规则（IF-THEN）前件中的语言变量。包括语言变量的数目，每一个语言变量的名称以及对应的基础变量名、单位和论域，每一语言变量的全部语言值（名称或标志）以及对应的隶属函数（以图表或公式形式给出）。

当规则库分成若干规则块时，以上内容应按规则块来分别给出。

b） 规则库控制规则后件中的语言变量。包括语言变量的数目，每一个语言变量的名称以及对应的基础变量名、单位和论域，每一语言变量的全部语言值（名称或标志）以及对应的隶属函数（以图表或公式形式给出）。

当后件取前件基础变量的函数时，要给出其具体数学表达式。

当规则库分成若干规则块时，以上内容应按规则块分别给出。

c） 典型的 IF-THEN 规则，每个规则块至少给出二条。

d） 以图形、表格或数学表达式给出的输入输出关系。当以表格方式给出输入输出关系时，各语言变量的基础变量的离散值的数目应有明确规定，并且不应少于该语言变量的语言值的个数。

5.3 试样传送与检查

当试样需从送检单位送往检测地时，必须按保证运输安全的要求包装，并随试样装入为安装和运行所必备的附件、使用手册和其他资料。

在进行检测前应对装箱和试样作直观检查，在确认运输中无损伤后开始检测准备工作。在检测报告中应包含对包装和检测前试样检查的说明，如有损坏应予以说明。

当试样是安装在被控系统现场时，应仔细检查各部件及其连接状况，并确认符合正常运行条件时开始检测准备工作。在检测报告中应包含对装置在检测前检查的说明，如有问题应予以说明。

6 检测条件

6.1 检测方案

检测方案由检测单位在检测开始前编制。该方案应包括对检测中异常事件出现的处置。必要时检测方案由检测单位和送检方共同拟订。

6.2 测试仪器

所使用的测试仪器的精度、标定及有关技术要求均应符合有关的标准，并在检测开始前作必要的检查，以确认满足所有要求。

6.3 输入输出量及输入输出信号的质量

输入输出量的测定必须在允许误差范围之内；输入输出信号必须确认没有对检测结果有重要影响的干扰。

6.4 检测环境

检测的环境条件和动力条件等应满足送检产品有关标准的规定。

7 检测方法

7.1 检测步骤

7.1.1 选定输入典型测试点

一个输入典型测试点是规则库(或规则块)的前件所有语言变量各取相应基础变量某具体值的一个组合,这些基础变量值关于某一语言值的隶属度为1。

a) 当语言值对应的隶属度为1的基础变量值为唯一时,取该基础变量值。

b) 当语言值对应的隶属度为1的基础变量值为区间且隶属函数不是上界型或下界型时,取该区间的中值。

c) 当语言值对应的隶属度为1的基础变量值为区间且隶属函数为上界型或下界型时,取隶属度小于1与等于1转折点处对应的基础变量值。

d) 当试验条件使某一个或几个基础变量取隶属度为1的值有困难时,允许取相近的值,但必须确保所取的值有典型意义。

输入典型测试点的数量和选取方法可根据本标准系列的具体产品标准确定。

7.1.2 选定输入典型测试点间的插值点

为评定试样的模糊推理功能,应在输入典型测试点间选定若干插值点(即相邻输入典型测试点对应的基础变量值之间的值的组合),并作输入输出关系测量。

输入典型测试点的插值点的数量和选取方法可根据本标准系列的具体产品标准确定。

7.1.3 确定输出量的期望值

输入典型测试点和插值点对应的输出量的期望值,是从5.2.3d)给出的输入输出关系得到,它是对应的后件中一个或多个语言变量的基础变量值。

当输入输出关系以表格形式给出,且输入典型测试点和插值点与表格上前件语言值的基础的离散值不一致时,由相邻的离散值对应的输出量作线性插值算得。

7.1.4 检测输出量的实测值

输入典型测试点和插值点对应的输出量的实测值,是指在规定检测条件下测得的对应的后件中一个或多个语言变量的基础变量值。

7.1.5 分块规则库的检测

当规则库分块时,输入输出关系分别按以下三种情况确定:

情况1:各规则块平行、独立实现模糊推理,如图1所示。其中 $x_1, x_2, \cdots, x_m$ 和 $y_1, y_2, \cdots, y_n$ 分别为规则库中模糊控制规则前件和后件的语言变量值(图2、图3同)。

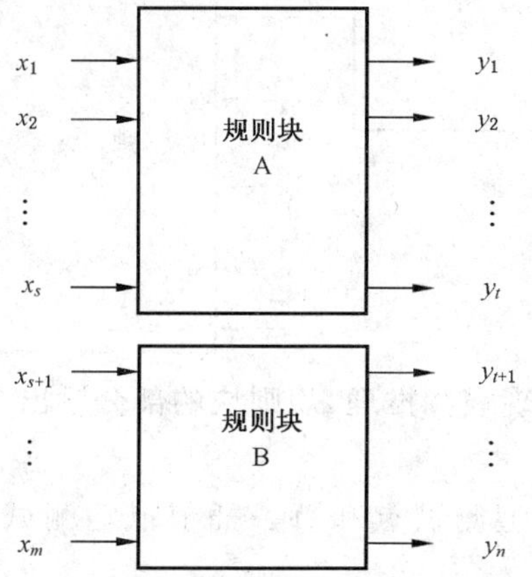

图1 各规则块平行、独立实现模糊推理

对于情况 1,检测与评价分别按规则块进行。以图 1 两个规则块为例,输入输出关系分别取

$$(x_1,x_2,\cdots,x_s;y_1,y_2,\cdots,y_t)$$

或

$$(x_{s+1},x_{s+2},\cdots,x_m;y_{t+1},y_{t+2},\cdots,y_n)$$

情况 2:各规则块平行实现模糊推理,但各规则块的输出为同类量。如图 2 所示。

对于情况 2,检测与评价按整体进行。以图 2 两个规则块为例,输入输出关系取

$$(x_1,x_2,\cdots,x_m;y_1,y_2,\cdots,y_n)$$

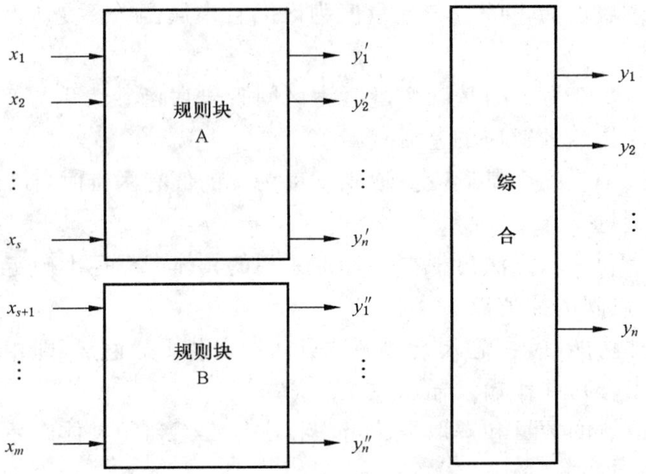

图 2　各规则块平行实现模糊推理,各规则块的输出为同类量

情况 3:各规则块分别实现模糊推理,但某一个或几个规则块的部分输出作为另一个或几个规则块的输入,亦即推理过程的中间变量。如图 3 所示。

对于情况 3,检测与评价按整体进行。

以图 3 所示两个规则块及其结构为例,输入输出关系取

$$(x_1,x_2,\cdots,x_s,x_{s+1},\cdots,x_m;y_1,y_2,\cdots,y_t,y_{t+1},\cdots,y_n)$$

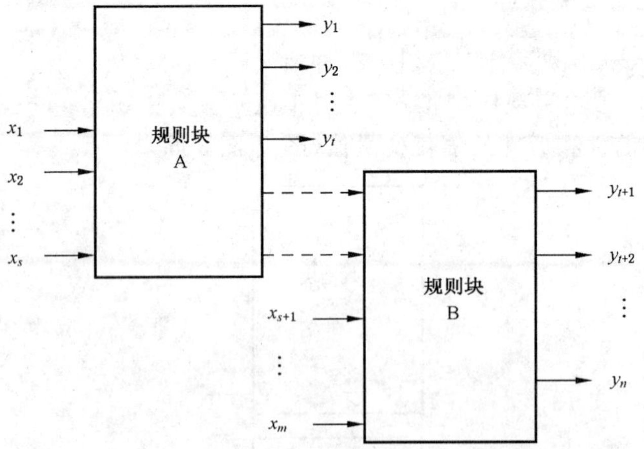

图 3　各规则块分别实现模糊推理,规则块的部分输出作为其他规则块的输入

7.1.6　测试次数

型式试验中的检测每一输入典型测试点和每一插值点均测试 3～5 次,出厂试验中的检测均测 3 次。

测试的顺序一般按选定的输入典型测试点和插值点按预定的测试程序循环进行。当确认对测试结果无影响时,亦可对一个输入典型测试点或插值点连续测量。测试顺序应确认前一试验对相继试验的

正确性和精度无影响。

7.1.7 重新开始试验

当试验无法持续进行到全部检测计划完成,或因某种原因而必须在未完成全部检测计划时中断试验,在重新启动后续试验时,应按检测计划开始时的要求,详细检查检测条件,确认无疑义时重新开始检测。

7.2 检测数据处理

7.2.1 基本原则

除另有标准规定外,检测数据的整理以输出量测量值与输出量期望值之差的最大值为基础。

7.2.2 整理方法

实际测量输出值与模糊推理结果期望输出值之差作为推理偏差予以记录。推理偏差允许以三种方式之一或几种表示:

方法 1:实际测量值与期望输出值的差值;

方法 2:实际测量值与期望输出值的差值的绝对值;

方法 3:实际测量值与期望输出值的差值相对于输出论域的百分比。

除另有标准规定外,三种推理偏差的表示,均取同一测点的几次测量结果的偏差最大值,并以推理偏差予以记录。当用方法 1 表示且表示差值有正有负时,取差值绝对值最大值并带有该值原有正负号作为推理结果的最大值。

8 影响量试验

8.1 基本原则

根据实际应用领域选定对被检产品的模糊控制功能有显著影响的因素,给出影响变动范围,以该范围的极限值为影响量,进行 4.1 规定内容的检测。

8.2 具体要求

型式试验中的检测的影响量试验,每个测点的测量次数允许比 7.1.6 的规定数适当减少。

出厂试验可不作影响量试验。

影响量试验步骤和检测数据处理同 7.1 和 7.2。

9 评价准则

评价按第 7 章中给出的检测方法所得到的输入典型测试点(或插值点)对应的输出期望值与输出实测值在容许范围内的一致性,也就是评判推理偏差是否小于容许偏差值。容许偏差值由具体产品标准确定。在输入典型测试点间的插值点上,容许偏差值可大于输入典型测试点的容许偏差值。

10 检测报告

10.1 原始记录

检测过程中的全部原始记录均应保存,保存时间不少于该型号产品停止生产后的产品使用寿命期。

10.2 一般格式内容

封面应写明“(被检产品名称)模糊控制单元性能检测报告”。当模糊控制单元性能检测仅为被检产品检测内容的一部分,则必须在检测报告中列出独立的一章,并标以小标题“模糊控制单元性能检测”。

报告应注明被检产品名称,开发生产厂家名称、产品型号及试样数量、检测途径、依据标准、检测类别、检测环境、检测时间、检测人员、报告编写人、审核人、负责人和日期等。

最终检测报告中的检测数据可以用表格或图形给出,建议同时采用两种方法给出。

10.3 重点内容

为对被检产品进行模糊推理和控制性能的评定,应明确列出:

a) 每次试验的实际输出值、输出期望值和推理偏差。
b) 同一输入典型测试点(或插值点)多次试验的最大推理偏差。
c) 全部输入典型测试点(或插值点)最大推理偏差的最大值和平均值,并指出该最大值所对应的输入典型测试点(或插值点)。
d) 当后件中的输出量为连续时,应列出按7.2.2中方法3表示的推理偏差超过5%各正整数倍的发生数量和所占百分数。当后件中的输出量为分挡时,应列出推理偏差为不同挡数的发生数量和所占百分数。

10.4 检测结论

给出根据第9章评价准则对模糊控制单元性能检测的测试结果、一般评价和建议。至于被检产品模糊控制单元是否满足产品要求(合格)和适宜完成给定的控制任务,应根据本标准系列的具体产品标准确定。

ICS 11.060.10
H 68

中华人民共和国国家标准

GB/T 17168—2008
代替 GB/T 17168—1997

牙科铸造贵金属合金

Dental casting precious metal alloys

(ISO 1562:2004,ISO 8891:1998,MOD)

2008-03-31 发布　　　　2008-09-01 实施

中华人民共和国国家质量监督检验检疫总局
中国国家标准化管理委员会　发布

前　　言

本标准修改采用 ISO 1562:2004《牙科学　铸造金合金》和 ISO 8891:1998《贵金属含量 25%～75%的牙科铸造合金》。

本标准根据 ISO 1562:2004 和 ISO 8891:1998 重新起草，为了方便比较，在附录 D 中列出了本国家标准条款和国际标准条款的对照一览表。

本标准对 ISO 1562:2004 和 ISO 8891:1998 具体修改内容如下：

——ISO 8891 和 ISO 1562 中的引用标准 ISO 6892、ISO 3585、ISO 3696、ISO 9693 已分别转化为 GB/T 228、GB/T 15725 和 GB/T 6682，本标准用后者替代前者；

——ISO 8891 和 ISO 1562 不包含对可能的生物学危害的定性和定量的要求，只给出了生物学评价的文献目录。本标准推荐在评价可能的生物学危害时，采用 YY/T 0268《牙科学　用于口腔的医疗器械生物相容性临床前评价　第一部分:评价与试验项目选择》；

——ISO 8891 和 ISO 1562 未规定合金化学成分和密度试验方法，本标准规定采用国标 GB/T 15072和 GB/T 1423 的方法，并将 2 个国标列入引用标准；

——ISO 8891 和 ISO 1562 引用了金属维氏硬度试验方法标准，并规定生产商“提供维氏硬度值”，但在要求中没有规定维氏硬度。本标准增加了维氏硬度的要求和试验方法；

——ISO 8891 和 ISO 1562 没有给出耐腐蚀性、抗晦暗性等 3 项化学性能要求的技术指标，不能做出合格判定，因此本标准在“要求”中删减了 3 项化学性能。为使生产、检验和使用部门了解产品的化学性能要求，使有关部门在需要评价产品化学性能时有据可依，本标准保留了ISO 8891 和 ISO 1562 的化学性能试验方法的 3 个附录；

——按照国标的编写要求，对 ISO 8891 和 ISO 1562 的章节做了调整：将“5 样品，6 试样制备，7 试验”调整为“6 试验方法，6.1 取样，6.2 试样制备，6.3 试验方法”；将“8 信息和说明书，9 标识”调整为“7 包装、标识和使用说明书”，并按照国家相关法规的要求补充了相关内容。

上述技术差异，用垂直单线标识在它们所涉及的页边空白处。

本标准代替 GB/T 17168—1997《齿科铸造贵金属合金》，与其相比主要变化如下：

——按照目前较通行的用语，将标准名称改为“牙科铸造贵金属合金”；

——增加了“随模冷却”、“内包装”、“电化学行为”等内容；

——将“产品类型”改为“分类”；

——用“维氏硬度”代替“维氏硬度按铸态提供实测值”；

——用“耐腐蚀性”代替“腐蚀试验”；

——用“抗晦暗性”代替“失泽试验”；

——去掉“供应状态”、“订货单内容”、“包装、标志、运输和贮存” 等内容；

——增加“取样”、“试样制备”及相关示意图；

——采用新的试验方法；

——将“检验规则”改为“包装、标识和说明书”；

——将原“附录 A 腐蚀试验——静态浸泡试验”改为“附录 A 表面腐蚀试验法——静态浸泡试验”；

——将原“附录 B 失泽试验——硫化钠试验”改为“附录 B 抗晦暗试验法——硫化钠试验”；

——增加“附录 C 电化学试验法——电动势试验”。

本标准附录 A、附录 B、附录 C、附录 D 均为资料性附录。

本标准由中国有色金属工业协会提出。

本标准由全国有色金属标准化技术委员会归口。

本标准由有研亿金新材料股份有限公司、贵研铂业股份有限公司负责起草。

本标准主要起草人：冯景苏、杨宇辉、杨华、邱红莲、朱武勋。

本标准所代替标准的历次版本发布情况为：

——GB/T 17168—1997。

牙科铸造贵金属合金

1 范围

本标准规定了金和铂族金属含量(质量分数)25%～75%,和金含量(质量分数)不小于60%、且金加铂族金属(铂、钯、铱、钌和铑)总量(质量分数)不小于75%的牙科铸造贵金属合金的分类、要求、试验方法、包装、标识和使用说明书。

本标准适用于制作牙科修复体和器件的铸造贵金属合金。

本标准不适用于金属-陶瓷牙科修复体的金属基体材料。

2 规范性引用文件

下列文件中的条款通过本标准的引用而成为本标准的条款。凡是注日期的引用文件,其随后所有的修改单(不包括勘误的内容)或修订版均不适用于本标准。然而,鼓励根据本标准达成协议的各方研究是否可使用这些文件的最新版本。凡是不注日期的引用文件,其最新版本适用于本标准。

GB/T 228 金属材料 室温拉伸试验

GB/T 1423 贵金属及其合金密度测量方法

GB/T 4340.1 金属维氏硬度试验 第1部分:试验方法

GB/T 6682 分析实验室用水规范和试验方法

GB/T 12809 实验室玻璃仪器 玻璃量器的设计和结构原则

GB/T 15072(所有部分) 贵金属及其合金化学分析方法

GB/T 15725(所有部分) 实验室玻璃仪器

YY/T 0268 牙科学 用于口腔的医疗器械生物相容性临床前评价 第一部分:评价与试验项目选择

ISO 10271 牙科金属材料——腐蚀试验方法

3 术语和定义

本标准采用下列定义。

3.1

牙科铸造贵金属合金(简称铸造合金) dental casting precious metal alloys

用于失蜡精密铸造技术制备牙科修复体的各种贵金属合金。

3.2

随模冷却 benching-cooling

将铸件保持在铸造模型中,蜡模最上部暴露出金属,并放在平板上,金属表面与自然循环的空气接触,直到铸件温度降低到环境温度的冷却方式。

3.3

内包装 primary pack

直接与铸造合金接触的容器。

4 分类

根据铸造合金的机械性能和它们被推荐的应用范围,将其分类如下:

Ⅰ型:低强度铸造合金——用于承受应力很小的铸件,如嵌体;

Ⅱ型：中等强度铸造合金——用于承受中等应力的铸件，如嵌体、高嵌体和全冠；

Ⅲ型：高强度铸造合金——用于承受高应力的铸件，如高嵌体、桥、冠和鞍基；

Ⅳ型：超高强度铸造合金——用于承受很高应力和薄横截面的铸件，如鞍基、舌颚杆、卡环、套筒冠、铸造单冠和活动义齿支架。

5 要求

5.1 化学成分

铸造合金按成分分为两组。一组金和铂族金属含量（质量分数）25%～75%；另一组金含量（质量分数）不小于60%、且金和铂族金属的总量（质量分数）不小于75%。

每种铸造合金的成分与包装、标签或标识上给出标称值的偏差为（质量分数）±0.5%。

铸造合金的铍和镉含量（质量分数）应不大于0.02%。如果铸造合金的镍含量（质量分数）大于0.1%，其实际含量不应超过标称值。

注：本标准中铂族金属是指铂、钯、铱、钌和铑。

5.2 生物相容性

铸造合金的生物相容性见国家医药行业标准YY 0268。

5.3 密度

铸造合金的密度与其标称值的偏差为±0.5 g/cm³。

5.4 维氏硬度

铸造合金的维氏硬度与其标称值的偏差为±10%（Ⅱ型-Ⅳ型）和±20%（Ⅰ型）。

5.5 熔化范围

铸造合金的液相线和固相线温度与其标称值的偏差为±25℃。

5.6 力学性能

根据铸造合金的分组和分类，不同成分组的各类合金的力学性能应分别符合表1和表2的要求。

5.7 耐腐蚀性

尚未确定铸造合金耐腐蚀性的性能指标。推荐用静态浸泡试验（附录A）获得有关铸造合金析出离子的种类和数量的信息。

5.8 抗晦暗性

尚未确定铸造合金抗晦暗性的性能指标。推荐用硫化钠晦暗试验（附录B）获得关于铸造合金表面改变的可能性的信息。附录B的试验方法以ISO 10271为依据。

5.9 电化学行为

电动势试验（附录C）可作为静态浸泡试验的替代和补充，用于评价铸造合金的电化学行为。附录C的试验方法以ISO 10271为依据。

表1 金和铂族金属含量（质量分数）25%～75%铸造合金的力学性能

合金	规定非比例延伸强度 $R_{p0.2}$/MPa			断后伸长率/%	
	软态		硬态	软态	硬态
	最小	最大	最小	最小	最小
Ⅰ型	80	180	—	18	—
Ⅱ型	180	240	—	12	—
Ⅲ型	240	—	—	12	—
Ⅳ型	300	—	450	10	3

表 2　金和铂族金属总量(质量分数)不小于 75%铸造合金的力学性能

合金	规定非比例延伸强度 $R_{p0.2}$/MPa 不小于	断后伸长率/% 不小于
Ⅰ型	80	18
Ⅱ型	180	10
Ⅲ型	270	5
Ⅳ型	360	3

6　试验方法

6.1　取样

取样应完全满足制备按照 6.3 和附录 A、附录 B 和附录 C 进行试验所用试样的要求，并且应来自同一批次。相同原材料批、相同制造方法可组成同一批次。为了按照 6.3 进行检验，还应能够得到样品和包装材料。

6.2　试样制备

6.2.1　一般要求

按照制造商的使用说明书，用通常牙科技工室使用的失蜡精密铸造法制备样品。铸造后仔细分离铸头，去掉任何铸造珠粒和毛刺等。替换任何有可见缺陷(砂眼、气孔和铸造不全)的样品。

6.2.2　拉伸试验样品

按照 6.3.5 进行拉伸试验应制备 6 个样品，形状规格如图 1 或图 2 所示，铸造和修整按 6.1 进行。

按照制造商的说明书对样品进行软化处理。如果合金是可硬化处理的，再制备 6 个样品，并按照制造商的说明书进行硬化处理。

注：试验样品在软化和硬化处理之后，正常情况下不需要再做修整。

单位为毫米

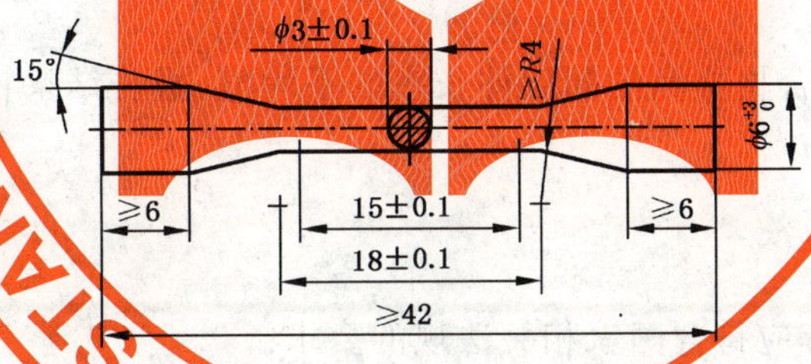

测量长度　15±0.1

图 1　锥形肩台试样示意图

单位为毫米

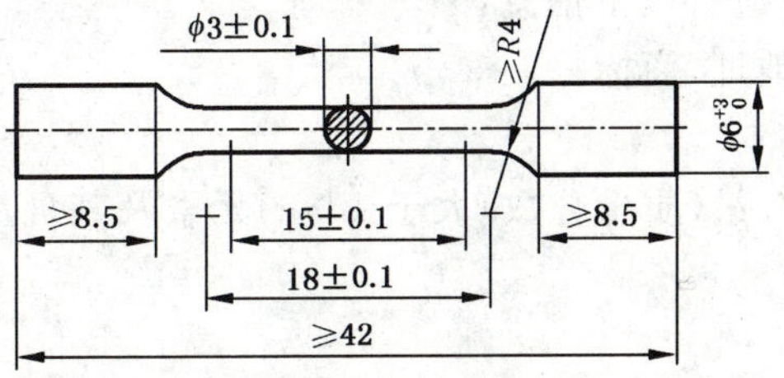

测量长度　15±0.1

图 2　圆形肩台试样示意图

6.3 试验方法

6.3.1 化学成分

铸造合金的贵金属元素的成分分析按 GB/T 15072 的规定进行，非贵金属和有害杂质元素的成分分析由供需双方商定。

6.3.2 密度

铸造合金的密度测量按 GB/T 1423 的规定进行。

6.3.3 维氏硬度

铸造合金的维氏硬度的测量按照 GB/T 4340 的规定进行。

6.3.4 温度

铸造合金的固相线和液相线温度用冷却曲线法或精度为±10℃的其他方法测定。

6.3.5 力学性能

6.3.5.1 规定非比例延伸强度

将按照 6.1 和 6.2 铸造和修整的 6 个样品按照 GB/T 228 的规定测量非比例延伸强度。用常规机械性能试验机，以(1.5±0.5) mm/min 的十字头速率对样品加载，直到样品断裂。

从应力/应变曲线上确定非比例延伸 0.2%时的应力，依据原始横截面积计算规定非比例延伸强度。

如果 4 个或多于 4 个样品符合 5.6 的要求，铸造合金通过试验。如果符合 5.6 要求的样品少于 4 个，需进行重复试验。如果重复试验后符合 5.6 要求的样品还少于 4 个，铸造合金不合格。

6.3.5.2 断后伸长率

按照 GB/T 228，测量样品的断后伸长率。

如果 4 个或多于 4 个样品符合 5.6 的要求，铸造合金通过试验。如果符合 5.6 要求的样品少于 4 个，需进行重复试验。如果重复试验后符合 5.6 要求的样品还少于 4 个，铸造合金不合格。

6.3.5.3 计算规定非比例延伸强度

取符合表 1 和表 2 要求的合格样品的规定非比例延伸强度的平均值，报告结果精确到 5 MPa。

6.3.5.4 计算断后伸长率

取符合表 1 和表 2 要求的合格样品的断后伸长率的平均值，报告结果精确到 1%。

7 包装、标识和使用说明书

7.1 总则

包装、标识和使用说明书等应符合国家相关法规的要求。

7.2 包装

铸造合金的最小包装(内包装)应为塑料袋或塑料盒封装。

7.3 标识

铸造合金产品上和最小包装(内包装)上应标明产品牌号，或商品名，或制造商和经销商。

标签或包装的内插件上至少应有以下信息：

a) 制造商或经销商名称、地址，商标；

b) 铸造合金牌号或商品名；

c) 成分，铸造合金中所有含量(质量分数)大于 1%的元素及其含量；

d) 合金颜色；

e) 合金类型；

f) 熔化范围，合金液相线和固相线温度，℃；

g) 合金密度，g/cm^3；

h) 批号；

i） 净重，g；

j） 如果合金中镍含量（质量分数）大于0.1%，制造商或经销商应在包装上以清晰可见的警示语注明合金含镍和镍的含量。

7.4 使用说明书

铸造合金的最小包装中应附有至少包括以下信息的使用说明书：

a） 按照6.3.5测得的规定非比例延伸强度和断后伸长率，按照6.3.3测得的维氏硬度HV5/30；如适用，按照7.4c)和7.4d)对铸造样品进行热处理后测得的规定非比例延伸强度、断裂延伸率和维氏硬度HV5/30；

b） 推荐的铸造温度；

c） 如适用，推荐的软化热处理温度；

d） 如适用，推荐的硬化热处理温度；

e） 推荐的钎焊、焊接和其他连接技术；

f） 有害元素：如果合金中镍含量（质量分数）大于0.1%，应标明其含量并注明详细的注意事项。

附 录 A
（资料性附录）
表面腐蚀试验法——静态浸泡试验

A.1 试样制备

为进行腐蚀试验，按 6.1 取样，按 6.2.1 的铸造和修整工艺制备 2 个样品，尺寸约为 34 mm×13 mm×1.5 mm。

如果生产商有推荐(见 7.4c)和 7.4d))，按照生产商的使用说明书热处理样品。

用标准的金相制样方法将样品的所有表面去掉至少 0.1 mm，以 1200 号碳化硅水砂纸结束磨样。制备不同铸造金合金的样品不能使用同一张研磨砂纸。

A.2 试验

A.2.1 试剂

按照 ISO 10271，需要下列试剂。

A.2.1.1 乳酸(约 90% $C_3H_6O_3$)，化学纯。

A.2.1.2 氯化钠(NaCl)，分析纯。

A.2.1.3 水，按照 GB/T 6682，为 2 级。

A.2.1.4 乙醇(C_2H_5OH)，分析纯。

A.2.1.5 腐蚀溶液。

每次使用前制备 0.1 mol/L 乳酸和 0.1 mol/L 氯化钠腐蚀溶液。在约 300 mL 水中溶解(10.0±0.1) g 乳酸，再加入(5.85±0.05) g 氯化钠，用水稀释到(1 000±3) mL。测量溶液的 pH 值。如果 pH 值不在 A.2.2～A.2.4 范围内，溶液应废弃，检查试剂。

A.2.2 装置

按照 ISO 10271，需要下列装置。

A.2.2.1 符合 GB/T 12809 要求的硼硅酸盐玻璃容器，可用锥形瓶。

A.2.2.2 pH 计。

A.2.3 试验过程

测量每个试样的表面积，精确到±0.1 cm^2。在乙醇中超声波清洗样品 2 min，用水漂洗样品，用无油无水压缩空气吹干。将每个样品单独放入直径 16 mm、长 160 mm 的玻璃容器中。

记录腐蚀溶液的 pH 值。加入腐蚀溶液到每一个容器，使之能覆盖样品(约 10 mL)；记录所加腐蚀溶液的体积，精确到±0.1 mL。盖紧容器防止挥发。保持在(37±1)℃，(7±0.1)d。然后取出样品，记录试验溶液的 pH 值。

A.2.4 分析

使用灵敏度足够的仪器分析法(如 AAS 或 ICP-AES)，定量分析每个试验溶液中的合金成分和镍、镉、铍含量。

A.3 试验报告

试验报告中应记录使用的分析方法，给出所有观察到的元素的测量极限。

试验报告中还应记录 pH 值、样品制备或试验过程的详细过程，每个试验溶液中发现的每个元素的分析值，单位：mg/(cm^2·7 d)。

附 录 B
（资料性附录）
抗晦暗试验法——硫化钠试验

B.1 试样制备

按6.1取样，按6.2.1的铸造和修整工艺制备2个抗晦暗试验样品，直径约为10 mm，至少0.5 mm厚。

如果生产商有推荐（见7.4c)和7.4d)），按照生产商的使用说明书热处理样品。

用环氧树脂冷镶样品，用标准的金相制样方法磨样和抛光，用粒度1 μm的水基抛光膏结束抛光。制备不同的铸造金合金样品不能使用同一张研磨纸和抛光布。

在乙醇中超声波清洗样品2 min，用水漂洗样品，用无油无水压缩空气吹干。

注：冷镶样应使用环氧树脂，因为其他树脂会在乙醇中溶解。

B.2 试验

B.2.1 试剂

按照ISO 10271，需要下列试剂。

B.2.1.1 水合硫化钠（$Na_2S(7\sim9)H_2O$，约35% Na_2S），分析纯。

B.2.1.2 水，按照GB/T 6682，为2级。

B.2.1.3 乙醇（C_2H_5OH），分析纯。

B.2.1.4 抗晦暗试验溶液

每次使用前配制0.1 mol/L硫化钠溶液。在水中溶解(22.3±0.1) g硫化钠，然后再加水稀释到(1 000±3)mL。

B.2.2 装置

浸泡装置：每分钟将样品浸入抗晦暗试验溶液中10 s～15 s，温度(23±2)℃。

B.2.3 试验过程

取1个按B.1制备的抗晦暗试验样品，固定在浸泡装置中，试验持续(72±2) h。分别在(24±1) h和(48±1) h更换试验溶液。在(72±1) h从浸泡装置中取出样品，用水彻底清洗样品，把样品浸泡在乙醇中，然后用无油无水压缩空气吹干。

注意：试验应在适当的操作排气罩下进行。

B.2.4 检查

目视检查（不用放大镜）并比较经试验和未经试验样品表面的损蚀差别。

检查人员应有正常的三基色视觉，可佩带矫正视力（无放大作用）的无色透镜。样品应在至少1 000勒(lx)的光照度和不超过25 cm的距离下检验。

B.3 试验报告

试验报告应记录样品制备和试验的详细情况、样品颜色和光泽的任何可见差别。

附　录　C
（资料性附录）
电化学试验法——电动势试验

C.1　试样制备

按 6.1 取样，按 6.2.1 的铸造和修整工艺制备至少 4 个电化学试验样品，表面积不小于 0.1 cm^2。样品可从同一根铸造棒上切割。用粒度 125 μm 的纯氧化铝喷砂，去除包埋材。如果生产商有推荐（见 7.4c）和 7.4d）），按照生产商的使用说明书热处理样品。

制备的样品应有一个暴露的平面，为了能与电化学装置连接应提供合适的接触方式。

工作电极应制备得确保裂隙不存在。推荐的制备方法是将样品镶入环氧树脂中（如果试验前和试验后样品检验确定样品不存在裂隙，可用样品夹代替镶嵌）。

将样品的试验表面去除至少 0.1 mm，使用测量仪器（如千分尺），测量样品厚度的变化。每种铸造金合金样品使用新的研磨砂纸。精磨使用碳化硅水砂纸的标准金相制样法，最后用粒度 1 μm 的金刚石研磨膏结束。

用 50 倍的光学显微镜检查样品与环氧树脂间界面的裂纹或裂隙，如果发现任何裂纹或裂隙，替换样品。测定样品的暴露面积，精确到 0.01 cm^2。在乙醇中超声波清洗样品表面 2 min，用水漂洗样品，并存放在水中直至送入试验池。

注：需要用环氧树脂，因为其他树脂在浸泡时可能被溶解，从而引起电绝缘损失。

C.2　电化学试验

C.2.1　试剂

按照 ISO 10271，需要下列试剂。

C.2.1.1　乳酸（约 90% $C_3H_6O_3$）化学纯。

C.2.1.2　氯化钠（NaCl），分析纯。

C.2.1.3　氢氧化钠（NaOH），分析纯。

C.2.1.4　水，按照 GB/T 6682，为 2 级。

C.2.1.5　氩气或氮气，含氧量 $\leqslant 5\times10^{-6}$。

C.2.1.6　乙醇（C_2H_5OH），分析级。

C.2.1.7　电解液。

在约 950 mL 水中溶解 9.0 g 氯化钠，使用 1% 体积分数乳酸或 4 g/L 氢氧化钠的水溶液将 pH 值调整到（7.4±0.1），加水稀释到 1 000 mL。

C.2.2　装置

C.2.2.1　可控温硼硅酸盐玻璃双层壁试验池。

C.2.2.2　扫描恒电位仪，电压范围：±1 600 mV，电流输出范围：10^{-9} A～10^{-1} A。

C.2.2.3　电压测量仪，具有高输出阻抗 $>10^{11}$ Ω，在 ±1 600 mV 范围灵敏度或精度为 1 mV。

C.2.2.4　电流测量仪，测量范围大于 10^{-9} A～10^{-1} A，误差小于测量值的 1%。

C.2.2.5　工作电极：样品。

C.2.2.6　对电极：高纯石墨或铂。

C.2.2.7　参比电极：饱和甘汞电极（SCE）或 Ag/AgCl 电极（饱和氯化银电极，SSE）。

C.2.2.8　pH 计，精度 ±0.1 pH 单位。

C.2.3 试验过程

C.2.3.1 准备

电化学测量电路见图 C.1，电解液池（试验池）见图 C.2。将电解液注满试验池，在室温（23±2）℃试验。

将对电极放入试验池，并放入参比电极。然后将工作电极放入试验池，且不被电解液浸没。启动电磁搅拌棒。

以约 100 cm^3/min 的速率冲入无氧氮气或氩气至少 30 min。将工作电极浸入电解液，校正参比电极。调整气流速率，形成微气泡。开始测量程序。

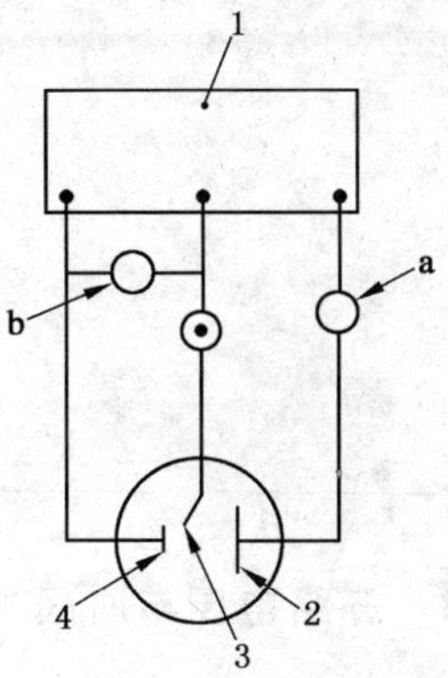

1——电位仪；
2——对电极；
3——参比电极；
4——工作电极；
a——电流测量仪；
b——电压测量仪。

图 C.1 电化学测量电路图

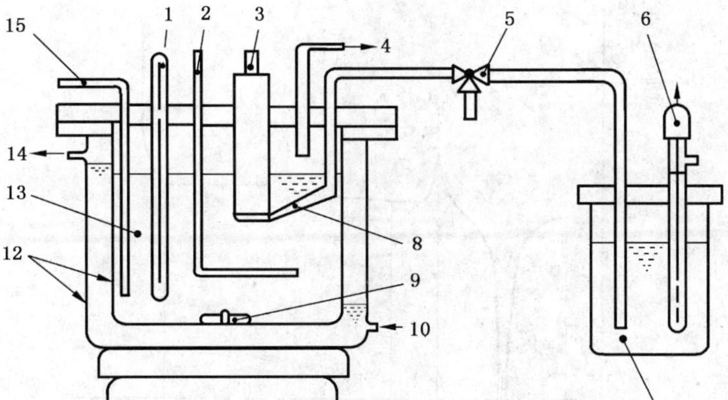

1——温度计；
2——对电极；
3——工作电极；
4——气体出口；
5——电解桥；
6——参比电极（饱和甘汞电极）（SCE 13 电解液）；
7——KCl 饱和溶液；
8——毛细管；
9——磁棒；
10——进水口；
11——磁电机；
12——双层壁试验池；
13——电解液；
14——水出口；
15——气体进口（使用氮气）。

图 C.2 电解液池

C.2.3.2 开路电位试验

记录开路电位与时间的关系曲线，持续 2 h。测定浸入 2 h±6 min 后的开路电位 E_{ocp}，单位 mV (SCE)。电压-时间曲线见图 C.3。

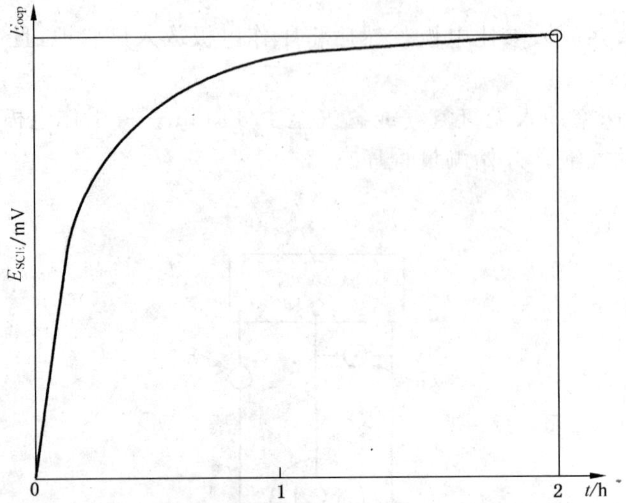

图 C.3 开路电压与时间关系曲线

C.2.3.3 动电位测量

在结束开路电位测量后，在 E_{ocp} 值不小于 150 mV 时，开始动电位扫描 5 min。

动电位扫描速度应为 1 mV/S，直到电流密度为 10^{-3} A/cm²，或电位为＋1 000 mV (SCE)，或电位比裂解电位 E_p 高 300 mV。记录电位-电流密度对数曲线。回到起始电位的反向扫描可被用于获得凹坑腐蚀的信息。电位-电流密对数曲线见图 C.4。

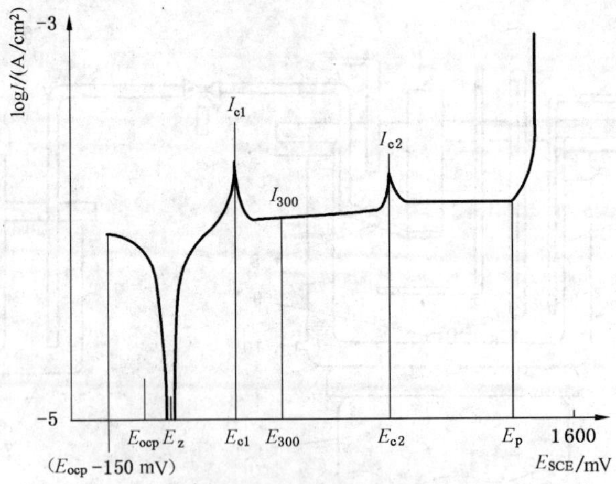

图 C.4 电流密度对数与电压关系曲线

C.3 试验报告

试验报告应包括以下信息：

a) 试验合金牌号；

b) 如适用，热处理细节；

c) 试验温度(23±2)℃；

d) 样品制备(C.1)和试验过程(C.2)的任何偏差的描述；

e) 开路电位 E_{ocp},mV(SCE);

f) 电位-电流密度对数曲线或电位-电流密度曲线;

g) 0 电流电位 E_z,mV(SCE);

h) 与电流密度 I_p(A/cm^2)对应的裂解电位 E_p(SCE);

i) 与电流密度 I_c(A/cm^2)对应的在 E_z 和 E_p 之间的有效峰值电位 E_c(mV)(SCE);

j) 在电位 E_z+300 mV 的电流密度 I_{300},A/cm^2(SCE);

k) 电解液或样品表面任何显著变化的描述。

如果参比电极使用的是饱和甘汞电极(SCE),报告的电位单位应转换成 mV (SCE)。

附　录　D
（资料性附录）
本标准章条编号与 ISO 1562:2004、ISO 8891:1998 章条编号对照

本标准章条编号与 ISO 1562:2004、ISO 8891:1998 章条编号对照见表 D.1。

表 D.1　本标准章条编号与 ISO 1562:2004、ISO 8891:1998 章条编号对照

本标准章条编号	对应的国际标准章条编号	
	ISO 1562	ISO 8891
1	1	1
2	2	2
3	3	
4	4	3
5	5	4
6	6,7,8	5,6,7
7	9,10	8,9

ICS 77.120.10
H 61

中华人民共和国国家标准

GB/T 17171—2008
代替 GB/T 17171—1997

水 性 铝 膏

Aquosity aluminium paste

2008-06-17 发布　　2008-12-01 实施

中华人民共和国国家质量监督检验检疫总局
中国国家标准化管理委员会
发布

前　言

本标准部分采用了美国ASTM D962—1981《涂料铝粉及铝膏》和俄罗斯ГОСТ 5494—1995《涂料铝粉》中的内容。

本标准代替GB/T 17171—1997《水性铝膏》。

本标准与GB/T 17171—1997相比，主要变化如下：

——取消了“范围”中石油固井的用途。

——增加了“术语、定义”的规定。

——将原标准中的牌号“GLS1”改为“GLS_{65}”，新增了牌号“GLS_{70}”。

——取消了活性铝不小于56%的规定。

——取消了水性铝膏稳定性的规定。

——根据ГОСТ 5494—1995《涂料铝粉》的规定，将水分散性修订为可湿性，制定了试验方法和判定依据。

——修订了关于质量异议期限的时间规定。

——增大了批重的规定。

——修订了检验结果的判定方法。

——简化了水性铝膏的包装规定。

本标准由中国有色金属工业协会提出。

本标准由全国有色金属标准化技术委员会归口。

本标准起草单位：中国铝业股份有限公司西北铝加工分公司。

本标准参加起草单位：中国有色金属工业标准计量质量研究所。

本标准主要起草人：张继光、邵予坤、葛立新、段瑞芬、侯波。

本标准所代替标准历次版本发布情况为：

——GB/T 17171—1997。

水性铝膏

1 范围

本标准规定了水性铝膏的术语、定义、技术要求、试验方法、检验规则和包装、标志、运输、贮存及订货单的内容。

本标准适用于以水为介质湿法磨制的用于加气混凝土生产和水性涂料用的水性铝膏。

2 规范性引用文件

下列文件中的条款通过本标准的引用而成为本标准的条款。凡是注日期的引用文件，其随后所有的修改单(不包括勘误的内容)或修订版均不适用本标准，然而，鼓励根据本标准达成协议的各方研究是否可使用这些文件的最新版本。凡是不注日期的引用文件，其最新版本适用于本标准。

GB/T 3199　铝及铝合金加工产品　包装、标志、运输、贮存

YS/T 617.1　铝、镁及其合金粉理化性能测定方法　第1部分　活性铝、活性镁、活性铝镁量的测定　气体容量法

YS/T 617.3　铝、镁及其合金粉理化性能测定方法　第3部分　水分的测定　干燥失重法

YS/T 617.6　铝、镁及其合金粉理化性能测定方法　第6部分　粒度分布的测定　筛分法

3 术语和定义

下列术语和定义适用于本标准。

3.1

可湿性　wettability

指在水中搅拌后自由分散亲水的程度。

3.2

结团　agglomerate

指颗粒相互粘结形成的不易分散的结块现象。

4 要求

4.1 牌号

4.1.1 水性铝膏牌号采用“GLS”加固体含量的形式表示。牌号“GLS”表示“膏、铝、水”。

4.1.2 水性铝膏按照固体含量不同分为 GLS_{65}、GLS_{70} 两个牌号。

4.2 粒度分布、化学成分

水性铝膏的粒度分布、化学成分应符合表1的规定。

表 1

牌号	粒度分布		化学成分(质量分数)/%	
	粒度/μm	质量分数/%	固体含量(加热不挥发物)	固体含量中的活性铝
GLS_{65}	+80	≤1.5	≥65.0	≥85.0
	+45	≤6.0		
GLS_{70}	+80	≤1.5	≥70.0	
	+45	≤6.0		

4.3 可湿性

水性铝膏可湿性应良好，与水搅拌后应呈均匀的悬浮液。

4.4 外观

4.4.1 水性铝膏为银灰色鳞片形膏状产品。

4.4.2 水性铝膏中应无明显的夹杂物。

5 试验方法

5.1 粒度分布

称取 2 g 试样，按照 YS/T 617.6 规定的乙醇筛分法测定粒度分布。

5.2 固体含量

称取 10 g 试样，按照 YS/T 617.3 规定的方法测定水分质量分数(%)，用 100%减去测定的水分质量分数(%)即为水性铝膏的固体质量分数(%)。

5.3 固体含量中活性铝

水性铝膏固体含量中活性铝按照 YS/T 617.1 的规定测定。

5.4 可湿性

将水性铝膏试样 2.0 g 和 50 mL 水置于烧杯或量杯中，用玻璃棒搅拌均匀后肉眼观察，形成的悬浮液中应无明显的结团和絮凝现象。

5.5 外观

目视检查外观质量。

6 检验规则

6.1 检查和验收

6.1.1 水性铝膏应由供方进行检验，并保证产品符合本标准的规定。

6.1.2 需方应对收到的水性铝膏按照本标准的规定进行检验。检验结果与本标准规定不符时，从收到产品之日起 30 d 内以书面形式向供方提出，由供需双方协商解决。如需仲裁时，在需方由供需双方共同取样检验判断。

6.2 组批

水性铝膏应成批提交验收，每批由同一牌号的水性铝膏组成，批重不大于 1 000 kg。

6.3 检验项目

每批水性铝膏都应进行外观质量、可湿性、粒度分布、固体含量、固体含量中活性铝的检验。

6.4 取样

每批水性铝膏应抽取包装件数的 30%取样，将样品混匀后取平均试样，其质量不得少于 250 g。

6.5 检验结果的判定

6.5.1 当水性铝膏的外观质量、可湿性、粒度分布不符合本标准时，判该批产品不合格。

6.5.2 当水性铝膏的固体含量和固体含量中活性铝不符合本标准时，则从该批产品重取双倍件数，对不合格项目进行复检。如复检结果仍不合格时，则该批产品判为不合格。

7 标志、包装、运输、贮存

7.1 标志

每件包装上应注明：

a) 生产单位名称；

b) 产品商标；

c) 产品牌号；

d) 生产批号；

e) 净重和毛重；

f) 本标准编号；

g) 生产日期。

7.2 包装

7.2.1 水性铝膏的包装采用编制袋内衬塑料复合包装。内、外包装应封闭严密，完整无损。每件重量不得大于60 kg。

7.2.2 需方对产品包装有其他特殊要求时，由供需双方在合同中注明。

7.3 运输

7.3.1 水性铝膏在运输中，应做到轻装轻卸，严禁摔、碰、拖拉，应保证包装完好。运输过程中严禁与火种接触。

7.3.2 水性铝膏应用棚车或集装箱运输，运输中严禁与酸、碱和氧化剂混合运输。

7.4 贮存

7.4.1 水性铝膏应贮存在低温、通风的库房内，严禁阳光直晒。

7.4.2 水性铝膏从生产日期计算，贮存期为1年。超期存放的水性铝膏需要使用时，应按照本标准的规定进行检验，检验合格的方可使用。

7.5 质量证明书

每批产品应附有产品质量证明书，其上注明：

a) 生产单位名称、地址、电话；

b) 产品名称；

c) 产品牌号；

d) 生产批号；

e) 件数和净重；

f) 本标准编号；

g) 检验结果和生产单位质量检验部门印记；

h) 出厂日期。

8 订货单内容

订购水性铝膏的订货单(或合同)应包括以下内容：

a) 产品名称；

b) 产品牌号；

c) 订货重量；

d) 本标准编号；

e) 本标准规定的应在合同中注明的事项；

f) 增加本标准外内容的协商结果。

ICS 35.100.30
L 78

中华人民共和国国家标准

GB/T 17179.1—2008/ISO/IEC 8473-1:1998
代替 GB/T 17179.1—1997

信息技术 提供无连接方式网络服务的协议 第1部分:协议规范

Information technology—Protocol for providing the connectionless-mode network service—Part 1:Protocol specification

(ISO/IEC 8473-1:1998,IDT)

2008-08-19 发布 2009-01-01 实施

中华人民共和国国家质量监督检验检疫总局
中国国家标准化管理委员会 发布

前　言

GB/T 17179《信息技术　提供无连接方式网络服务的协议》分为以下几个部分：

——第1部分：协议规范；

——第2部分：由GB/T 15629—2000/ISO/IEC 8802子网提供低层服务；

——第3部分：由GB/T 11595/X.25子网提供低层服务；

——第4部分：由提供OSI数据链路服务的子网提供低层服务；

——第5部分：由ISDN电路切换的B信道提供低层服务。

本部分为第1部分。

本部分等同采用国际标准ISO/IEC 8473-1:1998《信息技术　提供无连接方式网络服务的协议：协议规范》。

本部分代替GB/T 17179.1—1997《信息技术　提供无连接方式网络服务的协议　第1部分：协议规范》。

本部分与GB/T 17179.1—1997相比主要变化如下：

——更新了规范性引用文件；

——增加了3.7.8～3.7.11、6.3.1、6.14、6.21、6.22、7.12和9.13等；

——更改了4.2、5.3.1、6.5、6.9、7.3.2、7.5.1和7.5.5的部分内容。

本部分的附录A是规范性附录，附录B和附录C是资料性附录。

本部分由全国信息技术标准化技术委员会提出并归口。

本部分起草单位：山东省计算中心、中国电子技术标准化研究所、山东省计算机网络重点实验室。

本部分主要起草人：徐全平、董火民、刘勇、李刚、王英龙、李文华。

本部分于1997年首次发布。

引　言

GB/T 17179 的本部分是为便于开放系统互连而产生的一组标准之一。这一组标准覆盖了获得这种互连所要求的服务和协议。

本部分通过在 GB/T 9387.1—1998 中定义的层次确定与其他相关标准的位置关系。特别地，它是一个网络层协议。本部分中规定的协议可用于端系统两个网络实体之间、中间系统两个网络实体之间、或一个端系统网络实体和一个中间系统网络实体之间。在端系统中，它提供在 GB/T 15126—2008 中定义的无连接方式网络服务。

协议规范与相关服务定义之间的相互关系如下所示。

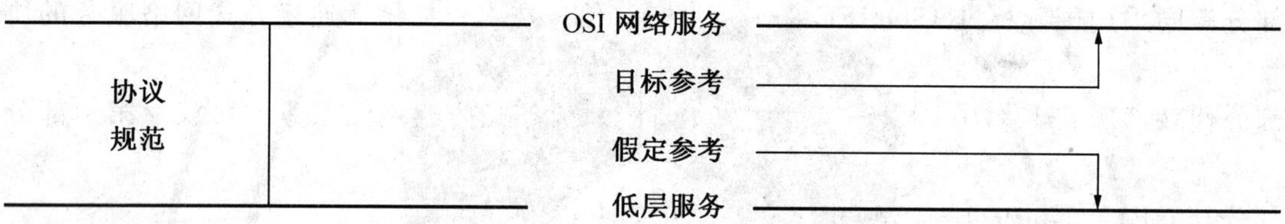

为评价本协议的特定实现的一致性，有必要提供一个实现了哪些协议能力和选项的声明。这样的声明称为协议实现一致性声明(PICS)，它在 GB/T 17178.1—1997 中定义。可以为特定实现准备一个 PICS，其 PICS 形式表包括在本部分中作为标准的附录 A。

信息技术 提供无连接方式网络服务的协议 第1部分:协议规范

1 范围

GB/T 17179 的本部分规定了用来提供在 GB/T 15126 中描述的无连接方式网络服务和执行某些网络层管理功能的协议。该协议依靠实子网方式和/或数据链路提供的低层无连接方式服务。协议假设的低层无连接方式服务,可以直接从无连接方式实子网获得,也可以间接地在连接方式实子网上,按照 GB/T 15274—1994 中所描述,通过一个适当的依赖于子网的收敛功能(SNDCF)或依赖于子网的收敛协议(SNDCP)的操作来获得。本部分规定了关于统一、抽象的"低层子网服务"协议的操作。其他标准规定了从实子网,如符合 GB/T 15629.4—1997 或 GB/T 16974—1997 的子网中,获得这种"低层子网服务"的方法。这种"低层子网服务"可以从除其他标准专门覆盖的子网以外的其他实子网中获得。

本部分规定了:

a) 用于从一个网络实体到另一个对等网络实体的无连接传输数据和控制信息的规程;

b) 用于传输数据和控制信息的协议数据单元(PDU)的编码,包括可变长度协议首标格式;

c) 用于正确解释协议控制信息的规程;

d) 声称与本部分一致的实现的功能要求。

规程依照下面内容来定义:

a) 对等网络实体之间通过交换协议数据单元交互作用;

b) 网络实体和网络服务用户之间通过交换网络服务原语交互作用;

c) 网络实体和抽象低层服务提供者之间通过交换服务原语交互作用。

本部分还提供了本协议的 PICS 形式表,符合 GB/T 17178.1—1997 中规定的相关要求和相关指南。

2 规范性引用文件

下列文件中的条款通过 GB/T 17179 的本部分的引用而成为本部分的条款。凡是注日期的引用文件,其随后所有的修改单(不包括勘误的内容)或修订版均不适用于本部分,然而,鼓励根据本部分达成协议的各方研究是否可使用这些文件的最新版本。凡是不注日期的引用文件,其最新版本适用于本部分。

GB/T 9387.1—1998 信息技术 开放系统互连 基本参考模型 第1部分:基本模型(idt ISO/IEC 7498-1:1994)

GB/T 11595—1999 用专用电路连接到公用数据网上的分组式数据终端设备(DTE)与数据电路终接设备(DCE)之间的接口(idt ITU-T X.25:1996)

GB/T 12500—1990 信息处理系统 开放系统互连 面向连接的运输协议规范(idt ISO 8073:1986)

GB/T 15126—2008 信息技术 开放系统互连 网络服务定义(ISO/IEC 8348:2002,IDT)

GB/T 15274—1994 信息处理系统 开放系统互连 网络层的内部组织结构(idt ISO 8648:1988)

GB/Z 15629.1—2000 信息技术 系统间远程通信和信息交换 局域网和城域网 特定要求 第1部分:局域网标准综述(idt ISO/IEC TR 8802-1:1997)

GB/T 15629.4—1997 信息处理系统 局域网 第4部分:令牌传递总线访问方法和物理层规范

GB/T 16974—1997 信息技术 数据通信 数据终端设备用X.25包层协议(idt ISO/IEC 8208:1995)

GB/T 17178.1—1997 信息技术 开放系统互连 一致性测试方法和框架 第1部分:基本概念(idt ISO/IEC 9646-1:1994)

GB/T 17967—2000 信息技术 开放系统互连 基本参考模型 OSI服务定义约定(idt ISO/IEC 10731:1994)

ISO/IEC 9646-7:1995 信息技术 开放系统互连 一致性测试方法和框架 第7部分:实现一致性声明

3 术语和定义

下列术语和定义适用于GB/T 17179的本部分。

3.1 参考模型定义

本部分使用了GB/T 9387.1—1998中定义的下列术语。

a) 端系统 end system

b) 网络实体 network entity

c) 网络层 network layer

d) 网络协议 network protocol

e) 网络协议数据单元 network protocol data unit

f) 网络中继 network relay

g) 网络服务 network service

h) 网络服务访问点 network service access point

i) 网络服务访问点地址 network service access point address

j) 路由选择 routing

k) 服务 service

l) 服务数据单元 service data unit

m) 服务原语 service primitive

3.2 服务约定定义

本部分使用GB/T 17967—2000中定义的下列术语。

a) 服务提供者 service provider

b) 服务用户 service user

3.3 网络层体系结构定义

本部分使用了GB/T 15274—1994中定义的下列术语。

a) 中间系统 intermediate system

b) 中继系统 relay system

c) 子网 subnetwork

d) 依赖于子网的收敛协议 subnetwork dependent convergence protocol

e) 依赖于子网的收敛功能 subnetwork dependent convergence function

f) 独立于子网的收敛协议 subnetwork independent convergence protocol

g) 独立于子网的收敛功能 subnetwork independent convergence function

h) 子网访问协议 subnetwork access protocol

3.4 网络层编址定义

本部分使用了GB/T 15126—2008中定义的下列术语。

a) 网络编址字段 network addressing domain

b) 网络协议地址信息 network protocol address information

c) 子网连接点 subnetwork point of attachment

d) 单个网络地址 individual network address

3.5 **局域网定义**

本部分使用了 GB/T 15629.1—2000 中定义的下列术语。

局域网 local area network

3.6 **PICS 定义**

本部分使用了 GB/T 17178.1—1997 中定义的下列术语：

a) PICS 形式表 PICS proforma

b) 协议实现一致性声明 protocol implementation conformance statement

3.7 **附加定义**

3.7.1

派生 PDU derived PDU

一种 PDU，其中的字段除了它只运载一段来自 N-UNITDATA request 的用户数据外，都与初始 PDU 是等同的。

3.7.2

初始 PDU initial PDU

运载来自 N-UNITDATA request 的全部用户数据的协议数据单元。

3.7.3

本地事情 local matter

在涉及不由本部分规定或限制的网络层行为时系统所作的决定。

3.7.4

网络实体标题 network entity title

与 NSAP 地址具有相同抽象语法的网络实体标识符，该标识符可在端系统或中间系统中无二义地标识网络实体。

3.7.5

重装 reassembly

从两个或两个以上的派生 PDU 重新生成初始 PDU 的动作。

3.7.6

段 segment

一个不同的数据单元，其数据由在 N-UNITDATA request 中提供的和在 N-UNITDATA indication中交付的那部分用户数据组成。

3.7.7

分段 segmentation

从一个初始的或派生的 PDU 生成两个或两个以上的派生 PDU 的动作。这些派生 PDU 共同运载它们据以生成的初始或派生 PDU 的完整用户数据。

3.7.8

组播 multicast

在单个调用的服务中，向所选组中的一个或多个目的地进行的数据传输。

3.7.9

有组播能力的中间系统 multicast capable intermediate system

包括了网络层的组播特性的中间系统。

3.7.10

"强"转发 "strong" forwarding

只转发满足 QOS 准则的 PDU。

3.7.11

"弱"转发 "weak" forwarding

即使不满足 QOS 准则的 PDU 也进行转发。

4 缩略语

下列缩略语适用于 GB/T 17179 的本部分。

4.1 数据单元

NSDU	Network Service Data Unit	网络服务数据单元
PDU	Protocol Data Unit	协议数据单元
SDU	Service Data Unit	服务数据单元
SNSDU	Subnetwork Service Data Unit	子网服务数据单元

4.2 协议数据单元

DT PDU	Data Protocol Data Unit	数据协议数据单元
ER PDU	Error Report Protocol Data Unit	差错报告协议数据单元
ERP PDU	Echo Reply Protocol Data Unit	回送应答协议数据单元
ERQ PDU	Echo Request Protocol Data Unit	回送请求协议数据单元
MD PDU	Multicast Data Protocol Data Unit	组播数据协议数据单元

4.3 协议数据单元字段

DA	Destination Address	目的地址
DAL	Destination Address Length	目的地址长度
DUID	Data Unit Identifier	数据单元标识符
E/R	Error Report flag	差错报告标志
LI	Length Indicator	长度指示符
LT	Lifetime	生存期
MS	More Segments flag	待续段标志
NLPID	Network Layer Protocol Identifier	网络层协议标识符
SA	Source Address	源地址
SAL	Source Address Length	源地址长度
SL	Segment Length	段长度
SO	Segment Offset	段偏移
SP	Segmentation Permitted flag	允许分段标志

4.4 参数

DA	Destination Address	目的地址
QOS	Quality of Service	服务质量
SA	Source Address	源地址

4.5 其他缩略语

CLNP	Connectionless-mode Network Protocol	无连接方式网络协议(即本部分中定义的协议)
NPAI	Network Protocol Address Information	网络协议地址信息
NS	Network Service	网络服务

NSAP	Network Service Access Point	网络服务访问点
PICS	Protocol Implementation Conformance Statement	协议实现一致性声明
SN	Subnetwork	子网
SNACP	Subnetwork Access Protocol	子网访问协议
SNDCF	Subnetwork Dependent Convergence Function	依赖于子网的收敛功能
SNDCP	Subnetwork Dependent Convergence Protocol	依赖于子网的收敛协议
SNICP	Subnetwork Independent Convergence Protocol	独立于子网的收敛协议
SNPA	Subnetwork Point of Attachment	子网连接点

5 协议概述

5.1 网络层内部组织结构

网络层的体系结构组织在GB/T 15274—1994中作了描述。GB/T 15274—1994对在网络层中由网络层协议执行功能的方法进行了标识和分类，这样便提供了一个统一的框架来描述协议怎样各自或协同地在网络层中操作以提供OSI网络服务。本协议设计成能用于网际互连协议方法的上下文中，以提供在GB/T 15274—1994中定义的无连接方式网络服务。

本协议预期用于独立于子网的收敛协议(SNICP)角色。操作履行SNICP角色的协议可在低层服务定义集合之上构造OSI网络服务，使得能在同质或异质互连子网集合之上执行支持统一的OSI无连接方式网络服务所必须的功能。当依赖于子网的收敛协议和/或子网访问协议不能提供在从一个网络服务访问点(NSAP)到另一个NSAP的全部或部分通路上支持无连接方式网络服务所必须的全部功能时，本协议可定义为能用来适应这种可变性。

正如在GB/T 15274—1994中描述的，在网络层的协议可以在不同配置中履行不同的角色。尽管本协议是专门为适合于提供无连接方式网络服务的网际互连协议方法的上下文的SNICP角色而设计的，但它也可以用来履行其他角色，因此可以用在其他的子网互连方法的上下文中。

本协议操作的描述涉及"低层子网服务"，该服务由其他网络层协议的操作或数据链路服务的提供来获得。本协议所假设的"低层子网服务"，在5.5中描述。

5.2 协议子集

本部分定义了全协议的两个子集，它们利用了特定配置的已知子网特性，因而不是独立于子网的。

不活动网络层协议子集是一个空功能子集，当已知源端系统和目的端系统由单个子网连接时，并且当任何一对端系统之间，不需要任何由全协议执行的功能来提供无连接方式网络服务时，可以使用该空功能子集。

非分段协议子集允许对首标进行简化，条件是已知源端系统和目的端系统由子网连接，而这些子网各自的服务数据单元的大小大于或等于一个已知的大到无需进行分段的定界。可以通过将允许分段标志置为0(见6.7)来选择该子集。

5.3 地址和标题

以下描述了本协议使用的地址和标题。

5.3.1 地址

在7.3中涉及到的源地址和目的地址参数均指NSAP地址。NSAP地址的语法和语义在GB/T 15126—2008中描述。

本协议使用的运送NSAP地址的编码是GB/T 15126—2008中描述的"优选编码"。NSAP地址依照GB/T 15126—2008被编码为一个二进制八位位组串，并完整地以在7.3中描述的地址字段运送。

一个网络实体可使用并入到本部分中的可选的组播能力来发送组播PDU。组播PDU的目的地址参数按照GB/T 15126—2008所述应包含一个组网络地址，而源地址参数不应是一个组网络地址。

5.3.2 网络实体标题

网络实体标题(NET)是端系统或中间系统中一个网络实体的标识符。网络实体标题和NSAP地址使用相同的命名空间,需根据解释名字的上下文确定一个名字是NSAP地址还是网络实体标题。在7.5.4和7.5.5中分别定义的源路由和路由记录参数的值均为网络实体标题。在7.9中定义的差错报告PDU中、在7.10中定义的回送请求PDU中、以及在7.11中定义的回送响应PDU中的源地址和目的地址参数的值也都是网络实体标题。

本协议使用的运送网络实体标题的编码是在GB/T 15126—2008中描述的“优选编码”。网络实体标题依照GB/T 15126—2008被编码为一个二进制八位位组串,并完整地以适当字段被运送。

5.4 协议提供的服务

本协议提供GB/T 15126—2008中描述的无连接方式网络服务。相关的网络服务原语及其参数如表1所示。

注:GB/T 15126—2008中叙述的无连接方式网络服务数据单元(NSDU)的最大长度为64512个八位位组。

表1 无连接方式网络服务原语

原　语	参　数
N-UNITDATA Request Indication	NS-Source-Address, NS-Destination-Address. NS-Quality-of-Service. NS-Userdata

5.5 协议假设的低层服务

本协议预期能够在从大量不同的实子网和数据链路派生的无连接方式服务之上操作。因此,为了简化协议规范,其操作定义(在第6章中)涉及一个抽象的“低层子网服务”,而不是任何特定的实子网服务。该低层服务由单个SN-UNITDAT A原语组成,此原语运送源和目的子网连接点地址、子网服务质量参数和一定数量的八位位组用户数据。

SN-UNITDATA原语用来描述存在于CLNP协议机和低层实子网或依赖于子网的收敛功能之间的抽象接口,该依赖于子网的收敛功能在实子网或实数据链路上操作以提供所要求的低层服务。

提供的原语及其参数如表2所示。

由实子网和数据链路提供的“低层子网服务”在第8章和其他标准中给予描述。

表2 低层服务原语

原　语	参　数
SN-UNITDATA Request Indication	SN-Source-Address, SN-Destination-Address. SN-Quality-of-Service. SN-Userdata

6 协议功能

本章描述了作为协议一部分来执行的功能。

每个实现不必执行所有功能。在6.21中规定了哪些功能可被省略,以及在所要求功能未能实现的情况下的正确行为。

6.1 PDU合成功能

本功能负责依照第7章给出的对PDU编码的管理规则构造协议数据单元。所要求的协议控制信息(PCI)由当前状态、本地信息和与N-UNITDATA request相关的参数来决定。

用于PDU首标的源地址和目的地址字段的网络协议地址信息(NPAI)从NS-Source-Address和

NS-Destination-Address 参数中导出。NS-Destination-Address 和 NS-Quality-of-Service 参数与当前状态和本地信息一起,用来决定选择哪些任选功能。从网络服务用户传递的用户数据(NS-Userdata)构成协议数据单元的数据部分。

在协议数据单元合成过程中,分配一个数据单元标识符(DUID),以便把发送 NS-Userdata 给特定目的网络服务用户的这个请求与有这种请求的其他用户区分开。PDU 的始发者应选择这样的 DUID 使得在网络中的初始 PDU 的最大生存期内该 DUID 是唯一的(对于该源、目的地址对而言);本规则也适用于从初始 PDU 派生任何 PDU 作为分段功能(见 6.7)的应用结果。具有相同源地址、目的地址和数据单元标识符的派生 PDU 被认为是对应于同一个初始 PDU,也就是同一个 N-UNITDATA request。

DUID 也可用于诸如差错报告(见 6.10)的辅助功能中。

以八位位组表示的 PDU 总长度由始发者确定并置于 PDU 首标的总长度字段中。该字段在协议数据单元的生存期内保持不变,并且在初始 PDU 和由初始 PDU 创建的每个派生 PDU 中具有相同值。

当使用非分段协议子集时,总长度字段和数据单元标识符字段都不存在。在这种情况下,管理 PDU 合成功能的规则可按下面的情形被修改。在合成协议数据单元期间,以八位位组表示的 PDU 总长度由始发者来确定并置于 PDU 首标的段长度字段中。在 PDU 生存期内该字段保持不变。不提供数据单元标识符。

6.2 PDU 分解功能

本功能负责从协议数据单元中移去协议控制信息。在该进程期间与生成 N-UNITDATA indication有关的信息确定如下。N-UNITDATA indication 的 NS-Source-Address 和 NS-Destination-ADDRESS 参数从PDU 首标的源地址和目的地址字段内的NPAI 中进行恢复。保留收到 PDU 的数据部分,直至始发服务数据单元的全部段都已收到;它们形成 N-UNITDATA indication 的 NS-Userdata 参数。在传输 PDU 期间提供的有关服务质量(QOS)的信息由服务质量和包含在 PDU 首标任选部分中的其他信息来确定。该信息构成了 N-UNITDATA indication 的 NS-Quality-of-Service 参数。

6.3 首标格式分析功能

本功能可确定使用的是全协议还是不活动网络层协议,接收到的 PDU 是否已经到达了其最终目的地。若收到的 PDU 中的网络层协议标识符(NLPID)字段包含标识本部分定义的协议的一个值,则使用的是全协议或者是非分段协议子集;首标格式分析功能使用 PDU 首标中的目的地址来确定收到的 PDU 是否已经到达了其目的地。如果 PDU 中提供的目的地址标识的是本网络实体的网络实体标题或本网络实体的一个 NSAP,则该 PDL 已经到达了其目的地;否则,应继续转发。

若 NLPID 字段包含标识不活动网络层协议的值,则不要求对 PDU 首标作进一步分析。在此情况下,网络实体确定或者在支持子网协议(见 8.1)中编码为 NPAI 的子网连接点地址直接对应于该网络实体服务的 NSAP 地址,或者发生了差错。

如果一个网络实体支持组播传送,首标格式分析功能将提供检查,以确保一个 PDU 在源地址字段中不包含一个组网络地址。分析出源地址字段中包含一个组网络地址的任何 PDU 首标将被丢掉。

6.3.1 组播传送

首标格式分析功能可选择地向支持组播的网络实体提供直接将适用的 PDU 传递给端系统的能力。该端系统由该网络实体提供服务。同时,也可以将该 PDU 转发给其他网络实体。该可选功能通过具有组播传送能力的网络实体指定一个 PDU 使用借助于 PDU 类型和 PDU 目的地字段的组播传送来实现。

6.4 PDU 生存期控制功能

本功能用来实施 PDU 的最大生存期。它确定接收到的 PDU 是否可以被转发,还是其指派的生存期是否已届满,在后一种情况它将被丢弃。

PDU 生存期控制功能的操作依赖于 PDU 首标中的生存期字段。在任何时刻,该字段包含该 PDU

剩余的生存期(以 500 ms 为单位表示)。初始 PDU 的生存期通过始发网络实体来确定并置于 PDU 的生存期字段中。如果对一个 PDU 应用分段功能时,初始 PDU 生存期字段的值被复制到所有相应的派生 PDU 中。

PDU 生存期字段的值由处理该 PDU 的每个网络实体进行递减。当网络实体处理 PDU 时,它至少将 PDU 生存期减 1。若:

a) 收到的 PDU 的低层服务中的转接延迟;

b) 处理该 PDU 的系统中的延迟之和超过或估计超过 500 ms 时,PDU 生存期字段值应减去一个大于 1 的值。在此情况下,实际或估算的延迟每增加 500 ms 应将生存期字段减 1。对延迟的确定不必精确,但在不能确定一个精确值的情况下,应使用一个高估值而不是一个低估值。

当网络实体递减生存字段的值时,如果目前的值小于应递减的值,字段将被设为 0。如果在 PDU 交付到其目的地之前生存期字段到达零值,则该 PDU 应被丢弃。此时应按 6.10 中描述的那样调用差错报告功能。这样可导致生成一个差错报告 PDU。

目的网络实体是否执行生存期控制功能是本地事情。

6.5 PDU 路由功能

本功能使用目的地址字段和段长度字段(如果存在)或总长度字段(如果段长度字段不存在),来确定 PDU 应转发到的网络实体和到达该网络实体必须使用的低层服务。在要求分段的地方,路由 PDU 功能进一步确定为了到达该网络实体,派生 PDU 应在哪个低层服务发送。路由 PDU 功能的结果(连同 PDU 本身)被传递到转发 PDU 功能以便进一步处理。

在通往目的地的路由上,选择用于到达"下一个"系统的低层服务,首先受到 N-UNITDATA request的 NS-Quality-of-Service 参数的影响,该参数规定了发送 NS 用户所请求的 QOS。无论此 QOS 是直接由协议通过选择服务质量维护参数和其他任选参数,还是通过每个低层服务提供的 QOS 设施,或上述二者来提供,本 QOS 设施要在调用转发 PDU 功能之前确定。中间系统的路由选择会接着受到服务质量维护参数值(如果存在)和其他任选参数值(如果存在)的影响。

路由 PDU 功能可选地向支持组播传送的网络实体提供了能力,以便确定应将单个 PDU 转发给的多网络实体。这可以导致转发 PDU 功能的多调用,并因此需产生 PDU 的多个副本。对于从不同的网络实体接收到的 PDU 来说,路由 PDU 功能的可选功能项是因为首标格式分析功能把该 PDU 认定为组播 PDU 而实行的。当允许连接到一个以上子网的网络实体始发组播 PDU 时,它才能在一个以上的子网上始发该 PDU。

注:允许始发网络实体在多个子网上始发组播 PDU 的目的是为了支持组播 IS-IS 协议的开发,而该组播 IS-IS 协议将需要确定组播 PDU 已经访问哪些子网。基于在 OSI 环境中执行组播转发的中间系统组成了已连接集合的假设,才对这种行为作出断言。

6.6 转发 PDU 功能

本功能发出一个 SN-UNITDATA request 原语(见 5.5),以便将作为用户数据被发送的协议数据单元供给由路由 PDU 功能所标识的子网或 SNDCF,并供应该子网或 SNDCF 所要求的地址信息,以标识在该子网特定编址字段范围内的"下一个"系统(这可能是一个或多个中间系统和/或一个或多个目的端系统),并且还提供在处理用户数据时被考虑的服务质量限制(如果有的话)。

当要转发的 PDU 大于低层服务所提供的服务数据单元的最大长度时,应使用分段功能(见 6.7)。

6.7 分段功能

当协议数据单元长度大于发送 PDU 使用的低层服务所支持的最大服务数据单元长度时,执行分段。

分段是由要分段的太长的初始 PDU 或派生 PDU 构成的两个或两个以上的新 PDU(派生 PDU)所组成的。所有从待分段 PDU 来的首标信息,除固定部分中的段长度和校验和字段、分段部分的段偏移字段外,都被复制到每一个派生 PDU 中,包括所有地址部分、数据单元标识符和分段部分的总长度,以及任选部分(如果存在)。

注：转发和分段的规则保证一个初始 PDU 的所有分段(派生 PDU)具有相同的首标长度，并且与初始 PDU 的首标长度相同。因此，PDU 首标的长度不会因任何协议功能的操作而发生改变。

待分段 PDU 的用户数据字段被细分并分配到派生 PDU 的用户数据字段中，按这种方式可使派生 PDU 满足访问选择的低层服务所使用的 SN-UNITDATA request 原语中的 SN-Userdata 参数的最大长度要求。除最后一个派生 PDU 外，每个派生 PDU 的用户数据字段应包含 8 的非零倍数个八位位组。这样，任一 PDU 中的段偏移字段的值或者为零或者为 8 的非零倍数。分段不应导致生成包含少于 8 个八位位组用户数据的派生 PDU。

利用下述内容标识来自同一初始 PDU 的派生 PDU：

a) 源地址字段；

b) 目的地址字段；

c) 数据单元标识符字段。

PDU 首标中的以下字段要与分段功能结合起来使用：

a) 段偏移(Segment offset)——标识相对于始发 PDU 数据部分的开始处的本段开始的八位位组；

b) 段长度(Segment length)——规定派生 PDU 中包括首标和数据二者在内的八位位组个数；

c) 待续段标志(More segment flag)——如果本派生 PDU 不包括来自初始 PDU 的用户数据最后八位位组作为其用户数据的最后八位位组，则该标志置为 1；

d) 总长度(Total length)——规定在初始 PDU 中，包括首标和数据二者在内的八位位组个数。

派生 PDU 可进一步分段而无需对各个派生 PDU 的路由选择进行限制。

允许分段标志置 1 表示允许进行分段。如果初始 PDU 在其生存期间任何时刻都不被分段，则该标志由源网络实体置为 0。初始 PDU 和任何派生 PDU 的生存期内，该允许分段标志的设置不能被任何其他网络实体改变。

6.8 重装功能

重装功能指的是由一个派生 PDU 来重构初始 PDU，而这些派生 PDU 是通过对初始 PDU(以及递归地对后续派生 PDU)进行分段功能操作生成的。

始发 PDU 的某些段(派生 PDU)可在丢弃前保留于重装点的持续时间界限要加以提供，以便当该始发 PDU 的一些失踪的段不再会到达该重装点时可以释放重装资源。当收到派生 PDU 时，应初始化重装计时器，其初始值表示在任何未收到(丢失)的初始 PDU 的段被假设已经丢失之前经历的总时间。当该计时器计满时，在重装点保存的初始 PDU 的所有段(派生 PDU)应被丢弃，分配给这些段的资源可被释放，并且如果选择了这种段，则差错报告应予生成(见 6.10)。

当重装生存期和 PDU 生存期之间的确切关系是一个本地事情时，重装功能将保持 PDU 生存期的意义。因此，重装功能应丢弃那些生存期已满且不在重装功能控制下的 PDU；也就是说，给定 PDU 的重装生存期应小于所有保存在重装点上的派生 PDU 的 PDU 生存期。

注 1：限定重装生存期的方法在附录 B 中讨论。

注 2：分段和重装功能预期按如下方法使用，在每一个分段点生成尽可能少的段并且在 PDU 的最终目的地进行重装。但是，不排除其他的方案：

a) 与路由算法交互作用有利于生成较少段的通路；

b) 生成比绝对要求多的段，以避免在某一随后点上再进行分段。

允许使用这些可选择策略之一的必要信息可通过网络层管理功能的操作或其他方法来提供。

注 3：初始 PDU 的始发者确定初始 PDU 和所有派生 PDU(如果有的话)中允许分段标志的值中间系统不可改变初始 PDU 或从初始 PDU 中派生的任何 PDU 中该标志的值，因此不可增加或删除首标中的分段部分。

6.9 丢弃 PDU 功能

本功能在遇到下列情况时执行释放网络实体所保留的资源所必须的动作。

注 1：下列清单并非无遗漏的。

a) 已发生违反协议的过程；

b) 收到其校验和与其内容不一致的 PDU；

c) 收到一个 PDU，但由于本地拥塞，它不能被处理；

d) 收到一个不能分析首标信息的 PDU；

e) 收到一个不能被分段且不能转发的 PDU，原因是其长度超过了在选定路由上可用于将 PDU 传输传送到下一个网络实体的任何低层服务所支持的服务数据单元长度的最大值；

f) 收到一个其目的地址不可达或不知道的 PDU；

g) 规定了不正确或无效的源路由选择。这可包括在源路由选择字段中的语法差错，或在源路由选择字段中的不可达或不知道的网络实体标题，或者由于其他原因而不可接受的通路；

h) 收到一个 PDU，其 PDU 生存期已期满或在重装期间其生存期已满；

i) 收到一个包含与类型 2 功能(6.21)相对应的不支持选项的 PDU；

j) 收到带有 QOS 维护参数的 PDU，此参数指示“具有强转发的全球唯一性”，而且所需的 QOS 不可用；

k) 收到一个包含未知类型代码的 PDU。

注 2：总的来说，并不总能确定一个目的 NSAP 地址是否无效(不遵循 GB/T 15126—2008)、不可处理(因为没有该地址用的路由表的选择表项)或不正确编码(如 NPAI)。因此，在涉及生成一个差错报告 PDL 时，f) 中描述的情况可以也可不与 d) 中描述的情况相区分，并且“丢弃原因”(见 6.10 和表 9)可以是“首标语法差错”或“目的地址未知。”

注 3：一般来讲，不同的实现可以分析以不同的方法收到的 PDU，因此，可以认为该 PDU 与上述清单 a)到 k) 中的不同情况所引起的 PDU 相同，例如，接收带有未知的 PDU 类型代码的 PDU 的某个实现可以将该 PDU 认为是情况 a)或 d)以及情况 k)出现的 PDU。当产生差错报告 PDU 时，其实现可以使用从(至少)“首标语法差错”、“协议进程差错”、“未知的 PDU 类型”或“原因未指出”中选择出一种“丢弃原因”(见 6.10 和表 9)。

6.10 差错报告功能

6.10.1 概述

本功能在由网络实体始发的协议数据单元依据 6.9 而被丢弃时，试图向源网络实体返回一个差错报告 PDU。

差错报告 PDU 标识丢弃的 PDU，规定了检测到的差错类型，并且标识被丢弃的 PDU 首标中检测到的差错的位置。在差错报告 PDU 的数据部分中至少放置了被丢弃 PDU 的整个首标，至于其中放置被丢弃 PDU 数据部分的全部、一部分还是没有由差错报告 PDU 的始发者决定。

PDU 的始发者控制随后生成的涉及它的差错报告 PDU。在初始 PDU 中的差错报告(E/R) 标志由源网络实体置位，以指示如果初始 PDU 或由它派生的任何 PDU 被丢弃，就要生成一个差错报告 PDU，若该标志未置位，则不生成差错报告。

注 1：对差错报告 PDU 的抑制由始发网络实体而不是 NS 用户来控制。关于抑制 ER PDU 应由始发者实行小心管理，以便对每个生成的 PDU 不抑制差错报告。

注 2：没有收到差错报告 PDU 并不隐含正确交付源网络实体发出的 PDU。

注 3：在组播传送的情况下，小心地控制对差错报告能力的使用是很重要的。首要的关注点是避免广播风暴的出现，从而组播 PDU 可以不引起始发其他组播 PDU。这就是不允许源地址成为组网络地址的主要原因。此外，带有允许差错报告的组播 PDU 可能导致源网络实体(以及所使用的网络)被泛滥发送。

6.10.2 要求

不应生成一个差错报告 PDU 来报告差错报告 PDU 的丢弃。

不应生成差错报告 PDU 来报告某个 PDU 的丢弃，除非该 PDU 的差错报告标志置位以允许差错报告。

如果 PDU 被丢弃，并且在该丢弃 PDU 中的差错报告标志被置为允许差错报告，则差错报告 PDU 应予生成，如果丢弃的原因是在 6.9 中所列的丢弃原因之一，则受 6.10.4 描述的条件制约。如果带有被置为允许差错报告的 E/R 标志的 PDU 由于其他原因被丢弃，ER PDU 可以予以生成(作为实现的选项)。

在造成差错条件的 PDU 中的信息合法性为不确定的环境下，差错报告可被抑制。这些环境包括在 6.9 的 b)、c) 和 d) 项中描述的那些环境，但不局限于此。

当组播 PDU 允许差错报告时，一个源地址字段上带有一个组网络地址的 PDU 不应对差错报告反应。这是为了确保一个组播 PDU 不会产生另一个组播 PDU。如果该源地址被指定为一个地址组，则不应产生一个差错报告 PDU 且最初的 PDU 应丢弃。

6.10.3 差错报告的处理

差错报告 PDU 由该差错报告引用的包含在被丢弃 PDU 首标中的信息组成。被丢弃 PDU 的源地址字段的内容被用作差错报告 PDU 的目的地址。该值在被丢弃 PDU 的上下文中用作一个 NSAP 地址，在差错报告 PDU 的上下文中用作始发此被丢弃 PDU 的网络实体的网络实体标题。差错报告 PDU 始发者的网络实体标题在差错报告 PDU 首标的源地址字段中被运送。生存期字段值依据 6.4 确定。任选参数依据 6.10.4 选择。

不允许对差错报告 PDU 分段；因此，不存在分段部分。ER PDU 以八位位组计的总长度置于 ER PDU 首标的段长度字段中。该字段在 ER PDU 的生存期内不改变。如果 ER PDU 的始发者确定该 ER PDU 的长度超过了低层服务的服务数据单元最大长度，则该 ER PDU 应被截短至最大服务数据单元长度(见 8.3)并且在转发时不再改变。差错报告 PDU 以与数据 PDU 相同的方法被中间系统网络实体进行路由选择和转发。

注：在 8.3 中表述的要求，即协议假设的低层服务应能支持 512 个八位位组的服务数据单元长度保证了至少被丢弃 PDU 的整个首标能在 ER PDU 的数据部分中被运送。

当一个 ER PDU 到达其目的地被分解时，用于解释或作用于差错报告的信息按下面方法获得。在 ER PDU 首标的源地址字段中从 NPAI 恢复的网络实体标题用来标识生成差错报告的网络实体。生成差错报告的原因由 PDU 首标的选项部分中提取。被丢弃 PDU 的整个首标，以及原始用户数据的部分或全部(如果存在)，从 ER PDU 的数据部分提取，以帮助确定差错的性质。

6.10.4 被丢弃 PDU 选项与差错报告的关系

差错报告的生成受在相应被丢弃 PDU 中存在的选项所影响。在被丢弃 PDU 中存在不被已丢弃该 PDU 的系统所支持的选项，或者存在不可识别的 PDU 的类型代码参数，都可导致对差错报告的抑制，即使该被丢弃 PDU 指示过在丢弃事件时，应生成一个差错报告也如此。

对差错报告的处理也受相应被丢弃 PDU 中存在的选项所影响。特别是，被丢弃 PDU 中所选择的选项影响相应差错报告 PDU 中可包含哪些选项。对于差错报告 PDU 选项的选择由下列要求决定：

a) 如果在被丢弃 PDU 中选择了优先级、QOS 维护或安全选项，并且生成差错报告 PDU 的系统支持该选项，则差错报告 PDU 应规定相同的选项，使用在被丢弃 PDU 中规定的值。

b) 如果生成差错报告 PDU 的系统不支持安全选项，则对于选择了安全选项的被丢弃的 PDU 应不生成差错报告。

c) 如果在被丢弃 PDU 中选择了完全源路由选项，并且生成差错报告 PDU 的系统支持该选项，则差错报告 PDU 应规定完全源路由选项。源路由参数值通过从被丢弃 PDU 中提取完全源路由列表中已处理的那部分来获得，并且使构成该列表中那部分的网络实体标题的顺序颠倒过来。

d) 如果生成差错报告 PDU 的系统不支持完全源路由选项，则对于选择了完全源路由选项的被丢弃的 PDU,应不生成差错报告 PDU。

e) 填充的、部分源路由和记录路由选项,如被支持,可在差错报告 PDU 中予以规定。

注:上面 e) 中任选参数的值可作为本地事情被派生,或者这些值可以在被丢弃 PDU 中的对应值为基础来派生。

6.11 PDU 首标差错检测功能

PDU 首标差错检测功能防止由于处理 PDU 首标中差错信息引起的中间系统或端系统网络实体的故障。该功能通过计算在整个 PDU 首标上的校验和来实现。校验和在处理 PDU 首标的每个点上被验证。如果校验和计算失败,该 PDU 应被丢弃。如果 PDU 首标字段被修改(例如,由于生存期功能的操作),则应修改校验和,以便保持校验和有效。

首标差错检测功能的使用是任选的,并且由始发网络实体来选择。若不使用此功能,则 PDU 首标的校验和字段应置为 0。

如果始发网络实体选择了此功能,校验和字段值的计算应满足下列公式:

$$\sum_{i=1}^{L} \alpha_i (\text{mod } 255) = 0$$

$$\sum_{i=1}^{L} (L-i+1)\alpha_i (\text{mod } 255) = 0$$

式中 L 是 PDU 首标中八位位组个数,α_i 是位置 i 处八位位组的值。PDU 首标中第 1 个八位位组占据 $i=1$ 的位置。

当使用本功能时,校验和字段的任一个八位位组不可置为 0。

当 PDU 正被中间系统处理时,为保证非故意修改首标(例如,由于存储器故障),仍可被 PDU 首标差错检测功能检测到,中间系统网络实体不应重新计算整个首标的校验和,即使字段修改了也如此。

注:附录 C 中包含了建立 PDU 时用于计算校验和字段正确值的算法描述,以及当首标被修改时更新校验和字段值的算法描述。

6.12 填充功能

提供填充功能是为了允许将不用来支持任何其他功能的空格保留在 PDU 首标中。应维护八位位组对齐。

注:使用本功能的一个例子是使 PDU 的数据部分开始于一个合适的边界。例如一个计算机字边界。

6.13 安全功能

保护服务(例如数据原始鉴别、数据保密性和单个无连接方式 NSDU 的数据完整性)由安全功能提供。

安全功能与防止 GB/T 15126—2008 中描述的未授权访问服务质量参数有关。该功能通过在 PDU 首标任选部分中选择安全参数来实现。

本部分不规定提供保护服务的方法;仅提供 PDU 首标中安全信息的编码。为了通过避免对同一编码的不同解释便于在端系统和中间系统之间互操作,在 7.5.3 中描述了一种区分用户定义的安全编码和标准化的安全编码的手段。

注:作为一种实现考虑,数据原始鉴别可通过使用以密码方法生成的或加密的校验和来提供(不同于 PDU 首标差错检测机制);数据保密性和数据完整性可通过路由控制机制来提供。

6.14 源路由选择功能

源路由选择功能允许网络实体规定生成的 PDU 应采用的通路。源路由选择可仅由 PDU 的始发者进行选择。

对组播 PDU 传送不提供源路由选择能力。NS 提供者不接受带有源路由参数的组播 PDU。

6.14.1 完整源路由选择

完整源路由选择通过使用 PDU 首标可选部分内的一个参数中保持的网络实体标题列表来完成。该参数的长度由始发网络实体来确定,并且在 PDU 生存期内不改变。在该列表中应仅包含中间系统网络实体的标题;PDU 的源和目的地网络实体标题不应包括在该列表中。

与网络实体标题列表相联系的是一个指示符,该指示符标识了列表中要使用的下一个表项;当该列表中的下一个标题与其自身相匹配时,则由 PDU 的接收者使该指示符向前推进。当 PDU 被转发时,则该指示符被更新,以便沿该路由在每个点上标识适合的下一表项。

完整源路由选择要求应采用规定路径;也就是说,当按路由通往目的地以及按规定的次序访问每一系统时,表中标识的系统才可被该 PDU 访问。若不能采用规定的路径,则该 PDU 应被丢弃。在 6.10 中描述了试图使用差错报告功能通知 PDU 始发者丢弃 PDU 的环境。

6.14.2 部分源路由选择

部分源路由选择通过使用 PDU 首标的可选部分内的参数中保持的网络实体标题或其前缀的列表来完成。该参数的长度由始发网络实体来确定,并且在 PDU 生存期内不改变。

与该列表相关联的是一个指示符,该指示符标识了列表中要使用的下一个表项。当中间系统接收到包含部分源路由选择的 PDU 时,如果该路由 PDU 功能标识了下一个系统是下列系统的路径,该 PDU 可被转发:

a) 目的端系统;

b) 中间系统,其列表中的下一个表项与该系统的 NET 或该 NET 的前辍相匹配;或

c) 中间系统,列表中紧跟在其表项之后的下一个表项与该系统的 NET 或该 NET 的前辍相匹配。

在 c)情况下,在转发的 PDU 中更新下一个表项指示符。

部分源路由选择要求转发过程应朝着列表中用表项标识的下一个实体。也就是说,当按路由通往目的地时,仅有那些列表中标识的系统可被该 PDU 访问,并且每个系统应按规定次序进行访问。若不能采用规定的路径,则该 PDU 应被丢弃。在 6.10 中描述了试图使用差错报告功能通知 PDU 始发者丢弃 PDU 的环境。

组播 PDU 传送没有提供源路由能力。NS 提供者不接受带有源路由参数的组播 PDU。

6.15 路由记录功能

路由记录功能记录了 PDU 经过一系列中间系统时所采用的通路,也可选择记录时间信息。记录路由由在 PDU 首标的选项部分内的参数中保存的网络实体标题列表组成。该条目由一个网络实体标题或后跟网络实体标题的时戳值组成。此外,在有时间标记的列表中的第一个实体可以由没有网络实体标题而由 PDU 的始发者插入的时戳值构成。该参数的长度由始发网络实体来确定,并且在 PDU 的生存期内不改变。

该列表按照 PDU 沿通路朝着其目的地进行转发来构造。该 PDU 的始发者应将该列表初始化为空,或插入一个包含时戳值和没有网络实体标题的初始条目。向时间标记列表中插入这样一个初始条目并不是只有始发者的特殊情况。列表中的所有八位位组,除了初始时间条目,都应初始化为空。此后,只有中间系统网络实体的对应的条目才包括在该记录的路由中。

当中间系统网络实体处理包含记录路由参数的 PDU 时,该网络实体将自己的网络实体标题加在记录网络实体标题列表的末端维护一个指示符来标识被用来记录路由的下一个能利用的八位位组。当将表项增加到该列表时,该指示符被更新如下。把要增加到该列表的表项长度增加到下一个可利用的八位位组指示符的值上,并且将其和与记录路由参数的长度相比较。如果增加到该列表的表项超过了该参数的长度,则设置下一个可利用的八位位组指示符来指示该路由记录已被终止。该网络实体标题不增加到该列表。PDU 仍可被转发到其最终目的地,而无需进一步增加网络实体标题。

若增加的表项没有超过记录路由参数的长度,则下一个可利用的八位位组指示符使用新值进行更新,并且将该网络实体标题增加到该列表末端。

提供两种形式的记录路由功能。第一种形式被称作完全路由记录。它要求网络实体标题列表是 PDU(包括派生 PDU)访问的所有中间系统的完全和精确的记录,如上所述,除了当记录路由选项字段

空间不足而导致路由记录的终止时外。在选择了完全路由记录的情况下，只有当被重装的派生 PDU 都采用同一路由时，才可以执行在中间系统处的 PDU 重装。

第二种形式被称作部分路由记录。它也要求由 PDU 访问的中间系统的记录。当选择了部分路由记录时，无论被重装的派生 PDU 是否采用同一路由，都可以执行在中间系统处的 PDU 重装；任一派生 PDU 中的路由记录都可被置于由重装产生的 PDU 中。

注：记录路由功能预期用于诊断子网的问题和/或为后续的 PDL 提供一条可用作源路由的返回通路。

6.16 服务质量维护功能

服务质量维护功能向中间系统的网络实体提供用于做出路由判定的信息，这种路由判定会影响提供给 NS 用户的总体 QOS。此信息按 PDU 首标选项部分的参数运送给中间系统网络实体。

在所请求的 QOS 不能被维护的那些情况下，中间系统网络实体应试图以一个不同于所请求 QOS 的 QOS 交付给 PDU。中间系统网络实体可以但不一定必须提供一个通知告知无法满足所请求的服务质量。

6.17 优先级功能

优先级功能允许一个 PDU 优先于其他 PDU 而得到处理。本功能通过选用 PDU 首标选项部分的参数来实现。

优先级最低值为零；在数字上较大的值表示依次较高的优先级。优先级功能提供了一种手段，使得端系统和中间系统网络实体的资源，如输出传输队列和缓冲器，可以使较高优先级 PDU 先于较低优先级 PDU 之前处理。各个网络实体所采取的支持优先级功能特定动作属本地事情。

6.18 拥塞通知功能

为在 NS 提供者内经历拥塞时允许 NS 用户采取适当动作，中间系统可通过使用 PDU 首标选项部分中 QOS 维护参数的标志来通知目的网络实体发生了拥塞。该标志的初值置为零，由 PDU 始发者设置，且可由任何处理该 PDU 的中间系统置 1 来表示它正经历拥塞。决定何时采取这一动作的准则属本地事情。

注：典型地是，拥塞对应于维护输出队列缓冲器空间的缺乏可用性，表示拥塞的适当策略可基于 PDU 选择的输出队列(根据其目的地址或其他路由选择信息)的深度当特定输出队列的深度超过队列最大深度的某一个特定比例时，中间系统开始丢弃 PDU。中间系统随后在下一个要转发的 PDU 中设置经历拥塞标志，并且一直持续到拥塞缓和。

6.19 回送请求功能

本功能由网络层管理来调用以获得关于 a) 特定网络实体可达性，和 b) 通过网络层路由选择功能的操作来建立的网络实体之间的通路的特征这两方面网络层的动态状态信息。

当调用时，回送请求功能导致 EchoRequest(ERQ) PDU 被建立。ERQ PDU 应由支持回送请求功能的端系统和中间系统中的网络实体精确地以与 DTPDU 相同的方式构造和处理，但下列情况除外：

a) 由于回送请求功能由网络层管理调用而不是由 N-UNITDATA request 调用、对 PDU 合成功能(见 6.1)可用的信息由当前状态、本地信息和由网络层管理供给的信息组成；6.1 中提及的从 N-UNITDATA request 的参数中获得信息不适用于 ERQPDU 的合成。

b) ERQ PDU 源地址字段或者应包含始发网络实体的网络实体标题，或者应包含始发端或中间系统中 NSAP 的 NSAP 地址。ERQ PDU 目的地址字段或者包含目的网络实体的网络实体标题，或者包含目的端系统或中间系统中 NSAP 的 NSAP 地址。

注 1：网络实体标题在语法上与 NSAP 地址不能区分 NSAP 地址中的附加信息，如果存在的话，超出网络实体标题中出现的附加信息，仅与目的端系统中 PDU 分解功能的操作有关，因此在对 ERQ PDU 的处理中不需要(从未从中产生过 N-UNITDA indication)，所以，ERQ PDU 的源和目的地址字段可包含 NET 或 NSP 地址这一事实不影响任何网络实体对 ERQ PDU 的处理，并且在两种情况下，通过回送请求功能的操作所获得的信息是相同的。

c) 正如首标格式分析功能所确定的那样，当ERQ PDU已到达目的地时，则应调用回送响应功能（见6.20）而不是PDU分解功能。它是否涉及与网络层管理的交互作用属本地事情。

注2：由于回送响应功能是类型2功能（见6.21），目的网络实体在收到ERQ PDU时可以执行或可以不执行回送响应功能。因此当调用回送请求功能时，网络层管理必须考虑到未收到相应的回送响应PDU可能是由于目的网络实体不支持回送响应功能所致。

d) ERQ PDU的最大长度等于回送响应PDU的最大长度减去回送响应PDU首标的最大长度。这确保整个ERQ PDU可被包容在回送响应PDU的数据字段中（见6.20）。

e) 作为本地事情，ERQ PDU的数据部分可包含带有任意值的零个或多个八位位组（受上述d）中规定的ERQ PDU总的最大长度的制约）。如果数据部分的第1个八位位组包含二进制值1000 0001（本协议的NLPID），则数据部分的最前面n个八位位组（这里n是数据部分第2个八位位组的值）应包含整个回送响应PDU的首标，其中除段长度和校验和字段外，固定部分和地址部分的每个字段都应包含一有效值。多分段标志应具有0值。当且仅当允许分段标志置为1时，才应出现分段部分。选项部分，若存在的话，可包含7.5中所述的任何选项。

注3：如果ERQ PDU数据部分中存在回送响应PDU首标，该首标可以但不要求由目的网络实体使用其全部或部分来合成回送响应PDU（见6.20d））。如果该信息不出现在ERQ PDU的数据部分中，则目的网络实体的回送响应功能不可能为回送响应PDU的生存期字段选择一适当值。

6.20 回送响应功能

本功能如首标格式分析功能所确定的那样，由收到已到达目的地的ERQ PDU的网络实体执行，也就是说，ERQ PDU在其目的地址字段中包含了标识网络实体或其任一NSAP的网络实体标题或NSAP地址。

当调用时，回送响应功能导致回选响应ERP PDU被建立。ERP PDU应由支持回送响应功能的端系统和中间系统中的网络实体以与DTPDU完全相同的方式进行构造和处理，但下列情况除外。

a) 由于回送响应功能不由N-UNITDATA request调用，PDU合成功能可用的信息由当前状态、本地信息和包含在相应ERQ PDU中的信息组成；6.1中提及从N-UNITDATA request参数中获得的信息不适用于ERP PDU的合成。

b) ERP PDU源地址字段应包含相应ERQ PDU目的地址字段的值。ERP PDU目的地址字段应包含相应ERQ PDU源地址字段的值。

注：在6.19注1中包含的说明也适用于ERQ PDU；

c) 整个ERQ PDU应被置于ERP PDU的数据部分中。ERP PDU数据部分只应包含相应的ERQ PDU。

d) 如果ERQ PDU的数据部分包含ERP PDU首标（见6.19e）），PDU合成功能可以但不要求使用其中包含的部分或全部信息来选择ERP PDU首标的字段值。但这种情况下，ERQ PDU数据部分中的ERP PDU首标中包含的生存期字段值应被用作ERP PDU中生存期字段的值。段长度和检验和字段的值将由网络实体计算，而不管ERQ PDU数据部分中ERP PDU首标的这些字段的内容。

e) ERP PDU选项部分可包含在7.5中描述的任何（或无）选项。这些选项的值，若存在的话，由网络实体作为本地事情来确定。它们可以是，但不要求是，或者相同于或者派生于在ERQ PDU数据部分中包含的ERQ PDU和/或ERP PDU首标（若存在）中的相应选项。ERP PDU中源路由选择选项不应与ERQ PDU首标中的源路由选择选项相同（从中复制）。如果ERP PDU中记录路由选项与ERQ PDU首标中记录路由选项相同（从中复制），则参数值字段的第2个八位位组应置为值3。

f) 目的网络实体在执行回送响应功能前是否对ERQ PDU执行生存期控制功能属本地事情。根据6.4,目的网络实体应对DT PDU作出在这方面可能作出的同样判定。

6.21 范围控制功能

6.21.1 概述

范围控制功能是仅用于组播PDU转发的选项。范围控制功能允许始发者限制转发组播PDU。范围控制功能提供了限制基于单个网络编址层次的特定PDU的中继或限制发生组播扩大的能力。在将范围控制的形式应用到同一PDU的情况下,并且一旦范围控制已经达到其范围控制极限的情况下,转发将停止。

6.21.2 基于前辍的范围控制

基于前辍的范围控制功能允许始发者规定一组特定的地址前辍,而这组特定地址前缀是仅当这些前缀中的一个前缀与中间系统的网络实体标题(NET)相匹配时才出现在该中间系统的PDU组播转发中的。基于前辍的范围控制可能只由PDU的始发者选择。基于前辍的范围控制通过使用PDU首标的可选部分内的参数中保持的一个或多个地址前辍来完成。该参数的长度由始发网络实体来确定,并且在PDU的生存期内不改变。

当中间系统收到含有基于前辍的范围控制参数的组播PDU时,只有在该参数中所包含的一个前缀的各个八位位组与该中间系统的NET开始处相符合的时候,才进行转发。如果不存在这种前缀匹配,则中间系统丢弃该PDU。在PDU丢弃时应不调用差错报告功能。

6.21.3 半径范围控制

半径范围控制功能允许始发者规定组播扩大可以出现的最大逻辑距离。这与首标格式分析功能紧密相关联。接收能扩展并包含半径范围控制参数的组播PDU的每个IS通过在管理上设置的在字段的0值和最大值之间的数值来递减在PDU中的半径范围控制字段。当IS递减半径范围控制字段时,如果该字段的当前值小于应该递减的数值,则应将其设为0。这个功能来确定收到的PDU是否可以进行转发,或已经达到了它的半径。在半径达到的情况下,PDU应被丢弃。中间系统不应转发一个半径范围控制参数是0的组播PDU。在PDU丢弃时应不调用差错报告功能。

6.22 功能分类

本部分的实现不要求支持6.1～6.21中描述的全部功能。这些功能被分为三类:

类型1——这些功能都应被支持。

类型2——这些功能可被支持或可不被支持。如果一个实现不支持类型2的某一功能并且在PDU中选择了此功能,则应丢弃该PDU,同时如果差错报告标志被设置且6.10.4中条件被满足,则应生成一个差错报告PDU并转发至始发网络实体。

类型3——这些功能可被支持或可不被支持。如果一个实现不支持类型3的某一功能并且在PDU中选择了该功能,则不执行该功能,并且该PDU正好象没有选择该功能那样进行处理。该PDU不应因此原因而被丢弃。

表3中指出了这些功能如何分成这三类的:

表3 协议功能分类

功　能	全 协 议	非分段子集	不活动子集
PDU合成	1	1	1
PDU分解	1	1	1
首标格式分析	1	1	1
PDU生存期控制	1	1	不适用
路由选择PDU	1	1	不适用

表 3（续）

功　能	全　协　议	非分段子集	不活动子集
转发 PDU	1	1	不适用
段 PDU	1	不适用	不适用
重装 PDU	1	不适用	不适用
丢弃 PDU	1	1	不适用
不适用差错报告	1	1	不适用
首标差错检测	1	1	不适用
安全	2	2	不适用
完整源路由选择	2	2	不适用
完全路由记录	2	2	不适用
回送请求	2	2	不适用
回送响应	2	2	不适用
部分源路由选择	3	3	不适用
部分路由记录	3	3	不适用
优先级	3	3	不适用
QOS 维护(格式代码为 00)	2	2	不适用
QQS 维护(其他格式代码)	3	3	不适用
拥塞通知	3	3	不适用
填充	3	3	不适用
范围控制	3	3	不适用

注 1：应提供差错报告和首标差错检测功能，但只有当被始发网络实体选择时它们才被调用。

注 2：定义类型 3 功能的基本原理是，在某些功能的情况下，在中间系统之间转发 PDU 或交付 PDU 至端系统比支持这些功能更为重要。类型 3 功能可用于那些属于咨询性质的情况下；它们不会因不被支持而导致丢弃 PDU。

7　PDU 的结构和编码

7.1　结构

所有协议数据单元应包含整数个八位位组。PDU 中的八位位组从 1 开始编号并且按提交给低层服务的次序递增。八位位组中的位从 1 到 8 编号，位 1 为低阶位(最低有效位)。

当连续的八位位组用于表示一个二进制数时，较低编号的八位位组具有最高有效值。

支持本协议的任何实现被要求在其规范中用术语“最高有效位”和“最低有效位”阐述传送八位位组的方法。本协议的 PDU 使用术语“最高有效位”和“最低有效位”定义。

注：当使用本章中的图表示 PDU 编码时，使用下列表示法：

a)　最低编号的八位位组在左，较高编号的八位位组依次往右排来表示这些八位位组；并且

b)　在一个八位位组中，按第 8 位在左和第 1 位在右来表示这些位。

除了不活动网络层子集外，PDU 应以下列次序包含：

a)　固定部分；

b)　地址部分；

c) 分段部分，若存在；

d) 选项部分，若存在；

e) 丢弃原因参数(仅在ER PDU中)；

f) 数据部分，若存在。

a) 项到e)项构成PDU首标。

在不活动网络层子集情况下，仅有在7.8中标识的元素存在。7.2～7.5条不适用于不活动网络层子集。

结构如图1所示。对图1和7.5条来说，包含在ER PDU中的丢弃参数的原因被认为是选项部分的最后元素。

部分	描述的条号
固定部分	7.2条
地址部分	7.3条
分段部分	7.4条
选项部分	7.5条
数　据	7.6条

图1　PDU结构

7.2　固定部分

7.2.1　概述

固定部分格式如图2所示。

	八位位组
网络层协议标识符	1
长度指示符	2
版本/协议ID扩展	3
生存期	4
SP | MS | E/R | 类型	5
段长度	6,7
校验和	8,9

图2　PDU首标的固定部分

7.2.2　网络层协议标识符

该字段值置为二进制1000 0001，以标识本网络层协议。本字段值设置为二进制0000 0000以标识不活动网络层协议子集。

7.2.3　长度指示符

长度由二进制数指示，其最大值为254(1111 1110)。所指示的长度是以八位位组表示的首标长度，如7.1中所述。值255(1111 1111)保留为将来可能的扩展。

注：转发和分段规则保证了对初始PDU的所有分段(派生PDU)而言，其首标的长度是相同的，并且和初始PDU的首标长度相同。因此，PDU首标的长度不因任何协议功能的操作而改变。

7.2.4 版本/协议标识符扩展

本字段值为二进制0000 0001，它标识本协议的标准版本1。

7.2.5 PDU生存期

PDU生存期字段被编码为以500 ms为单位，表示该PDU的剩余生存期的二进制数。

7.2.6 标志

7.2.6.1 允许分段

允许分段标志指示是否允许分段。其值由PDU的始发者来确定，在初始PDU及任何派生PDU的生存期内不被任何其他网络实体改变。

值1指示允许分段。值0指示不允许分段。当选择了值0时，PDU首标中的分段部分不出现，并且段长度字段的值给出了PDU总长度(见7.2.8和7.4.3)。

7.2.6.2 多分段

待续段标志指示是否本PDU的数据部分(作为其最后的八位位组)包含NSDU中用户数据的最后八位位组。当待续段标志置1时，发生了分段并且NSDU的最后八位位组不包含在本PDU中。若允许分段标志未置为1，则待续段标志应不被置为1。

当待续段标志置为0时，本PDU数据部分的最后八位位组也是NSDU的最后八位位组。

7.2.6.3 差错报告

当差错报告标志置1时，如果有必要丢弃本PDU，则使用6.10中的规则确定是否生成差错报告PDU。

当差错报告标志置为0时，丢弃PDU将不导致生成差错报告PDU。

7.2.7 类型代码

类型代码字段标识协议数据单元的类型。允许的值在表4中给出。

表4 PDU类型代码

PDU类型	类型代码
	位 5 4 3 2 1
DT PDU	1 1 1 0 0
ER PDU	0 0 0 0 1
ERQ PDU	1 1 1 1 0
ERP PDU	1 1 1 1 1

7.2.8 PDU段长度

段长度字段规定以八位位组表示的PDU总长度，包括首标和数据部分(如果存在)两者。当利用全协议且PDU不分段时，该字段值与首标中分段部分分配的总长度字段值相同。

当利用非分段协议子集时，分段部分不在首标中出现。在此情况下，段长度字段规定了初始PDU的总长度，包括首标和数据(如果存在)。

在PDU生存期内段长度字段的值应不被改变。

7.2.9 PDU校验和

校验和根据整个PDU首标进行计算。对于数据、回送请求和回送应答PDU，它包括分段部分和选项部分(如果存在)。对于差错报告 PDU,它还包括丢弃字段的原因。

校验和值。保留为指示该校验和是要忽略的。PDU 首标差错检测功能的操作(见 6.11)保证了值。不表示有效校验和。非 0 值指示校验和应予处理;若校验和计算失败,则丢弃该 PDU。

7.3 地址部分

7.3.1 概述

地址部分紧跟在 PDU 首标的固定部分之后,地址部分的构成如图 3 所示。

	八位位组
目的地址长度指示符	10
目的地址	11 $m-1$
源地址长度指示符	m
源地址	$m+1$ $n-1$

图 3 PDU 首标的地址部分

7.3.2 目的地址和源地址

本协议所使用的目的地址和源地址为 GB/T 15126—2008 中定义的网络服务访问点地址或网络实体标题。在单播 PDU 情形下(DT、ER、ERQ 和 ERP PDU):本协议使用的目的地址为 GB/T 15126—2008 中定义的网络服务访问点地址或网络实体标题;在组播 PDU 情形下(MD PDU):本协议使用的目的地址为 GB/T 15126—2008 中定义的一个组网络地址。

目的地址和源地址为可变长度。使用 GB/T 15126—2008 中所定义的“优选编码”,目的地址和源地址被编码为目的地址字段和源地址字段中的网络协议地址信息。

目的地址长度指示符字段规定了以八位位组表示的目的地址的长度。目的地址字段紧跟在目的地址长度指示符字段之后。

源地址长度指示符字段规定了以八位位组表示的源地址长度。源地址长度指示符字段紧跟在目的地址字段之后。源地址字段紧跟在源地址长度指示符字段之后。

每一地址参数按图 4 所示的方式进行编码。

八位位组 n	地址参数长度指示符 (例如‘m’)
八位位组 $n+1$ 至 $n+m$	地址参数值

图 4 地址参数

7.4 分段部分

7.4.1 概述

如果 PDU 首标固定部分中的允许分段标志(见 7.2.6.1)置 1,则如图 5 所示的首标分段部分应呈现。

如果 PDU 首标固定部分中的允许分段标志置零(0),就不应出现分段部分(使用了非分段协议子集)。

	八位位组
数据单元标识符	$n, n+1$
段偏移	$n+2, n+3$
总长度	$n+4, n+5$

图 5　PDU 首标的分段部分

7.4.2　数据单元标识符

数据单元标识符规定了初始 PDU(以及它的派生 PDU),以便分段的数据单元可以被正确地重装。数据单元标识符的长度为 2 个八位位组。

7.4.3　段偏移

对于每个派生 PDU,段偏移字段规定了包含在派生 PDU 的数据部分的段的相对于初始 PDU 中数据部分开始处的相对位置。该偏移以八位位组为单位进行度量。第 1 个段(以及初始 PDU) 的偏移为 0;不分段(初始)PDU 的段偏移值为 0。本字段的值应为 8 的倍数。

7.4.4　PDU 总长度

总长度字段规定了以八位位组表示的初始 PDU 总长度,包括首标及数据部分。本字段的值在初始 PDU(及其派生 PDU) 的生存期内不应被改变。

7.5　选项部分

7.5.1　概述

PDU 首标的选项部分如图 6 所示。

	八位位组
选　　项	$n+6$ p

图 6　PDU 首标的选项部分

如果选项部分存在,它可以含有一个或多个参数。选项部分中可以包含的参数个数受选项部分的长度和各个任选参数的长度制约,其中选项部分长度可按以下公式确定:

选项部分长度－PDU 首标长度－(固定部分长度＋地址部分长度＋分段部分长度)

选项部分定义的参数可以按任意次序出现,但不允许重复的选项。收到带有重复选项的 PDU 应视为协议差错来处理。管理协议差错处理的规则在 6.10 中描述。

PDU 首标选项部分中包含的参数编码如图 7 所示。

八位位组	
n	参数代码
$n+1$	参数长度(例如‘m’)
$n+2$ ～ $n+m+1$	参数值

图 7　选项参数的编码

参数代码字段以二进制方式编码,最多可提供 252 个不同的参数。该参数代码字段的两个高阶位包含处理要求代码,它用来分类端系统和中间系统是否可以不理睬或必须被处理的参数。处理要求代码在表 5 中示出,其中“可不予理睬”表示端系统或中间系统被允许但不要求处理包含选项(完全好像不存在的选项)的 PDU;“应该被处理”表示端系统或中间系统被要求按照参数的规范来处理由该参数代码的其余部分所标识的参数。

表 5 处理要求代码

处理要求代码	处 理 要 求
00	Ess 和 Iss 可以不理睬
01	Ess 可以不理睬
10	Ess 可以不理睬
11	Ess 和 Iss 可以不理睬

注：处理要求代码的目的是为了允许本部分将来通过定义新选项参数来扩展。同时允许继续使用已经定义的扩充参数(当有可能这样做时，允许这些实现不理睬新的选项参数，而无须知道选项是什么)。

处理要求代码“00”标识的选项代表对 PDU 的中继或者交付含有此选项是没有必要的，如果它不含有此选项，是允许端系统和中间系统处理 PDU 的。

处理要求代码“01”定义的选项代表对 PDU 的交付含有此选项是没有必要的，但对这些 PDU 的中继是必要的。如果不含有此选项，是允许端系统处理 PDU 的，但是不能处理处理要求代码“01”的中间系统会丢弃 PDU。

处理要求代码“10”定义的选项代表对 PDU 的中继含有此选项是没有必要的，但对这些 PDU 的交付是必要的。如果不含有此选项，是允许中间系统处理 PDU 的，但是不能处理处理要求代码“10”的端系统会丢弃 PDU。

处理要求代码“11”定义的选项代表对 PDU 的转发和中继含有此选项是有必要的，不能处理处理要求代码“11”的端系统或者中间系统会丢弃 PDU。

参数长度字段给出了以八位位组表示的参数值字段长度。该长度用一个正的二进制数 m 给出，m 的最小值为 1，理论最大值为 254。但 m 的实际最大值会小一些。例如，在选项部分只包括一个参数的情况下，需要 2 个八位位组用作参数代码和参数长度指示符。因此，m 的值被局限为：

$m=252-$(固定部分长度＋地址部分长度＋分段部分长度)

于是，对每个后续参数而言，最大的 m 值递减。

参数值字段含有参数代码字段中标识的参数的值。

选项部分中允许下列参数。

7.5.2 填充

填充参数用于将 PDU 首标加长到一合适长度(见 6.12)。

参数代码：1100 1100

参数长度：可变

参 数 值：允许的任意值

虽然 7.5.1 中说明了要求参数长度字段的值应不小于 1，含有值为 0 的填充选项参数长度字段的 PDU 接收器(此时不包含填充选项的参数值字段)可以，但不要求，将其作为一个协议差错来处理。

7.5.3 安全

本参数允许给协议数据单元赋予一个唯一的和无二义性的安全级别(见 6.13)。

参数代码：1100 0101

参数长度：可变

参 数 值：第 1 个八位位组的高阶的两位规定了安全格式代码，如表 6 所示。

表 6 安全格式代码

安全格式代码	安全字段类型
00	保留
01	源地址特定的
10	目的地址特定的
11	全球唯一的

第 1 个八位位组的其余位被保留，且发送时应被置 0，接收时应被忽略。参数值字段的其余部分规定了下面各条所描述的安全级别。

7.5.3.1 **源地址特定的**

值为二进制 01 的安全格式代码表示对参数值字段中的其他八位位组规定了一个安全级别,该安全级别在负责分配源 NSAP 地址的管理机构所使用的安全分类系统的上下文中是唯一的和无二义性的。

7.5.3.2 **目的地址特定的**

值为二进制 10 的安全格式代码表示对参数值字段中的其他八位位组规定了一个安全级别,该安全级别在负责分配目的 NSAP 地址的管理机构所使用的安全分类系统的上下文中是唯一的和无二义性的。

7.5.3.3 **全球唯一的安全**

值为二进制 11 的安全格式代码表示对参数值字段中的其他八位位组规定了一个全球唯一的和无二义性的安全级别。但该安全分类系统不由本部分规定。

7.5.4 **源路由选择**

源路由选择参数全部或部分地规定了从始发网络实体到目的网络实体所经过的路由(见 6.14)。

参数代码:1100 1000

参数长度:可变

参 数 值:见下

参数值的第 1 个八位位组为类型代码,它具有以下含义:

0000 0000　保留

0000 0001　完整源路由

0000 0010　部分源路由

(所有其他值均被保留)

第 2 个八位位组表示列表中下一个被处理的网络实体标题表项的八位位组偏移。它与参数起始点相关,即值为 3 表示下一网络实体标题表项直接在该控制八位位组之后开始。随后的八位位组以本指示符的相应较大值来表示。

每 3 个八位位组开始了该表项列表。对于完整源路由选择,列表由网络实体标题组成;而部分源路由选择,列表由网络实体标题和/或网络实体标题前缀组成。所有表项都是可变长度。每个表项的第 1 个八位位组给出了包含余下表项的网络实体标题或网络实体标题前缀的长度。

7.5.5 **路由记录**

路由记录参数标识了 PDU 所经过的中间系统(见 6.15)。

参数代码:1100 1011

参数长度:可变

参 数 值:2 个八位位组的控制信息,紧跟在后的是从源到目的网络实体标题表项的有序拼接。

参数值的第 1 个八位位组为类型代码,它具有以下含义:

0000 0000　路由进行中的部分记录

0000 0001　路由进行中的完全记录

0000 0010　路由进行中的部分记录(带有时戳值)

0000 0011　路由进行中的完全记录(带有时戳值)

(所有其他值均被保留)

第 2 个八位位组标识了当前不被用于记录表项的第 1 个八位位组,也是列表的当前结尾。它的编码与参数值的起始有关,因此,值为 3 表示了未记录任何表项。值 255 用来表示路由记录已经终止。

第 3 个八位位组表示表项列表的开始。表项均被加到列表的结束处。每个表项的第 1 个八位位组给出了以八位位组表示的表项其余部分的长度。对类型代码 0000 0000 和 0000 0001,每个表项其余部分由网络实体标题组成;对类型代码 0000 0010 和 0000 0011,每个表项其余部分由网络实体标题所允许的一个 32 位固定长度的时戳值组成。

时戳值是从午夜 UT 开始的以毫秒计的时间,是 32 位二进制的值。如果该时间不能用毫秒表示或不能相对于午夜 UT 来提供时间，则该时戳值的最有效的位置为 1，其他的位可以采用任一时间值。

对于类型代码 0000 0010 和 0000 0011，列表中的第一个条目可能由一个值为 4 的长度八位位组和一个 32 位时戳值组成。这样表项只能由该 PDU 的始发者插入：始发者并不是必需插入这样表项。

注：记录路由参数的长度由 PDU 始发者所确定，并在 PDU 的生存期内不应被改变；因此，路由记录功能的操作不应影响首标的长度。

7.5.6 服务质量维护

服务质量维护参数运送关于始发 NS 用户所请求的服务质量的信息。

当满足其他路由选择准则的多条路由是可用的，并且已知这些可用路由具有不同的服务质量时(见 6.16)，中间系统中的网络实体可以，但不要求利用该信息作为选择路由的手段。

参数代码：1100 0011

参数长度：可变

参 数 值：第 1 个八位位组的高阶两位规定了 QOS 格式代码，如表 7 所示。

表 7 QOS 格式代码

QOS 格式代码	QOS 字段类型
00	保留
01	源地址特定的
10	目的地址特定的
11	全球唯一的

第 1 个八位位组的其余部分为全球唯一 QOS 格式而保留，如 7.5.6.3 所述。如果选择了其他的 QOS 格式代码，第 1 个八位位组的第 6～第 1 个位置应为 0。参数值字段中的其余部分规定了在下面各条中描述的 QOS。

7.5.6.1 源地址特定的

值为二进制 01 的 QOS 格式代码表示参数值字段中余下的八位位组规定了一个 QOS，该 QOS 在负责分配源 NSAP 地址的管理机构所使用的 QOS 维护系统的上下文中是唯一的和无二义性的。

QOS 格式代码中第 6 位为 1 时表示该 PDU 是被从一个路径转发的，该路径不支持具体 QOS 参数中的指定源地址。如果一个 IS 不支持该特定 QOS 参数的指定源地址，则应设置第 6 位为 1。

7.5.6.2 目的地址特定的

值为二进制 10 的 QOS 格式代码表示参数值字段中余下的八位位组规定了一个 QOS，该 QOS 在负责分配目的 NSAP 地址的管理机构所使用的 QOS 维护系统的上下文中是唯一的和无二义性的。

QOS 格式代码中第 6 位为 1 时表示该 PDU 是被从一个路径转发的，该路径不支持具体 QOS 参数中的指定源地址。如果一个 IS 不支持该特定 QOS 参数的指定源地址，则应设置第 6 位为 1。

7.5.6.3 全球唯一 QOS

QOS 格式代码值是 11 时，表示该参数值字段的其余部分规定了全球唯一的带有弱转发 QOS 维护字段，且这个参数应当做类型 3 功能处理(见 6.21)。QOS 格式代码值是 00 时，表示该参数值字段的其余部分规定了全球唯一的带有强转发 QOS 维护字段，且这个参数应当做类型 2 功能处理(见 6.21)。当 QOS 格式代码的值为 00 或 11 时，该参数值字段的总长度应为 1 个八位位组，分配给该八位位组的值见表 8。

表 8 全球唯一 QOS 参数值

位	用途
8 和 7	QOS 格式代码二进制 00 或 11
6	QOS 不可用
5	顺序与转接延迟的比较
4	经历的拥塞
3	转接延迟与成本的比较
2	残留差错概率与转接延迟的比较
1	残留差错概率与成本的比较

当 QOS 格式代码是 11 时，如果中间系统不能转发与位 5、3、2 和 1 包含的 QOS 维护字段值相一致的 PDU，但最终能转发时，则将第 6 位设为 1(就如同在类型 3 选项的情况下，允许它进行诸如 QOS 维护)。QOS 格式代码中第 6 位为 1 时表示在不考虑 QOS 维护字段值的路径上的某个点已经转发了该 PDU。当 QOS 格式代码是 00 时，第 6 位保留。

第 5 位置为 1 表示，若可能，路由选择判定在单个通路上将所有 PDU 发送到规定的目的 NSAP 地址(为了维护顺序)与使转接延迟减到最小这两者之间，偏向于前者。值为 0 表示，若可能，路由选择判定应偏向低转接延迟胜过顺序保持。

第 4 位由始发协议数据单元的网络实体置为 0。它由中间系统置为 1 来表示该 PDU 已访问了一个拥塞的中间系统，并且应由目的网络实体采取适当的动作。当拥塞经历的位被某一中间系统置位时，它不可由 PDU 进一步沿着通往目的地通路上的任何中间系统来复位。

第 3 位置为 1 表示，若可能，路由选择判定应偏向低转接延迟胜过低成本。值为 0 表示路由选择判定应偏向低成本胜过低转接延迟。

第 2 位置 1 时表示，若可能，路由选择判定应偏向低残留差错概率胜过偏向低转接延迟。值为 0 表示路由选择判定应偏向低转接延迟胜过低残留差错概率。

第 1 位置 1 时表示，若可能，路由选择判定应偏向低残留差错概率胜过偏向低成本。值为 0 表示路由选择判定应偏向低成本胜过偏向低残留差错概率。

7.5.7 优先级

优先级参数的值表示协议数据单元的相对优先级。支持该选项的中间系统在为传输而路由选择和排序 PDU 时应使用此信息(见 6.17)。

参数代码：1100 1101

参数长度：1 个八位位组

参 数 值：0000 0000—正常的(默认值)

到

0000 1110—最高的

(所有其他值均被保留)

值 0000 0001～0000 1110 可用于较高优先级的协议数据单元。如果中间系统不支持此选项，所有的 PDU 应被当作该字段值为 0000 0000 来处理。

7.5.8 基于前缀的范围控制

基于前缀的范围控制的参数规定了中间系统转发要求所包含的前缀之一与中间系统的 NET 开始处的匹配的一个或多个地址前缀。

参数代码：1100 0100

参数长度：可变的

参 数 值：地址前缀表项的拼接

参数值包含一个地址前缀列表。该列表由可变长度的地址前缀表项组成。每个表项的第一个八位位组给出了以位表示的地址前缀的长度，它包括了表项的其余部分。如果长度字段未规定整数个八位位组，表项会通过足够多的零来表示八位数组的结束边界。列表必须至少包含一个表项。

前缀应在边界上结束，而该边界在派生它的地址系列的抽象语法方面是合法的。例如，用十进制语法表示 DSP 的前缀编码必须在一个半八位位组边界结束，而用二进制语法表示的 DSP 的前缀编码可以在任意一个位边界结束。如果前缀的结束落在 IDP 内，前缀必须在一个半八位位组边界结束并且禁止包含任何填充字符。

注：基于前缀的范围控制参数的长度由 PDU 的始发者确定，并且在 PDU 的生存期内保持不变。

7.5.8.1 前缀匹配

扩充到 DSP 的前缀应当与编码的 NET 地址直接比较，该地址包括了可以存在的任何填充字符。未扩充到 DSP 的前缀应与 NET 的派生值进行比较，派生值来源于剔除所有填充字符后的 NET 地址(在 GB/T 15126—2008 中的二进制编码过程中进行了定义)。

匹配的存在应被确定如下：

a) 如果编码的 NET(或 NET')包含比前缀更少的位，则不存在匹配。

b) 如果编码的 NET(或 NET') 包含至少与前缀有一样多的位，而且所有的前缀位与编码的 NET(NET')的相应先导位一样，则存在匹配。

其他的情况，则不存在匹配。

7.5.9 半径范围控制

半径范围控制参数规定了组播 PDU 能被转发的逻辑距离。

参数代码：1100 0110

参数长度：两个八位位组

参 数 值：表示以管理设置单元能转发 PDU 的剩余距离的两个八位位组

7.6 数据部分

PDU 首标的数据部分如图 8 所示。

	八位位组
数 据	$p+1$ z

图 8 PDU 首标的数据部分

7.7 数据 PDU

7.7.1 结构

数据 PDU 具有如图 9 所示的格式。

				八位位组
网络层协议标识符				1
长度指示符				2
版本/协议 Id 扩充				3
生存期				4
SP	MS	E/R	类型	5
段长度				6,7
校验和				8,9
目的地址长度指示符				10
目的地址				11 $m-1$
源地址长度指示符				m
源地址				$m+1$ $n-1$
数据单元标识符				$n,n+1$
段偏移				$n+2,n+3$
总长度				$n+4,n+5$
选 项				$n+6$ p
数 据				$p+1$ z

图 9 数据 PDU

7.7.2 固定部分

1) 网络层协议标识符 (见 7.2.2)
2) 长度指示符 (见 7.2.3)
3) 版本/协议标识符扩展 (见 7.2.4)
4) 生存期 (见 7.2.5)
5) SP,MS,E/R (见 7.2.6)
6) 类型代码 (见 7.2.7)
7) 段长度 (见 7.2.8)
8) 校验和 (见 7.2.9)

7.7.3 地址

见 7.3。

7.7.4 分段

见 7.4。

7.7.5 选项

见 7.5。

7.7.6 数据

见 7.6。

7.7.7 不活动网络层协议

7.8 不活动网络层协议

7.8.1 结构

不活动网络层协议 PDU 具有图 10 所示的格式。

	八位位组
网络层协议标识符	1
数　据	2 2—n

图 10 不活动网络层协议 PDU

7.8.2 网络层协议标识符

网络层协议标识符字段的值为二进制 0(0000 0000)。

7.8.3 数据部分

数据部分可以包括任意数目的八位位组,但其上限为低层 SN-UNITDATA 原语中 SN 用户数据参数内所能放置的最大数减 1。因此,仅当 N-UNITDATA 原语中 NS 用户数据参数的长度被限制为小于或等于 SN 用户数据参数长度值减 1 后所得的数时(见 7.6),才可以使用不活动网络层协议。

7.9 差错报告 PDU

7.9.1 结构

差错报告 PDU 的格式如图 11 所示。

	八位位组
网络层协议标识符	1
长度指示符	2
版本/协议 Id 扩充	3
生存期	4
SP | MS | E/R | 类型	5
段长度	6,7
校验和	8,9
目的地址长度指示符	10
目的地址	11 $m-1$
源地址长度指示符	m
源地址	$m+1$ $n-1$
选　项	n $p-1$
丢弃原因	p $q-1$
数据部分	q z

图 11　差错报告 PDU

7.9.2　固定部分

差错报告 PDU 固定部分以和新(初始)数据 PDU 相同的方法来构成。

1)　网络层协议标识符　　　(见 7.2.2)
2)　长度指示符　　　　　　(见 7.2.3)
3)　版本/协议 Id 扩展　　　(见 7.2.4)
4)　生存期　　　　　　　　(见 7.2.5)
5)　SP,MS,E/R(总是置为 0)　(见 6.10)
6)　类型代码　　　　　　　(见 7.2.7)
7)　段长度　　　　　　　　(见 7.2.8)
8)　校验和　　　　　　　　(见 7.2.9)

7.9.3　地址

目的地址规定了丢弃 PDU 的始发者的网络实体标题。源地址则规定了初启差错报告 PDU 的中间系统或端系统网络实体标题(见 7.3)。

7.9.4 选项

见7.5。

7.9.5 丢弃原因

该参数只对差错报告PDU有效。

参数代码:1100 0001

参数长度:2个八位位组

参 数 值:二进制编码的差错类型。

参数值如表9所列。

参数值的第1个八位位组包含差错类型代码。如果被丢弃的PDU中的差错能定位到一个特定字段,则该字段第1个八位位组的编号被存储在丢弃原因参数字段的第2个八位位组中。如果差错不能被定位到特定字段,或者如果该差错为校验和差错,则在丢弃原因参数字段的第2个八位位组中存储的是值0。

表9 丢弃原因参数值

参 数 值	差错类别	含 义
0000 0000	一般	原因未予规定
0001		协议规程差错
0010		不正确的校验和
0011		由于拥塞而引起的丢弃PDU
0100		首标语法差错(不能被分析)
0101		需要分段但不允许
0110		接收到不完整的PDU
0111		重复选项
1000 0000	地址	不可达的目的地址
0001		未知的目的地址
1001 0000	源路由选择	未规定的源路由选择差错
0001		源路由选择字段中的语法差错
0010		源路由选择字段中的未知地址
0011		不可接受的通路
1010 0000	生存期	当数据单元转接收生存期届满
0001		重装期间生存期届满
1011 0000	丢弃PDU	不支持的选项未予规定
0001		不支持的协议版本
0010		不支持的安全选项
0011		不支持的源路由选择选项
0100		不支持的路由记录选项
1100 0000	重装	重装干扰

7.9.6 数据部分

本字段包含了丢弃的PDU的整个首标,还可能包括没有、部分,或全部被丢弃的PDU的数据部分。

7.10 回送请求 PDU

ERQ PDU 的格式与 DT PDU(见 7.7)相同。

7.11 回送响应 PDU

ERP PDU 的格式与 DT PDU(见 7.7)相同。

7.12 组播数据 PDU

MD PDU 的格式与 DT PDU(见 7.7)相同。

8 低层服务的提供

当实子网不能内在地提供协议设定的低层的无连接方式服务时,可以执行依赖于子网的收敛功能来提供低层的无连接方式服务。如果子网内在地提供连接方式服务,则依赖于子网的收敛功能就提供一个到低层无连接方式服务的映象在由低层服务所设定的功能不被执行的那些情况下,也可以要求依赖于子网的收敛功能。在某些情况下,可能要求以依赖于子网的收敛协议(SNDCP) 角色来操作一个显式协议(即涉及在对等网络实体之间显式交换协议控制信息的协议)。然而,还可以有几种情况,在这些情况下,要求履行 SNDCP 角色的功能度只不过由一组操纵低层服务的有关规则组成(不需要进行对等网络实体间交换 PCI)。

8.1 子网连接点

SN-UNITDATA 原语中的源地址和目的地址参数规定了公用或专用子网的连接点。子网连接点地址(SNPAs) 由各个独立的子网管理机构定义。本部分未定义 SNPAs 的语法和语义。

对于提供一个内含组播能力的子网,这是 SNDCF 的功能用来提供组网络地址和对应的子网的寻址能力之间的映射。

8.2 子网服务质量

与各个无连接方式传输有关,当 SN-UNITDATA 原语动作被初启时,可请求某些服务质量的度量。这些请求的度量(或者参数值和选项)是以从可得到的子网服务的先验知识为基础的。可用的服务的性质和类型的知识,一般在调用低层无连接方式服务之前获得。

为低层无连接方式服务标识的服务质量参数,在某些环境下可以直接由无连接方式网络服务标识的那些参数中直接派生或直接映射在这些参数上。可以采用在 GB/T 15126—2008 中定义的下列参数:

a) 转接延迟;

b) 防止未授权访问;

c) 成本决定因素;

d) 优先级;

e) 残留差错概率。

注:对于那些不能内在地提供作为参数的服务质量的实子网,如何保持所请求服务的语法是一本地事情。特别是,可能存在所要求的服务质量不能维护的实例在这种环境下,不管使用何种方式的服务质量,都应试图交付协议数据单元。

一般来说,SNDCF 或子网本身都可执行与特定 QOS 请求相关的功能这些功能可以由 CLNP 任选。相关的子网 QOS 参数分类如下:

a) SNDCF 或子网本身执行为了提供 CLNP 路由 PDU 功能用的信息而专门设计的功能所需的 QOS 参数;

b) SNDCF 或子网本身执行为了提供所需 QOS 而专门设计的功能所需的 QOS 参数;

c) 当执行上述 a) 或 b) 功能之一时,可以调用 SNDCF 或子网本身所用的 QOS 参数。

这些 QOS 参数值的决定因素在以下各条中提供。

8.2.1 转接延迟

转接延迟为 SN-UNITDATA request 和相应 SN-UNITDATA indication 之间所经历的时间。所经历的时间是根据成功发送的 SNSDU 而计算得到的。当发送 SNDCF 所发送的 SNSDU 被交付到预期目的 SNDCF 的时刻出现时,成功的 SNSDU 传输可进行定义。转接延迟基于大小为 512 个八位位组的 SNSDU,并以 500 ms 为单位予以规定。

转接延迟在子网处理任何用户数据之前由 SNDCF 来决定。转接延迟信息被传递到 CLNP 的 PDU 路由功能的机制是本地事情。转接延迟既可测量而得,也可以估计而得。这里所述的 SNDCF 并不提供测量或估计转接延迟的任何手段,除非低层子网提供这种手段。

注 1:如果需测量转接延迟,在为确定实际延迟而处理任何数据请求之前,应使用为限定跨越子网的 SNSDU 转接时间而设计的 SNDCP。

注 2:给定子网中的转接延迟可以变化。若转接延迟被测得,可能有必要周期性地重复测量付程,以便维护在网络实体所维护的任何路由信息中的准确测量。

注 3:如果没有较好的度量方法可用,可以通过发送 SNSDU(借助某唯一标识的能引起响应的协议数据单元)以及通过测量 SN-UNITDATA request 和对应 SU-UNITDATA indication 之间所经历的时间来估计转接延迟。但这会导致过高地估计延迟,以使得期望的 CLNP 可以正确操作。如果转接延迟被估计出来,宁愿估计高而不是低,以便转接延迟的不确定性不会阻止 CLNP 丢弃生存期已届满的协议数据单元。

8.2.2 防止未授权访问

关于如何提供防止被动监视、修改、重演、增加或删除 SN 用户数据的措施,并没给出任何建议。

8.2.3 残留差错概率

残留差错概率的估算为在测量周期内丢失、重复或不正确交付的 SNSDU 与 SNDCF 输送的总 SNSDU 之比。将残留差错概率传递到 CLNP 的 PDU 路由功能的机制是一本地事情。

SNDCF 在子网处理任何用户数据之前预知的残留差错概率,或者是作为 SNDCF 维护残留差错概率度量的历史记载的结果,或者是作为从低层服务提供者处获得信息的结果。

注:对于提供连接方式服务的子网,根据各个连接基础确定残留差错概率。

8.2.4 成本决定因素

本条只适用于 GB/T 17179。

可通过 CLNP 调用的路由 PDU 功能来尝试利用成本决定因素服务质量参数以满足 NS 用户所施加的限制。若适当,以每个包或每条连接为基础所评定的费率相关信息可以被传递给 CLNP 的路由 PDU 功能。完成这一机制是本地事情。

注:可以要求 CLNP 调用的路由 PDU 功能执行下列成本评估如果:

a) 在处理提交 SNSDU 时不承担增值成本,而且存在以每个包为基础评定的费率;

b) 不承担附加成本,当前没有用于指定目的地的连接,而且费率是由子网基于每个连接为基础进行评定的(例如,虚电路的设置,虚电路的保持时间等);

c) 对 NSDU 处理已规定了最大可承受成本,并且这一成本有可能被超过;那么,PDU 路由功能应返回一个结果,它表示 CLNP 应试图通过某条替换路由交付 NSDU。如果替换路由无法找到,可调用本地功能来通知 NS 用户,NS 提供者无能力在所述的限制下交付该 NSDU(以及可能的后续 NSDU)。

8.3 子网用户数据

SN 用户数据是一有序的八位位组的倍数,并且在规定的子网连接点间透明地传送。

要求 CLNP 设定的低层服务支持服务数据单元的长度至少为 512 个八位位组。

如果已知在特定 PDU 传输时所涉及的所有子网所支持的最小服务数据单元长度都足够大而不要求分段,那么全协议或非分段协议子集都可以使用。

从带有规定本协议的协议标识的子网所接收到的数据(见 7.2.2),应按本部分来处理。

注：带有其他协议标识的数据应被忽略，因为它可能已被支持打算与该协议一起使用的附加协议的某一实现发送出去了。

8.4 依赖于子网的收敛功能

与使用无连接方式子网访问协议的实子网一起提供由本协议所设定的低层服务的一般模型如下所述。CLNP 生成 SN-UNITDATA request 导致依赖于子网的收敛功能生成相应子网特定的 UNITDATA request。收到与交付无连接数据单元到其目的地有关的子网特定的 UNITDATA indication 将引起 SNDCF 生成 SN-UNITDATA indication 并送往 CLNP。

与使用连接方式子网访问协议的实子网一起提供 CLNP 所设定的低层服务的一般模型如下所述。CLNP 生成的 SN-UNITDATA request 会引起可用于传输 SN 用户数据的连接(逻辑信道、逻辑链路，或其等价物)。如果不能使连接可利用，SN-UNITDATA request 将被丢弃。收到含有 SN 用户数据的子网特定 PDU 后，SNDCF 将生成 SN-UNITDATA indication 并送往 CLNP。

如果实子网设计成能使用无连接方式或连接方式的子网访问协议，则提供由 CLNP 设定的低层服务通过使用替换无连接方式来获得。

特定类型的子网提供低层服务的方法在其他标准中定义。

9 一致性

9.1 静态一致性

9.1.1 端系统

声称与本部分一致的作为端系统的实现应：

a) 支持传输和接收使用全协议的 NPDU；

b) 支持接收使用非分段协议子集运送的 NPDU；

c) 支持表 9 所标识的对端系统必备的协议功能；

d) 能够使用其他标准所规定的相应依赖于子网的收敛功能在一个或多个子网上进行操作。

这种端系统还可以(作为实现的选项)，但并非要求做到：

e) 支持使用非分段协议子集传输 NPDU；

f) 支持使用不活动网络层协议子集传输和接收 NPDU；

g) 支持表 10 所标识的对端系统任选的任何协议功能。

注：虽然上述 a)项要求端系统支持 NPUD 的传输和接收，但传输和接收的要求在表 9 被分开规定，一般地为了支持某一给定功能所遵循的规程，对发送和接收的方向来说是不一样的。单独的规范 a)～d)可区分支持 PDU 传送的某一方向是必备的，而支持另一方向是可选的两个功能(PDU 生存期控制及填充)要求，并且 e)～g)阐明的事实是支持的若干功能只可适用到 PDU 传送的某一个方向。

表 10 静态一致性要求

协议功能	引用	端系统(注 1)		中间系统
		发送	接收	
PDU 合成(注 2)	6.1	M	不适用	不适用
PDU 分解(注 2)	6.2	不适用	M	不适用
首标格式分析	6.3	不适用	M	M
PDU 生存期控制	6.4	M	O	M
路由 PDU	6.5	M	不适用	M
转发 PDU	6.6	M	不适用	M

表 10（续）

协 议 功 能	引 用	端系统(注 1)		中间系统
		发 送	接 收	
分段(注 2)	6.7	M	不适用	(注 3)
重装(注 2)	6.8	不适用	M	O(注 4)
丢弃 PDU	6.9	不适用	M	M
差错报告	6.10	M	M	M
首标差错检测	6.11	M	M	M
安全	6.13	O	O(注 4)	O(注 4)
完整源路由选择	6.14	O	不适用	O(注 4)
完全路由记录	6.15	O	O(注 4)	O(注 4)
回送请求	6.19	O	O(注 4)	O(注 4)
回送响应	6.20	不适用	O(注 4)	O(注 4)
部分源路由选择	6.14	O	不适用	O(注 4)
部分路由记录	6.15	O	O(注 4)	O(注 4)
优先级	6.17	O	O(注 4)	O(注 4)
QOS 维护	6.16	O	O(注 4)	O(注 4)
拥塞通知	6.18	不适用	O(注 4)	O(注 4)
填充	6.12	O	M	M
范围控制	6.21	O	不适用	注 5

M——必备功能，本功能应该实现。

O——实现选项，见文本描述。

注 1：“发送”列中的情况可用于支持端系统发送的 DT，ER，ERQ 和 ERP PDU 用的给定功能，同样，“接收”列中的状态可用于支持端系统接收的 DT，ER，ERQ 和 ERP PDU 用的给定功能。

注 2：PDU 合成、PDU 分解、分段和重装功能与 DR PDU 无关。

注 3：总的说来 PDU 分段功能对中间系统是必备的，然而，只连接到能提供同样最大 SDU 长度的子网(例如相同的局域网)的系统不需执行此功能，因此不需要实现此功能。

注 4：当此选项不被支持时适用的相关动态一致性要求见 9.2。

注 5：对于组播能力中间系统来说，范围控制功能是必需的，且与没有组播能力的中间系统无关。如果中间系统有组播能力，对于附加的一致要求可见 9.1.3。

9.1.2 中间系统

声称与本部分一致的作为中间系统的实现应：

a) 支持表 9 中所标识的对中间系统必备的协议功能。

b) 能够使用其他标准所规定的相应依赖于子网的收敛功能在一个或多个子网上进行操作。

这种中间系统可以(作为实现的选项)，但并非要求。

c) 支持表 9 所标识的对中间系统任选的任何协议功能。

9.1.3 组播能力

在本部分中提供给各种功能组播能力的所有扩展是可选的。对于不具有组播能力的端系统或中间系统，这些扩展是不适用的。一个声称与本部分保持一致的组播能力端系统应该实现 9.1.1 中提供的所有要求,且实现在表9中列出的作为端系统必需的协议功能的组播扩展。一个声称与本部分保持一致的组播能力中间系统应该实现9.1.2中提供的所有要求,且实现在表9中列出的作为含有范围控制功能的中间系统必需的协议功能的组播扩展。

9.2 动态一致性

声称与本部分一致的实现应呈现与它已实现的下列功能一致的外部可观察到的行为:

a) 依照从表9所引用的条款中包含的功能规范,它支持每个协议功能;

b) 与其他标准所含的规范一致的有关依赖于子网的收敛功能。

所有传输的PDU应有如第7章所定义的结构。

不支持表9中所标识的任选功能的实现,在收到选择了该功能的PDU时,应或丢弃此PDU并调用差错报告功能,或者依照6.21中包含的规范,好象未选择此项功能一样来处理该PDU。

9.3 PICS形式表

声称与本部分一致的协议实现的供应者,应填写附录A中所提供的PICS形式表的副本,它包括标识供应者和实现两者所必需的信息。

注:在本部分中提供的组播扩展无可用的PICS proforma。

附 录 A
(规范性附录)
PICS 形式表

A.1 引言

声称与 GB/T 17179 的本部分一致的协议实现的供应者应填写下列协议实现一致性声明(PICS)形式表。

已填写的 PICS 形式表就是对该实现的 PICS。PICS 是已实现协议的能力和选项的声明。PICS 有多种用途,包括:

——由协议实现者用作检查清单,以便通过监督来减少与标准不一致的故障风险;

——由实现的供应者和获得者(或潜在的获得者),用作实现能力的详细指示,说明了它与标准的PICS 形式表所提供理解的共同基础的相互关系;

——由实现的用户(或潜在用户)用作初始检查与另一个实现进行互工作的可能性的基础(注意:虽然互工作从来未能保证,对互工作的故障往往能从不兼容的 PICS 中预测出来);

——由协议测试者用作选择合适的测试的基础,根据这些测试来对实现一致性的声称进行评价。

A.2 缩略语和特殊符号

A.2.1 状态符号

M	必备的
O	任选的
O.n	任选的,但至少要求支持一组由相同数字 n 标记的选项
X	禁止的
pred	条件项符号,包括谓词标识(见 A.3.4)
¬	逻辑非,施加到条件项的谓词

A.2.2 其他符号

<r>	项的接收方
<s>	项的发送方

A.3 填写 PICS 形式表须知

A.3.1 PICS 形式表的通用结构

PICS 形式表的第 1 部分,即实现标识和协议概要,是按照指示的充分标识供应者和实现者两者所必需的信息来填写。

PICS 形式表的主要部分是一张具有固定格式的调查表,它被分为若干个条;每条包含一组项目。对调查表各项的答案放在最右边的列中,它或者是简单地标记一个答案以指明一个受限的选择(通常是“是”或“否”),或者录入一个或一组数值或数值范围。

注:对某些项目,从一组可能的答案中有两种或两种以 L 的选择能适用。这种情况下,对所有相关的选择都应作出标记。

每一项目由在第 1 列中的引用项目标识;第 2 列包含了要回答的问题;第 3 列包含了在本部分正文中规定该项目的一个或多个引用。其余各列记录了该项目的状态——不论该支持是必备的、任选的、禁止的还是有条件的——并为答案留出了空格(见 A.3.4)。

供应者也可以提供进一步的信息,这些信息可分类为附加信息或异常信息。当提供时,每类进一步的信息要分别用标记为 A<i>或 X<i>的项目来提供,以便相互引用。其中<i>是该项目的任何无二义性标识(例如,一个数字);对它的格式及表示没有其他限制。

包括任何附加信息及异常信息在内的已填好的 PICS 形式表,就是对该实现的协议实现一致性声明(PICS)。

注:当一个实现能以多种方法配置时,单个 PICS 能够描述所有这种配置。然而,如果为了能够以更简单、更清楚的方式来表示信息,那么供应者就有提供一个以上 PICS 的选择,而每个 PICS 都涉及该实现的配置能力的某个子集。

A.3.2 附加信息

附加信息项目允许供应者提供进一步的信息以帮助解释 PICS。但并非要求或希望提供大量的信息,没有这些信息也可以认为 PICS 是完整的。有些例子可以是一些方法的概括,一个(单个的)实现能按这些方法建立起来以便在各种环境和配置下进行操作,或者这些例子也可以表达在特定应用需要时排除若干特征(尽管是任选的特征)的简短理由,而这些特征在本协议实现中通常是存在的。

附加信息项目的参考,可以在调查表中紧接任何答案填写,并且可以包含在异常信息项目中。

A.3.3 异常信息

或许会偶然发生这样的情况,供应者希望用与指定要求相矛盾的方法(在任何条件业已加上之后)来回答带有必备状态或禁止状态的项目。在支持列中对此找不到预先印好的答案;相反,供应者应连同异常信息项目的 Xi 引用一起,将缺少的答案填入支持列中,并且在异常信息项目本身应提供适当理由。

用这种方法要求的异常信息项的实现不符合本部分的规定。

注:上述情况的一个可能理由是,在该标准中已经报告了某种缺陷,希望对此进行纠正来改变该实现未满足的要求。

A.3.4 条件状态

A.3.4.1 条件项目

PICS 形式表中包含了若干有条件的项目。这些有条件的项目的适当状态(必备的、任选的或禁止的)取决于某些其他项目是否得到支持,或取决于是否支持其他项目的值。

许多情况下,该项目按照该方法是否完全适用是有条件的,以及该项目适用时,这种状态也是有条件的。

若一组项目必须得到可用性的相同条件,在该组的首标处要出现关于该条件的独立的初步问题,如果选择了"不适用"的答案,使用须知跳转到调查表的后一位置。否则,在状态列中通过一个或多个有条件的符号(在独立的行上)来指示各个有条件的项目。

有条件的符号格式为"(pred):(x)",其中"(pred)"为 A.3.4.2 中所述的谓词,"(x)"为状态符号 M、O、O.n 或 X 中的一个。

如条件项目的任一行中的谓词的值为真(见 A.3.4.2),那么该条件项目是可应用的,且其状态由该谓词后的状态符号来指出;该答案列仍按通常的方式标记。如果谓词的值为假,那么应在相关行上标记不适用(不适用)答案。多行有条件的项目中的每一行都应被标记,但最多只有一行具有除不适用之外的答案。

A.3.4.2 谓词

谓词是下面几种情况之一。

a) 对 PICS 形式表中某一项目的项目引用:如果该项目标记为被支持,其对应谓词的值为真,否则为假;

b) 在 PICS 形式表中其他地方(一般在主要能力一章中或在包含有条件项目部分的结果处)定义

的谓词用的谓词名称(见以下描述);或者

c) 加在项目引用或谓词名称前面的逻辑非符号“¬ ”;如果去掉“¬ ”后该谓词的值为假则未去“¬ ”的谓词的值为真;反之也成立。

谓词名称的定义为下列之一:

a) 项目引用,按上述a)求值;

b) 含有比较操作符(=,＜,.. 等)的关系式,对于将数字值作为其答案的项目,至少有一个操作数是项目引用;当每个项目引用由在支持列中填入的项目的值代替作为项目引用的答案时,关系式如果成立的话,则该谓词为真;

c) 使用布尔操作符AND,OR和NOT及括号按通常方式把如a)和b)中所述的简单谓词组合而成的布尔表达式;如果该简单谓词按上述方式解释时,该布尔表达式的值为真的话,则该谓词的值也为真。

在谓词或谓词定义中使用的每个项目引用都在项目列中用星号来指示。

A.4 标识

A.4.1 实现标识

供应者	
询问有关PICS的接触点	
实现名称和版本	
整个标识所需的其他信息(如机器和/或操作系统名称及版本、系统名称)	
注1:只有当三项对全部实现都要求;在满足整个标识的情况下可适当给出其他信息。 注2:对术语名称和版本应作适当地解释以符合供应者的术语(如类型、序列、模型)。	

A.4.2 协议概要

协议规范的标识	本部分
对PICS形式表的勘误或修正的标识	
所支持的协议版本	
是否已请求异常信息项目(见A.3.3) (答案“是”意味着该实现不符合本部分的规定)	是□ 否□

声明的日期	

A.5 主要能力

项目	能力	引用	状态	支持
*ES	端系统		O.1	是□ 否□
*IS	中间系统		O.1	是□ 否□
FL-r	＜r＞全协议	6	M	是□
FL-s	＜s＞全协议	6	M	是□

项 目	能 力	引 用	状 态	支 持
NSS-r	<r>非分段子集	5.2	M	是 □
* NSS-s	<s>非分段子集	5.2	IS:M	不适用 □ 是 □ 否 □
* IAS-r	<r>不活动子集	5.2	ES:O	不适用 □ 是 □ 否 □
* IAS-s	<s>不活动子集	5.2	IAS-r:M	不适用 □ 是 □
			¬ IAS-r:M	不适用 □ 否 □

A.6 端系统

A.6.1 可用性

A.6 中的 PICS 形式表的项目只适用于端系统的实现;即支持 A.5 中的项目 ES 的实现。A.6.4.4 中的项目只适用于支持回送请求(eEreq)功能的端系统实现;即支持 A.6.2 中的项目 eEreq 的实现。A.6.4.5 中的项目只适用于支持回送响应(eErsp)功能的端系统实现;即支持 A.6.2 中的项目 eErspo。

A.6.2 支持的功能

项 目	功 能	引 用	状 态	支 持
ePDUC	PDU 合成	6.1	M	是 □ 否 □
ePDUD	PDU 分解	6.2	M	是 □
eHFA	首标格式分析	6.3	M	是 □
ePDUL-s	<s>PDU 生存期控制	6.4	M	是 □
ePDUL-r	<r>PDU 生存期控制	6.4	O	是 □ 否 □
eRout	路由 PDU	6.5	M	是 □
eForw	正向 PDU	6.6	M	是 □
eSegm	段 PDU	6.7	M	是 □
eReas	重装 PDU	6.8	M	是 □
eDisc	丢弃 PDU	6.9	M	是 □
eErep	差错报告	6.10	M	是 □
eEdec-s	<s>首标差错检测	6.11	M	是 □
eEdec-r	<r>首标差错检测	6.11	M	是 □
* eSecu-s	<s>安全	6.13	M	是 □ 否 □
* eSecu-r	<r>安全	6.13	O	是 □ 否 □
* eCRR-s	<s>完全路由记录	6.15	O	是 □ 否 □
* eCRR-r	<r>完全路由记录	6.15	O	是 □ 否 □
* ePRR-s	<s>部分路由记录	6.15	O	是 □ 否 □
* ePRR-r	<r>部分路由记录	6.15	O	是 □ 否 □
* eCSR	完整源路由选择	6.14	O	是 □ 否 □
* ePSR	部分源路由选择	6.14	O	是 □ 否 □
* ePri-s	<s>优先级	6.17	O	是 □ 否 □
* ePri-r	<r>优先级	6.17	O	是 □ 否 □
* eQOSM-s	<s>QOS 维护	6.16	O	是 □ 否 □
* eQOSM-r	<r>QOS 维护	6.16	O	是 □ 否 □
* eCong-s	<s>拥塞通知	6.18	eQOSM-s:M	是 □
* eCong-r	<r>拥塞通知	6.18	O	是 □ 否 □
* ePadd-s	<s>填充	6.12	O	是 □ 否 □
ePadd-r	<r>填充	6.12	M	不适用 □ 是 □
eEreq	回送请求	6.19	O	是 □ 否 □
eExsp	回送响应	6.20	O	是 □ 否 □
eSegS	建立小于必需的段	6.8	O	是 □ 否 □

A.6.3 支持的 PDU

项目	NPDU	引用	状态	支持
eDT-t	DT(全协议)传送	7.7	M	是 □
eDT-r	DT(全协议)接收	7.7	M	是 □
eDTNS-t	DT(非分段)传送	7.7	NSS-s:M	不适用 □ 是 □
eDTNS-r	DT(非分段)接收	7.7	M	是 □
eER-t	ER 传送	7.9	M	是 □
eER-r	ER 接收	7.9	M	是 □
eIN-t	不活动 PDU 传送	7.8	IAS-s:M	不适用 □ 是 □
eIN-r	不活动 PDU 接收	7.8	IAS-r:M	不适用 □ 是 □
eERQ-t	ERQ 传送	7.10	eEreq:M	不适用 □ 是 □
eERQ-r	ERQ 接收	7.10	M	是 □
eERP-t	ERP 传送	7.11	eErsp:M	不适用 □ 是 □
eERP-r	ERP 接收	7.11	M	是 □

A.6.4 支持的参数

A.6.4.1 DT 参数

项目	功能	引用	状态	支持
edFxPt-s	<s>固定部分	7.2	M	是 □
edFxPt-r	<r> 固定部分	7.2	M	是 □
edAddr-s	<s>地址	7.3	M	是 □
edAddr-r	<r> 地址	7.3	M	是 □
edSeg-s	<s>分段部分	7.4	M	是 □
edSeg-r	<r> 分段部分	7.4	M	是 □
edPadd-s	<s>填充	7.5.2	ePadd-s:M	不适用 □ 是 □
edPadd-r	<r> 填充	7.5.2	M	是 □
edSecu-s	<s>安全	7.5.3	eSecu-s:M	不适用 □ 是 □
edSecu-r	<r> 安全	7.5.3	eSecu-r:M	不适用 □ 是 □
edCRR-s	<s>完全路由记录	7.5.5	eCRR-s:M	不适用 □ 是 □
edCRR-r	<r> 完全路由记录	7.5.5	eCRR-r:M	不适用 □ 是 □
edPRR-s	<s>部分路由记录	7.5.5	ePRR-s:M	不适用 □ 是 □
edPRR-r	<r> 部分路由记录	7.5.5	ePRR-r:M	不适用 □ 是 □
edCSRR-s	<s>完整源路由选择	7.5.4	eCSRR-s:M	不适用 □ 是 □
edPSR-s	<r>部分源路由选择	7.5.4	ePSR-s:M	不适用 □ 是 □
edQOSM-s	<s>QOS 维护	7.5.6	C1:M	不适用 □ 是 □
edQOSM-r	<r>QOS 维护	7.5.6	C2:M	不适用 □ 是 □
edPri-s	<s>优先级	7.5.7	edPri-s:M	不适用 □ 是 □
edPri-r	<r>优先级	7.5.7	edPri-r:M	不适用 □ 是 □
edData-s	<s>数据	7.6	M	是 □
edData-r	<r>数据	7.6	M	是 □
edUnSup2	接收的含有选择不支持类型 2 功能参数的 PDU 被丢弃了吗?适当的一个差错报告 PDU 在哪儿生成?	6.21	M	是 □
edUnSup2	选择不支持类型 3 功能的参数被忽略了吗?	6.21	M	是 □

条件状态表项的定义:

C1: eQOSM-s OR eCong-s

C2: eQOSM-r OR eCong-r

A.6.4.2 ER 参数

项 目	功 能	引 用	状 态	支 持
eeFxPt-s	<s>固定部分	7.2	M	是 □
eeFxPt-r	<r> 固定部分	7.2	M	是 □
eeAddr-s	<s>地址	7.3	M	是 □
eeAddr-r	<r> 地址	7.3	M	是 □
eePadd-s	<s>填充	7.5.2	ePadd-s:M	是 □
eePadd-r	<r> 填充	7.5.2	M	是 □
eeSecu-s	<s>安全	7.5.3	eSecu-s:M	不适用 □ 是 □
eeSecu-r	<r> 安全	7.5.3	eSecu-r:M	是 □
eeCRR-s	<s>完全路由记录	7.5.5	eCRR-s:M	不适用 □ 是 □
eeCRR-r	<r> 完全路由记录	7.5.5	eCRR-r:M	不适用 □ 是 □
eePRR-s	<s>部分路由记录	7.5.5	ePRR-s:M	不适用 □ 是 □
eePRR-r	<r> 部分路由记录	7.5.5	ePRR-r:M	不适用 □ 是 □
eeCSRR-s	<s>完整源路由选择	7.5.4	eCSRR-s:M	不适用 □ 是 □
eePSR-s	<r>部分源路由选择	7.5.4	ePSR-s:M	不适用 □ 是 □
eeQOSM-s	<s>QOS 维护	7.5.6	C1:M	不适用 □ 是 □
eeQOSM-r	<r>QOS 维护	7.5.6	C2:M	不适用 □ 是 □
eePri-s	<s>优先级	7.5.7	ePri-s:M	不适用 □ 是 □
eePri-r	<r>优先级	7.5.7	ePri-r:M	不适用 □ 是 □
eeDisc-s	<s>丢弃的原因	7.9.5	M	不适用 □ 是 □
eeDisc-r	<r> 丢弃的原因	7.9.5	M	不适用 □ 是 □
eeData-s	<s>数据	7.9.6	M	是 □
eeData-r	<r>数据	7.9.6	M	是 □
eeUnSup2	接收的含有选择不支持类型 2 功能参数的 PDU 被丢弃了吗?适当的一个差错报告 PDU 在哪儿生成?	6.21		是 □
eeUnSup3	选择不支持类型 3 功能的参数被忽略了吗?	6.21		是 □
条件状态表项的定义: C1: eQOSM-s OR eCong-s C2: eQOSM-r OR eCong-r				

A.6.4.3 不活动网络层协议 PDU 参数

项 目	参 数	引 用	状 态	支 持
eiNLPI-s	<s>不活动网络层协议标识符	7.8.2	IAS-s:M	不适用 □ 是 □
eiNLPI-r	<r>不活动网络层协议标识符	7.8.2	IAS-r:M	不适用 □ 是 □
eiData-s	<s>数据	7.8.3	IAS-s:M	不适用 □ 是 □
eiData-r	<r>数据	7.8.3	IAS-r:M	不适用 □ 是 □

A.6.4.4 ERQ 参数

项 目	功 能	引 用	状 态	支 持
eqFxPt-s	<s>固定部分	7.2	M	是 □
eqFxPt-r	<r> 固定部分	7.2	M	是 □
eqAddr-s	<s>地址	7.3	M	是 □
eqAddr-r	<r> 地址	7.3	M	是 □

项 目	功 能	引 用	状 态	支 持
eqSeg-s	<s>分段部分	7.4	M	是 □
eqSeg-r	<r> 分段部分	7.4	M	是 □
eqPadd-s	<s>填充	7.5.2	ePadd-s:M	不适用 □ 是 □
eqPadd-r	<r> 填充	7.5.2	M	是 □
eqSecu-s	<s>安全	7.5.3	eSecu-s:M	不适用 □ 是 □
eqSecu-r	<r> 安全	7.5.3	eSecu-r:M	不适用 □ 是 □
eqCRR-s	<s>完全路由记录	7.5.5	eCRR-s:M	不适用 □ 是 □
eqCRR-r	<r> 完全路由记录	7.5.5	eCRR-r:M	不适用 □ 是 □
eqPRR-s	<s>部分路由记录	7.5.5	ePRR-s:M	不适用 □ 是 □
eqPRR-r	<r> 部分路由记录	7.5.5	ePRR-r:M	不适用 □ 是 □
eqCSRR-s	<s>完整源路由选择	7.5.4	eCSRR-s:M	不适用 □ 是 □
eqPSR-s	<r>部分源路由选择	7.5.4	EPSR-s:M	不适用 □ 是 □
eqQOSM-s	<s>QOS 维护	7.5.6	C1:M	不适用 □ 是 □
eqQOSM-r	<r>QOS 维护	7.5.6	C2:M	不适用 □ 是 □
eqPri-s	<s>优先级	7.5.7	ePri-s:M	不适用 □ 是 □
eqPri-r	<r>优先级	7.5.7	ePri-r:M	不适用 □ 是 □
eqData-s	<s>数据	7.6	M	是 □
eqData-r	<r>数据	7.6	M	是 □
eqUnSup2	接收的含有选择不支持类型 2 功能参数的 PDU 被丢弃了吗？适当的一个差错报告 PDU 在哪儿生成？	6.21	M	是 □
eqUnSup2	选择不支持类型 3 功能的参数被忽略了吗？	6.21	M	是 □

条件状态表项的定义：

C1：eQOSM-s OR eCong-s

C2：eQOSM-r OR eCong-r

A.6.4.5 ERP 参数

项 目	功 能	引 用	状 态	支 持
epFxPt-s	<s>固定部分	7.2	M	是 □
epFxPt-r	<r>固定部分	7.2	M	是 □
epAddr-s	<s>地址	7.3	M	是 □
epAddr-r	<r>地址	7.3	M	是 □
epSeg-s	<s>分段部分	7.4	M	是 □
epSeg-r	<r>分段部分	7.4	M	是 □
epPadd-s	<s>填充	7.5.2	ePadd-s:M	不适用 □ 是 □
epPadd-r	<r>填充	7.5.2	M	是 □
epSecu-s	<s>安全	7.5.3	eSecu-s:M	不适用 □ 是 □
epSecu-r	<r>安全	7.5.3	eSecu-r:M	不适用 □ 是 □
epCRR-s	<s>完全路由记录	7.5.5	eCRR-s:M	不适用 □ 是 □
epCRR-r	<r>完全路由记录	7.5.5	eCRR-r:M	不适用 □ 是 □
epPRR-s	<s>部分路由记录	7.5.5	ePRR-s:M	不适用 □ 是 □
epPRR-r	<r>部分路由记录	7.5.5	ePRR-r:M	不适用 □ 是 □
epCSRR-s	<s>完整源路由选择	7.5.4	eCSRR-s:M	不适用 □ 是 □
epPSR-s	<r>部分源路由选择	7.5.4	ePSR-s:M	不适用 □ 是 □
epQOSM-s	<s>QOS 维护	7.5.6	C1:M	不适用 □ 是 □

项　目	功　　能	引　用	状　　态	支　　持
epQOSM-r	＜r＞QOS 维护	7.5.6	C2:M	不适用 □　　是 □
epPri-s	＜s＞优先级	7.5.7	ePri-s:M	不适用 □　　是 □
epPri-r	＜r＞优先级	7.5.7	ePri-r:M	不适用 □　　是 □
epData-s	＜s＞数据	7.6	M	是 □
epData-r	＜r＞数据	7.6	M	是 □
epUnSup2	接收的含有选择不支持类型 2 功能参数的 PDU 被丢弃了吗？适当的一个差错报告 PDU 在哪儿生成？	6.21	M	
epUnSup2	选择不支持类型 3 功能的参数被忽略了吗？	6.21	M	是 □
条件状态表项的定义： C1：eQOSM-s OR eCong-s C2：eQOSM-r OR eCong-r				

A.6.5　定时器

项　目	定　时　器	引用	状态	值	支　持	支持的值
eLifReas	重装定时器≤接收的派生 PDU 生存期吗？	6.8	M		是 □	
eReasLim	支持重装定时器的值是多少？	6.8		500 ms～127.5 s		

A.7　中间系统

A.7.1　可用性

A.7 中的 PICS 形式表项目只适用于中间系统的实现，即支持 A.5 中的项目 IS 的实现。A.7.4.3 中的项目只适用于支持回送请求功能的中间系统实现，即支持 A.7.2 中的 eEreq 项目的实现。A.7.4.4中的项目只适用于支持回送响应功能的中间系统实现，即支持 A.7.2 中的 eErsp 项目的实现。

A.7.2　支持的功能

项　目	功　　能	引　用	状　　态	支　　持
iPDUC	PDU 合成	6.1	M	是 □
iPDUD	PDU 分解	6.2	M	是 □
iHFA	首标格式分析	6.3	M	是 □
iPDUL	＜s＞PDU 生存期控制	6.4	M	是 □
iRout	路由 PDU	6.5	M	是 □
iForw	转发 PDU	6.6	M	是 □
iSegm	段 PDU	6.7	iDSNS:M	不适用 □　　是 □
iReas	重装 PDU	6.8	iErsp:M	不适用 □　　是 □　　否 □
			¬ iErsp:O	不适用 □　　是 □
iDisc	丢弃 PDU	6.9	M	是 □
iErep	差错报告	6.10	M	是 □
iEdec	＜s＞首标差错检测	6.11	M	是 □　　否 □
* iSecu	＜s＞安全	6.13	O	是 □　　否 □
* iCRR	＜s＞完全路由记录	6.15	O	是 □　　否 □
* iPRR	＜s＞部分路由记录	6.15	O	是 □　　否 □
* iCSR	完整源路由选择	6.14	O	是 □　　否 □
* iPSR	部分源路由选择	6.14	O	是 □　　否 □

项目	功能	引用	状态	支持	
* iPri	<s>优先级	6.17	O		是□　否□
* iQOSM	<s>QOS 维护	6.16	O		是□　否□
* iCong	<s>拥塞通知	6.18	O		是□　否□
iPadd	<s>填充	6.12	M		是□
iEreq	回送请求	6.19	O		是□　否□
* iErsp	回送响应	6.20	O		是□　否□
iSegS	建立小于必需的段	6.8	O		是□　否□
iDSNS	同时支持具有不同 SN	表 10 注 3	O		是□　否□
	用户数据长度的子网				是□　否□

A.7.3 支持的 PDU

项目	NPDU	引用	状态	支持	
iDT-t	DT(全协议)传送	7.7	M		是□
iDT-r	DT(全协议)接收	7.7	M		是□
iDTNS-t	DT(非分段)传送	7.7	M		是□
iDTNS-r	DT(非分段)接收	7.7	M		是□
iER-t	ER 传送	7.9	M		是□
iER-r	ER 接收	7.9	M		是□
iERQ-t	ERQ 传送	7.10	iEreq:M	不适用□	是□
iERQ-r	ERQ 接收	7.10	M		是□
iERP-t	ERP 传送	7.11	iErsp:M	不适用□	是□
iERP-r	ERP 接收	7.11	M		是□

A.7.4 支持的参数

A.7.4.1 DT 参数

项目	功能	引用	状态	支持	
idFxPt-s	<s>固定部分	7.2	M		是□
idFxPt-r	<r> 固定部分	7.2	M		是□
idAddr-s	<s>地址	7.3	M		是□
idAddr-r	<r> 地址	7.3	M		是□
idSeg-s	<s>分段部分	7.4	M		是□
idSeg-r	<r> 分段部分	7.4	M		是□
idPadd-s	<s>填充	7.5.2	M		是□
idPadd-r	<r> 填充	7.5.2	M		是□
idSecu-s	<s>安全	7.5.3	iSecu-s:M	不适用□	是□
idSecu-r	<r> 安全	7.5.3	iSecu-r:M	不适用□	是□
idCRR-s	<s>完全路由记录	7.5.5	iCRR-s:M	不适用□	是□
idCRR-r	<r> 完全路由记录	7.5.5	iCRR-r:M	不适用□	是□
idPRR-s	<s>部分路由记录	7.5.5	M		是□
idPRR-r	<r> 部分路由记录	7.5.5	iPRR-r:M	不适用□	是□
idCSR-s	<s>完整源路由选择	7.5.4	iCSR-s:M	不适用□	是□
idCSR-r	<r>完整源路由选择	7.5.4	iCSR:M	不适用□	
idPSR-s	<s>部分源路由选择	7.5.4	M		是□

项 目	功 能	引 用	状 态	支 持
idPSR-r	<r>部分源路由选择	7.5.4	iPSR:M	不适用 □
idQOSM-s	<s>QOS 维护	7.5.6	M	是 □
idQOSM-r	<r>QOS 维护	7.5.6	C1:M	不适用 □ 是 □
idPri-s	<s>优先级	7.5.7	M	是 □
idPri-r	<r>优先级	7.5.7	iPri-r:M	不适用 □ 是 □
idData-s	<s>数据	7.6	M	是 □
idData-r	<r>数据	7.6	M	是 □
idUnSup2	接收的含有选择不支持类型 2 功能参数的 PDU 被丢弃了吗?适当的一个差错报告 PDU 在哪儿生成?	6.21	M	是 □
idUnSup3	选择不支持类型 3 功能的参数被忽略了吗?	6.21	M	是 □
条件状态表项的定义: C1: iQOSM OR iCong				

A.7.4.2 ER 参数

项 目	功 能	引 用	状 态	支 持
ieFxPt-s	<s>固定部分	7.2	M	是 □
ieFxPt-r	<r> 固定部分	7.2	M	是 □
ieAddr-s	<s>地址	7.3	M	是 □
ieAddr-r	<r> 地址	7.3	M	是 □
iePadd-s	<s>填充	7.5.2	M	是 □
iePadd-r	<r> 填充	7.5.2	M	是 □
ieSecu-s	<s>安全	7.5.3	iSecu-s:M	不适用 □ 是 □
ieSecu-r	<r> 安全	7.5.3	iSecu-r:M	不适用 □ 是 □
ieCRR-s	<s>完全路由记录	7.5.5	iCRR-s:M	不适用 □ 是 □
ieCRR-r	<r> 完全路由记录	7.5.5	iCRR-r:M	不适用 □ 是 □
iePRR-s	<s>部分路由记录	7.5.5	M	是 □
iePRR-r	<r> 部分路由记录	7.5.5	iPRR:M	不适用 □ 是 □
ieCSRR-s	<s>完整源路由选择	7.5.4	ICSR:M	不适用 □ 是 □
ieCSRR-r	<r>完整源路由选择	7.5.4	ICSR:M	不适用 □
iePSR-s	<s>部分源路由选择	7.5.4	M	是 □
iePSR-r	<r>部分源路由选择	7.5.4	IPSR:M	不适用 □
ieQOSM-s	<s>QOS 维护	7.5.6	C1:M	不适用 □ 是 □
ieQOSM-r	<r>QOS 维护	7.5.6	M	是 □
iePri-s	<s>优先级	7.5.7	iPri-s:M	不适用 □ 是 □
iePri-r	<r>优先级	7.5.7	M	是 □
ieDisc-s	<s>丢弃的原因	7.9.5	M	是 □
ieDisc-r	<r> 丢弃的原因	7.9.5	M	是 □
ieData-s	<s>数据	7.9.6	M	是 □
ieData-r	<r>数据	7.9.6	M	是 □
ieUnSup2	接收的含有选择不支持类型 2 功能参数的 PDU 被丢弃了吗?适当的一个差错报告 PDU 在哪儿生成?	6.21		是 □

项　目	功　　能	引　用	状　　态	支　　持
ieUnSup3	选择不支持类型 3 功能的参数被忽略了吗?	6.21		是 □
条件状态表项的定义: C1:iQOSM OR iCong				

A.7.4.3　ERQ 参数

项　目	功　　能	引　用	状　　态	支　　持
iqFxPt-s	<s>固定部分	7.2	M	是 □
iqFxPt-r	<r> 固定部分	7.2	M	是 □
iqAddr-s	<s>地址	7.3	M	是 □
iqAddr-r	<r> 地址	7.3	M	是 □
iqSeg-s	<s>分段部分	7.4	M	是 □
iqSeg-r	<r> 分段部分	7.4	M	是 □
iqPadd-s	<s>填充	7.5.2	M	是 □
iqPadd-r	<r> 填充	7.5.2	M	是 □
iqSecu-s	<s>安全	7.5.3	iSecu-s:M	不适用 □　是 □
iqSecu-r	<r> 安全	7.5.3	iSecu-r:M	不适用 □　是 □
iqCRR-s	<s>完全路由记录	7.5.5	iCRR-s:M	不适用 □　是 □
iqCRR-r	<r> 完全路由记录	7.5.5	iCRR-r:M	不适用 □　是 □
iqPRR-s	<s>部分路由记录	7.5.5	M	是 □
iqPRR-r	<r> 部分路由记录	7.5.5	IPRR:M	不适用 □　是 □
iqCSRR-s	<s>完整源路由选择	7.5.4	iCSR:M	不适用 □　是 □
iqCSRR-r	<r>完整源路由选择	7.5.4	iCSR:M	不适用 □
iqPSR-s	<s>部分源路由选择	7.5.4	M	是 □
iqPSR-r	<r>部分源路由选择	7.5.4	iPSR:M	不适用 □
iqQOSM-s	<s>QOS 维护	7.5.6	M	是 □
iqQOSM-r	<r>QOS 维护	7.5.6	C1:M	不适用 □　是 □
iqPri-s	<s>优先级	7.5.7	M	是 □
iqPri-r	<r>优先级	7.5.7	iPri-s:M	不适用 □　是 □
iqData-s	<s>数据	7.6	M	是 □
iqData-r	<r>数据	7.6	M	是 □
iqUnSup2	接收的含有选择不支持类型 2 功能参数的 PDU 被丢弃了吗?适当的一个差错报告 PDU 在哪儿生成?	6.21	M	是 □
iqUnSup3	选择不支持类型 3 功能的参数被忽略了吗?	6.21	M	是 □
条件状态表项的定义: C1:iQOSM OR iCong				

A.7.4.4　ERP 参数

项　目	功　　能	引　用	状　　态	支　　持
ipFxPt-s	<s>固定部分	7.2	M	是 □
ipFxPt-r	<r> 固定部分	7.2	M	是 □
ipAddr-s	<s>地址	7.3	M	是 □
ipAddr-r	<r> 地址	7.3	M	是 □
ipSeg-s	<s>分段部分	7.4	M	是 □

项目	功能	引用	状态	支持
ipSeg-r	＜r＞分段部分	7.4	M	是 □
ipPadd-s	＜s＞填充	7.5.2	M	是 □
ipPadd-r	＜r＞填充	7.5.2	M	是 □
ipSecu-s	＜s＞安全	7.5.3	iSecu:M	不适用 □ 是 □
ipSecu-r	＜r＞安全	7.5.3	iSecu:M	不适用 □ 是 □
ipCRR-s	＜s＞完全路由记录	7.5.5	iCRR:M	不适用 □ 是 □
ipCRR-r	＜r＞完全路由记录	7.5.5	iCRR:M	不适用 □ 是 □
ipPRR-s	＜s＞部分路由记录	7.5.5	M	是 □
ipPRR-r	＜r＞部分路由记录	7.5.5	iPRR:M	不适用 □ 是 □
ipCSRR-s	＜s＞完整源路由选择	7.5.4	iCSR:M	不适用 □ 是 □
ipCSRR-r	＜r＞完整源路由选择	7.5.4	iCSR:M	不适用 □
ipPSR-s	＜s＞部分源路由选择	7.5.4	M	是 □
ipPSR-r	＜r＞部分源路由选择	7.5.4	iPSR:M	不适用 □
ipQOSM-s	＜s＞QOS 维护	7.5.6	M	是 □
ipQOSM-r	＜r＞QOS 维护	7.5.6	C1:M	不适用 □ 是 □
ipPri-s	＜s＞优先级	7.5.7	M	是 □
ipPri-r	＜r＞优先级	7.5.7	iPri-s	不适用 □ 是 □
ipData-s	＜s＞数据	7.6	M	是 □
ipData-r	＜r＞数据	7.6	M	是 □
ipUnSup2	接收的含有选择不支持类型 2 功能参数的 PDU 被丢弃了吗？适当的一个差错报告 PDU 在哪儿生成？	6.21	M	
ipUnSup2	选择不支持类型 3 功能的参数被忽略了吗？	6.21	M	是 □
条件状态表项的定义： C1：iQOSM-s OR iCong				

A.7.5 定时器和参数值

项目	定时器	引用	状态	值	支持	支持的值
eLifReas	重装定时器≤接收的派生 PDU 生存期吗？	6.8	iReas:M		不适用 □ 是 □	
eReasLim	支持重装定时器的值是多少？	6.8		500 ms～127.5 s		

附 录 B
（资料性附录）
支持技术资料

B.1 数据单元生存期

在GB/T 17179的本部分所定义的协议中提供PDU生存期能力有两个主要目的。其一是保证协议数据单元不会无限循环；路由选择算法应保证数据循环很少发生，而PDU生存期字段只不过提供了限制循环的附加保证。

生存期能力的另一个目的，是提供始发网络实体能限制最大NSDU生存期的手段。OSI传输协议类4(GB/T 12500—1990)假定有一特定的NSDU最大生存期以防止在传输连接建立和终止阶段中的某些差错状态；即，如果TPDU在最大NSDU生存期内不能到达，那么它再也没有机会能到达了。即使网络层并不确保NSDU生存期的任何特定上界，作这一假设也很有必要；然而，对传输协议类4来说，处理丢失的TPDU比处理迟到的TPDU要更容易，因此出于这个原因，宁愿丢弃迟到的TPDU而不交付它们。应注意的是，NSDU生存期与丢失TPDU的重传没有直接联系；宁可说，它对区分老的（重复的）TPDU与新TPDU最有用。

最大NSDU生存期必须以时间为单位提供给传输协议实体，以便用于确定传输定时器值（传输实体不能计数“段”）。

在不存在任一保证的上边界中，通常可以估计一个最大NSDU生存期的值。该值通常基于对过去性能的观察，而且可以随源和目的地而变化。处理最大NSDU生存期限制的要求可能有两种方法：

1） 在传输层提供一种机制来识别和丢弃旧的TPDU；

2） 以时间为单位规定生存期。

方法2)要求中间系统以某一值来减小生存期字段，该值是PDU访问先前中间系统以来经过的时间的一个上边界。传输层依靠网络层丢弃生存期届满的NSDU（以及以后的TPDU）。

使用方法1)的主要缺点是传输实体（实例）在要求时被创建，而在其用途已完成时被释放；从而它们原本就是临时性的。为了确定特定TPDU是否是旧的，除了每一传输实体实例所执行的功能之外，还必须设计能识别和丢弃旧TPDU的功能（而且必须总是存在的）。这种功能相当复杂，而且对传输层操作施加了不小的开销。

相反地，与提供无连接方式服务相关的状态机不要求知道先前连接状态信息也能正确地操作。因为除了正确限制NPDU生存期所必要的机制之外，确保旧NSDU（及以后的旧TPDU）不交付给传输层不再要附加机制，所以最好是让网络层丢弃生存期期满的NPDU，而让传输层处理丢弃TPDU（方法2)）。

B.1.1 确定NPDU生存期的值

对每个中间系统来说没有必要减去NPDU（含有TPDU或它的分段）访问先前中间系统以来所经历时间的精确度量。当得不到精确度量时，减去一过高估计的实际花费时间就已足够。在绝大多数情况下，中间系统可以简单地减去一个常数值，而该值取决于在特定低层服务中遇到的典型近似最大延迟。对于那些既有相对大的最大延迟，又有相对大的延迟变化的子网，可以要求一个更加精确的度量。

例如，假设一特定局域网有短的平均延迟，同时总体延迟一般处于1 ms～5 ms范围，偶尔的延迟高达20 ms。在这种情况下，尽管延迟的相对范围也许很大(20倍)，但仍不必度量NPDU的实际延迟。对所有NPDU可以减去20 ms（或更大）的常数值。同样地，如果单个段卫星链路具有从0.5 s～0.6 s范围的延迟，那么总是使用较大的值。

如果第3个子网具有从0.1 s～1 s的正常延迟范围，但在15 s的延迟之后偶尔交付NPDU，那么与此子网相接的中间系统可能发现有必须确定交付 NPDU 实际花费了多长的延迟。即使上一个例子中,让中间系统确定何时延迟最大和丢弃非常老的 NPDU,而让传输协议去检测丢失的 TPDU 会更加有用。

除了每个子网中的时间延迟,考虑中间系统的时间延迟也很重要对希望将某些数据单元保持很长一段时间的中间系统来说,适当地减少生存期相对来说会简单一些。

B.2 重装生存期控制

为了确保 NSDU 生存期的限制,以及有效管理在网络层中的重装缓冲器,第 6 章中所述的重装功能必须控制表示部分组合 PDU 的段的生存期。本章讨论了限制重装生存期的方法,并且建议了重装功能的某些实现指南。

当 PDU 的段到达目的网络实体时,它们被缓存直到收到整个 PDU,重装并传递给 PDU 分解功能。协议不能保证 PDU 的交付;从而,PDU 的某些段可能丢失或延迟,导致整个 PDU 在合理的时间长度内不能被组合。例如,在丢失某个 PDU 段的情况下,这种情况就会永远保持。有若干个可能的模式可防止这种情况的发生:

a) 每个 PDU 都有重装定时器;

b) 对 PDU 生存期控制功能进行扩展;

c) 报告重装生存期和传输重传定时器。

在以下各条中讨论这些方法。

B.2.1 方法(a)

这种方法为每个接收到的 PDU 分配一个"重装生存期",并用它的数据单元标识符来标识。这是由重装功能所赋予的本地的、实际的时间,并且在某些、但不是所有的 PDU 段正被目的网络实体进行缓存的时候作递减。如果定时器届满,则丢弃该 PDU 的所有段,从而释放相应重装缓冲器,并且避免"太老"的 PDU 与具有相同数据单元标识符的新 PDU 相混淆。为了使此模式正确起作用,定时器必须以这种方式来赋值以便防止重装干扰现象(在下面讨论)。特别是,应遵循以下指南:

a) 重装生存期必须远小于网络的最大 PDU 生存期(以防止旧和新数据单元的混淆)。

b) 生存期应小于传输协议的重传定时器减去网络的平均转接时间。如果不照此做的话,存有由传输协议已重传数据的备用缓冲器会被占用。(注意已假设这些定时器已集成到传输协议,这在某种意义上要求在所用的传输协议中应有重传功能。)

B.2.2 方法(b)

如果 PDU 生存期控制功能在实际或虚拟时间基础上而不是在段计数基础上工作时,此方案是可行的。在这种模式中,每个 PDU 段的生存期字段继续被目的网络实体的重装功能来减小,好象此 PDU 仍在转接中(在某种意义上是这样的)。当部分重装的 PDU 中任何段的生存期届满时,此 PDU 的所有段均被丢弃。由于此协议的交付行为对分段和不分段 PDU 均一致,因此此模式相当有吸引力。

B.2.3 方法(c)

此方法把重装生存期直接接合到传输协议的重传定时器上,并要求传输层管理应使网络层管理(及以后的重装功能)知道它期望接收通信量的每个源用的其重传定时器的值。当从某个源接收到 PDU 段时,重传时间减去预计转接时间就成为该 PDU 的重装生存期。如果在整个 PDU 重装完成之前该定时器届满,那么 PDU 的所有段都被丢弃。因为该模式保持已被源传输实体重传的 PDU 段的低概率,因此它很有吸引力;然而,它的缺陷是依赖于传输协议的可靠操作才能有效工作。如果重传定时器未正确地设置,那么有可能所有的 PDU 将被过早地丢弃,导致传输协议不可能进行下去。

B.3 首标差错检测功能的能力

B.3.1 概述

PDU 首标差错检测所使用的校验和形式是这样的,对首标的每个八位位组只进行了两次加法,使得它易于在软件或固件中计算出来，可是，它具有近似于(但不完全相同)下述技术之一的差错检测能力，这些技术涉及的计算要消耗很多时间或空间(例如循环多项式校验)。本章讨论该差错检测功能的能力。

校验和由两个八位位组组成，每个八位位组都可以假设除0之外的任何值，也就是说，每个八位位组可能有25个不同的值。计算2个八位位组是这样的，使其中任何一个的计算值与另一个值完全无关，因此校验和可共有255×255=65 025个值。如果人们考虑了各种方案，其中，PDU首标或许可能同样被损坏，那么，对于任何特定的损坏而言，在65 025中只有一次机会，校验和将具有正确的值。这只相当于所有可能差错的0.001 5%。

本章的余下部分考虑了可能遇到的差错的特定类别。这些类别与一般差错相比较，希望找到更有效的或至少是有效的差错检测功能。

B.3.2 位变更差错

首先考虑的差错类别是位被变更，但没有插入或删除位。

长度为b的突发差错是一种首标的损坏，其中所有被变更的位(其数目不大于b)都在长为b个位的连续传输位的一个变化范围内。通常希望校验和能较好地避免超出首标差错检测参数长度(16)时的突发差错。事实上PDU首标差错检测参数发现不了这种差错的比例只有0.000 019%，对长度为16或更小的每个不同的突发差错，认为其概率可能是相同的。特别情况是，它不能检测那种八位位组。被变更成八位位组25(所有位=1)或相反的那种8位突发差错。同样地，仅当一个为0而另一个为25的两个相邻八位位组相交换时，它也不能检测这类差错。

就像期望的那样，PDU首标差错检测可检测只包含单个可变更位的所有差错。不能检测到只包含两个变更位的差错，只有当这两位分得很开(并且也相当少有)时才会发生。PDU首标差错检测可检测出两个变更位的间隔小于2 040位(为255个八位位组)的所有双位差错。因为这种间隔超过了最大的首标长度，因此可检测到所有的双位差错。

与对首标被分割为16位字段进行简单模数65 536相加求和法相比，能检测出双位差错是本协议所用的校验和算法的优越性所在。简单的求和相加法不能检测出所有的双位差错。事实上，相距和16位同样小间隔的双位差错也不能被检测到。

本条并未考虑校验和本身错误地置成全0的情况；B.3.4中讨论了这种情况。

B.3.3 位插入/删除差错

尽管包含位插入或删除的差错一般地说并不比全部其他种类的一般差错更可能或更不太可能被检测出来，但至少有某一类的这种差错值得特别注意。如果全为0或255的八位位组插入到使计算(在C.3详细描述)时的简单和C_0恰好等于0的某点上，那么该差错不能被检测到。这种情况值得注意，主要是因为在计算时有两个点，其和值不是偶然发生的而是期望的；更确切地说，这两点是计算开始和结束处。也就是说，如果首标前面或后面有等于0或255的插入的八位位组，那么没有差错会被检测到。这两种情况都需要单独进行检验。

在首标开始处插入的差错八位位组会使首标字段完全无法对齐，从而使它们被误解。特别是，第1个被插入的八位位组被解释为网络层协议标识符，也许会造成不了解该数据单元与本协议有关，因此，不会试图去执行校验和计算或不调用不同的校验和计算形式。在没有其他差错的情况下，未检测出的首标结束处的差错八位位组的插入是不可能的，因为长度字段明确地定义了首标的结束位置。首标结束处的八位位组的插入或删除要求定义首标长度的八位位组的值进行替换。这种替换隐含着不能预期首标结束处计算和的值具有危险的零值，因此这种差错能和其他一般的差错一样被检测出来。

如果插入八位位组的值为0或255，并且如果变量C_0在此处的值为0时，首标中间差错八位位组的插入很值得关注。大多数情况下，此差错会彻底破坏首标的语法分析，从而导致丢弃此数据单元。此外，在没有其他差错时，首标的最后一个八位位组将被当作数据，这本身也会使首标在一错误的位置结束。在其他首标信息正确语法分析的情形下，会发现将找不到最后一个字段。即使在最后一个字段为填充选项，在不必要的情形下，填充功能的长度字段会与首标长度字段不一致，于是该差错能被检测出来。

B.3.4 校验和非计算差错

首标差错检测功能的使用是任选的。选择不用它是通过校验和参数值为零来指出。这会引起校验和参数的两个八位位组(任何一个生成的时候都不为 0)都被替换为 0 的可能性。事实上这是一种不是由校验和检测出的差错，因为不会进行这种校验，存在下列三种可能性之一：

a) 将整个校验和置为 0 的长为 16 的突发差错。这种差错不能被检测出；然而，它要求在首标内的突发差错的特定位置(它对整体突发差错的检测能力的影响的计算与首标长度有关)。

b) 所有单个位差错都可被检测到。因为当校验和被使用时，其校验和字段的两个八位位组都必须是非零的，因此，单个的位差错都不能将校验和置为零。

c) 当校验和参数的两个八位位组的每个值都为 2 的幂，从而使得每个八位位组中只有一位等于 1 时，那么使校验和参数为零可能导致一个未检测出的双位差错。还有，两个被替换的位之间的间隔小于 16，而且可能是连续的。这显然降低了前述的完全可检测性。

当在一个网络编址字段内对数据单元间的校验和偶然置零的可能性存在特殊关注时，可以对位于必须使用首标差错检测功能的网络编址字段内的源或目的地的所有数据单元施加限制。任何数据单元不能被丢弃，或防止它离开本地网络编址字段。即使所有这种对之间的数据通路跨越了其他网络编址字段(尽管其差错超出了受保护网络编址字段范围)。也可以防止在该网络编址字段中出现的差错，而且可以保护源或目的地位于该网络编址字段中的所有数据单元。

附　录　C
（资料性附录）
PDU 首标差错检测函数的算法

C.1　算法中使用的符号

C_0,C_1	为本算法中使用的变量；
i	为首标中某个八位位组的编号(即位置)，(第 1 个八位位组的位置为 $i=1$)
O_i	为 PDU 首标中第 i 个八位位组的值
n	为校验和参数第 1 个八位位组的编号(即位置)，($n=8$)
L	为以八位位组表示的 PDU 首标长度
X	为校验和参数八位位组 1 的值
Y	为校验和参数八位位组 2 的值

C.2　运算约定

加法遵照下列两种方式之一执行：

a)　模 25 运算；

b)　8 位二进制反码运算，在运算中，如果任一变量具有负 0 值(即 255)，则应把它看成有正 0 值(即 0)。

C.3　生成校验和参数算法

用校验和参数字段值置零来构造完整的 PDU 首标；

A：$C_0 \leftarrow C_1 \leftarrow 0$

B：从 $I=1$ 到 L 按顺序对 PDU 首标的每个八位位组作如下处理：

$$C_0 \leftarrow C_0 + O_i$$

$$C_1 \leftarrow C_1 + C_0$$

C：计算

$$X \leftarrow (L-8)C_0 - C_1 (\text{mod } 255)$$

$$Y \leftarrow (L-7)(-C_0) + C_1 (\text{mod } 255)$$

D：若 $X=0$，则 $X \leftarrow 255$；

E：若 $Y=0$，则 $Y \leftarrow 255$；

F：分别将 X、Y 值赋给八位位组 8 和八位位组 9。

C.4　检验校验和参数算法

A：若 PDU 首标的八位位组 8 和 9 都包含 0，则校验和计算成功；若这两个八位位组之一包含 0 而不是两者的值都包含 0，则校验和不正确；否则，初始化：

$$C_0 \leftarrow C_1 \leftarrow 0$$

B：从 $i=1$ 到 L 按顺序对 PDU 首标的每个八位位组作如下处理：

$$C_0 \leftarrow C_0 + O_i$$

$$C_1 \leftarrow C_1 + C_0$$

C：若已处理完所有八位位组时，$C_0=C_1=0$，则校验和计算成功，否则校验和计算失败。

C.5 当八位位组变更时调整校验和参数的算法

当某个八位位组(例如生存期字段)被变更时,用本算法可调整校验和。假定八位位组 k 的值以 Z=新值-旧值进行变化。

如果 X 和 Y 分别表示八位位组 n 和 $n+1$ 内保持的校验和值,则调整 X 和 Y 如下:

A:若 $X=0$ 且 $Y=0$,则不做任何处理;若 $X=0$ 或 $Y=0$,则校验和不正确;

否则:

$$X \leftarrow (k-n-1)Z + X(\text{mod } 255)$$

$$Y \leftarrow (n-k)Z + Y(\text{mod } 255)$$

B:若 $X=0$,则 $X \leftarrow 255$;

C:若 $Y=0$,则 $Y \leftarrow 255$。

对本协议来说,$n=8$。若被变更的八位位组为生存期字段,则 $k=4$。对生存期以一个单位($Z=-1$)进行递减的情况,前述算法中 X 和 Y 新值的赋值语句可简化为:

$$X \leftarrow X + 5(\text{mod } 255)$$

$$Y \leftarrow Y - 4(\text{mod } 255)$$

注:为推导此结论,假设当八位位组 k 上增加值 Z 时,则 X 和 Y 的增加值为 Z_x 和 Z_y。为了在增加值之前和之后同时使校验和满足 6.11 的条件,要求下列等式成立:

$$Z + Z_x + Z_y = 0(\text{mod } 255)$$

及

$$(L-k+1) + (L-n+1)Z_x + (L-n)Z_y = 0(\text{mod } 255)$$

联立求解上述两个等式可得出:

$$Z_x = (k-n-1)Z$$

及

$$Z_y = (n-k)Z$$

ICS 19.060;83.200
N 72

中华人民共和国国家标准

GB/T 17200—2008/ISO 5893:2002
代替 GB/T 17200—1997

橡胶塑料拉力、压力和弯曲试验机(恒速驱动) 技术规范

Technical specification for tensile, compression and flexural testing machines for rubber and plastics (constant rate of traverse)

(ISO 5893:2002, Rubber and plastics test equipment—Tensile, flexural and compression types (constant rate of traverse)—Specification, IDT)

2008-06-20 发布

2009-01-01 实施

中华人民共和国国家质量监督检验检疫总局
中国国家标准化管理委员会 发布

前言

请注意本标准的某些内容有可能涉及专利。本标准的发布机构不应承担识别这些专利的责任。

本标准等同采用国际标准 ISO 5893:2002《橡胶和塑料试验设备　拉伸、弯曲和压缩型(恒速驱动)规范》(英文第三版)。

本标准等同翻译 ISO 5893:2002,在标准结构和技术内容上与其完全一致。为便于使用,本标准对 ISO 5893:2002 做了如下编辑性修改:

——按我国习惯修改了标准名称;

——删除了 ISO 5893:2002 的前言,重新编写了本标准前言;

——将"本国际标准"一词改为"本标准";

——用小数点符号"."代替英文中作为小数点的逗号",";

——第 2 章中所引用的国际标准已转化成了我国标准,本标准直接引用了与之相对应的我国国家标准。

本标准代替 GB/T 17200—1997《橡胶塑料拉力、压力和弯曲试验机　技术要求》。

本标准与 GB/T 17200—1997 相比主要变化如下:

——修改了标准名称;

——增加了第 2 章"规范性引用文件"(见本版的第 2 章);

——删除了两条术语(1997 年版的第 2 章;本版的第 3 章);

——试验机的级别增加了 0.5 级和 3 级两个级别,取消了伸长或变形分级符号的上角标"1"(1997 年版的第 3 章;本版的第 4 章);

——修改了试验机静态准确度的有关规定(1997 年版的第 7 章;本版的第 8 章)。

本标准由中国机械工业联合会提出。

本标准由全国试验机标准化技术委员会(SAC/TC 122)归口。

本标准负责起草单位:长春试验机研究所。

本标准参加起草单位:上海华龙测试仪器有限公司、济南时代试金仪器有限公司、承德市金建检测仪器有限公司。

本标准起草人:王学智、李明义、袁松、刘娟、李明华、黄冬凯。

本标准所代替标准的历次版本发布情况为:

——GB/T 17200—1997。

橡胶塑料拉力、压力和弯曲试验机(恒速驱动) 技术规范

1 范围

本标准规定了在恒定的驱动速度下工作的适用于橡胶、塑料和粘接材料试验用的拉伸试验系统的技术要求。本标准也适用于弯曲、剪切和压缩试验系统。

任一试验系统仅可适用于材料的某个有限的范围。

2 规范性引用文件

下列文件中的条款通过本标准的引用而成为本标准的条款。凡是注日期的引用文件,其随后所有的修改单(不包括勘误的内容)或修订版均不适用于本标准。然而,鼓励根据本标准达成协议的各方研究是否可使用这些文件的最新版本。凡是不注日期的引用文件,其最新版本适用于本标准。

GB/T 16825.1—2008 静力单轴试验机的检验 第1部分:拉力和(或)压力试验机 测力系统的检验与校准(ISO 7500-1:2004,Metallic materials—Verification of static uniaxial testing machines—Part 1:Tension/compression testing machines—Verification and calibration of the force-measuring system,IDT)

3 术语和定义

下列术语和定义适用于本标准。

3.1

拉伸试验系统 tensile-testing system

通常是指由固定部件和可移动部件所组成的试验机,在固定和移动部件上可安装合适的夹头或夹具用以夹持试样。

注:移动部件由动力驱动并可装备调节速度的控制装置。试验机具有一个完整的带有指示装置和(或)记录仪的测力系统。此外,还可包括测量试样伸长或变形的系统。

3.2

施加的力 applied force

沿试验机的应变轴线测定的,使试样产生变形的力。

注:按此定义,当试验机用于拉伸试验以外的其他试验时,"夹头"还意指对试样施加力的"压板"或其他部件。根据所安装的夹具或夹头,将对试样进行拉伸、剪切、压缩或弯曲。

3.3

伸长 elongation

承受拉力时拉伸试样标距长度的增量。

3.4

变形 deflection

在压缩、剪切和弯曲试验中,试样在加力方向上的形变。

4 试验机的分级与表示

应根据被检试验机测得的下列参数的准确度为其定级:

a) 力(按 GB/T 16825.1—2008 分为 0.5 级、1 级、2 级或 3 级);

b) 伸长或变形(按表1分为A级、B级、C级、D级或E级)。

例如:最高准确度的试验机表示为:"力:0.5级;伸长(变形):A级"。

市场中销售的试验机不一定包含理论上可能达到的所有级别。

如果在任何应用中,都不需考虑规定这些参数的测量准确度时,则可不标出表示级别的数字或字母。

注:除非严格控制试验技术,否则对试验机准确度规定很严的技术规范就意义不大。来自于不同实验室的试验数据的相关性既与试验机技术规范有关,又与试验技术有关。操作者的误差、试样的安装技术和试样的可变性都是主要的误差来源。

试验机应避免吸水受潮或遭受热源辐射。

5 结构特征

5.1 结构与尺寸

试验机的结构和尺寸应能适合被试材料的试验要求,其性能不应对试验结果有不利的影响。

移动夹头的移动距离应能充分满足拉伸试验中试样最大伸长的需求。在试验的材料具有较大伸长的情况下,移动距离可能要超过1 m。

5.2 试验机的轴向对中

测力系统与试样夹头或夹具之间的连接应准确地与应变轴对中。安装好的试样也应与应变轴准确地对中,并且试样的试验轴线应与加力轴线相重合。

注:试样在夹头中与轴线不对中,以及试样不对称都是试验结果变化的特别重要的原因。

5.3 试样夹头

对于试验软质材料的哑铃形、平行条形和类似形状的拉伸试样,试验机应装备随着拉力增加能自动夹紧型的,并能沿试样的整个宽度产生均匀压力的夹头(如楔形夹头或气动夹头)。对于试验硬质材料,螺旋夹紧力的夹头也适用。夹持试样的方式应尽可能防止试样相对夹头滑移。

对于试验环形试样,试验机应装备两个均可自由转动的滚轮,至少其中的一个轮能通过试验机以3 r/min~50 r/min的转速自由地转动,以使被试的环形试样在试验过程中应变均匀。对应大环形试样(内径44.6 mm)滚轮的直径应为25 mm;对应小环形试样(内径8.0 mm)滚轮的直径应为4.5 mm。

对于采用剥离法进行的粘合强度试验,试验机应装备在相关试验方法中描述的夹头,或应装备沿试样的整个宽度产生均匀夹紧力的夹头。

夹持试样的方法应防止试样相对夹头滑移。当粘合试样是用不同材质的被粘物制成时,则对应每一种被粘物可能需要设计不同的夹头。

5.4 驱动特性

试验机的移动横梁在所有的试验速度下应运行平稳,驱动零部件的配合应无任何明显的间隙。

5.5 压缩、剪切和弯曲试验用的夹具

此类夹具或固定装置应符合相关试验方法或材料规范的要求。由它们引入的摩擦、间隙或不对中性不应明显影响试验机的准确度。

6 测力系统的型式

在任何情况下,应连续指示施加在试样上的力,宜配备一个能够保存最大力示值的自动记录装置。以带有小惯性测力系统的试验机为佳。

注:摆锤式测力系统的试验机可带有摩擦和惯性,这将明显影响试验机的动态响应并降低其准确度。

7 试验机的静态准确度

对应每个力的量程,规定有0.5级、1级、2级或3级四个准确度级别(见第4章)。应依据按

GB/T 16825.1 检验试验机时测得的示值相对误差、重复性和进回程相对误差对试验机的每个量程定级。

当试验机带有独立的压缩或其他试验模式的标尺时，这些标尺应单独进行检验。

8 试验机的动态准确度

装备电子测量装置的拉力试验机，可以认为在第 10 章给出的各试验速度下完全无惯性。但这未必适用于通常与它们一起使用的电子记录仪，在许多情况下这些记录仪的动态不准确度大大超过它们的静态不准确度。

所有的机电式记录仪都存在动态误差，此误差通常来源于这类装置的惯性而产生的加速度误差和由机械摩擦及静电作用而引起的笔的滞后误差。记录仪动态准确度的测量最好通过记录试验过程中的误差信号电平来实现。这在不影响仪器性能的情况下能够测量，但常常在技术上是困难的。因此目前在本标准中规定动态准确度的限值和校准方法是不切合实际的。所以，建议用户要从试验机制造者那里获取用以计算概率测量误差和评价该误差是否显著的记录仪动态准确度图。在有此动态误差的情况下，能够通过降低试验速度，或通过提高输出装置的满量程读数，来降低记录仪加速度和速度水平。

作为对记录仪技术要求的指南，若将动态误差与静态力的静态不准确度相比较的话，记录仪满量程行程的响应时间宜大大小于力的上升时间，因此建议记录笔的最大需用速度 v_D 宜小于笔的最大允许速度 v_{max} 除以如下按试验机级别确定的系数之商：

对于 0.5 级和 1 级试验机：$v_D \leqslant \frac{v_{max}}{10}$、

对于 2 级和 3 级试验机：$v_D \leqslant \frac{v_{max}}{5}$。

只要记录仪的响应时间 T 是已知的，则 v_{max} 可以根据下列公式近似计算：

$$v_{max} = \frac{R}{T}$$

式中：

R——记录仪满量程行程。

如果不采纳上述的建议，用户宜从制造者那里索取由记录仪工作时产生的动态误差的详细资料。

9 伸长(变形)的测量

橡胶和塑料试样的伸长(变形)可采用下列的试验方法进行测量：

a) 夹头的分离；

b) 装夹到试样上的引伸计；

c) 光学或其他遥测(非接触式)的引伸计。

在测量伸长时，应获得连续的伸长(变形)示值，最好能自动绘制力-伸长(变形)曲线，并保存最大伸长(变形)的示值。

对于某些试验，特别是测量环形拉伸试样的伸长以及弯曲、剪切或压缩试样的变形，采用夹头分离法是最方便的测量方法。此时伸长(变形)测量系统不应存在任何间隙，在夹头与试样间也不应有会明显影响试验结果准确度的滑移。

当使用装夹在试样上的引伸计时，不应使试样产生任何扭曲或损伤的痕迹，在引伸计夹持器与试样之间也不应产生任何会明显影响试验结果的滑移。

在确定引伸计的准确度时，被认可的有 A 级、B 级、C 级、D 级和 E 级五个级别。对每个引伸计系统的每一测量范围的分级要根据检验引伸计时测得的最大误差定级。

表 1 中以标尺读数的百分比给出了误差值。生产者应标明能够达到规定准确度时的最小伸长。对

于所有级别的引伸计，应在相关的试验方法或材料规范中规定其标距长度；标距长度应准确到±1% 以内。检验方法应符合相关国家标准，所用检验装置的最大允许误差应在表 1 给出的限值以内。

10 移动夹头的位移速度

试验机应具备一个或多个移动夹头位移速度，常用的速度如下：

1 mm/min±0.2 mm/min；
2 mm/min±0.4 mm/min；
5 mm/min±1.0 mm/min；
10 mm/min±2.0 mm/min；
20 mm/min±2.5 mm/min；
25 mm/min±2.5 mm/min；
50 mm/min±5.0 mm/min；
100 mm/min±10 mm/min；
200 mm/min±20 mm/min；
250 mm/min±25 mm/min；
500 mm/min±50 mm/min。

表 1 伸长(变形)测量的准确度级别

级别	按给定标距长度 L 的百分数计算的最大伸长(变形)ΔL	最大允许误差 %	检验装置的准确度 %
A	25 mm 标距的 5% (ΔL=1.25 mm)	±2	±0.5
B	25 mm 标距的 10% (ΔL=2.5 mm)	±2	±0.5
C	25 mm 标距的 50% (ΔL=12.5 mm)	±2	±0.5
D	20 mm 标距的 1 200% (ΔL=240 mm)	±2	±0.5
E	10 mm 标距的 1 200% (ΔL=120 mm)	±2	±0.5

设定速度以后，在任何试验或成批试验过程中速度变化的最大允许值应为平均速度的±5%，并应保持在上面的速度列表中规定的限值以内。

移动夹头位移速度的准确度，应在试验机的力范围内以均匀递增的力从零施加到某一规定的最大值进行检验。除另有规定外，该最大值应为试验机标称的力的最大容量。在加力过程中，通过绘制位移-时间记录曲线能够完成这一检验。为能对移动夹头位移速度做出真实的评价，在检验试验过程中移动夹头的位移不应少于 10 mm，并且检验试验的持续时间不应少于 1.0 min。

上面列出的位移速度都是比较常用的那些速度。然而，也要注意到某些特殊的技术规范可能需要的速度(例如 0.1 mm/min～1 000 mm/min 之间的)以及与上述不同的速度允差。

11 试验机刚度

试验机刚度(又称硬性)是试验系统的力与变形的比值。该系统包括试验机的机架、施加应变机构、测力装置和夹持试样的夹头与附件。

对于“软”试验机，例如采用摆锤式测力的试验机，驱动部件的移动速度未必与夹头的移动速度相同。因此，未经修正过的横梁位移不能用于试样变形的测量。所以宜优先选用比试样刚性大的试验机，以使夹头分离速度满足第 10 章的要求，需要时，变形测量的准确度同时要满足第 9 章的要求。

12 稳定性

电子试验机的长期稳定性受许多因素影响,其中温度、力敏感元件的机械滞后、对主电源电压波动和电子元件参数值变化的敏感性是最主要的影响因素。

制造者应在其技术规范和任何使用说明书中规定保持试验机标明的准确度所需的如下技术要求:

a) 保证试验机准确度的整个温度范围;

b) 保证试验机准确度的电源电压的波动范围;

c) 需要用手动控制器调整诸如零位或量程的频次。

13 检验证书

试验机按本标准检验后,检验机构应出具标明下列内容的检验证书:

a) 试验机标识和检验日期;

b) 每个力或伸长标尺检验的范围和级别;

c) 使用的检验方法和所用的各校准装置的标识;

d) 检验时的室温;

e) 所设定速度的准确度;

f) 本标准的编号,即 GB/T 17200—2008/ISO 5893:2002。

试验机应定期进行检验以保证其持续满足按本标准确定的一个(或多个)级别。重新检验的周期要根据试验机的形式、维护水准和使用量而定。建议重新检验的间隔一般不超过 12 个月。然而,如果试验机搬运到新的地点,或经过大修或调整后应重新进行检验。

ICS 67.160.10
X 61

中华人民共和国国家标准

GB/T 17204—2008
代替 GB/T 17204—1998

饮料酒分类

Classification of alcoholic beverages

2008-06-25 发布 2009-06-01 实施

中华人民共和国国家质量监督检验检疫总局
中国国家标准化管理委员会 发布

前 言

本标准代替 GB/T 17204—1998《饮料酒分类》。

本标准与 GB/T 17204—1998 相比主要变化如下：

——去掉了饮料酒酒精度上限的要求，取消了发酵酒和蒸馏酒定义中酒精度的规定。

——啤酒部分取消了啤酒定义中酒精度范围的规定和按原麦汁浓度分类，增加了按其他方式分类。特种啤酒修改了干啤酒、冰啤酒、低醇啤酒、小麦啤酒、浑浊啤酒的定义，增加了无醇啤酒和果蔬类啤酒的定义。

——葡萄酒部分参照《国际葡萄与葡萄酒组织(OIV)法规》(2003 版)和《中国葡萄酿酒技术规范》，对定义进行了适当的修改。特种葡萄酒增加了冰葡萄酒、贵腐葡萄酒、产膜葡萄酒、低醇葡萄酒、脱醇葡萄酒和山葡萄酒的定义。取消了定义中酒精度的规定。规范了产品分类，按含糖量、二氧化碳含量和生产工艺分类。

——黄酒部分增加了按原料和产品风格分类，并给出了相应的定义。

——白酒部分将分类修改为按糖化发酵剂、生产工艺、香型进行分类，并分别给出了相应的定义。

——白兰地部分取消了定义中酒精度范围和陈酿年限的规定，细化了葡萄白兰地的定义。

——威士忌部分取消了定义中酒精度范围的规定，修改了陈酿年限。

——伏特加部分取消了定义中酒精度范围的规定。

——朗姆酒部分取消了定义中酒精度范围的规定。

——增加了杜松子酒部分，并给出相应的定义。

——配制酒部分，在植物类配制酒条款下增加了果酒(浸泡型)的定义，其他定义作了相应的修改。

本标准由全国食品工业标准化技术委员会酿酒分技术委员会提出并归口。

本标准起草单位：中国食品发酵工业研究院、泸州老窖集团有限责任公司、中法合营王朝葡萄酿酒有限公司。

本标准主要起草人：郭新光、康永璞、沈才洪、王树生、张蔚、张宿义、张春娅、熊正河。

本标准所代替标准的历次版本发布情况为：

——GB/T 17204—1998。

饮 料 酒 分 类

1 范围

本标准规定了饮料酒的定义、分类原则和类别。

本标准适用于饮料酒的生产、研发以及产品标准、分析方法和与饮料酒相关标准的制定。

2 术语和定义

下列术语和定义适用于本标准。

2.1

饮料酒 alcoholic beverages

酒精度在 0.5%vol 以上的酒精饮料，包括各种发酵酒、蒸馏酒及配制酒。

注：酒精度低于 0.5%vol 的无醇啤酒属于饮料酒。

3 分类原则

根据不同原料、生产工艺和产品特性进行分类。

4 类别

4.1 发酵酒 fermented alcoholic drink

以粮谷、水果、乳类等为主要原料，经发酵或部分发酵酿制而成的饮料酒。

4.1.1 啤酒 beer

以麦芽、水为主要原料，加啤酒花(包括酒花制品)，经酵母发酵酿制而成的、含有二氧化碳的、起泡的、低酒精度的发酵酒。

注：包括无醇啤酒。

4.1.1.1 按灭菌(除菌)处理方式分类

4.1.1.1.1 熟啤酒 pasteurized beer

经过巴氏灭菌或瞬时高温灭菌的啤酒。

4.1.1.1.2 生啤酒 draft beer

不经巴氏灭菌或瞬时高温灭菌，而采用其他物理方式除菌，达到一定生物稳定性的啤酒。

4.1.1.1.3 鲜啤酒 fresh beer

不经巴氏灭菌或瞬时高温灭菌，成品中允许含有一定量活酵母菌，达到一定生物稳定性的啤酒。

4.1.1.2 按色度分类

4.1.1.2.1 淡色啤酒 light beer

色度 2 EBC～14 EBC 单位的啤酒。

4.1.1.2.2 浓色啤酒 dark beer

色度 15 EBC～40 EBC 单位的啤酒。

4.1.1.2.3 黑色啤酒 black beer

色度大于等于 41 EBC 单位的啤酒。

4.1.1.3 按其他方式分类

特种啤酒(special beer)：由于原辅材料、工艺的改变，使之具有特殊风格的啤酒。

4.1.1.3.1 **干啤酒 dry beer**

真正(实际)发酵度不低于72% ,口味干爽的啤酒,其他指标应符相应类型啤酒的要求。

4.1.1.3.2 **低醇啤酒 low-alcohol beer**

酒精度为0.6%vol～2.5%vol,其他指标应符合相应类型啤酒的要求。

4.1.1.3.3 **无醇啤酒(脱醇啤酒) non-alcohol beer**

酒精度小于等于0.5%vol,原麦汁浓度大于等于3.0°P的啤酒,其他指标应符合相应类型啤酒的要求。

4.1.1.3.4 **小麦啤酒 wheat beer**

以小麦芽(占麦芽的40%以上)、水为主要原料酿制,具有小麦麦芽经酿造所产生的特殊香气的啤酒。

4.1.1.3.5 **浑浊啤酒 turbad beer**

在成品中含有一定量的酵母菌或显示特殊风味的胶体物质,浊度大于等于2.0 EBC的啤酒,除"外观"外,其他指标应符合相应类型啤酒的要求。

4.1.1.3.6 **冰啤酒 ice beer**

经冰晶化工艺处理,浊度等于小于0.8 EBC的啤酒,其他指标应符合相应类型啤酒的要求。

4.1.1.3.7 **果蔬类啤酒 fruit and vegetable beer**

a) 果蔬汁型啤酒(beer with fruit and vegetable flavor):添加一定量的果蔬汁,具有其特征指标和风味,并保持啤酒基本口味,其他指标应符合相应啤酒的要求。

b) 果蔬味型(taste of fruit and vegetable beer):添加少量的食用香精,具有其特征风味,并保持啤酒基本口味,其他指标应符合相应啤酒的要求。

4.1.2 **葡萄酒 wines**

以鲜葡萄或葡萄汁为原料,经全部或部分发酵酿制而成的,含有一定酒精度的发酵酒。

4.1.2.1 **按酒中含糖量分类**

4.1.2.1.1 **干葡萄酒 dry wines**

含糖(以葡萄糖计)小于或等于4.0 g/L。或者当总糖与总酸(以酒石酸计)的差值小于或等于2.0 g/L时,含糖最高为9.0 g/L的葡萄酒。

4.1.2.1.2 **半干葡萄酒 semi-dry wines**

含糖大于干葡萄酒,最高为12.0 g/L。或者当总糖与总酸(以酒石酸计)的差值小于或等于2.0 g/L时,含糖最高为18.0 g/L的葡萄酒。

4.1.2.1.3 **半甜葡萄酒 semi-sweet wines**

含糖大于半干葡萄酒,最高为45.0 g/L的葡萄酒。

4.1.2.1.4 **甜葡萄酒 sweet wines**

含糖大于45.0 g/L的葡萄酒。

4.1.2.2 **按酒中二氧化碳含量(以压力表示)分类**

4.1.2.2.1 **平静葡萄酒 still wines**

在20 ℃时,二氧化碳压力小于0.05 MPa的葡萄酒。

4.1.2.2.2 **起泡葡萄酒 sparkling wines**

在20 ℃时,二氧化碳压力等于或大于0.05 MPa的葡萄酒。

4.1.2.2.3 **高泡葡萄酒 high-sparkling wines**

在20 ℃时,二氧化碳(全部自然发酵产生)压力大于等于0.35 MPa(对于容量小于250 mL的瓶子二氧化碳压力等于或大于0.3 MPa)的起泡葡萄酒。

a) 天然高泡葡萄酒(brut high-sparkling wines):酒中糖含量小于或等于12.0 g/L(允许差为

3.0 g/L)的高泡葡萄酒。

b) 绝干高泡葡萄酒(extra-dry high-sparkling wines):酒中糖含量为12.1 g/L～17.0 g/L(允许差为3.0 g/L)的高泡葡萄酒。

c) 干高泡葡萄酒(dry high-sparkling wines):酒中糖含量为17.1 g/L～32.0 g/L(允许差为3.0 g/L)的高泡葡萄酒。

d) 半干高泡葡萄酒(semi-dry high-sparkling wines):酒中糖含量为32.1 g/L～50.0 g/L的高泡葡萄酒。

e) 甜高泡葡萄酒(sweet high-sparkling wines):酒中糖含量大于50.0 g/L的高泡葡萄酒。

4.1.2.2.4 低泡葡萄酒 semi-sparkling wines

在20 ℃时,二氧化碳(全部自然发酵产生)压力在0.05 MPa～0.34 MPa的起泡葡萄酒。

4.1.2.3 按生产工艺分类

可分为葡萄酒和特种葡萄酒。

特种葡萄酒(special wines):用鲜葡萄或葡萄汁在采摘或酿造工艺中使用特定方法酿制而成的葡萄酒。

4.1.2.3.1 利口葡萄酒 liqueur wines

由葡萄生成总酒度为12%vol以上的葡萄酒中,加入葡萄白兰地、食用酒精或葡萄酒精以及葡萄汁、浓缩葡萄汁、含焦糖葡萄汁、白砂糖等,使其终产品酒精度为15.0%vol～22.0%vol的葡萄酒。

4.1.2.3.2 葡萄汽酒 carbonated wines

酒中所含二氧化碳是部分或全部由人工添加的,具有同起泡葡萄酒类似物理特性的葡萄酒。

4.1.2.3.3 冰葡萄酒 icewines

将葡萄推迟采收,当气温低于－7 ℃使葡萄在树枝上保持一定时间,结冰,采收,在结冰状态下压榨,发酵,酿制而成的葡萄酒(在生产过程中不允许外加糖源)。

4.1.2.3.4 贵腐葡萄酒 noble rot wines

在葡萄的成熟后期,葡萄果实感染了灰绿葡萄孢,使果实的成分发生了明显的变化,用这种葡萄酿制而成的葡萄酒。

4.1.2.3.5 产膜葡萄酒 flor or film wines

葡萄汁经过全部酒精发酵,在酒的自由表面产生一层典型的酵母膜后,加入葡萄白兰地、葡萄酒精或食用酒精,所含酒精度等于或大于15.0%vol的葡萄酒。

4.1.2.3.6 加香葡萄酒 flavoured wines

以葡萄酒为酒基,经浸泡芳香植物或加入芳香植物的浸出液(或馏出液)而制成的葡萄酒。

4.1.2.3.7 低醇葡萄酒 low alcohol wines

采用鲜葡萄或葡萄汁经全部或部分发酵,采用特种工艺加工而成的、酒精度为1.0%vol～7.0%vol的葡萄酒。

4.1.2.3.8 脱醇葡萄酒 non-alcohol wines

采用鲜葡萄或葡萄汁经全部或部分发酵,采用特种工艺加工而成的、酒精度为0.5%vol～1.0%vol葡萄酒。

4.1.2.3.9 山葡萄酒 *Vitis amurensis* wines

采用鲜山葡萄(包括毛葡萄、刺葡萄、秋葡萄等野生葡萄)或山葡萄汁经过全部或部分发酵酿制而成的葡萄酒。

4.1.3 果酒(发酵型) fruit wine

以新鲜水果或果汁为原料,经全部或部分发酵酿制而成的发酵酒。

4.1.3.1 命名规则

果酒应按原料水果名称命名,以区别于葡萄酒。当使用一种水果作原料时,可按该水果名称命名。

如:草莓酒、柑橘酒等。当使用两种或两种以上水果为原料时,可按用量比例最大的水果名称来命名。

4.1.3.2 种类

参照葡萄酒的分类方法,按酒中二氧化碳含量(以压力表示)和加工工艺分类分为:平静果酒、起泡果酒和特种果酒三类(参照 4.1.2.2.1、4.1.2.2.2、4.1.2.3)。

按含量糖分为干、半干、半甜和甜果酒(参照 4.1.2.1)。

4.1.4 黄酒 Chinese rice wine

以稻米、黍米等为主要原料,加曲、酵母等糖化发酵剂酿制而成的发酵酒。

4.1.4.1 按酒中含糖量分类

4.1.4.1.1 干酒黄酒:总糖含量小于等于 15.0 g/L。

4.1.4.1.2 半干酒黄酒:总糖含量 15.1 g/L~40.0 g/L。

4.1.4.1.3 半甜酒黄酒:总糖含量 40.1 g/L~100.0 g/L。

4.1.4.1.4 甜酒黄酒:总糖含量大于 100 g/L。

4.1.4.2 按原料分类

4.1.4.2.1 稻米黄酒。

4.1.4.2.2 非稻米黄酒。

4.1.4.3 按产品风格分类

4.1.4.3.1 传统型黄酒 traditional type Chinese rice wine

以稻米、黍米、玉米、小米、小麦等为主要原料,经蒸煮、加酒曲、糖化、发酵、压榨、过滤、煎酒(除菌)、贮存、勾兑而成的黄酒。

4.1.4.3.2 清爽型黄酒 qingshuang type Chinese rice wine

以稻米、黍米、玉米、小米、小麦等为主要原料,加入酒曲(或部分酶制剂和酵母)为糖化发酵剂,经蒸煮、糖化、发酵、压榨、过滤、煎酒(除菌)、贮存、勾兑而成的、口味清爽的黄酒。

4.1.4.3.3 特型黄酒 special type Chinese rice wine

由于原辅料和(或)工艺有所改变(如加入药食同源等物质),具有特殊风味且不改变黄酒风格的酒。

4.1.5 奶酒(发酵型) milk wine

以牛奶、乳清或乳清粉等为主要原料,经发酵、过滤、杀菌等工艺酿制而成的发酵酒。

注:奶酒指牛奶酒。如以马奶或羊奶为主要原料发酵酿制而成的,应称为马奶酒或羊奶酒。

4.1.6 其他发酵酒 other fermented alcoholic beverages

除上述以外的发酵酒。

4.2 蒸馏酒 distilled spirits

以粮谷、薯类、水果、乳类等为主要原料,经发酵、蒸馏、勾兑而成的饮料酒。

4.2.1 白酒 Chinese spirits

以粮谷为主要原料,用大曲、小曲或麸曲及酒母等为糖化发酵剂,经蒸煮、糖化、发酵、蒸馏而制成的白酒。

4.2.1.1 按糖化发酵剂分类

4.2.1.1.1 大曲酒:以大曲为糖化发酵剂酿制而成的白酒。

4.2.1.1.2 小曲酒:以小曲为糖化发酵剂酿制而成的白酒。

4.2.1.1.3 麸曲酒:以麸曲为糖化剂,加酒母发酵酿制而成的白酒。

4.2.1.1.4 混合曲酒:以大曲、小曲或麸曲等为糖化发酵剂酿制而成的白酒,或以糖化酶为糖化剂,加酿酒酵母等发酵酿制而成的白酒。

4.2.1.2 按生产工艺分类

4.2.1.2.1 固态法白酒 traditional Chinese spirits

以粮谷为原料,采用固态(或半固态)糖化、发酵、蒸馏,经陈酿、勾兑而成的,未添加食用酒精及非白酒发酵产生的呈香呈味物质，具有本品固有风格特征的白酒。

4.2.1.2.2 **液态法白酒 Chinese spirits by liquid fermentation**

以含淀粉、糖类物质为原料，采用液态糖化、发酵、蒸馏所得的基酒(或食用酒精)，可调香或串香，勾调而成的白酒。

4.2.1.2.3 **固液法白酒 Chinese spirits made from tradition and liquid fermentation**

以固态法白酒(不低于30%)、液态法白酒、食品添加剂勾调而成的白酒。

4.2.1.3 **按香型分类**

4.2.1.3.1 **浓香型白酒 strong flavour Chinese spirits**

以粮谷为原料，经传统固态法发酵、蒸馏、陈酿、勾兑而成的，未添加食用酒精及非白酒发酵产生的呈香呈味物质，具有以己酸乙酯为主体复合香的白酒。

4.2.1.3.2 **清香型白酒 mild flavour Chinese spirits**

以粮谷为原料，经传统固态法发酵、蒸馏、陈酿、勾兑而成的，未添加食用酒精及非白酒发酵产生的呈香呈味物质，具有以乙酸乙酯为主体复合香的白酒。

4.2.1.3.3 **米香型白酒 rice flavour Chinese spirits**

以大米等为原料，经传统半固态法发酵、蒸馏、陈酿、勾兑而成的，未添加食用酒精及非白酒发酵产生的呈香呈味物质，具有以乳酸乙酯、β-苯乙醇为主体复合香的白酒。

4.2.1.3.4 **凤香型白酒 Feng-flavour Chinese spirits**

以粮谷为原料，经传统固态法发酵、蒸馏、酒海陈酿、勾兑而成的，未添加食用酒精及非白酒发酵产生的呈香呈味物质，具有乙酸乙酯和己酸乙酯为主的复合香气的白酒。

4.2.1.3.5 **豉香型白酒 Chi-flavour Chinese spirits**

以大米为原料，经蒸煮，用大酒饼作为主要糖化发酵剂，采用边糖化边发酵的工艺，釜式蒸馏，陈肉酝浸勾兑而成，未添加食用酒精及非白酒发酵产生的呈香呈味物质，具有豉香特点的白酒。

4.2.1.3.6 **芝麻香型白酒 Zhima-flavour Chinese spirits**

以高粱、小麦(麸皮)等为原料，经传统固态法发酵、蒸馏、陈酿、勾兑而成的，未添加食用酒精及非白酒发酵产生的呈香呈味物质，具有芝麻香型风格的白酒。

4.2.1.3.7 **特香型白酒 Te-flavour Chinese spirits**

以大米为主要原料，经传统固态法发酵、蒸馏、陈酿、勾兑而成的，未添加食用酒精及非白酒发酵产生的呈香呈味物质，具有特香型风格的白酒。

4.2.1.3.8 **浓酱兼香型白酒 Nongjiang-flavour Chinese spirits**

以粮谷为原料、经传统固态法发酵、蒸馏、陈酿、勾兑而成的，未添加食用酒精及非白酒发酵产生的呈香呈味物质，具有浓香兼酱香独特风格的白酒。

4.2.1.3.9 **老白干香型白酒 Laobaigan-flavour Chinese spirits**

以粮谷为原料、经传统固态法发酵、蒸馏、陈酿、勾兑而成的，未添加食用酒精及非白酒发酵产生的呈香呈味物质，具有以乳酸乙酯、乙酸乙酯为主体复合香的白酒。

4.2.1.3.10 **酱香型白酒 Jiang-flavour Chinese spirits**

以粮谷为原料、经传统固态法发酵、蒸馏、陈酿、勾兑而成的，未添加食用酒精及非白酒发酵产生的呈香呈味物质，具有其特征风格的白酒。

4.2.1.3.11 **其他香型**

除上述以外的白酒。

4.2.2 **白兰地 brandy**

以新鲜水果或果汁为原料，经发酵、蒸馏、陈酿、调配而成的蒸馏酒。

4.2.2.1 **葡萄白兰地(简称:白兰地)**

4.2.2.1.1 **葡萄原汁白兰地 brandy made from grape juice**

以葡萄汁、浆为原料,经发酵、蒸馏、在橡木桶中陈酿、调配而成的白兰地。

4.2.2.1.2 **葡萄皮渣白兰地 brandy made from grape marc**

以发酵后的葡萄皮渣为原料,经蒸馏、在橡木桶中陈酿、调配而成的白兰地。

4.2.2.2 **水果白兰地 fruit brandy**

以新鲜水果为原料,经全部或部分发酵或用食用酒精浸泡、蒸馏而制成的白兰地,在白兰地名称前应冠以水果名称。

4.2.2.3 **调配白兰地 blended brandy**

以葡萄(水果)原汁或葡萄(水果)皮渣白兰地为基酒,加入一定量食用酒精调配而成的白兰地。

4.2.3 **威士忌 whisky**

以麦芽、谷物为原料,经糖化、发酵、蒸馏、陈酿、调配而成的蒸馏酒。

4.2.3.1 **麦芽威士忌 malt whisky**

全部以大麦麦芽为原料,经糖化、发酵、蒸馏,在橡木桶陈酿至少两年的威士忌。

4.2.3.2 **谷物威士忌 grain whisky**

以各种谷物(如黑麦、小麦、玉米、青稞、燕麦)为原料,经糖化、发酵、蒸馏,在橡木桶陈酿至少两年的威士忌。

4.2.3.3 **调配威士忌 blended whisky**

用各种单体威士忌(如麦芽威士忌、谷物威士忌)按一定比例混合、调配而成的威士忌。

4.2.4 **伏特加(俄得克) vodka**

以谷物、薯类、糖蜜及其他可食用农作物等为原料,经发酵、蒸馏制成食用酒精,再经过特殊工艺精制加工制成的蒸馏酒。

4.2.5 **朗姆酒 rum**

以甘蔗汁或糖蜜为原料,经发酵、蒸馏,陈酿、调配而成的蒸馏酒。

4.2.6 **杜松子酒(金酒) juniper-flavoured spiritdrinks**

以粮谷等为原料,经糖化、发酵、蒸馏后,用杜松子浸泡或串香复蒸馏后制成的蒸馏酒。

4.2.7 **奶酒(蒸馏型) milk spirit**

以牛奶、乳清或乳清粉等为主要原料,经发酵、蒸馏等工艺酿制而成的蒸馏酒。

4.2.8 **其他蒸馏酒 other distilled spirits**

除上述以外的蒸馏酒。

4.3 **配制酒(露酒) blended alcoholic beverage**

以发酵酒、蒸馏酒或食用酒精为酒基,加入可食用或药食两用的辅料或食品添加剂,进行调配、混合或再加工制成的、已改变了其原酒基风格的饮料酒。

4.3.1 **植物类配制酒(植物类露酒) integrated alcoholic beverages from plants**

利用食用或药食两用植物的花、叶、根、茎、果为香源及营养源,经再加工制成的、具有明显植物香及有用成分的配制酒。

4.3.1.1 **果酒(浸泡型) fruit spirit**

利用水果的果实为原料,经浸泡等工艺加工制成的、具有明显果香的配制酒。

4.3.2 **动物类配制酒(动物类露酒) integrated alcoholic beverages from animals**

利用食用或药食两用动物及其制品为香源和营养源,经再加工制成的、具有明显动物有用成分的配制酒。

4.3.3 **动植物类配制酒(动植物类露酒)** **integrated alcoholic beverages from plants and animals**

同时利用动物、植物有用成分制成的配制酒。

4.3.4 **其他类配制酒(其他类露酒)** **other integrated alcoholic beverages**

除上述以外的配制酒。

ICS 23.060.40;25.040.40
N 16

中华人民共和国国家标准

GB/T 17213.5—2008
代替 GB/T 17213.5—1998

工业过程控制阀　第5部分:标志

Industrial-process control valves—Part 5:Marking

(IEC 60534-5:2004,MOD)

2008-06-30 发布　　2009-01-01 实施

中华人民共和国国家质量监督检验检疫总局
中国国家标准化管理委员会　发布

前言

GB/T 17213《工业过程控制阀》分为如下部分：

——第1部分：控制阀术语和总则(GB/T 17213.1—1998,eqv IEC 60534-1:1987)

——第2-1部分：流通能力　安装条件下流体流量的计算公式(GB/T 17213.2—2005,IEC 60534-2-1:1998,IDT)

——第2-3部分：流通能力　试验程序(GB/T 17213.9—2005,IEC 60534-2-3:1997,IDT)

——第2-4部分：流通能力　固有流量特性和可调比(GB/T 17213.10—2005,IEC 60534-2-4:1989,IDT)

——第3-1部分：尺寸　两通球形直通控制阀法兰端面距和两通球形角形控制阀法兰中心至法兰端面的间距(GB/T 17213.3—2005,IEC 60534-3-1,2000,IDT)

——第3-2部分：尺寸　角行程控制阀(蝶阀除外)的端面距(GB/T 17213.11—2005,IEC 60534-3-2:2001,IDT)

——第3-3部分：尺寸　对焊式两通球形直通控制阀的端距(GB/T 17213.12—2005,IEC 60534-3-3:1998,IDT)

——第4部分：检验和例行试验(GB/T 17213.4—2005,IEC 60534-4:1999,IDT)

——第5部分：标志(GB/T 17213.5—2008,IEC 60534-5:2004,MOD)

——第6-1部分：定位器与控制阀执行机构连接的安装细节　定位器在直行程执行机构上的安装(GB/T 17213.6—2005,IEC 60534-6-1:1997,IDT)

——第6-2部分：定位器与控制阀执行机构连接的安装细节　定位器在角行程执行机构上的安装(GB/T 17213.13—2005,IEC 60534-6-2:2000,IDT)

——第7部分：控制阀数据单(GB/T 17213.7—1998,eqv IEC 60534-7:1989)

——第8-1部分：噪声的考虑　实验室内测量空气动力流流经控制阀产生的噪声(GB/T 17213.8—1998,idt IEC 60534-8-2:1991)

——第8-2部分：噪声的考虑　实验室内测量液动流流经控制阀产生的噪声(GB/T 17213.14—2005,IEC 60534-8-2:1991,IDT)

——第8-3部分：噪声的考虑　空气动力流流经控制阀产生的噪声的预测方法(GB/T 17213.15—2005,IEC 60534-8-3:2000,IDT)

——第8-4部分：噪声的考虑　液动流流经控制阀产生的噪声的预测方法(GB/T 17213.16—2005,IEC 60534-8-4:1994,IDT)

本部分为GB/T 17213的第5部分。

本部分修改采用IEC 60534-5:2004《工业过程控制阀　第5部分：标志》(英文版)。

本部分与IEC 60534-5:2004的差别在于：

——删除了规范性引用文件ISO 5209:1997《通用阀门　标志》,因该文件在条文中未提及；

——在4.1中增加了3个注,增加了对公称压力系列和以PN标志与以等级形式标志之间对应关系的表述；

——正文的表1中第7项及第9项按IEC 60534-5:2004的注2表述明确为：补充性(S)与强制性(M)标志并列。

增加的内容,在标准正文中所涉及条款的页边空白处用垂直单线标识。

为便于使用,本部分在制定时按GB/T 1.1—2000《标准化工作导则　第1部分：标准的结构和编写规则》和 GB/T 20000.2—2001《标准化工作指南　第 2 部分：采用国际标准的规则》的有关规定做了如下编辑性修改：

a) “IEC 60534 的本部分”改为“GB/T 17213 的本部分”；

b) 删除国际标准的前言；

c) 原引用标准的引导语按 GB/T 1.1—2000 的规定改成规范性引用文件的引导语；

d) 规范性引用文件一览表按 GB/T 1.1—2000 的规定重新进行排列。

本部分代替 GB/T 17213.5—1998《工业过程控制阀　第 5 部分：标志》。

本部分与 GB/T 17213.5—1998 的主要区别如下：

——更新规范性引用文件；

——增加对公称压力系列的表述；

——增加以 PN 标志与以等级形式标志之间对应关系的表述；

——体现强制性标志及补充性标志位置的表 1 按 IEC 60534-5:2004《工业过程控制阀　第 5 部分：标志》(英文版)的排列；

——正文的表 1 中第 7 项及第 9 项按 IEC 60534-5:2004 的注 2 表述明确为：补充性(S)与强制性(M)标志并列。

本部分由中国机械工业联合会提出。

本部分由全国工业过程测量和控制标准化技术委员会第一分技术委员会(SAC/TC 124/SC 1)归口。

本部分负责起草单位：上海工业自动化仪表研究所。

本部分参加起草单位：上海仪器仪表自控系统检验测试所、上海西派埃仪表成套有限公司、宁夏银星能源股份吴忠仪表有限公司、天津精通控制仪表技术有限公司、上海自动化仪表股份有限公司自动化仪表七厂、鞍山自控仪表(集团)股份有限公司、重庆川仪十一厂有限公司。

本部分主要起草人：王炯、陈蒙南、李明华、王克强、马玉山、王勇、杨建文、范萍、李雷、王燕、高强、王志泽、王艳。

本部分所代替标准的历次版本发布情况为：

——GB/T 17213.5—1998。

工业过程控制阀　第 5 部分:标志

1　范围

GB/T 17213 的本部分规定了控制阀的强制性标志和补充标志。有些强制性标志可能不适用于一些结构特殊的控制阀,而有些补充标志则可能仅适用于特殊类型的控制阀。本部分建议,除非制造厂与买方另行商定,各种阀的标志应符合本部分的规定。

2　规范性引用文件

下列文件中的条款通过 GB/T 17213 的本部分的引用而成为本部分的条款。凡是注日期的引用文件,其随后所有的修改单(不包括勘误的内容)或修订版均不适用于本部分,然而,鼓励根据本部分达成协议的各方研究是否可使用这些文件的最新版本。凡是不注日期的引用文件,其最新版本适用于本部分。

GB/T 17213.1　工业过程控制阀　第 1 部分:控制阀术语和总则(GB/T 17213.1—1998,eqv IEC 60534-1:1987)

ISO 7005(所有部分)　金属法兰

EN 19　工业阀门　金属阀门的标志

EN 1092(所有部分)　法兰及其接头　管道、阀门、管件和附件用 PN 标志圆法兰

EN 1333　管道部件　PN 的定义和选用

3　术语和定义

GB/T 17213.1 和 GB/T 17213 其他部分确立的以及下列取之 EN 19 的术语和定义适用于本部分。

3.1

整体标志　integral markings

整体铸造、锻造或冲压在阀体或阀帽/阀盖上的标志。

3.2

标志板　marking plate

可靠地固定在阀体或阀帽/阀盖上,标有一个或多个强制性标志的金属板。

3.3

标识铭牌　identification plate

可靠地固定在控制阀上,标有补充标志或其他标志的金属牌。

4　规范

4.1　公称压力标志

公称压力可以 PN 标志或以等级形式标志,标志均应符合 ISO 7005,EN 1092,或 EN 1333。

注 1:以 PN(单位:1/10 兆帕;1/10 MPa)标志的公称压力系列为:PN2.5,PN6,PN10,PN16,PN20,PN25,PN40,PN50、PN64,PN100,PN110、PN160,PN250,PN260、PN320,PN420,PN1600,PN2500。

注 2:以等级形式(单位:psi)标志的公称压力系列为:125 级,150 级,250 级,300 级,400 级,600 级,900 级,1500 级,2500 级。

注 3:以 PN 标志的与以等级形式标志的公称压力对应关系为:PN20:150 级;PN50:300 级;PN64:400 级;PN110:600 级;PN160:900 级;PN260:1500 级;PN420:2500 级。

4.2 标志的位置

表1列出了适用于控制阀标志的强制性标志和补充标志的有关内容及位置。

4.2.1 阀体上的强制性标志

只要阀体上有足够的空间，表1列出的强制性标志应为整体标志，或置于标志板上(见4.2.4)。

置于阀体上的强制性标志包括表1中的第1项至第4项和第22项，这几项适用于所有控制阀，如果情况许可，还包括第5项、第7项、第8项、第9项和第12项，这几项适用于特殊结构控制阀或特定用途控制阀。

4.2.2 法兰或连接端上的强制性标志

表1中的第6项、第8项仅适用于标置在法兰或连接端上。

4.2.3 补充标志

表1中列出的补充标志应标置在标识铭牌上，标识铭牌可位于控制阀的任何合适位置。如果是关于特性的标志，用户有可能改变其特性，最好将标识铭牌做成可拆换的。

补充标志的使用应与控制阀的结构型式相适应，或应按制造厂和买方商定的方法使用。适用于控制阀，但表1中未列出的标志，经制造厂和买方商定，可以增加为补充标志。

4.2.4 可利用空间

当可供设置标志的空间面积受控制阀实际尺寸制约时，小于DN50(NPS2)的控制阀，如果因可利用空间的限制，阀体上无法容纳全部标志，可按第1项、第12项、第3项的次序省略阀体上的强制性标志，而将其转标在4.2.3提到的标识铭牌上。

4.2.5 附加标志

只要附加标志不与上述规定标志相抵触，制造厂可以任意选用。制造厂遵守上列要求并不妨碍制造厂在规定位置以外再附加任何标志项目，例如标置在阀体上的标志也可以重复标置在4.2.3提及的识别铭牌上。

4.2.6 特殊标志

经过特殊处理的控制阀，例如，氧用阀、核用阀、易挥发物用阀门(fugitive emissions)等应采用适当的标志标明，这些标志应符合适用的标准或法规或由制造厂和买方商定。

5 标志符号

由于空间的限制，用于制造控制阀的很多材料通常需要使用缩写表示。缩写应尽可能选用ISO的参考符号，这些符号可在ISO 7005的各个部分中查找。

注：作为过渡措施，可以使用各国习惯使用的符号，但是应得到国际的认可。典型的例子如："CF8M"或"316"用来作为任何18%Cr，10%Ni，2.5%Mo类型不锈钢的牌号。

表1 阀的标志

项目	说明	类别 M=强制 S=补充	位置	备注
1	公称通径(DN，NPS)	M	阀体上	见4.2.1、4.2.4和注5
2	公称压力等级(PN，Class)	M	阀体上	见4.2.1和注5
3	阀体材料	M	阀体上	见4.2.1和4.2.4
4	制造厂厂名或商标	M	阀体上	见4.2.1
5	流动方向	M	如可行，置于阀体上	见4.2.1和注1
6	法兰面型号(适用于ISO 7005标准)	M	如可行，置于法兰上	见4.2.2

表 1（续）

项目	说　明	类　别 M＝强制 S＝补充	位　置	备　注
7	最大允许工作温度/K 或℃	S 或 M	如可行，置于标识铭牌上	见注 2
8	螺纹或法兰标志	M	如可行，置于阀体连接端上	见 4.2.2
9	最大允许工作压力/kPa 或 bar	S 或 M	如可行，置于标识铭牌上	见注 2
10	制造厂的型号或识别号	S	标识铭牌上	
12	熔化标志	M	如可行，置于阀体上	见 4.2.1 和 4.2.4
13	节流组件材料	S	标识铭牌上	
15	阀衬里材料	S	标识铭牌上	
17	检验员印鉴	S	如可行，置于阀体上	见 4.2.1
19	额定流量系数（K_v、C_v）	S	标识铭牌上	
20	最大允许工作压差/kPa 或 bar	S	标识铭牌上	见注 3
22	系列号或其他永久性标志	M	阀体上	见 4.2.1
23	额定行程	S	标识铭牌上	
24	固有流量特性（即直线、等百分比或其他）	S	标识铭牌上	
25	标签号	S	标识铭牌上	
26	阀动力中断时位置	S	标识铭牌上	
27	允许安装位置	S	标识铭牌上	仅在各种安装位置并不都适用时才用
28	执行机构设定信号范围	S	标识铭牌上	

注 1：根据使用要求或按说明书可在任一方向使用的阀，其流动方向可标在金属牌上。流动方向改变时，允许用户改变指示的流动方向。

注 2：第 7 项和第 9 项仅在由于受结构、制造方法、衬里或采用其他阀体材料的限制而造成减免第 2 项和第 8 项时才作为强制性标志。

注 3：仅在控制阀具有功能上限时才作规定。

注 4：项目编号和 EN 19 一致；因此，有意略去第 11 项、第 14 项、第 16 项、第 18 项和第 21 项。

注 5：对于用 PN 标志的控制阀，用 DN 表示公称通径。对于用等级标志的控制阀，用 DN 或 NPS 表示公称通径。

ICS 17.220.20
N 22

中华人民共和国国家标准

GB/T 17215.311—2008
代替 GB/T 15283—1994

交流电测量设备　特殊要求 第11部分:机电式有功电能表 (0.5、1和2级)

Electricity metering equipment(a.c.)—Particular requirements—Part 11:Electromechanical meter for active energy(classes 0.5,1 and 2)

(IEC 62053-11:2003,MOD)

2008-06-30 发布　　2009-01-01 实施

中华人民共和国国家质量监督检验检疫总局
中国国家标准化管理委员会　发布

前 言

本部分修改采用IEC 62053-11:2003《电测量设备(交流) 特殊要求 第11部分:机电式有功电能表(0.5、1和2级)》,本部分与GB/T 17215.211—2006《交流电测量设备 通用要求、试验和试验条件 第11部分:测量设备》共同构成对机电式电能表的型式试验要求。

本部分代替GB/T 15283—1994。

本部分(含通用要求)与GB/T 15283—1994的主要区别如下:

——明确和规范了产品的名称:机电式电能表。

——明确对使用环境的分类和要求,增加了试验内容。

——增加机械性能要求。

——对直接接入的电能表和经互感器接入的电能表的误差考核范围(电流)分别规定。

——考虑我国的实际情况和使用的方便,在附录A中对具有脉冲输出功能的机电式电能表的脉冲输出装置给出了有关要求。

本部分附录A和附录B为资料性附录。在附录B中给出了推荐的试验顺序。

本部分由中国机械工业联合会提出。

本部分由全国电工仪器仪表标准化技术委员会归口。

本部分起草单位:哈尔滨电工仪表研究所、浙江正泰仪器仪表有限责任公司、国家电网公司、山东电力研究院、宁波三星电子科技有限公司、华立仪表集团公司、深圳市科陆电子科技股份有限公司、杭州华隆电子技术有限公司、长沙威胜电子有限公司、德力西集团、北京海湾智能仪表有限公司。

本部分主要起草人:林炳海、徐民、雷惠博、王兆宏、韩东、李先怀、李岭森、夏亚莉、张先亮、张立华。

本部分所代替标准的历次发布情况为:

——电(D)28—1959;

——JB 793—1966;

——JB 793—1978;

——GB 3924—1983;

——GB/T 15283—1994。

引　言

本部分是和下列标准以及IEC 62053、IEC 62059系列电测量设备标准的有关部分一起使用：

GB/T 17215.211—2006　交流电测量设备　通用要求、试验和试验条件　第11部分：测量设备(IEC 62052-11-2003，IDT)

GB/T17215.322—2008　交流电测量设备　特殊要求　第22部分：静止式有功电能表(0.2S级和05S级)(IEC 62053-22：2003，IDT)，代替GB/T 17883—1999

GB/T 17215.323—2008　交流电测量设备　特殊要求　第23部分：静止式无功电能表(2级和3级)(IEC 62053-23：2003，IDT)，代替GB/T 17882—1999

IEC 62053-31：1998　交流电测量设备　特殊要求　第31部分：机电式和电子式电能表的脉冲输出装置(两芯传输)

IEC 62053-61：1998　交流电测量设备　特殊要求　第61部分：功耗和电压要求

IEC 62059-11：2002　交流电测量设备　可靠性　第11部分：通用概念

IEC 62059-21：2002　交流电测量设备　可靠性　第21部分：现场仪表可靠性数据采集

这部分是关于电能表型式试验的标准。它包括对电能表的特殊要求，这些电能表正在世界范围内大量地在户内户外使用。它不包括特殊的执行机构(诸如在独立外壳内的测量部件和/或显示器)。

本部分应与GB/T 17215.211联合使用。当本部分的任何要求涉及到GB/T 17215.211中的已有条款，本部分中的要求优先于GB/T 17215.211的要求。

本部分区别了：

——准确度等级指数为：0.5级、1级和2级的电能表；

——Ⅰ类和Ⅱ类防护绝缘包封仪表；

——在装有或没装有接地故障抑制的电网上使用的仪表。

该试验等级被认为是在标称工作条件下满足仪表全部功能的最低值。对特殊用途，需规定其他试验等级时，可由用户和制造厂商定。

交流电测量设备 特殊要求
第11部分:机电式有功电能表
(0.5、1和2级)

1 范围

GB/T 17215的本部分仅适用于新制造的用于在50 Hz或60 Hz网路中测量交流有功电能的等级为0.5级,1级和2级的机电式有功电能表(以下简称仪表)及其型式试验。

本部分适用于由测量元件和一个或多个计度器装在同一个表壳内而组成的室内和室外的机电式电能表,也适用于一个或多个工作指示器及一个或多个测试输出。如果仪表有一个测量元件测量一种以上电能(多电能仪表),或者当其他功能元件,如最大需量指示器,电子费率计度器,时间开关,纹波控制接收器,数据通信接口等也包封在仪表表壳内,当然,与这些元件相关的标准也得应用,本标准仅适用于计量部分。

本部分不适用于:

a) 接线端跨接电压超过600 V(多相仪表为线对线电压)的仪表;

b) 可携式仪表;

c) 仪表计度器的数据接口。

验收检验依照GB/T 3925—1983《2.0级交流电度表的验收方法》(eqv IEC 60514:1975)给出的基本方针。

可靠性依照IEC 62059《交流电测量设备 可靠性》系列文件的内容。

2 规范性引用文件

下列文件中的条款通过GB/T 17215的本部分的引用而成为本部分的条款。凡是注日期的引用文件,其随后所有的修改单(不包括勘误的内容)或修订版均不适用于本部分,然而,鼓励根据本部分达成协议的各方研究是否可使用这些文件的最新版本。凡是不注日期的引用文件,其最新版本适用于本部分。

GB/T 3925—1983 2.0级交流电度表的验收方法(eqv IEC 60514:1975)

GB/T 11150—2001 电能表检验装置(neq IEC 60736:1982)

GB/T 17215.211—2006 交流电测量设备 通用要求、试验和试验条件 第11部:测量设备(IEC 62052-11:2003,IDT)

3 术语和定义

GB/T 17215.211—2006中第3章的术语和定义适用于本部分。

4 标准电量值

GB/T 17215.211—2006中第4章的规定值适用于本部分。

5 机械要求

除了GB/T 17215.211—2006中第5章的机械要求外,仪表还应满足以下要求。

5.1 概述

仪表应设计为当按制造厂说明书安装时，仪表在所有方向偏离垂直位置不应大于0.5°(见表11脚注2)。

5.2 计度器(寄存器)

计度器可以是鼓轮式或指针式的。

在鼓轮式计度器中，计度器记录的基本单位(kWh或MWh)应标在与鼓轮组件相邻处。

鼓轮式计度器中，仅最后一个鼓轮，即最右端的鼓轮是可连续转动的。

在指针式计度器中，计度器记录的单位以1 kWh/div或1 MWh/div的型式标在与单位标度盘邻近处，10的倍数可以标到邻近标度盘处。例如，按千瓦小时计度的仪表，单位标度盘应标以1 kWh/div，单位标度盘左边相邻的其他标度盘应标以10—100—1 000等。

5.3 旋转方向和转子标志

观测者从正面看仪表，与观测者最近的转子边缘从左向右旋转。旋转方向应标有清晰的箭头。

圆盘的边缘和/或上面应带有易于识别的标志，以便于记录转数。也可以附加供频闪或其他试验用的其他标志，这种标志的位置不应妨碍为光电转数计数用的可见标志的使用。

6 气候条件

GB/T 17215.211—2006中第6章的规定适用于本部分。

7 电气要求

除了GB/T 17215.211—2006中第7章规定的电气要求外，仪表还应符合以下要求。

7.1 功率消耗

在电压和电流线路中的功率消耗是在8.5规定的参比条件下电压线路和电流线路的功率消耗。功率消耗测量的整体最大误差不超过5%。

7.1.1 电压线路

在参比电压、参比温度和参比频率下，仪表每一电压线路的有功功率和视在功率消耗不应超过表1规定值。

表1 电压线路的功率消耗

仪表	仪表等级	
	0.5和1	2
单相和多相	3 W和12 VA	2 W和10 VA
注：为了匹配仪表的电压互感器，不论负荷是感性或容性的，制造厂应予注明(仅对经互感器接入的仪表)。		

7.1.2 电流线路

在基本电流、参比频率和参比温度下，直接接入的仪表每一电流线路损耗的视在功率不应超过表2规定值。

在参比温度和参比频率下，经电流互感器接入的仪表，每一电流线路损耗的视在功率在其电流值等于电流互感器二次额定电流时不超过表2规定值。

7.2 短时过电流影响

在各电压线路通电条件下，短时过电流不应损坏仪表。当仪表恢复到初始工作温度时(约1h)，仪表应能正确工作，其误差改变量不应超过表3规定值。

试验线路应是无感线路。对于多相仪表，试验应在每一相分别进行。

a) 直接接入的仪表

仪表应能经受，其峰值为 $50I_{max}$（或 7 000 A，取低值），并保持超过 $25I_{max}$（或 3 500 A，取低值）允差为＋0%～－10%的电流，时间为 1 ms。

注 1：冲击电流可以通过电容器放电或可控硅整流器电源获得。

注 2：I_{max} 是仪表的最大电流的均方根值。

b) 经电流互感器接入的仪表

仪表应能经受 $20I_{max}$，允差为＋0%～－10%的电流，施加时间为 0.5 s。

注：本要求不适用于电流线路中有触点的仪表，此情况参见相应标准。

表 2 电流线路的功率消耗

仪表	基本电流	仪表等级		
	I_b 或 I_n	0.5	1	2
单相和多相	＜30 A	6.0 VA	4.0 VA	2.5 VA
	≥30 A	10.0 VA	6.0 VA	4.0 VA

注 1：额定二次电流是电流互感器的二次电流值，互感器的特性基于此值。最大二次电流的标准值是额定二次电流的 120%、150%和 200%。

注 2：为了匹配仪表的电流互感器，不论负荷是感性或容性的，制造厂应予注明（仅对经互感器接入的仪表）。

表 3 由短时过电流引起的误差改变量

仪表	电流值	功率因数	各等级仪表百分数误差改变量极限		
			0.5	1	2
直接接入	I_b	1	—	1.5	1.5
经电流互感器接入	I_n	1	0.3	0.5	1.0

7.3 自热影响

由自热引起的误差改变量不应超过表 4 规定值。

表 4 自热引起的误差改变量

电流值	功率因数	各等级仪表百分数误差改变量极限		
		0.5	1	2
I_{max}	1	0.5	0.7	1.0
	0.5 感性	0.7	1.0	1.5

应进行如下试验：电流线路无电流，电压线路接参比电压至少 4 h（0.5 级仪表），2 h（1 级仪表）和 1 h（2 级仪表）后，在电流线路中施加最大电流。在功率因数为 1 的条件下，施加电流后立刻测量仪表误差，然后以足够短的间隔时间进行多次测量，准确地画出作为时间函数的误差变化曲线。此项试验至少应进行 1 h，直至在 20 min 内误差变化不大于 0.2%时为止。

在功率因数等于 0.5（感性）时进行同样的试验。

给仪表通电的电缆长度 1 m，横截面积应保证电流密度在 3.2 A/mm^2～4 A/mm^2 之间。

7.4 交流电压试验

交流电压试验应按照表 5 进行。

试验电压应近似正弦波，频率在 45 Hz 和 65 Hz 之间，施加 1 min。电源容量至少应为 500 VA。在对地电压试验中，参比电压等于或低于 40 V 的辅助线路应接地。

试验中不应发生闪络、火花放电和击穿现象。

表 5 交流电压试验

试验	试验电压 rms	试验电压施加点
A)	a)、b)、c)、d)项试验电压为 2 kV 和 e)项试验电压 500 V	表盖和端子盖被移开，在下述两点之间进行试验： 一点是基架，和下述另一点之间： a) 在正常工作中同其他线路分离开的，并适当绝缘的每一电流线路[1)]。 b) 在正常工作中同其他线路分离并适当绝缘的每一电压线路或有公共点的电压线路组[1)]。 c) 每一辅助线路或有公共点的线路组，且其参比电压在 40 V 以上[1)]。 d) 在正常工作中相互连接但同其他线路分离并适当绝缘的驱动元件，其电流电压绕阻的每一组[2)]。 e) 参比电压等于或低于 40 V 的辅助线路。
B)	600 V 或在参比条件下电压绕阻所加电压（超过 300 V 时）的两倍（取高值）	在端子盖被移开，但金属表盖在原位置下进行试验。 电压施加于每一驱动元件的电流线路和电压线路之间，此线路通常是相互连接的，为了试验，此线路应暂时断开[3)]。
C)	2 kV	盖上表壳，表盖和端子盖在原位置进行试验，所有的电流线路和电压线路以及参比电压超过 40 V 的辅助线路连接在一起为一点，另一点是地。
D)	a) 项试验电压 4 kV b) 项试验电压 2 kV d) 项试验电压 40 V	针对Ⅱ类防护绝缘包封仪表增加的试验。 a) 所有电流和电压线路以及参比电压超过 40 V 的辅助线路连接在一起为一点，另一点是地； b) 基架和地之间； c) 按照 GB/T 17215.211—2006 中 5.7 的要求目视检查； d) 一点是连接在一起的表壳内部所有导电部件，另一点是表壳外部用试指可触及的所有导电部件连接在一起[4)]。

1) 电流和电压绕阻之间的连接被简单的断开，其绝缘一般不能充分确保可抗 2kV 试验电压。A)部分的 a)和 b)项通常适用于经仪用互感器的仪表和有单独电流和电压绕阻的某种特殊仪表。

2) 受 A)部分的 a)和 b)项试验的线路不经受 d)项试验。当多相仪表的电压线路在正常工作中有一个公共点，此公共点应保留供试验用，在此情况下，驱动元件的所有电路进行单独的试验。

3) 严格来说，这不是介电强度试验，而是检验在接线装置开路时绝缘距离是否足够的一个方法。

4) 如果 c)项试验无疑问，不必做 D)部分 d)项试验。

8 准确度要求

试验和试验条件按 GB/T 17215.211—2006 的规定。

8.1 电流改变量引起的误差改变极限

仪表在 8.5 规定的参比条件下，其百分数误差不应超过表 6 和表 7 中给定的相应准确度等级的极限。0.5 级仪表的百分数误差极限仅对经互感器接入的仪表有效。

8.2 由其他影响量引起的误差改变极限

相对于 8.5 给出的参比条件下，影响量的变化引起的附加的百分数误差不应超过表 8 规定的与准确度等级有关的极限。0.5 级仪表的百分数误差改变量极限仅对经互感器接入的仪表有效。

由影响量引起误差改变的试验，应在所有其他影响量在它们的参比条件下单独进行试验（见表 11）。

8.3 启动和潜动试验

8.3.1 潜动试验

当电压线路施加参比电压的80%到110%之间的任一电压值，而电流线路无电流时（电流线路为开路），仪表转子不应旋转完整的一转。

对于鼓轮式计度器，此条件仅适用于一个鼓轮转动。

8.3.2 启动

在表9规定的起动电流值（多相仪表为带有平衡负载）下，仪表转子应起动并连续旋转。

表6 百分数误差极限

（单相仪表和带有平衡负载的多相仪表）

电流值		功率因数	各等级仪表百分数误差极限		
直接接入仪表	经互感器接入仪表		0.5	1	2
$0.05I_b \leqslant I < 0.1I_b$	$0.02I_n \leqslant I < 0.05I_n$	1	±1.0	±1.5	±2.5
$0.1I_b \leqslant I \leqslant I_{max}$	$0.05I_n \leqslant I \leqslant I_{max}$	1	±0.5	±1.0	±2.0
$0.1I_b \leqslant I < 0.2I_b$	$0.05I_n \leqslant I < 0.1I_n$	0.5感性 0.8容性	±1.3 ±1.3	±1.5 ±1.5	±2.5 —
$0.2I_b \leqslant I \leqslant I_{max}$	$0.1I_n \leqslant I \leqslant I_{max}$	0.5感性 0.8容性	±0.8 ±0.8	±1.0 ±1.0	±2.0 —
当用户特殊要求时		0.25感性 0.5容性	±2.5 ±1.5	±3.5 ±2.5	— —

表7 百分数误差极限

（带有单相负载的多相仪表，电压线路加平衡的多相电压）

电流值		功率因数	各等级仪表百分数误差极限		
直接接入仪表	经互感器接入仪表		0.5	1	2
$0.2I_b \leqslant I \leqslant I_b$	$0.1I_n \leqslant I \leqslant I_n$	1	±1.5	±2.0	±3.0
$0.5I_b$	$0.2I_n$	0.5感性	±1.5	±2.0	—
I_b	I_n	0.5感性	±1.5	±2.0	±3.0
$I_b \leqslant I \leqslant I_{max}$	$I_n \leqslant I \leqslant I_{max}$	1	—	—	±4.0

在基本电流 I_b，功率因数为1的直接接入的仪表和额定电流 I_n，功率因数为1的经互感器接入的仪表在单相负载与多相平衡负载的百分数误差之差，对于0.5、1和2级仪表分别不应超过1%、1.5%和2.5%。

注：当按照表7试验时，试验电流应依次加入每一测量元件。

8.4 仪表常数

应检查仪表转子转数和计度器指示值的比率，其比率应是正确的。

8.5 准确度试验的条件

为了检验准确度要求，应保持以下试验条件：

被试仪表应装在表壳内，并盖上表盖；

在进行任一试验之前，电压线路应至少通电：

a) 0.5级仪表4 h。

b) 1级仪表2 h。

c) 2级仪表1 h。

表 8 影响量

影响量	电流值（平衡负载，另有说明时除外）直接接入仪表	电流值（平衡负载，另有说明时除外）经互感器接入仪表	功率因数	各等级仪表平均温度系数 %/K 0.5	1	2
环境温度改变量[6)]	$0.1I_b \leqslant I \leqslant I_{max}$ $0.2I_b \leqslant I \leqslant I_{max}$	$0.05I_n \leqslant I \leqslant I_{max}$ $0.1I_n \leqslant I \leqslant I_{max}$	1 0.5 感性	0.03 0.05	0.05 0.07	0.10 0.15
				各等级仪表百分数误差改变量极限 0.5	1	2
电压改变量 ±10% [1)]	$0.1\ I_b$ $0.5\ I_{max}$ $0.5\ I_{max}$	$0.1I_n$ $0.5I_{max}$ $0.5I_{max}$	1 1 0.5 感性	0.8 0.5 0.7	1.0 0.7 1.0	1.5 1.0 1.5
频率改变量 ±2%	$0.1I_b$ $0.5I_{max}$ $0.5I_{max}$	$0.1\ I_n$ $0.5\ I_{max}$ $0.5\ I_{max}$	1 1 0.5 感性	0.7 0.6 0.8	1.0 0.8 1.0	1.5 1.3 1.5
逆相序	$0.5I_b \leqslant I \leqslant I_{max}$ $0.5I_b$（单相负载）	$0.5I_n \leqslant I \leqslant I_{max}$ $0.5\ I_n$（单相负载）	1 1	1.5 2.0	1.5 2.0	1.5 2.0
波形：电流波形中三次谐波 10%[2)]	I_b	I_n	1	0.5	0.6	0.8
外磁感应强度 0.5mT[3)]	I_b	I_n	1	1.5	2.0	3.0
附件工作[4)]	$0.05\ I_b$	$0.02\ I_n$	1	0.3	0.5	1.0
单费率或多费率计度器的机械负载 [5)]	$0.05\ I_b$	$0.02\ I_n$	1	0.8	1.5	2.0
悬挂倾斜 3°	$0.05\ I_b$ I_b 和 I_{max}	$0.02\ I_n$ I_n 和 I_{max}	1 1	1.5 0.3	2.0 0.4	3.0 0.5

1) 电压范围从－20%至－10%和＋10%至＋15%时，以百分数误差表示的改变量极限为上表规定值的 3 倍。低于 $0.8U_n$ 时，仪表误差可在＋10%和－100%之间。

2) 电压的畸变因数应低于 1%。
在同基波比较，电流三次谐波在最不利的相位移条件下测量百分数误差改变量。

3) 外部 0.5 mT 的磁感应强度由施加给仪表电压相同频率的电流产生，并在最不利的相位和方向的条件下，仪表百分数误差的改变量不应超过本表规定值。
此磁感强度值可通过将仪表放置在圆形线圈中心处获得，该线圈平均直径为 1 m，矩形截面，相对于直径有较小的径向厚度，线圈为 400 安匝。

4) 指封装在表壳内的间歇通电的附件，如：多费率计度器的电磁铁。
为能正确接线，最好标出与辅助装置的连接方法。若：这种连接是插头和插座方式，则应是不可逆的。但是，在无上述标志或可逆连接的情况下，若仪表是在最不利的条件的连接下进行试验，误差改变量不应超出本表规定值。

5) 校准仪表时，此影响已被补偿。

6) 应在整个工作范围内确定平均温度系数。工作温度范围应分成多个 20 K 宽的子范围，然后在这些范围内确定平均温度系数，在该范围中间的上 10 K 和下 10 K 进行测定。试验期间无论如何不要超出规定的工作温度范围。

表 9 起动电流

仪表	仪表等级			功率因数
	0.5	1	2	
直接接入	—	$0.004I_b$	$0.005I_b$	1
经电流互感器接入	$0.002I_n$	$0.002I_n$	$0.003I_n$	1

测量电流应按逐增值或逐减值调整，电流线路应在每一电流值下维持足够的时间，以便于达到热稳定，相应的达到转速稳定。

此外，多相仪表应该：

——按接线图上标出的相序；

——电压和电流应基本平衡(见表 10)。

d) 参比条件见表 11。

e) 试验装置要求见 GB/T 11150—2001。

f) 鼓轮式计度器仅是转动最快的鼓轮转动。

检查转子时，应使转子至少完整的旋转一转。

鼓轮式计度器的仪表，应在不超过 2 个鼓轮转动时进行试验。

8.6 试验结果的说明

由于测量的不确定度和其他参数可能影响到测量，某些试验结果可能落在表 6 和表 7 规定的极限值的外边。然而，如平行移动一次零线，移动量极限不大于表 12 规定值，所有试验结果落入表 6 和表 7 规定的极限内时，则仪表被认为合格。

9 调整

一般情况下，应提供适当的调整装置。经用户和制造厂协议，制造厂可以生产无进一步调整装置的仪表。

装有调整装置的仪表，以及按本标准已调整好的仪表，至少应能按表 13 所示范围进行进一步的调整。

试验应按照 8.5 规定的条件进行。

表 10 电压和电流平衡要求

多相仪表	仪表等级		
	0.5	1	2
每一相电压(线与中线间)和线电压(线与线间)与对应的电压平均值之差不大于	±0.5%	±1%	±1%
每一相电流与各相电流平均值之差不应大于	±1%	±2%	±2%
各相电流与对应的相电压间的相位移，它们相互间的差不应大于(不考虑功率因数)	2°	2°	2°

表 11 参比条件

影响量	参比值	各级仪表允许的偏差		
		0.5	1	2
环境温度	参比温度，无标记时为 23℃[1)]	±1℃	±2℃	±2℃
电压	参比电压	±0.5%	±1.0%	±1.0%
频率	参比频率	±0.2%	±0.3%	±0.5%
相序	正相序(L1-L2-L3)	—	—	—
电压不平衡	所有的相被连接	—	—	—
波形	正弦电压和电流	畸变因数小于		
		2%	2%	3%
参比频率的外部磁感应强度	磁感应强度等于零	引起误差改变量不大于以下值的磁感应强度值[3)]		
		±0.1%	±0.2%	±0.3%
附件工作	无附件工作	—	—	—
工作位置	垂直工作位置[2)]	±0.5°	±0.5°	±0.5°

1) 在非参比温度的某一值(包括允许偏差)下进行试验，应通过相应的仪表温度系数校准试验结果。

2) 确定垂直的工作位置(见 5.1)。

仪表的安装和装配应在下述条件下保证正确的垂直位置(前后及左右)：

——表底由垂直的墙壁支承；

——基准边缘(如接线端座的下边缘)，或标志在表壳上的基准线是水平的。

3) 试验包括：

a) 对于单相仪表，首先将仪表同电网电源正常连接测定各项误差，接着将电流线路以及电压线路反向连接后测定各项误差。两个误差之差的一半即是误差改变值。由于外磁场相位未知，试验应在 0.1 I_b 或 0.05I_n、功率因数为 1 和 0.2 I_b 或 0.1 I_n、功率因数为 0.5 条件下进行。

b) 对于三相仪表，在 0.1 I_b 或 0.05 I_n、功率因数为 1 条件下进行三次测量，在每次测量之后，电流线路和电压线路的连接改变 120°，相序不改变。测定的每个误差与它们的平均值之间的最大的差值即是误差改变值。

表 12 误差零线平行移动的极限值

	仪表等级		
	0.5	1	2
允许零线移动/%	0.3	0.5	1.0

表 13 调整的最低范围

调　整	电流值	功率因数	各等级仪表用百分数表示的转子转速调整的最低范围		
			0.5	1	2
制动元件	0.5I_{max}	1	±2.0	±2.0	±4.0
轻载	0.05I_b	1	±2.0	±2.0	±4.0
感性负载	0.5I_b 或 0.5I_n	0.5 感性	±1.0	±1.0	—
	0.5 I_{max}	0.5 感性	—	—	±1.0

注：对于多相仪表，应对每一驱动元件进行感性负载调整范围的检验，并在每一元件电流线路中的电流为基本电流的一半，并滞后于该元件的接线端电压 60°的条件下测定，所有驱动元件的所有电压线路带有多相平衡电压，其均方根值等于参比电压，相序按接线图所示。

附 录 A
（资料性附录）
机电式电能表的脉冲输出装置

A.1 范围

本附录规定了机电式电能表（仪表）的脉冲输出装置（以下简称装置）的分类、技术要求、试验方法等。

A.2 分类

A.2.1 按脉冲输出方式分为：电接点式、接线端子式、光电偶合式。

A.2.2 按工作电源供给方式分为：内附电源式、外供电源式。

A.2.3 按电能表转动方向分为：单方向、双方向。

A.3 技术要求

A.3.1 机械要求

A.3.1.1 对以接线端子方式输出脉冲的装置应有单独的脉冲信号输出端或测试端子，端子应能从仪表的正面触及、能用测试设备监测、与仪表的测量电路隔离、有明显的标志图号并能在仪表的端子盖被封印后防止非授权人操作。

A.3.1.2 对以电接点方式输出脉冲信号的装置，电接点输出机构应保证脉冲信号不被反接，接触可靠。

A.3.1.3 以光电偶合输出脉冲信号的装置，要有确保光电信号可靠偶合的机构。

A.3.1.4 外供工作电源的装置，应有可靠的工作电源的输入端子，该端子应和仪表的接线端子组合在一起，但应与测量电路隔离并可清晰区分和标志。

A.3.2 电气要求

A.3.2.1 工作电源

内附工作电源在测量电路电压自额定值的80%～115%范围内变化时，应能保证装置产生的脉冲幅值和宽度符合本附录的要求，并不产生伪脉冲。

在使用外供工作电源时，装置的功率消耗应不大于0.5 VA，外供工作电源应有足够的负载能力，接上装置后，工作电源电压不应产生大于10%以上的电压降，并能保证装置在仪表正常工作时不产生大于相当于0.01 kWh的脉冲量的改变。

电源的额定工作电压为：5 V、12 V、24 V。

A.3.2.2 方向识别能力

装置应具有方向识别能力，当仪表所测量的电能潮流方向改变（仪表转盘反转）时，应有方向识别信号输出。

对用于双向计量仪表的装置，当仪表所测量的电能潮流方向改变（仪表转盘反转）时，除输出方向识别信号外，并不应产生大于相当于0.01 kWh的脉冲量的改变。

A.3.3 对脉冲信号的要求

A.3.3.1 脉冲信号的波形

装置输出的波形应为实际方波，如图1所示。脉冲前沿 t_s，后沿 t_f，延时应小于1 ms，且不应有大于0.3 U_o 的抖动（毛刺）电压，脉冲前过冲值 a 与衰减振荡值 c 的波动范围应小于0.05 U_o 值。

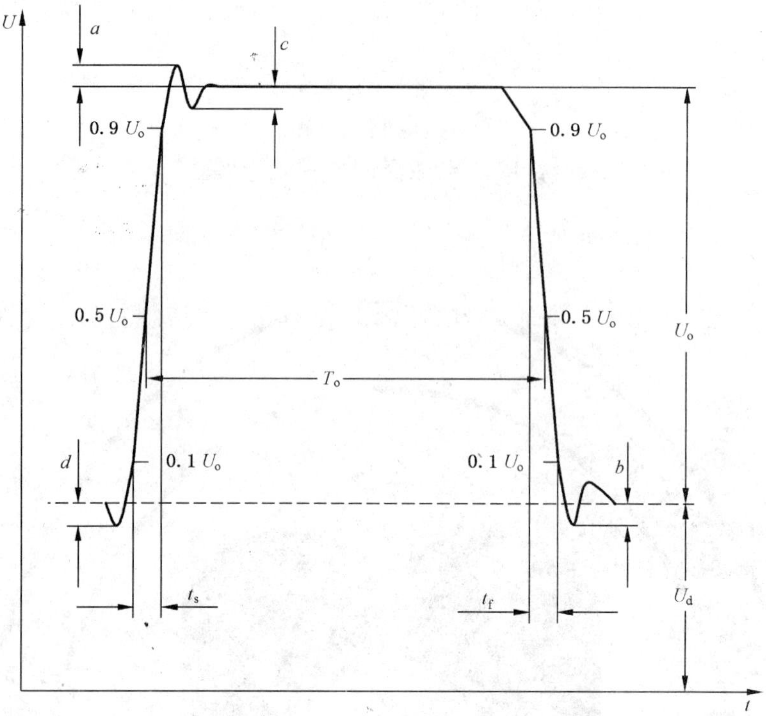

U_o——脉冲幅值；

U_d——输出低电平(底值)；

T_o——脉宽；

t_s——脉冲前沿；

t_f——脉冲后沿；

d——预冲值；

a——前过冲值；

b——后过冲值；

c——衰减振荡值；

U_o+U_d——脉冲顶值。

图 A.1 脉冲信号波形图

A.3.3.2 脉冲幅值

脉冲幅值一般应选用 12 V(或 5 V),也可使用 24 V(允许使用的最大值电压),允许偏差为±5%。当脉冲信号输出电流为额定值时,脉冲幅值的电压降不应超过额定值的 10%,脉冲信号输出低电平应大于 0.9 V。

A.3.3.3 脉冲宽度

脉冲宽度应该是设定的,脉冲宽度优选值为:10 ms,20 ms,40 ms,80 ms。

脉冲宽度的允许误差为:±20%。

A.3.3.4 脉冲比率和脉冲常数

脉冲比率应在 1,2,4,8,10 中优选。

脉冲常数应与仪表标牌上的数值一致。

A.3.4 对脉冲输出电路的要求

A.3.4.1 以电接点或接线端子方式输出脉冲信号的输出电路应能保证输出标准幅值的电平和电流,有较高的抗干扰能力和高的可靠性。

脉冲输出阻抗应为:80 Ω～120 Ω;

脉冲输出电路的延时时间常数应小于:6 ns/m～8 ns/m;

在规定的负载下,输出电流不小于 20 mA。

A.3.4.2 以光电偶合方式输出脉冲的装置，输出信号的波长为：800 nm～1 000 nm之间（红外线）。在距离偶合器表面10 mm±1 mm处的辐射强度在规定的基准表面（旋光区）上为：

ON 状态：500 $\mu W/cm^2 \leqslant Ee/T \leqslant 5\ 000\ \mu W/cm^2$；

OFF 状态：$Ee/T \leqslant 10\ \mu W/cm^2$。

其中：Ee/T 为辐射强度。ON状态为光电偶合器发射状态。OFF状态为光电偶合器不发射状态。

A.3.5　功率消耗

对于外供工作电源的装置的功率消耗应不大于0.5 VA；对于内附工作电源的装置的功率消耗应不大于1.5 VA。

A.3.6　影响量的影响

A.3.6.1　环境温度的影响

在仪表的极限工作温度范围内，装置的输出应符合A.3.3.4的要求。

A.3.6.2　短时过电流影响

仪表经短时过电流试验后，装置的输出应符合A.3.3.4的要求。

A.3.6.3　轻载影响

仪表在参比电压、参比频率和P.F.1的条件下，当负载电流小于$0.05I_b$（或$0.05I_n$），但不小于起动电流时，装置的输出应符合A.3.3.4的要求，不产生伪脉冲。

在仪表进行潜动试验时，装置应不产生伪脉冲。

A.3.6.4　转盘摆动影响

当仪表转盘处于摆动状态时（转盘转动不超过360°的往复转动），装置的脉冲输出不应产生大于相当于0.001 kWh的脉冲量的改变。

A.3.6.5　脉冲取样频率的影响

当仪表在参比频率、参比电压、P.F.1的条件下，负载电流在$0.05I_b$（或$0.05I_n$）～I_{max}的范围内变化时，装置的输出应符合A.3.3.1～A.3.3.4的要求。

A.3.6.6　装置对仪表的影响

当仪表在参比电压、参比频率和P.F.1的条件下，负载电流为$0.05I_b$（或$0.05I_n$）时，装置对仪表的影响应符合表A.1的要求。

表A.1　装置对仪表影响的误差极限

电流值	功率因数	各等级仪表相对误差改变量的极限值/%		
		0.5	1	2
$0.05I_b$	1	0.1	0.1	0.2
$0.02I_n$	1	—	—	0.2

A.3.6.7　自然可见光影响

仪表在正常工作状态下打开表盖，将装置暴露在自然光源（或其他照明光源）之下，光照度为16 000 lx的条件下，装置应正常工作，无伪脉冲输出。

A.3.7　电磁兼容性能（EMC）

A.3.7.1　抗电磁干扰的影响

装置与仪表共同经受EMC试验时，不应损坏，其输出应符合以下规定：

a）对0.5级仪表不产生相当于0.001 kWh的脉冲量的改变；

b）对1和2级仪表不产生相当于0.01 kWh的脉冲量的改变。

A.3.7.2　无线电干扰的抑制

装置不应产生能干扰仪表或其他设备的传导或辐射的噪声。

A.3.8 电压降落和中断影响

装置为内附工作电源，当电网电压降落和短时中断时，装置的脉冲输出不应产生大于相当于0.001 kWh(对于0.5级仪表)或0.01 kWh(对于1或2级仪表)的脉冲量的改变。

电压恢复后，装置不应损坏。

A.4 试验方法

A.4.1 装置的试验与仪表一起进行(A.3.6.1、A.3.6.2、A.3.7.1、A.3.7.2)，有关装置的特殊要求按下述条文进行。

A.4.2 本附录A.3.1.1～A.3.1.4的试验以目测的方法检验。

A.4.3 对内附工作电源要求(A.3.2.1)的试验，将测量电路电压由100%额定电压降低到80%，电流为基本电流，P.F.1，用示波器和脉冲计数器测量脉冲输出端子，观察脉冲波形，计算脉冲数值；再将电压升至115%的额定电压，重复上述步骤。

对于外供工作电源，在未接装置前测量其输出电压，接上装置再测量其输出电压，并脉冲输出端脉冲数值，进行计算。

A.4.4 确定脉冲方向识别功能(A.3.2.2)的试验

仪表在参比电压、参比频率、P.F.1的条件下，电流电路加0.5I_b的电流，改变电流方向10次，观察正、反向计量和正、反向标志工作是否正常，用示波器观察波形，确定有无伪脉冲。

A.4.5 脉冲波形测试(A.3.3.1～A.3.3.3)的试验

装置的输出端为开路状态时，以记忆示波器测得装置的输出脉冲波形。测量波形的幅值、脉宽、前沿、后沿延时，观察脉冲波图形变化及毛刺电压等项，应符合A.3.3.1～A.3.3.3的要求。

A.4.6 脉冲比率与脉冲常数(A.3.3.4)的试验

A.4.6.1 确定脉冲比率试验

仪表在参比电压、参比频率、基本电流和P.F.1的条件下，测量脉冲数的同时记录转盘的转数，按公式(A.1)计算脉冲比率。

$$B_m = \frac{N}{n} \qquad \cdots\cdots(A.1)$$

式中：

N——测得的脉冲数(imp)；

n——记录的转盘转数(r)。

每次测量取$n=10$，取五次测量的平均值，应符合确定的脉冲比率数(imp/r)。

A.4.6.2 确定脉冲常数试验

仪表在参比电压、参比频率、基本电流和P.F.1的条件下，同时测量输入仪表的电能量值(由仪表的示值读取)和装置输出的脉冲数，核算脉冲数与电能读数，应符合公式(A.2)的关系。

$$C_m = \frac{M}{E_r} \qquad \cdots\cdots(A.2)$$

式中：

C_m——仪表确定的脉冲常数(imp/kWh)；

M——测得的装置的脉冲数(imp)；

E_r——测得的仪表电能示值(kWh)。

计算出的C_m值应与仪表标牌上确定的脉冲常数相同。

A.4.7 对脉冲输出电路的要求(A.3.4)试验

A.4.7.1 对以电接点和接线端子方式输出的电路(A.3.4.1)的试验

装置在正常工作状态下，保证其输出电压，其输出端接入电阻负载，在输出电流≤20mA的情况下测量下列参数：

a) 脉冲电压幅值；

b) 输出低电平；

c) 观察脉冲波形上升沿、下降沿的变化，交流分量及衰减振荡的变化。

A.4.7.2 对光电耦合方式输出的电路(A.3.4.2)

用红外光辐射强度计在输出平面 10 mm 处测量辐射强度。

A.4.8 功率消耗(A.3.5)

在测量仪表功率消耗的同时，以同样的方法测量装置的功率消耗。

A.4.9 轻载影响(A.3.6.3)

仪表在参比电压、参比频率、P.F.1 的条件下，在负载电流小于 $0.05I_b$(或 $0.05I_n$)，但大于起动电流时，用脉冲计数器和示波器检测脉冲输出端的输出波形和脉冲数值。

A.4.10 确定转盘摆动影响(A.3.6.4)试验

仪表在参比电压、参比频率、P.F.1 的条件下，在负载电流为 $0.1I_b$(或 $0.1I_n$)时，反复改变通入电流电路的电流方向，使仪表转盘往复转动(不超过 360°)，测量脉冲输出数值。

仪表转盘往复转动次数应不少于 10 次。

A.4.11 确定脉冲取样频率影响(A.3.6.5)试验

仪表在参比电压、参比频率、P.F.1 的条件下，当负载电流为 $0.1I_b$(或 $0.1I_n$)～I_{max} 范围内任意值时，用脉冲计数器和示波器测量装置输出端，观察脉冲波形、计算脉冲数值。

对光耦合输出方式输出的装置，测量耦合器接收的脉冲数。

A.4.12 确定装置对仪表影响(A.3.6.6)试验

仪表在参比电压、参比频率、P.F.1 的条件下，当负载电流为 $0.05I_b$(或 $0.05I_n$)时，切断装置电源，测量仪表误差 Rm_2。然后在同样的条件下，接通装置电源，使其处于工作状态，再次测量仪表误差 Rm_1，计算两次误差的变差(Rm_2-Rm_1)。

A.4.13 确定自然可见光影响(A.3.6.7)试验

仪表在正常工作条件下打开表盖，将装置暴露在自然光源(或其他可见光源)之下，光照度为 16 000 lx，测量脉冲输出。

A.4.14 电压降落和短时中断影响(A.3.8)试验

在下列条件下进行试验：

仪表各电压电路接参比电压，电流电路无电流。

a) 电压中断为 $\Delta=100\%$；
   中断时间：1 s；
   中断次数：3 次；
   中断间隔：50 ms。

b) 电压中断为 $\Delta=100\%$；
   中断时间：20 ms；
   中断次数：1 次。

c) 电压降落 $\Delta=50\%$；
   降落时间：1 min；
   降落次数：1 次。

测量脉冲输出量值，进行计算。

附　录　B
（资料性附录）
推荐的试验顺序表

序　　号	试　验　项　目	技术要求	试验方法
1	绝缘性能要求	7.3	7.3.1
1.1	脉冲电压试验	5.6	7.3.2
1.2	交流电压试验	7.4	7.3.3
2	准确度要求	8	8.5、8.6
2.1	仪表常数试验	8.4	8.4
2.2	起动试验	8.3.1	8.3.1
2.3	潜动试验	8.3.2	8.3.2
2.4	电流改变引起的误差试验	8.1	8.1
2.5	影响量引起的误差改变试验	8.2	8.2
3	电气要求	7	7
3.1	功率消耗试验	7.1	7.1
3.2	短时过电流影响试验	7.2	7.2
3.3	自热影响试验	7.3	7.3
3.4	接地故障抗扰度试验	7.4	7.4
3.5	温升试验	7.2	7.2
4	电磁兼容(EMC)试验(对有电子功能装置的仪表)	7.5.1	7.5.1
4.1	无线电干扰抑制	7.5.8	7.5.2
4.2	快速瞬变脉冲群抗扰度试验	7.5.4	7.5.3
4.3	阻尼震荡波抗扰度试验	7.5.7	7.5.4
4.4	射频电磁场抗扰度试验	7.5.3	7.5.5
4.5	射频场感应传导骚扰的抗扰度试验	7.5.5	7.5.6
4.6	静电放电抗扰度试验	7.5.2	7.5.7
4.7	浪涌抗扰度试验	7.5.6	7.5.8
5	气候影响试验	6.3	6.3
5.1	干热试验	6.3.1	6.3.1
5.2	低温试验	6.3.2	6.3.2
5.3	交变湿热试验	6.3.3	6.3.3
5.4	阳光辐射试验	6.3.4	6.3.4
6	机械性能试验	5.2.2	5.2.2
6.1	振动试验	5.2.2.3	5.2.2.3
6.2	冲击试验	5.2.2.2	5.2.2.2
6.3	弹簧锤试验	5.2.2.1	5.2.2.1
6.4	防尘和防水试验	5.9	5.9
6.5	耐热和阻燃试验	5.8	5.8
注：黑体字条款号为 GB/T 17215.211—2006 中条款号，其余为本标准条款号。			

ICS 17.220.20
N 22

中华人民共和国国家标准

GB/T 17215.321—2008/IEC 62053-21:2003
代替 GB/T 17215—2002

交流电测量设备 特殊要求 第21部分:静止式有功电能表 (1级和2级)

Electricity metering equipment(a.c.)—Particular requirements—Part 21:Static meters for active energy(classes 1 and 2)

(IEC 62053-21:2003,IDT)

2008-06-30 发布 2009-01-01 实施

中华人民共和国国家质量监督检验检疫总局
中国国家标准化管理委员会 发布

前 言

本部分等同采用IEC 62053-21:2003《交流电测量设备 特殊要求 第21部分:1级和2级静止式有功电能表》。本部分与GB/T 17215.211—2006《交流电测量设备 通用要求、试验和试验条件 第11部分:测量设备》共同构成对1级和2级静止式有功电能表的型式试验要求。

本部分代替GB/T 17215—2002。

本部分与GB/T 17215—2002的主要区别如下:

——调整了标准的结构,如将"要求"与"试验和试验条件"合二为一,按各项要求,分章节给出;

——增加了扩展的电压工作范围,如"扩展的工作范围:从 $0.8U_n$ 到 $1.15U_n$";

——在"参比条件"中,增加了影响量"相序、电压不平衡、外部恒定磁强度、高频电磁场、附件工作的参比条件;

——增加了衰减振荡波抗扰度试验的EMC试验要求;

——取消了"静电放电抗扰度试验"、"射频场感应的传导骚扰抗扰度试验"的"非工作条件下"或"无电流条件下"的试验。

本部分的附录A、附录B为规范性附录。

本部分由中国机械工业联合会提出。

本部分由全国电工仪器仪表标准化技术委员会归口。

本部分起草单位:哈尔滨电工仪表研究所、国家电网公司、华北电科院、长沙威胜电子有限公司、浙江正泰仪器仪表有限责任公司、华立仪表集团公司、宁波三星电子科技有限公司、杭州华隆电子技术有限公司、深圳市科陆电子科技股份有限公司、北京海湾智能仪表有限公司、江苏林洋电子有限公司、浙江万胜电力仪表有限公司、德力西集团。

本部分主要起草人:熊兰英、刘得新、谭志强、李岭森、雷惠博、夏亚莉、王兆宏、韩东、李先怀、陈东滨、严序良、张先亮、张立华。

本部分所代替标准的历次版本发布情况为:

——GB/T 17215—1998;

——GB/T 17215—2002。

引　言

本部分是和下列标准以及 IEC 62053、IEC 62059 系列电测量设备标准的有关部分一起使用：

GB/T 17215.211—2006　交流电测量设备　通用要求、试验和试验条件　第 11 部分：测量设备(IEC 62052-11:2003,IDT)

GB/T 17215.322—2008　交流电测量设备　特殊要求　第 22 部分：静止式有功电能表(0.2S 级和 0.5S 级)(IEC 62053-22:2003,IDT)，代替 GB/T 17883—1999

GB/T 17215.323—2008　交流电测量设备　特殊要求　第 23 部分：静止式无功电能表(2 级和 3 级)(IEC 62053-23:2003,IDT)，代替 GB/T 17882—1999

IEC 62053-31:1998　交流电测量设备　特殊要求　第 31 部分：机电式和电子式电能表的脉冲输出装置(两芯传输)

IEC 62053-61:1998　交流电测量设备　特殊要求　第 61 部分：功耗和电压要求

IEC 62059-11:2002　交流电测量设备　可靠性　第 11 部分：通用概念

IEC 62059-21:2002　交流电测量设备　可靠性　第 21 部分：现场仪表可靠性数据采集

本部分是电能表型式试验的标准。它涵盖的特殊要求的仪表是指使用量大、应用面广的室内室外用仪表，特殊的执行机构(诸如在独立外壳内的测量部件和/或显示器)。

本部分应与 GB/T 17215.211 联合使用。当本部分的任何要求涉及到 GB/T 17215.211 中的已有条款，本部分的要求优先于 GB/T 17215.211 的要求。

本部分区分：

——准确度等级指数为：1 级和 2 级的仪表；

——Ⅰ类防护仪表和Ⅱ类防护仪表；

——在装有或没装有接地故障抑制的电网上使用的仪表。

该试验等级被认为是在标称工作条件下满足仪表全部功能的最低值，对于特殊应用，可能需要其他的试验等级，应由用户和制造厂之间协商同意。

交流电测量设备　特殊要求
第21部分:静止式有功电能表
(1级和2级)

1　范围

GB/T 17215的本部分仅适用于在50 Hz或60 Hz网路中测量交流有功电能的,准确度等级为1级和2级的新制造静止式有功电能表(以下简称仪表),并且仅适用于其型式试验。

本部分仅适用于室内和室外使用的,由一个测量元件和一个或多个计度器装在同一表壳内的互感器接入式的静止式电能表。它也适用于一个或多个工作指示器及一个或多个测试输出。如果仪表具有一个用于测量不止一种电能的测量元件(多电能仪表),或当其他功能单元,如最大需量指示器、电子费率寄存器、时间开关、纹波控制接收器、数据通讯接口等包封在同一该表壳内,则对这些功能单元也适用相应的标准。

本部分不适用于:

a)　接线端跨接电压超过600 V(多相仪表为线对线电压)的有功电能表;

b)　可携式仪表;

c)　仪表计度器的数据接口;

d)　标准表。

2　规范性引用文件

下列文件中的条款通过GB/T 17215的本部分的引用而成为本部分的条款。凡是注日期的引用文件,其随后所有的修改单(不包括勘误的内容)或修订版均不适用于本部分,然而,鼓励根据本部分达成协议的各方研究是否可使用这些文件的最新版本。凡是不注日期的引用文件,其最新版本适用于本部分。

GB/T 11150—2001　电能表检验装置,电能表试验设备(neq IEC 60736:1982)

GB/T 17215.211—2006　交流电测量设备　通用要求、试验和试验条件　第11部分:测量设备(IEC 62052-11:2003,IDT)

IEC 62053-61:1998　交流电测量设备　特殊要求　第61部分:功耗和电压要求

3　术语和定义

GB/T 17215.211—2006中给出的术语和定义适用于本部分。

4　标准的电量值

GB/T 17215.211—2006中给出的标准的电量值适用于本部分。

5　机械要求

GB/T 17215.211—2006中给出的机械要求适用于本部分。

6　气候条件

GB/T 17215.211—2006中给出的气候条件适用于本部分。

7 电气要求

除了 GB/T 17215.211—2006 中的电气要求外,仪表还应满足下列要求。

7.1 功率消耗

电压电路和电流电路的功率消耗应在 8.5 给定的参比条件下以任意合适的方法确定。功耗测量的最大综合误差不超过 5%。

7.1.1 电压线路

在参比电压、参比温度和参比频率下,仪表每一电压线路的有功功率和视在功率消耗不应超过表 1 规定值。

表 1 单相和多相仪表在电压线路(包括电源)的功率消耗

仪　表	带电源的电压线路	不带电源的电压线路
电压线路	2 W 和 10 VA	0.5 VA
辅助电源	—	10 VA

注 1:为了匹配仪表的电压互感器,不论负荷是感性或容性的,制造厂应予注明(仅对经互感器接入的仪表)。

注 2:以上数值是平均值,开关电源时的峰值允许超过上述值,但应确保仪表所连接的电压互感器有足够的负荷能力。

注 3:多功能仪表功耗要求参见 IEC 62053-61:1998。

7.1.2 电流线路

直接接入的仪表,每一电流线路在基本电流、参比频率和参比温度下的视在功率不应超过表 2 规定值。

经电流互感器接入的仪表,每一电流线路在参比温度和参比频率下电流值等于电流互感器二次额定电流的视在功率不应超过表 2 规定值。

表 2 电流线路的功率消耗

仪表	仪表等级	
	1	2
单相和多相	4.0 VA	2.5 VA

注 1:额定二次电流是电流互感器的二次电流值,即确定互感器性能的电流值。最大二次电流的标准值是额定二次电流的 120%、150% 和 200%。

注 2:为了匹配仪表的电流互感器,不论负荷是感性或容性的,制造厂应予注明(仅对经互感器接入的仪表)。

7.2 短时过电流影响

短时过电流不应损坏仪表。当回到初始工作条件时,仪表应能正确工作,其误差改变量不应超过表 3 规定值。

试验线路应事实上无感,对于多相仪表试验应逐相进行。

接线端保持电压进行短时过电流以后,在各电压线路通电条件下应使仪表恢复到初始温度(约1 h)。

a) 直接接入仪表

仪表应能经受 $30I_{max}$,允差为+0%~−10%的电流,施加时间为额定频率的半个周期。

b) 经电流互感器接入的仪表

仪表应能经受相当于 $20I_{max}$,允差为+0%~−10%的电流,施加时间为 0.5 s。

注:本要求不适用于在电流电路中有触点的仪表,此情况参见相关标准。

7.3 自热影响试验

由自热引起的误差改变量不应超过表 4 给出的值。

应进行如下试验:电流线路无电流,电压线路接参比电压至少 2 h(对于 1 级仪表)和 1h(对于 2 级仪表)后,在电流线路中应施加最大电流。在功率因数为 1 时,施加电流后立刻测量仪表误差,接着以足够短的间隔时间准确地画出作为时间函数的误差变化曲线。此项试验至少应进行 1h,且在任何情况下直至在 20 min 内其误差变化不大于 0.2%时为止。

表 3　由短时过电流引起的改变量

仪　表	电流值	功率因数	各等级仪表以百分数误差表示的改变量极限	
			1	2
直接接入	I_b	1	1.5	1.5
经电流互感器接入	I_n	1	0.5	1.0

表 4　自热引起的改变量

电流值	功率因数	各等级仪表以百分数误差表示的改变量极限	
		1	2
I_{max}	1	0.7	1.0
	0.5(感性)	1.0	1.5

功率因数为 0.5(感性)时重复上述试验。

给仪表通电的电缆长度为 1 m,横截面积应保证电流密度在 3.2 A/mm^2～4 A/mm^2 之间。

7.4 交流电压试验

交流电压试验应按照表 5 进行。

试验电压应近似正弦波,频率在 45 Hz 和 65 Hz 之间,施加 1 min。电源容量至少应为 500 VA。

在对地电压试验中,参比电压等于或低于 40 V 的辅助线路应接地。

所有试验均应在外壳闭合,表盖和端钮盖在原位的情况下进行试验。

试验中不应发生飞弧、火花放电或击穿现象。

表 5　交流电压试验

施加于	试验电压(均方根)	试 验 电 压 施 加 点
Ⅰ类防护仪表	2 kV	a) 所有的电流线路和电压线路以及参比电压超过 40V 的辅助线路连接在一起为一点,另一点是地,试验电压施加于该两点间
	2 kV	b) 在工作中不连接的各线路之间
Ⅱ类防护仪表	4 kV	a) 所有的电流线路和电压线路以及参比电压超过 40 V 的辅助线路连接在一起为一点,另一点是地,试验电压施加于该两点间
	2 kV	b) 在工作中不连接的各线路之间
	—	c) 目视检验是否遵从 GB/T 17215.211—2006 的 5.7 条的条件

8 准确度要求

GB/T 17215.211—2006 中给出的试验和试验条件适用于本部分。

8.1 电流改变量引起的误差极限

仪表在 8.5 规定的参比条件下,其百分数误差不应超过表 6 和表 7 中给定的相应准确度等级的极限。

如果仪表可适用于测量双向电能，则表 6 和表 7 中给定的值适用于每一方向的电能。

当仪表带单相负载和带多相负载时的百分误差之差不应超过 1.5%（对 1 级表）和 2.5%（对 2 级表）。对于直接接入式的仪表，是在基本电流 I_b 和功率因数 1 时测试；相应的对于经互感器接入的仪表是在额定电流 I_n 和功率因数为 1 时测试百分数误差之差对于 1 级和 2 级仪表分别不能超过 1.5% 和 2.5%。

注：当按表 7 试验时，试验电流宜依次加入每一测量单元。

8.2 由其他影响量引起的误差极限

相对于 8.5 给出的参比条件下影响量的变化引起的附加的百分数误差不应超过表 8 规定的与准确度等级有关的极限。

应单独地对某个影响量引起的改变量进行测试，所有其他影响量保持为参比条件（见表 11）。

表 6　百分数误差极限（单相仪表和带平衡负载的多相仪表）

电流值		功率因数	各等级仪表百分数误差极限	
直接接入仪表	经互感器仪表		1	2
$0.05I_b \leqslant I < 0.1I_b$	$0.02I_n \leqslant I < 0.05I_n$	1	±1.5	±2.5
$0.1I_b \leqslant I \leqslant I_{max}$	$0.05I_n \leqslant I \leqslant I_{max}$	1	±1.0	±2.0
$0.1I_b \leqslant I < 0.2I_b$	$0.05I_n \leqslant I < 0.1I_n$	0.5（感性） 0.8（容性）	±1.5 ±1.5	±2.5 —
$0.2I_b \leqslant I \leqslant I_{max}$	$0.1I_n \leqslant I \leqslant I_{max}$	0.5（感性） 0.8（容性）	±1.0 ±1.0	±2.0 —
当用户特殊要求时		0.25（感性） 0.5（容性）	±3.5 ±2.5	— —
$0.2I_b \leqslant I \leqslant I_b$	$0.1I_n \leqslant I \leqslant I_n$			

表 7　百分数误差极限（带有单相负载的多相仪表，电压线路加平衡的多相电压）

电流值		功率因数	各等级仪表百分数误差极限	
直接接入仪表	经互感器仪表		1	2
$0.1I_b \leqslant I \leqslant I_{max}$	$0.05I_n \leqslant I \leqslant I_{max}$	1	±2.0	±3.0
$0.2I_b \leqslant I \leqslant I_{max}$	$0.1I_n \leqslant I \leqslant I_{max}$	0.5（感性）	±2.0	±3.0

8.2.1 在有谐波情况下的准确度试验

试验条件：

a) 基波电流：$I_1 = 0.5I_{max}$；

b) 基波电压：$U_1 = U_n$；

c) 基波的功率因数：1；

d) 5 次谐波电压含量：$U_5 = 10\%U_n$；

e) 5 次谐波电流含量：$I_5 = 40\% I_1$；

f) 谐波功率因数：1；

g) 基波和谐波（在过零点）同相。

由 5 次谐波产生的谐波功率为 $P_5 = 0.1U_1 \times 0.4I_1 = 0.04P_1$，或总有功功率为 $1.04P_1$（基波＋谐波）。

8.2.2 奇次和次谐波影响试验

奇次和次谐波影响试验应按图 A.4 中的线路进行或采用可产生所要求波形的其他试验设备进行，电流波形分别为图 A.5 和图 A.7 所示。在仪表承受图 A.5 和图 A.7 给定的试验波形以及承受标准波形的百分误差改变量不应超过表 8 的改变量极限。

注：图中给出值只是对 50 Hz 的，对其他频率的值可按此推算。

8.2.3 直流和偶次谐波影响试验

直流和偶次谐波影响试验应按图 A.1 中的线路进行或采用可产生所要求波形的其他试验设备进行，电流波形为图 A.2。

在图 A.2 所示的试验波形和标准波形下测得的百分误差改变量改变不应超过表 8 规定的改变量极限。

注：图中仅给出了 50 Hz 的值，对其他频率的参数可按此推算。

表 8 影响量

影响量	电流值（平衡的，有说明除外）		功率因数	各等级仪表的平均温度系数（%/K）	
	直接接入仪表	经互感器仪表		1	2
环境温度变化[9]	$0.1I_b \leqslant I \leqslant I_{max}$ $0.2I_b \leqslant I \leqslant I_{max}$	$0.05I_n \leqslant I \leqslant I_{max}$ $0.1I_n \leqslant I \leqslant I_{max}$	1 0.5（感性）	0.05 0.07	0.10 0.15
				各等级仪表百分数误差改变极限	
				1	2
电压改变量±10%[1)8)]	$0.05I_b \leqslant I \leqslant I_{max}$ $0.1I_b \leqslant I \leqslant I_{max}$	$0.02I_n \leqslant I \leqslant I_{max}$ $0.05I_n \leqslant I \leqslant I_{max}$	1 0.5（感性）	0.7 1.0	1.0 1.5
频率改变量±2%[8)]	$0.05I_b \leqslant I \leqslant I_{max}$ $0.1I_b \leqslant I \leqslant I_{max}$	$0.02I_n \leqslant I \leqslant I_{max}$ $0.05I_n \leqslant I \leqslant I_{max}$	1 0.5（感性）	0.5 0.7	0.8 1.0
逆相序	$0.1I_b$	$0.1I_n$	1	1.5	1.5
电压不平衡[3)]	I_b	I_n	1	2.0	4.0
电流线路和电压线路中谐波分量[5)]	$0.5I_{max}$	$0.5I_{max}$	1	0.8	1.0
交流电流线路中直流和偶次谐波[4)]	$I_{max}/\sqrt{2}$ [2)]	—	1	3.0	6.0
交流电流线路中奇次谐波[5)]	$0.5I_b$ [2)]	$0.5I_n$ [2)]	1	3.0	6.0
交流电流线路中次谐波[5)]	$0.5I_b$ [2)]	$0.5I_n$ [2)]	1	3.0	6.0
外部恒定磁感应[5)]	I_b	I_n	1	2.0	3.0
外磁感应强度 0.5 mT[6)]	I_b	I_n	1	2.0	3.0
高频电磁场	I_b	I_n	1	2.0	3.0
附件工作[7)]	$0.05I_b$	$0.05I_n$	1	0.5	1.0
射频场感应的传导骚扰	I_b	I_n	1	2.0	3.0
快速瞬变脉冲群	I_b	I_n	1	4.0	6.0

表 8（续）

影　响　量	电　流　值（平衡的，有说明除外）		功率因数	各等级仪表的平均温度系数（%/K）	
	直接接入仪表	经互感器仪表		1	2
抗衰减振荡波[10)]	—	I_n	1	2.0	3.0

1）电压范围从－20%～－10%和从＋10%～＋15%时，以百分数误差表示的改变量极限为本表规定值的 3 倍。低于 $0.8U_n$ 时，仪表误差可在＋10%～－100%之间改变。

2）电压的畸变因数应低于 1%，试验条件按 8.2.2 和 8.2.3 规定。

3）有 3 个测量元件的多相仪表，如下面的相被断开，应能在本表规定的以百分数误差表示的改变量的极限内测量和计数。

——三相四线电网中的一相或两相；

——三相三线电网中（如果仪表为此工作设计）的三相中的一相。

本要求仅包括断相，不包括诸如互感器熔丝失效的事件。

4）此项试验不适用于经互感器工作的仪表。试验条件按 A.1 的规定。

5）试验条件按 8.2.1～8.2.4 规定。

6）外部 0.5 mT 的磁感应强度由施加给仪表电压相同频率的电流产生，并在对被测仪表最不利的相位和方向的条件下，仪表以百分数误差表示的改变量不应超过表 8 规定值。

可使用中心能放置仪表的环形电流线圈产生该磁感应强度场的磁场。环形线圈的平均直经为 1 m，截面为矩形，并且相对直径具有较小的径向厚度。磁场强度为 100 安匝。

7）该附件为封装在表壳内的并且是间断通电的，如：多费率计度器的电磁铁。

为能正确接线，最好标出与辅助装置的连接方法。若这种连接是插头和插座方式，则应是不可逆的。

然而，在没有那些标志或者连接是可逆的，如果在最不利的接线下试验，其误差改变量不应超过本表规定值。

8）电压改变量、频率改变量推荐的试验点，对直接接入仪表为 I_b，对经互感器仪表为 I_n。

9）应在整个工作范围内确定平均温度系数。工作温度范围应分成多个 20 K 宽的子范围，然后在这些范围内确定平均温度系数，在该范围中间的上 10 K 和下 10 K 进行测定。试验期间无论如何不要超出规定的工作温度范围。

10）该试验仅用于经互感器仪表。

8.2.4 外部恒定磁感应

恒定磁场可采用直流电磁铁获得，见附录 B。该磁场应作用于按正常使用时安装的仪表的所有可触及表面。其磁势值应为 1 000 At（安匝）。

8.3 起动和无负载状态（潜动）试验

对这些试验，除下述规定外，影响量的条件和值应按 8.5 规定。

8.3.1 仪表的初始启动

参比电压加到仪表接线端后，5 s 内仪表应达到全部工作状态。

8.3.2 潜动试验

当施加电压而电流线路无电流时，仪表的测试输出不应产生多于一个的脉冲。

试验时，电流线路应开路，电压线路所加电压应为参比电压的 115%。

最短试验时间 Δt 为：

对 1 级表：$$\Delta t \geqslant \frac{600 \times 10^6}{k \cdot m \cdot U_n \cdot I_{max}} [\min]$$

对 2 级表：$$\Delta t \geqslant \frac{480 \times 10^6}{k \cdot m \cdot U_n \cdot I_{max}} [\min]$$

其中：

k——仪表输出单元发出的每千瓦小时的脉冲数，imp/(kW·h)；

m——测量单元数；

U_n——参比电压，V；

I_{max}——最大电流，A。

经互感器工作的，并带有初级或半初级计度器的仪表，常数 k 应对应于次级（电压和电流）数值。

8.3.3 起动

在表 9 规定起动电流条件下（多相仪表带平衡负载），仪表应能起动并连续记量。

如果该仪表为双向电能测量仪表，那么这试验应用于每一个方向的电能测量。

表 9 起动电流

仪表	仪表等级		功率因数
	1	2	
直接接入	$0.004I_b$	$0.005I_b$	1
经电流互感器接入	$0.002I_n$	$0.003I_n$	1

8.4 仪表常数

测试输出与显示器指示之间的关系，应与铭牌标志一致。

8.5 准确度试验条件

为检验准确度要求，应保持下列试验条件：

a) 被试表应装在表壳内，并盖上表盖，所有要接地的部件应接地。

b) 进行试验之前，各线路应通电并达到热稳定。

c) 此外，多相仪表应该：

——符合接线图所示的相序；

——电压和电流应基本平衡（见表 10）。

d) 参比条件见表 11。

e) 试验装置要求见 GB/T 11150—2001 电能表检验装置。

表 10 电压和电流平衡

多相仪表	仪表等级	
	1	2
每一相对中性线间的电压和任二相间的电压与对应的电压平均值之差不大于	±1%	±1%
每一导体中的电流与平均电流之差不应大于	±2%	±2%
这些电流的每一电流与对应的相对中性线的电压的相位，它们相互间的差不应大于（不考虑相位角）	2°	2°

表 11 参比条件

影响量	参比值	各等级仪表允许偏差	
		1	2
环境温度	参比温度或者不标注的为 23 ℃[1)]	±2 ℃	±2 ℃
电压	参比电压	±1.0%	±1.0%
频率	参比频率	±0.3%	±0.5%
相序	L1-L2-L3	—	—
电压不平衡	所有相连接	—	—

表 11（续）

影响量	参比值	各等级仪表允许偏差	
		1	2
波形 （直流和偶次谐波， 奇次谐波和次谐波）	正弦波电压和电流	畸变因数 小于 2%	畸变因数 小于 3%
外部恒定 磁感强度	等于零	—	—
参比频率的外部 磁感强度	磁感强度等于零	引起的误差改变量不大于以下值的 磁感应强度值：	
		±0.2%	±0.3%
		但在任何情况下应小于 0.05 mT[2)]	
高频电磁场 30 kHz～2 GHz	等于零	<1 V/m	<1 V/m
附件工作	附件不工作	—	—
射频场感应的传导骚扰 150 kHz～80 MHz	等于零	<1 V	<1 V

1） 若在非参比温度的某一值（包括允许偏差）下进行试验，应通过相应的仪表温度系数校正试验结果。

2） 试验包括：

a） 单相仪表，首先将仪表同电网电源正常连接测定各项误差，接着将电流线路以及电压线路反向连接后测定各项误差。两个误差之差的一半即是误差改变量的值。由于外磁场相位未知，试验应在 $0.1I_b$ 或 $0.05I_n$、功率因数为 1 和 $0.2I_b$ 或 $0.1I_n$、功率因数为 0.5 条件下进行；

b） 三相仪表，在 $0.1I_b$ 或 $0.05I_n$、功率因数为 1 条件下进行三次测量，在每次测量之后，电流线路和电压线路的连接改变 120°，相序不改变。确定每个误差之间的最大差值，它们的平均值就是其误差改变量的值。

8.6 试验结果的整理

由于存在测量的不确定度和某些能影响测量的参数，有些测试结果可能会超出表 6 和表 7 中规定的极限范围。但是如果将零线平移不超过表 12 中规定的极限，所有测试结果便落入表 6 和表 7 中规定极限范围，则该仪表型式应认为是可接受的。

表 12 试验结果的整理

	仪表等级	
	1	2
允许零线移动量/%	0.5	1.0

附　录　A
（规范性附录）
直流、偶次谐波、奇次谐波和次谐波试验线路图

注：在图 A.2、图 A.3 和图 A.5～图 A.8 给出的值仅适用于 50 Hz，对其他频率的值必须做适当调整。

A.1　半波整流（直流和偶次谐波）

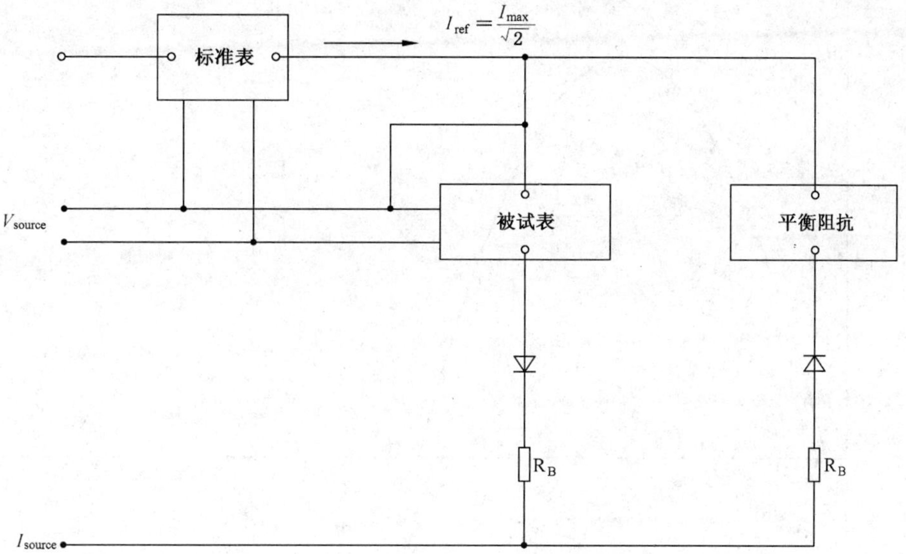

注 1：为保证测量的准确性，平衡阻抗应等于被试表(EUT)的阻抗；

注 2：平衡阻抗最好是一只与被试表(EUT)同型号的仪表；

注 3：整流二极管应是同型号的；

注 4：为了改善平衡条件，在两支路可引入电阻 RB，其阻值应近似被试表(EUT)的 10 倍。

图 A.1　半波整流试验线路

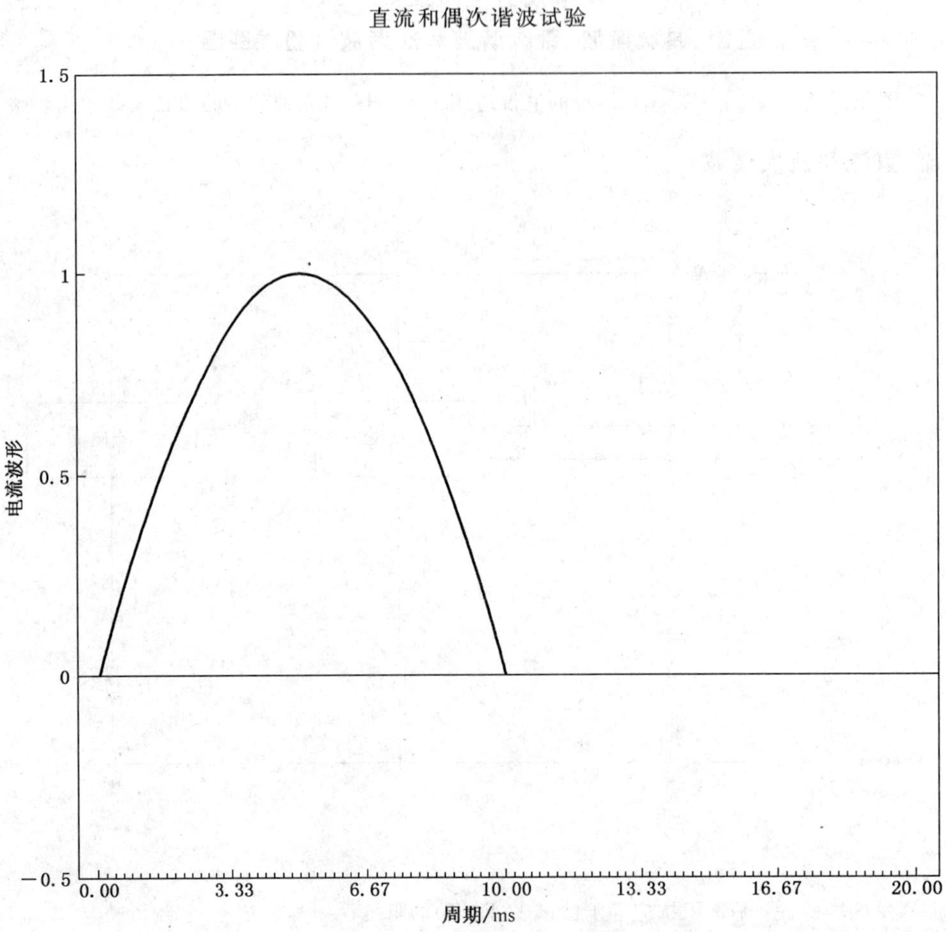
直流和偶次谐波试验
1.5
1
0.5
0
−0.5
电流波形
0.00
3.33
6.67
10.00
13.33
16.67
20.00
周期/ms

图 A.2　半波整流波形

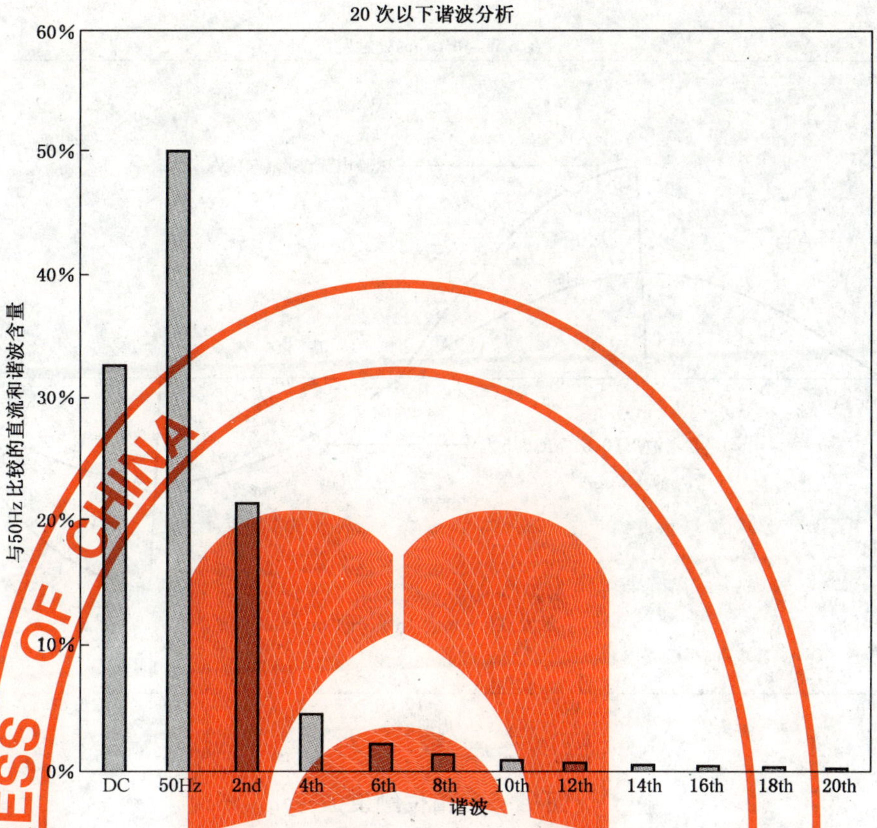

图 A.3 半波谐波含量(不完全傅立叶分析)

A.2 相位触发控制(奇次谐波)

试验线路见图 A.4。

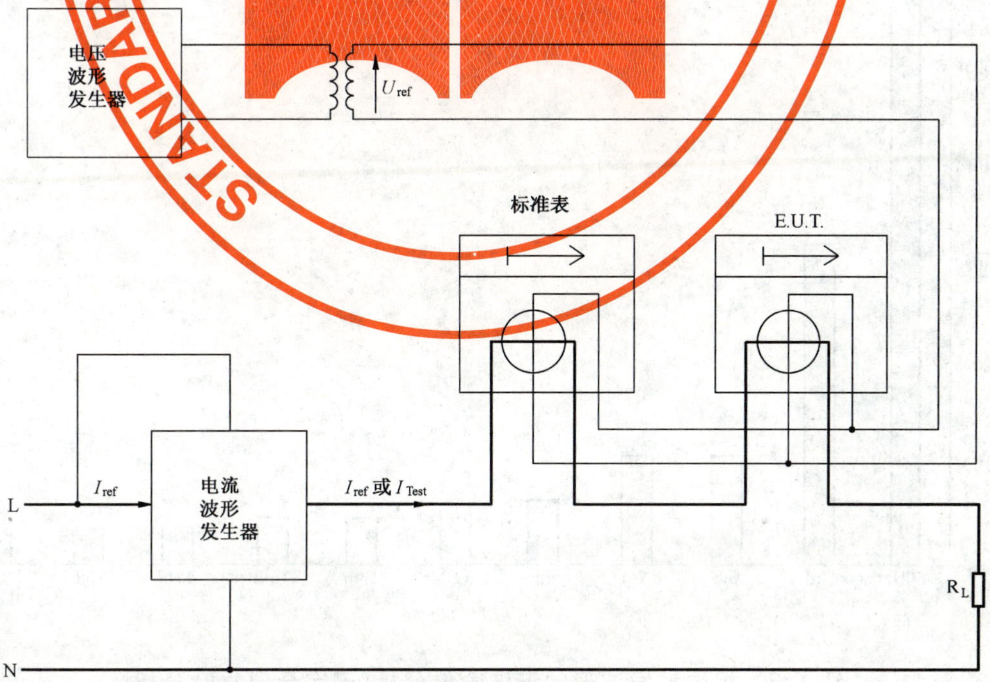

注：标准表应测量含谐波的电能真值(基波＋谐波)。

图 A.4 试验线路(参考)

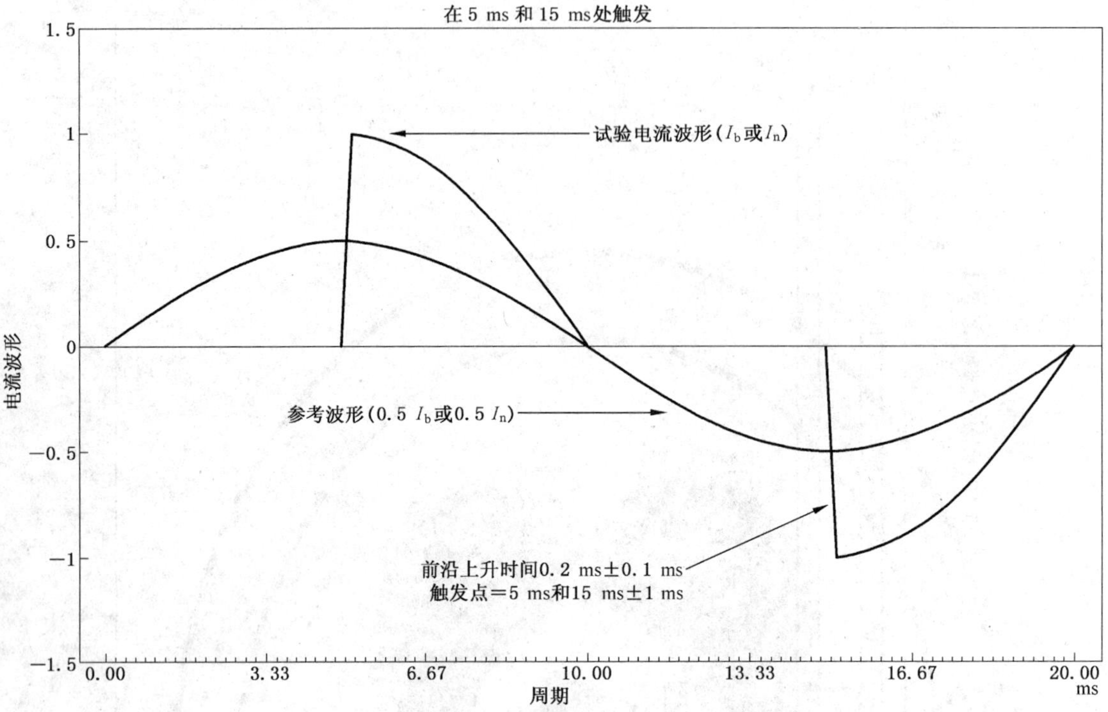

图 A.5　相位触发波形

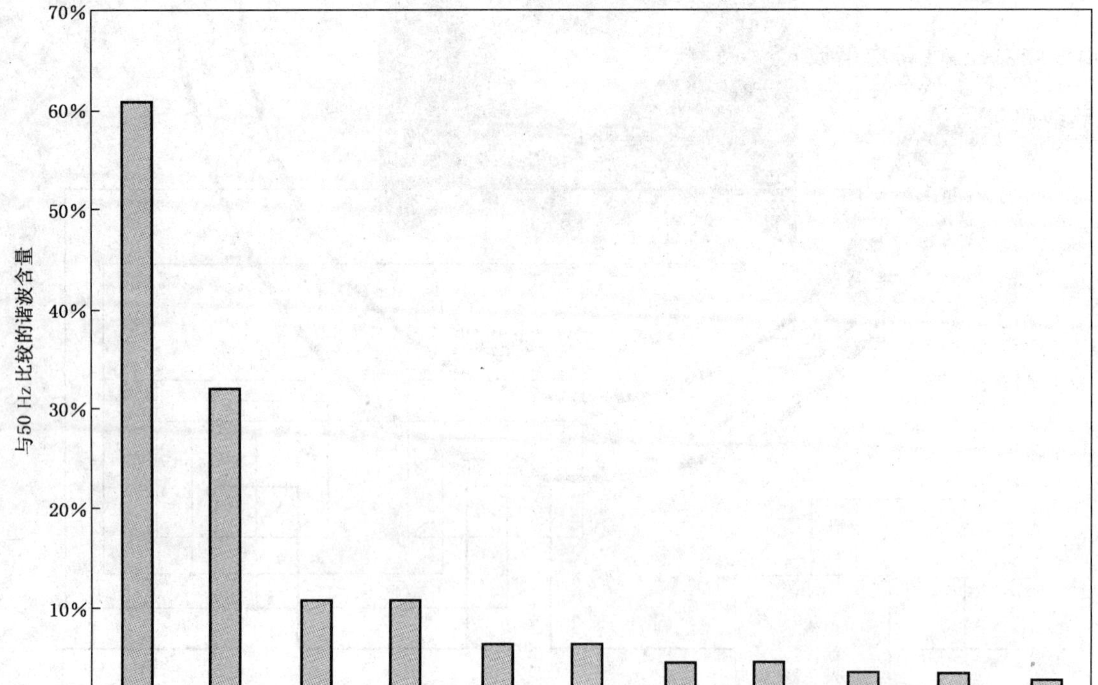

图 A.6　相位触发波形的谐波含量分析（不完全傅立叶分析）

A.3 脉冲串控制(次谐波)

试验线路见图 A.4。

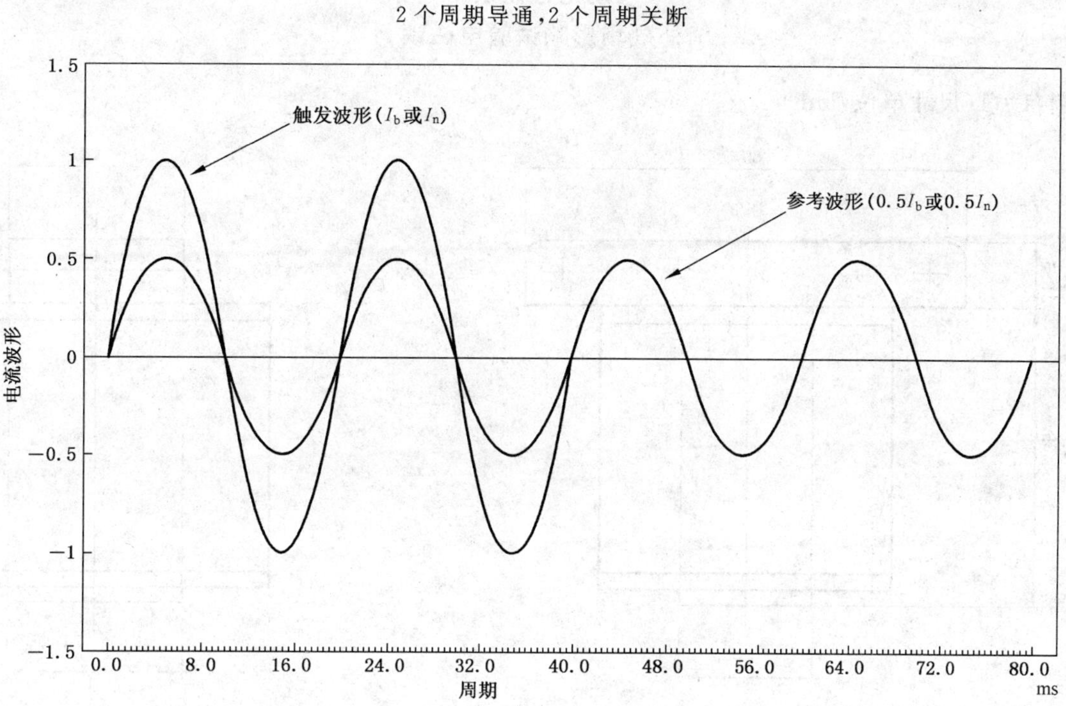

图 A.7 脉冲串触发波形

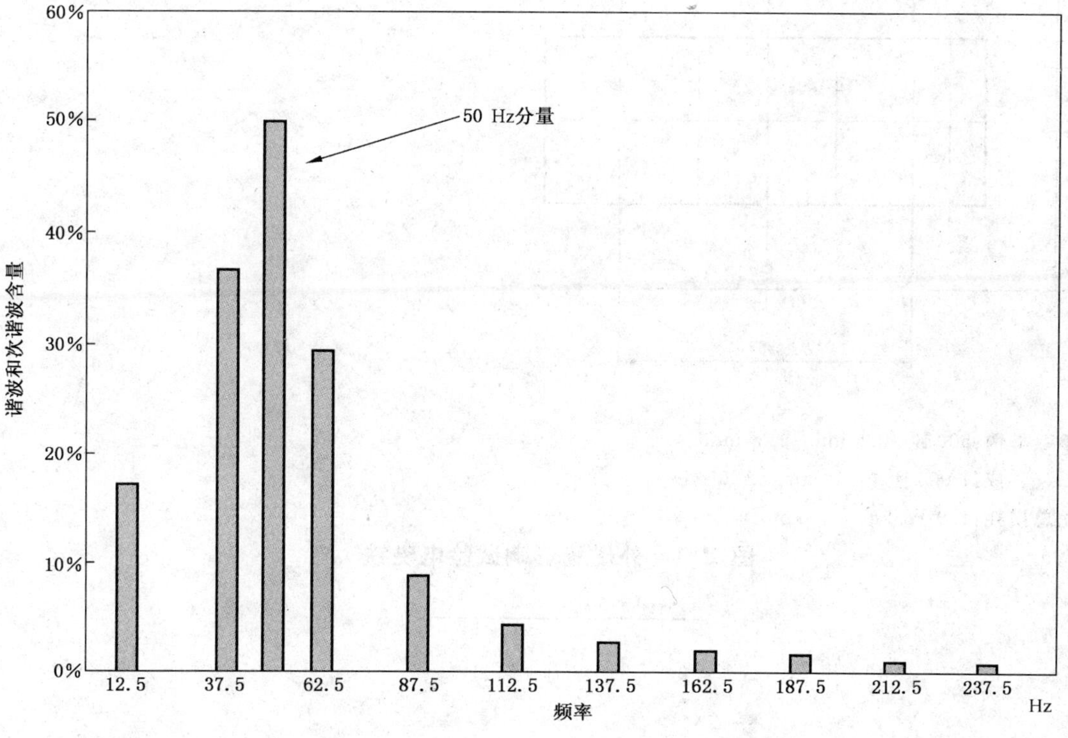

图 A.8 谐波分析(不完全傅立叶分析)

附 录 B
（规范性附录）
外磁场影响试验电磁铁

比例:1∶1(尺寸单位:mm)

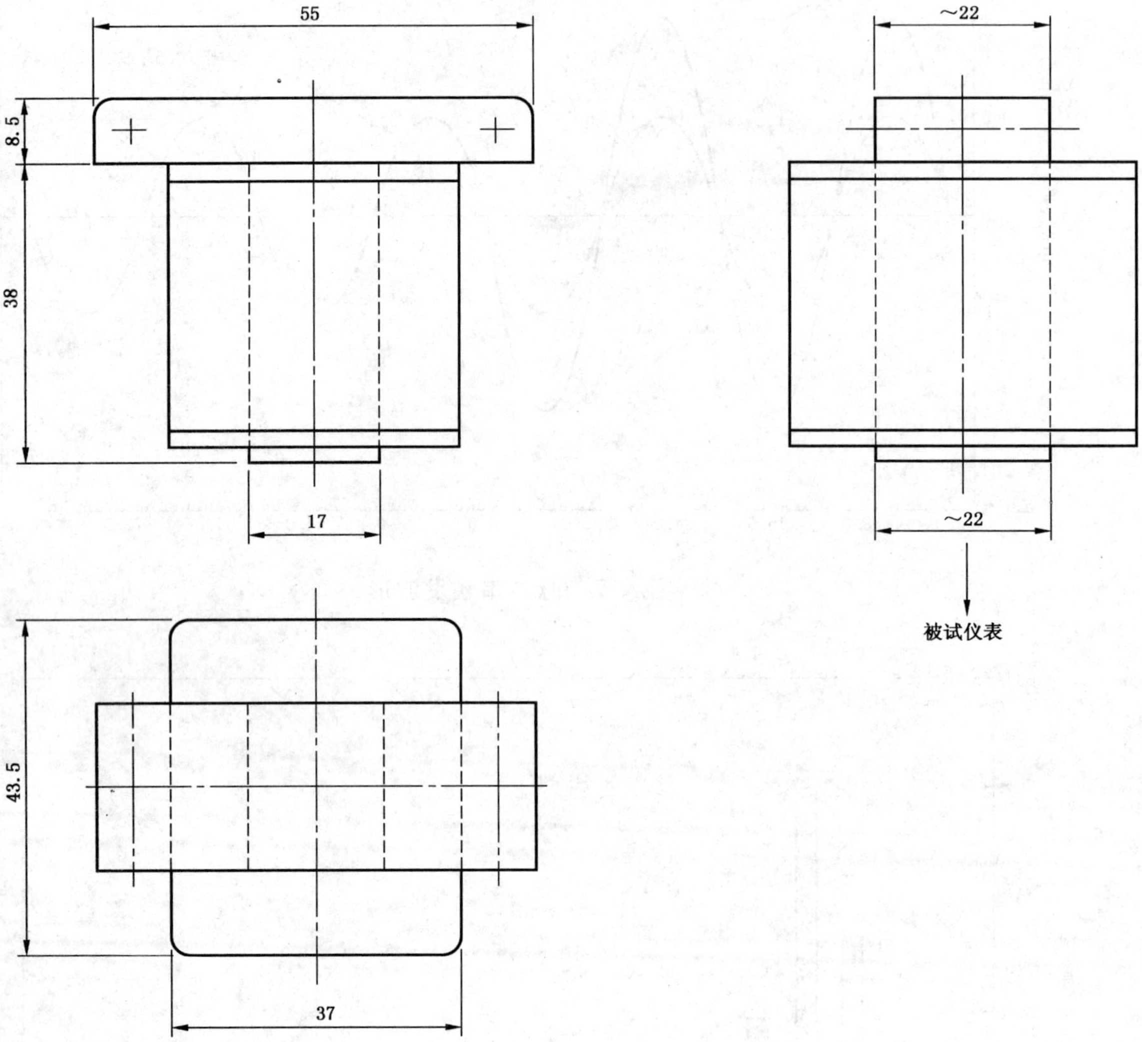

绕组参数举例:500 匝 φ0.6 mm/0.28 mm^2

或:1 000 匝 φ0.4 mm/0.126 mm^2

铁芯比总损耗:1.0 W/kg

图 B.1 外磁场影响试验电磁铁

ICS 17.220.20
N 22

中华人民共和国国家标准

GB/T 17215.322—2008/IEC 62053-22:2003
代替 GB/T 17883—1999

交流电测量设备 特殊要求
第22部分:静止式有功电能表
(0.2S 级和 0.5S 级)

Electricity metering equipment(a. c.)—Particular requirements—
Part 22:Static meters for active energy(classes 0.2S and 0.5S)

(IEC 62053-22:2003,IDT)

2008-06-30 发布　　2009-01-01 实施

中华人民共和国国家质量监督检验检疫总局
中国国家标准化管理委员会　发布

前　言

本部分等同采用 IEC 62053-22:2003《交流电测量设备　特殊要求　第22部分:静止式有功电能表(0.2S级和0.5S级)》。本部分与 GB/T 17215.211—2006《交流电测量设备　通用要求、试验和试验条件 第11部分:测量设备》共同构成对0.2S级和0.5S级静止式有功电能表的型式试验要求。

本部分代替 GB/T 17883—1999。

本部分与 GB/T 17883—1999 的主要区别如下:

——短时过电流:明确了试验电流的范围为0～－10%术语和定义;

——电磁兼容性试验:高频电磁场抗扰度试验的频率范围增宽到80 MHz～2 000 MHz,电流线路无电流情况下场强增加到30 V/m;快速瞬变脉冲群的试验要求在电流线路通以额定电流情况下试验,并且辅助线路上的试验电压升高到2 kV;另外还增加了无线电射频场感应传导骚扰抗扰度试验、浪涌抗扰度试验和振荡波抗扰度试验;

——温度范围:极限工作范围为－25 ℃～55 ℃,储存和运输极限范围为－40 ℃～70 ℃,相应的试验条件也作了改动;

——准确度要求:新标准中增加了次谐波等影响量试验。

本部分的附录A、附录B为规范性附录。

本部分由中国机械工业联合会提出。

本部分由全国电工仪器仪表标准化技术委员会归口。

本部分起草单位:哈尔滨电工仪表研究所、国家电网公司、陕西省电力试验研究院、上海英孚特电子技术有限公司、杭州华隆电子技术有限公司、浙江正泰仪器仪表有限责任公司、宁波三星电子科技有限公司、华立仪表集团公司、深圳市科陆电子科技股份有限公司、烟台东方威思顿电气有限公司、浙江万胜电力仪表有限公司、北京海湾智能仪表有限公司、江苏林洋电子有限公司、德力西集团、上海金陵智能电表有限公司。

本部分主要起草人:薛德晋、徐茂林、杨晓西、刘得新、王兆宏、熊兰英、雷惠博、夏亚莉、严序良、陈东滨、邓文栋、李岭森、陈申生、张立华。

本部分所代替标准的历次版本发布情况为:

——GB/T 17883—1999。

引　言

本部分和下列标准以及IEC 62053、IEC 62059系列电测量设备的相关部分一起使用：

GB/T 17215.211—2006　交流电测量设备　通用要求、试验和试验条件　第11部分：测量设备(IEC 62052-11 2003,IDT)；

GB/T 17215.321—2008　交流电测量设备　特殊要求　第21部分：静止式有功电能表(1级和2级)(IEC 62053-21:2003,IDT)，代替GB/T 17215—2002；

GB/T 17215.323—2008　交流电测量设备　特殊要求　第23部分：静止式无功电能表(2级和3级)(IEC 62053-23:2003,IDT)，代替GB/T 17882—1999；

IEC 62053-31:1998　交流电测量设备　特殊要求　第31部分：机电式和电子式电能表的脉冲输出装置(两芯传输)；

IEC 62053-61:1998　交流电测量设备　特殊要求　第61部分：功耗和电压要求；

IEC 62059-11:2002　交流电测量设备　可靠性　第11部分：通用概念；

IEC 62059-21:2002　交流电测量设备　可靠性　第21部分：现场仪表可靠性数据采集。

本部分是电能表型式试验的标准。它涵盖室内用仪表的特殊要求，但不包括专用部件(如：在独立外壳内的测量部件和/或显示器)。

本部分应与GB/T 17215.211联合使用。本部分中涉及的任何要求若已包含在GB/T 17215.211中，本部分的要求优先于GB/T 17215.211的要求。

本部分区分：

——准确度等级指数为0.2 S和0.5 S的仪表；

——Ⅰ类防护仪表和Ⅱ类防护仪表；

——在装有或没有装有接地故障抑制的电网上使用的仪表。

本试验等级被看作为在标称工作条件下提供仪表全部功能的最低值。对于特殊应用，可能需要其他的试验等级，应由用户和制造厂之间协商同意。

交流电测量设备 特殊要求 第22部分:静止式有功电能表 (0.2S级和0.5S级)

1 范围

GB/T 17215的本部分仅适用于在50 Hz或60 Hz网路中测量交流有功电能的,准确度等级为0.2 S和0.5 S的新制造的静止式有功电能表,并且仅适用于其型式试验。

本部分适用于室内使用的,由一个测量元件和一个或多个计度器装在同一表壳内的互感器接入式的静止式电能表。它也适用于一个或多个工作指示器及一个或多个测试输出。如果仪表具有一个用于测量不止一种电能的测量元件(多电能仪表),或其他功能单元,如最大需量指示器、电子费率寄存器、时间开关、脉动控制接收器、数据通讯接口等包封在同一表壳内,则对这些功能单元适用相应的标准。

注:GB/T 1208.1—2006规定了测量范围$0.01I_n$到$1.2I_n$,或$0.05I_n$到$1.5I_n$,或$0.05I_n$到$2I_n$的互感器和准确度等级为0.2S和0.5S的测量范围$0.01I_n$到$1.2I_n$的互感器。由于仪表的测量范围和与其连用的互感器必须匹配,以及只有等级为0.2S和0.5S的互感器才具有本标准仪表工作所需要的准确度要求,因此仪表的测量范围为$0.01I_n$到$1.2I_n$。

本部分不适用于:

a) 接线跨接端电压超过600 V(多相仪表为线对线电压)的有功电能表;

b) 可携式仪表和户外用仪表;

c) 仪表计度器的数据接口;

d) 标准表。

注:可靠性方面的要求按IEC 62059系列文件。

2 规范性引用文件

下列文件中的条款通过GB/T 17215的本部分的引用而成为本部分的条款。凡是注日期的引用文件,其随后所有的修改单(不包括勘误的内容)或修订版均不适用于本部分,然而,鼓励根据本部分达成协议的各方研究是否可使用这些文件的最新版本。凡是不注日期的引用文件,其最新版本适用于本部分。

GB/T 1208.1—2006 仪用互感器 第1部分:电流互感器(IEC 60044-1:1996,IDT)

GB/T 11150—2001 电能表检验装置:电能表试验设备(neq IEC 60736:1982)

GB/T 17215.211—2006 交流电测量设备 通用要求、试验和试验条件 第11部分:测量设备(IEC 62052-11:2002,IDT)

IEC 62053-61:1998 功耗和电压要求

3 术语和定义

GB/T 17215.211—2006的术语和定义适用于本部分。

4 标准的电量值

GB/T 17215.211—2006中规定的电量值适用于本部分。

5 机械要求

GB/T 17215.211—2006 中规定的要求适用于本部分。

6 气候条件

GB/T 17215.211—2006 中规定的条件适用于本部分。

7 电气要求

除了 GB/T 17215.211 中规定的电气要求外，仪表还应满足下列要求。

7.1 功率消耗

电压电路和电流电路的功率消耗应在 8.5 条给定的参比条件下以任意合适的方法确定。功耗测量的最大综合误差不超过 5%。

在参比温度和参比频率下，每一电压线路在参比电压下和每一电流线路在额定电流下的有功功率和视在功率消耗不应超过表 1 的规定值。

表 1 功率消耗(包括电源)

	带电源的电压线路	不带电源的电压线路
电压线路	2 W、10 VA	0.5 VA
电流线路	1 VA	1 VA
辅助电源	—	10 VA
注 1：为了匹配仪表的电压电流互感器，不论负荷是感性或容性的，制造厂应予注明。 注 2：以上数值是平均值，开关电源的峰值允许超过上述值，但应确保仪表所连接的电压互感器有足够的负荷能力。 注 3：多功能仪表的功耗要求见 IEC 62053-61。		

7.2 短时过电流影响

短时过电流不应损坏仪表，当回到初始工作条件时，仪表应能正常工作，且在额定电流和功率因数 1.0 时的误差改变量不超过 0.05%。

试验线路应近似无感，多相仪表应逐相进行试验。

在端子上保持电压下施行短时过电流以后，在各电压线路通电条件下应使仪表恢复到初始温度(约 1 h)。

仪表应能经受相当于 $20I_{max}$，允差为 +0%～-10% 的电流，施加时间为 0.5 s。

7.3 自热影响

由自热引起的误差改变量不应超过表 2 给出的值。

表 2 自热引起的改变量

电 流 值	功率因数	各等级仪表以百分数误差表示的改变量极限	
		0.2S	0.5S
I_{max}	1	0.1	0.2
	0.5 L	0.1	0.2

应该这样进行试验：电流线路无电流，电压线路上施加参比电压至少 2 h 后，在电流线路中施加最大电流。在功率因数为 1.0 时，施加电流后应立刻测量仪表误差，接着以足够短的间隔时间准确地画出作为时间函数的误差变化曲线。此项试验至少应进行 1 h，无论如何，要到 20 min 内误差变化不大于 0.05% 时为止。

功率因数为 0.5 L 时重复上述试验。

给仪表通电的电缆长度为 1 m，截面积在 1.5 mm^2 和 2.5 mm^2 之间。

7.4 交流电压试验

交流电压试验应按照表 3 进行。

试验电压应近似正弦波，频率在 45 Hz 和 65 Hz 之间，施加 1 min。电源容量至少应为 500 VA。

在对地电压试验中，参比电压等于或低于 40 V 的辅助线路应接地。

所有试验均应在盖上表壳和端子盖情况下进行试验。

试验中不应发生飞弧、火花放电或击穿现象。

表 3 交流电压试验

试验	施加于	试验电压（有效值）	试验电压施加点
A	Ⅰ类防护仪表	2 kV	a） 所有的电流线路和电压线路以及参比电压超过 40V 的辅助线路连接在一起为一点，另一点是地，试验电压施加于该两点间
		2 kV	b） 在工作中不连接的各线路之间
B	Ⅱ类防护仪表	4 kV	a） 所有的电流线路和电压线路以及参比电压超过 40V 的辅助线路连接在一起为一点，另一点是地，试验电压施加于该两点间
		2 kV	b） 在工作中不连接的各线路之间
		—	c） 目视检验是否遵从 GB/T 17215.211—2006 的 5.7 的条件

8 准确度要求

试验和试验条件应符合 GB/T 17215.211—2006 规定。

8.1 电流改变量引起的误差极限

仪表在 8.5 规定的参比条件下，其百分数误差不应超过表 4 和表 5 中给定的相应准确度等级的极限。如果仪表是按测量双向电能设计的，则表 4 和表 5 的值适用于每个方向。

在额定电流 I_n 和功率因数为 1.0 时，0.2S 级和 0.5S 级仪表在单相负载和平衡多相负载的百分数误差之差分别不超过 0.4% 和 1.0%。

注：当按表 5 试验时，试验电流应依次加入每一测量单元。

表 4 百分数误差极限（单相仪表和带平衡负载的多相仪表）

电流值	功率因数	各等级仪表百分数误差极限	
		0.2S	0.5S
$0.01I_n \leqslant I < 0.05I_n$	1	±0.4	±1.0
$0.05I_n \leqslant I \leqslant I_{max}$	1	±0.2	±0.5
$0.02I_n \leqslant I < 0.1I_n$	0.5L 0.8C	±0.5 ±0.5	±1.0 ±1.0
$0.1I_n \leqslant I \leqslant I_{max}$	0.5L 0.8C	±0.3 ±0.3	±0.6 ±0.6
用户特殊要求时： $0.1I_n \leqslant I \leqslant I_{max}$	0.25L 0.5C	±0.5 ±0.5	±1.0 ±1.0

表5 百分数误差极限(带有单相负载的多相仪表，电压线路加平衡的多相电压)

电流值	功率因数	各等级仪表百分数误差极限	
		0.2S	0.5S
$0.05I_n \leqslant I \leqslant I_{max}$	1	±0.3	±0.6
$0.1I_n \leqslant I \leqslant I_{max}$	0.5L	±0.4	±1.0

8.2 由其他影响量引起的误差极限

相对于8.5给出的参比条件下影响量的变化引起的附加百分数误差不应超过表6规定的与准确度等级有关的极限。

表6 影响量

影响量	电流值(平衡的，有说明除外)	功率因数	各等级仪表的平均温度系数%/K	
			0.2S	0.5S
环境温度变化[9]	$0.05I_n \leqslant I \leqslant I_{max}$ $0.1I_n \leqslant I \leqslant I_{max}$	1 0.5 L	0.01 0.02	0.03 0.05
			各等级仪表百分数误差改变极限	
			0.2S	0.5S
电压改变量 ±10% [1)8)]	$0.05I_n \leqslant I \leqslant I_{max}$ $0.1I_n \leqslant I \leqslant I_{max}$	1 0.5 L	0.1 0.2	0.2 0.4
频率改变量 ±2%[8]	$0.05I_n \leqslant I \leqslant I_{max}$ $0.1I_n \leqslant I \leqslant I_{max}$	1 0.5 L	0.1 0.1	0.2 0.2
逆相序	$0.1I_n$	1	0.05	0.1
电压不平衡[3]	I_n	1	0.5	1.0
辅助电压±15%[4]	$0.01I_n$	1	0.05	0.1
电流和电压线路中的谐波分量[5]	$0.5I_{max}$	1	0.4	0.5
交流电流线路中的次谐波	$0.5I_n$[2]	1	0.6	1.5
外部恒定磁感应[5]	I_n	1	2.0	2.0
外磁感应强度0.5mT[6]	I_n	1	0.5	1.0
高频电磁场	I_n	1	1.0	2.0
附件工作[7]	$0.01I_n$	1	0.05	0.1
射频场感应传导骚扰	I_n	1	1.0	2.0
快速瞬变脉冲群	I_n	1	1.0	2.0
阻尼振荡波	I_n	1	1.0	2.0

表 6（续）

影响量	电流值（平衡的，有说明除外）	功率因数	各等级仪表的平均温度系数%/K	
			0.2S	0.5S

1) 电压范围从 −20% 到 −10% 和从 +10% 到 +15% 时，以百分数误差表示的改变量极限为本表规定值的 3 倍。低于 $0.8U_n$ 时，仪表误差可在 +10% 和 −100% 之间改变。

2) 电压的畸变因数应低于 1%。试验条件见 8.2.2。

3) 如果以下相中断，具有三个测量单元的多相仪表的测量和计度，百分误差的改变量极限如本表所示。
——在三相四线网络中缺 1 相或 2 相；
——在三相三线网络中（如果设计的仪表是应用在这个场合）缺 1 相。
本条款仅适用于缺相，不包括如互感器熔丝断等事件。

4) 仅适用于辅助电源不在内部连接于电压测量电路的情况。

5) 试验条件按 8.2.1 到 8.2.3 规定。

6) 外部 0.5 mT 的磁感应强度，该磁场由施加给仪表电压相同频率的电流产生，并在最不利的相位和方向的条件下，仪表以百分数误差表示的改变量不应超过本表规定值。
可使用中心能放置仪表的环形电流线圈产生该磁场。环形线圈的平均直径为 1 m，截面为矩形，并且相对直径具有较小的径向厚度。磁场强度为 400 安匝。

7) 该附件为封装在表壳内的并且是间断通电的，如：多费率计度器的电磁铁。
为能正确接线，最好标出与辅助装置的连接方法。若这种连接是插头和插座方式，则应是不可逆的。
如果没有接线标识或是连接可逆的，那么在最不利的连接下进行测试，误差改变不应超出表 6 中的规定值。

8) 对电压和频率改变的推荐测试点是 I_n。

9) 应在整个工作范围内确定平均温度系数。工作温度范围应分成多个 20 K 宽的子范围，然后在这些范围内确定平均温度系数，在该范围中间的上 10 K 和下 10 K 进行测定。试验期间无论如何不要超出规定的工作温度范围。

应单独对某个影响量引起的改变量进行测试，所有其他影响量应保持为参比条件（见表 8）。

8.2.1 在有谐波情况下的准确度试验

试验条件：

——基波电流：$I_1 = 0.5I_{max}$

——基波电压：$U_1 = U_n$

——基波功率因数：1.0

——5 次谐波电压含量：$U_5 = 10\%U_n$

——5 次谐波电流含量：$I_5 = 40\%I_1$

——谐波功率因数：1.0

——基波和谐波电压在原点是同相的

由 5 次谐波产生的谐波功率为 $P_5 = 0.1U_1 \times 0.4I_1 = 0.04P_1$ 或总有功功率为 $1.04P_1$（基波+谐波）

8.2.2 次谐波影响

次谐波影响试验按图 A.1 中的线路进行或采用可产生所要求波形的其他试验设备进行，电流波形如图 A.2 所示。

当按图 A.2 所示的试验波形和以标准波形分别施加到仪表上时，仪表以百分数表示的误差改变不得超过表 6 中的改变量极限。

注：图中所给出的值只对 50 Hz，对其他频率的参数可按此推算。

8.2.3 外部恒定磁感应

恒定磁场可采用直流电磁铁获得，见附录 B。该磁场应作用于按正常使用时安装的仪表的所有可触及表面。其磁势值应为 1 000 At（安匝）。

8.3 起动和潜动试验

对这些试验，除下述规定外，影响量的条件和值按 8.5 中的规定。

8.3.1 仪表的初始启动

参比电压加到仪表接线端后，5 s 内仪表应达到全部功能状态。

8.3.2 潜动

当施加电压而电流线路无电流时，仪表的测试输出不应产生多于一个的脉冲。

试验时，电流线路应开路，电压线路所加电压应为参比电压的 115%。

最短试验时间 Δt 为：

对 0.2S 级表：$\Delta t \geqslant \frac{900 \times 10^6}{kmU_n I_{max}}$[min]

对 0.5S 级表：$\Delta t \geqslant \frac{600 \times 10^6}{kmU_n I_{max}}$[min]

其中：

k——仪表输出单元发出的每千瓦小时脉冲数，imp/(kW·h)；

m——测量单元数；

U_n——参比电压，V；

I_{max}——最大电流，A。

8.3.3 起动

在功率因数为 1.0 和 $0.001I_n$ 下，表计应能起动并连续计量(若为多相仪表，则带平衡负载)

如果仪表是按测量双向电能设计的，则这项试验应适用于电能的每个方向。

8.4 仪表常数

测试输出与显示器指示之间的关系，要与铭牌标志一致。

8.5 准确度试验条件

为检验准确度的要求，应保持下列试验条件：

a) 被试表应装在表壳内，并盖上表盖，所有应接地的部件应接地。

b) 进行试验之前，各线路应通电并达到热稳定。

c) 此外，多相仪表应该：

——符合接线图所示的相序；

——电压和电流基本平衡(见表 7)。

表 7 电压和电流平衡

多相仪表	仪表等级	
	0.2 S	0.5 S
每一相对中性线间的电压和任二相间的电压与对应的电压平均值之差不大于	±1%	±1%
每一导体中的电流与平均电流之差不应大于	±1%	±1%
这些电流的每个电流与相应的相电压的相位移之差，不考虑相角，不应大于(不考虑相位角)	2°	2°

d) 参比条件见表 8。

e) 试验装置要求见 GB/T 11150—2001。

表 8 参比条件

影响量	参比值	各等级仪表允许偏差 0.2 S	各等级仪表允许偏差 0.5 S
环境温度	参比温度或者不标注的为 23 ℃[1)]	±2 ℃	±2 ℃
电压	参比电压[2)]	±1.0%	±1.0%
频率	参比频率	±0.3%	±0.3%
相序	L1-L2-L3	—	—
电压不平衡	所有各相都连接	—	—
波形	正弦波电压和电流	畸变因数小于：2%	2%
外部恒定磁感应	等于零	—	—
参比频率的外部磁感强度	磁感应强度等于零	引起的误差改变量不大于以下值的磁感应强度值：±0.1%	±0.1% 但在任何情况应小于 0.05mT[2)]
30 kHz 到 2 GHz 的高频电磁场	等于零	<1 V/m	<1 V/m
附件工作	附件不工作	—	—
150 kHz 到 80 MHz 的射频场传导骚扰	等于零	<1 V	<1 V

1) 若在非参比温度(包括允许偏差)下进行试验，结果应通过相应的温度系数校正。

2) 试验包括：

a) 单相仪表，首先将仪表同电网电源正常连接测定各项误差，接着将电流线路以及电压线路反向连接后测定各项误差。两个误差之差的一半即是误差改变量的值。由于外磁场相位未知，试验应在 $0.05I_n$，功率因数 1.0 和 $0.1I_n$，功率因数 0.5 条件下进行。

b) 三相仪表，在 $0.05I_n$，功率因数为 1 条件下进行三次测量，在每次测量之后，电流线路和电压线路的连接改变 120°，相序不改变。确定每个误差之间的最大差值，它们的平均值就是其误差改变量的值。

8.6 试验结果的整理

由于存在测量的不确定度和某些能影响测量的参数，有些测试结果可能会超出表 4 和表 5 中规定的极限范围。但是如果将零线平移不超过表 9 中规定的极限，所有测试结果便落入表 4 和表 5 中规定极限范围，则该仪表型式应认为是可接受的。

表 9 试验结果的整理

	仪表等级	
	0.2S	0.5S
允许零线移动量/%	0.1	0.2

附 录 A
（规范性附录）
次谐波的试验线路图

注：图 A.2 和 A.3 中仅给出了 50 Hz 的参数，对其他频率的参数可按此推算。

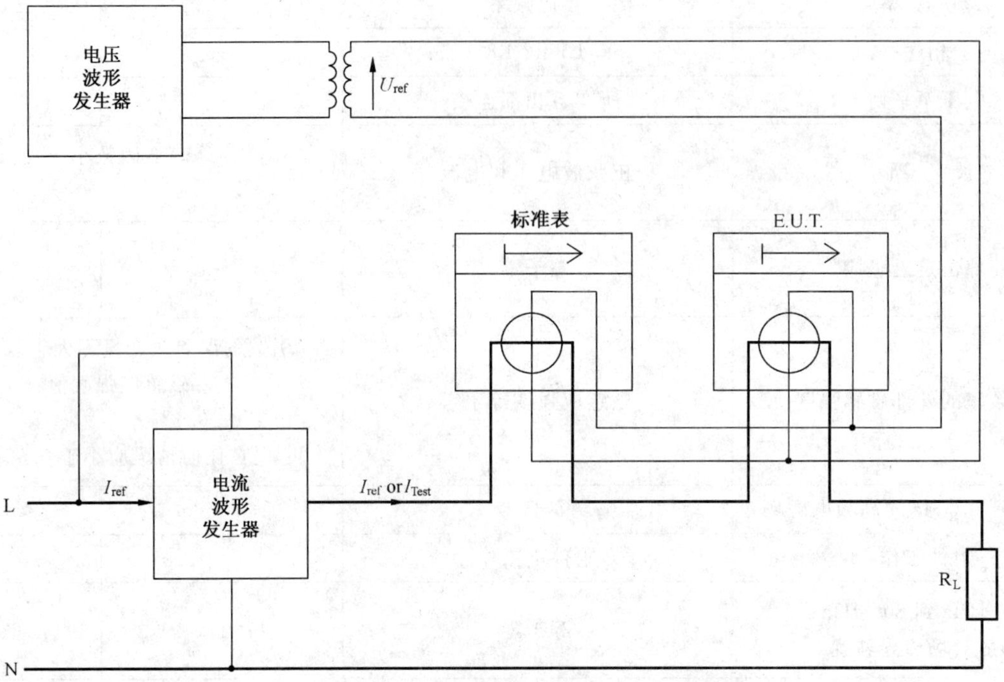

图 A.1 试验线路图

注：当有谐波分量时，标准表应测量总的有功电能量（基波＋谐波）。

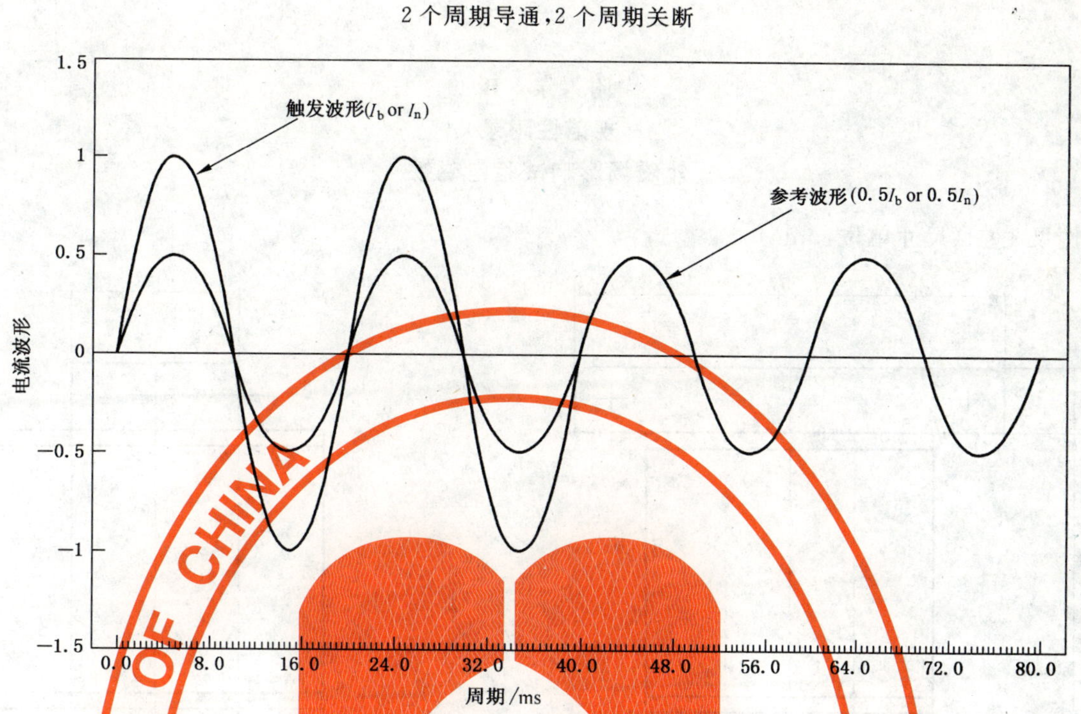

图 A.2　脉冲串触发波形

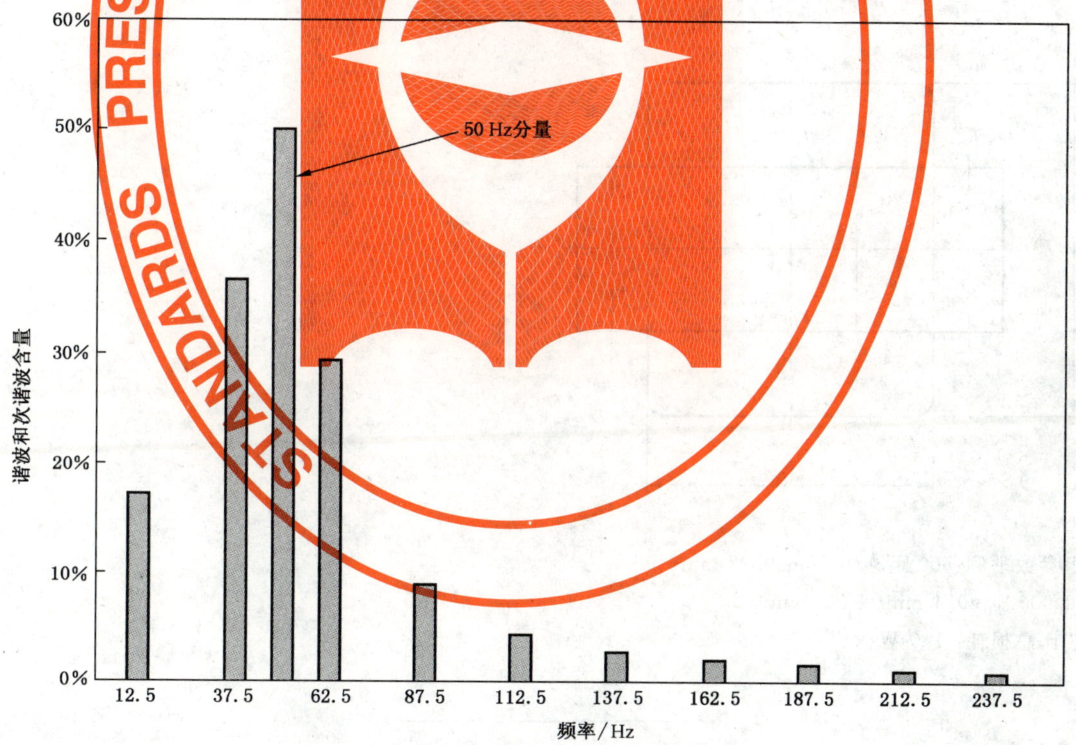

图 A.3　谐波分布(不完全傅立叶分析)

附 录 B
（规范性附录）
外磁场影响试验电磁铁

比例尺 1：1(尺寸单位：mm)

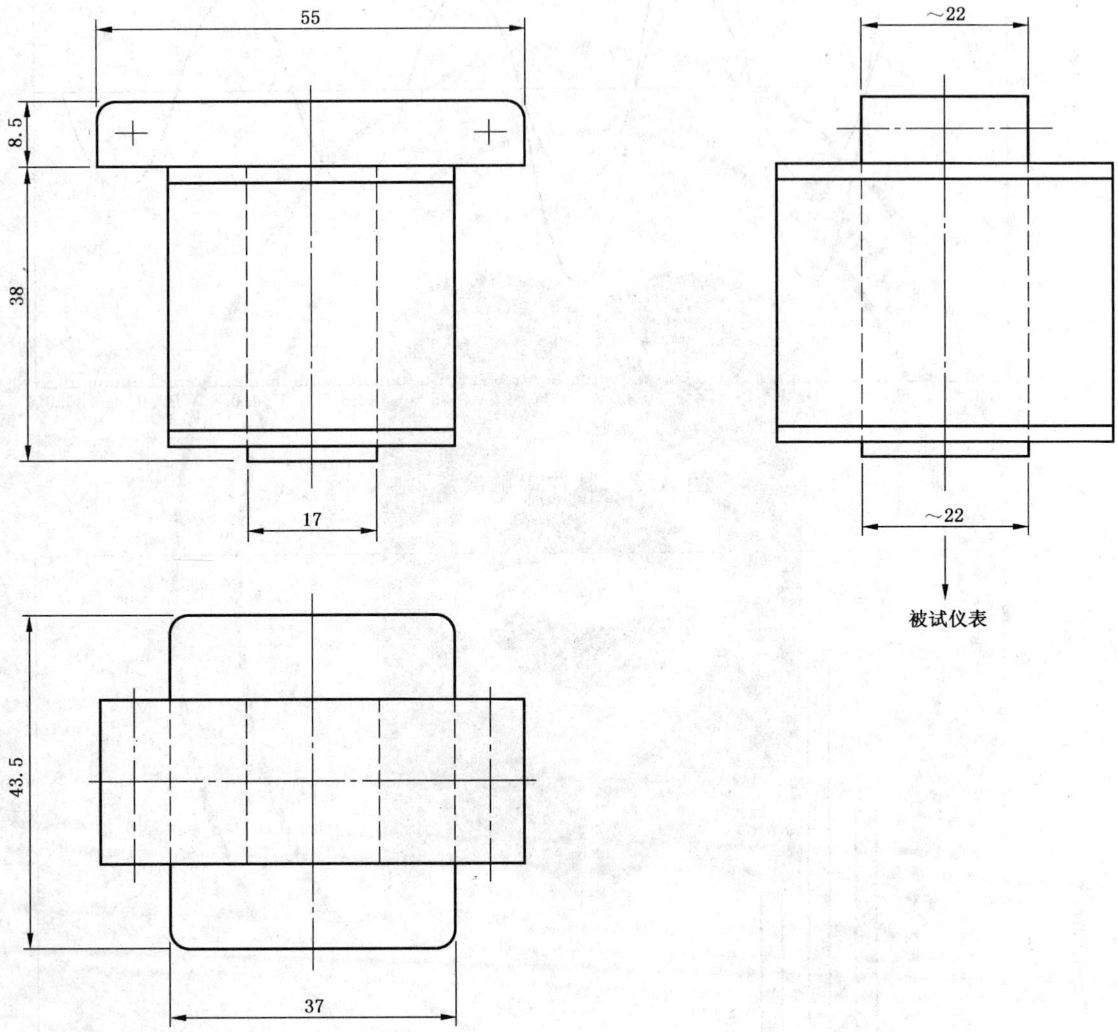

绕组参数举例：500 匝 ϕ0.6 mm/0.28 mm^2

或：1 000 匝 ϕ0.4 mm/0.126 mm^2

铁芯比总损耗：1.0 W/kg

ICS 17.220.20
N 22

中华人民共和国国家标准

GB/T 17215.323—2008/IEC 62053-23:2003
代替 GB/T 17882—1999

交流电测量设备　特殊要求 第23部分:静止式无功电能表 (2级和3级)

Electricity metering equipment(a.c.)—Particular requirements— Part 23:Static meters for reactive energy(classes 2 and 3)

(IEC 62053-23:2003,IDT)

2008-06-30 发布　　2009-01-01 实施

中华人民共和国国家质量监督检验检疫总局
中国国家标准化管理委员会　发布

前　言

本部分等同采用IEC 62053-23:2003《交流电测量设备　特殊要求　第23部分:2级和3级静止式无功电能表》。本部分与GB/T 17215.211—2006《交流电测量设备　通用要求、试验和试验条件　第11部分:测量设备》共同构成对2级和3级静止式无功电能表的型式试验要求。

本部分代替GB/T 17882—1999。

本部分与GB/T 17882—1999的主要区别如下:

——明确了一些功能的试验方法、试验条件、判定标准。

——提高了在sinϕ为0.25(感性或容性)条件下的误差要求。

——在各种影响量试验方面。

——在环境温度影响方面,明确了温度系数在整个工作温度范围内测量,试验相对严格。

——提高了在电快速脉冲群试验条件下误差改变量要求。

——增加了衰减振荡波对误差影响试验。

——试验参比条件更加完善。

本部分的附录A、附录B、附录C为规范性附录。

本部分由中国机械工业联合会提出。

本部分由全国电工仪器仪表标准化技术委员会归口。

本部分起草单位:哈尔滨电工仪表研究所、国家电网公司、山东电力研究院、烟台东方威思顿电气有限公司、浙江正泰仪器仪表有限责任公司、宁波三星电子科技股份有限公司、杭州华隆电子技术有限公司、华立仪表集团公司、浙江万胜电力仪表有限公司、长沙威胜电子有限公司、北京海湾智能仪表有限公司。

本部分主要起草人:邓文栋、徐民、陶纲领、夏亚莉、熊兰英、王兆宏、韩东、陈东滨、李岭森、张立华。

本部分所代替标准的历次版本发布情况为:

——GB/T 17882—1999。

引　言

本部分是和GB/T 17215.211以及以下IEC电测量设备系列标准相关部分一起使用的标准：

GB/T 17215.211—2006　交流电测量设备　通用要求、试验和试验条件　第11部分：测量设备(IEC 62052-11:2003,IDT)

GB/T 17215.321—2008　交流电测量设备　特殊要求　第21部分：静止式有功电能表(1级和2级)(IEC 62053-21:2003,IDT),代替GB/T 17215—2002

GB/T 17215.322—2008　交流电测量设备　特殊要求　第22部分：静止式有功电能表(0.2S级和0.5S级)(IEC 62053-22:2003,IDT),代替GB/T 17883—1999

IEC 62053-31:1998　交流电测量设备　特殊要求　第31部分：机电式和电子式电能表的脉冲输出装置(两芯传输)

IEC 62053-61:1998　交流电测量设备　特殊要求　第61部分：功耗和电压要求

IEC 62059-11:2002　交流电测量设备　可靠性　第11部分：通用概念

本部分是一个电能表型式试验的标准。它涵盖的特殊要求的仪表是指使用量大、应用面广的室内和室外用仪表,而不包括特殊的执行机构(诸如在独立外壳内的测量部件和/或显示器)。

本部分一般应与GB/T 17215.211联合使用。当本部分的任何要求涉及到GB/T 17215.211中的已有条款,本部分的要求优先于GB/T 17215.211的要求。

本部分区分：

——准确度等级指数为:2级和3级的仪表；

——Ⅰ类防护仪表和Ⅱ类防护仪表；

——在有或没有接地故障保护的电网上使用的仪表。

该试验等级被认为是在标称工作条件下满足仪表全部功能的最低值。对于特殊应用,可能需要其他的试验等级,应由用户和制造厂之间协商同意。

交流电测量设备　特殊要求
第23部分:静止式无功电能表
(2级和3级)

1　范围

GB/T 17215的本部分仅适用于新制造的用于测量在50 Hz或60 Hz网路中测量交流无功电能的准确度等级为2级和3级的静止式无功电能表及其型式试验。出于实际情况,本标准是基于仅含有基波频率的正弦电流和电压的无功电能的传统定义。

本部分适用于由测量元件和计度器装在同一表壳内而组成的室内和室外用的电子式无功电能表。它也适用于显示器和测试输出。如果仪表具有一个用于测量一种以上电能(多电能仪表)的测量元件,或者当其他功能元件,如最大需量指示器,电子费率寄存器,时间开关,纹波控制接收器,数据通信接口等也包封在该表壳内,则对这些功能单元适用相应的标准。

本部分不适用于:

a)　接线端跨接电压超过600 V(多相仪表为线对线电压)的无功电能表;

b)　便携式仪表;

c)　仪表寄存器的数据接口;

d)　标准表。

可靠性方面的要求按IEC 62059系列标准。

2　规范性引用文件

下列文件中的条款通过GB/T 17215的本部分的引用而成为本部分的条款。凡是注日期的引用文件,其随后所有的修改单(不包括勘误的内容)或修订版均不适用于本部分,然而,鼓励根据本部分达成协议的各方研究是否可使用这些文件的最新版本。凡是不注日期的引用文件,其最新版本适用于本部分。

GB/T 11150—2001　电能表检验装置(neq IEC 60736:1982)

GB/T 17215.211—2006　交流电测量设备　通用要求、试验和试验条件　第11部分:测量设备(IEC 62052-11:2003,IDT)

IEC 62053-61:1998　交流电测量设备　特殊要求　第61部分:功耗和电压要求

3　术语和定义

GB/T 17215.211—2006规定的术语和定义适用本部分。

4　标准的电量值

GB/T 17215.211—2006规定值适用于本部分。

5　机械要求

GB/T 17215.211—2006的要求适用于本部分。

6　气候条件

GB/T 17215.211—2006的条件适用于本部分。

7 电气要求

除了满足 GB/T 17215.211 中的电气要求，仪表还应满足下列要求。

7.1 功率消耗

电压电路和电流电路的功率消耗应在 8.5 给定的参比条件下以任意合适的方法确定。功耗测量的最大综合误差不超过 5%。

7.1.1 电压线路

在参比电压、参比温度和参比频率下，仪表每一电压线路的有功功率和视在功率消耗不应超过表 1 规定值。

表 1 单相和多相仪表在电压线路（包括电源）的功率消耗

仪表	带电源的电压线路	不带电源的电压线路
电压线路	2 W 和 10 VA	0.5 VA
辅助电源	—	10 VA

注 1：为了匹配仪表的电压互感器，不论负荷为感性还是容性，仪表制造商应当注明（仅适用于经互感器接入的仪表）。

注 2：上述数值是平均值。开关电源的峰值允许超过上述值，但应确保同所接电压互感器额定值匹配。

注 3：多功能仪表，见 IEC 62053-61:1998。

7.1.2 电流线路

直接接入的仪表，每一电流线路在基本电流、参比频率和参比温度下的视在功率不应超过表 2 规定值。

经电流互感器接入的仪表，每一电流线路在参比温度和参比频率下电流值等于电流互感器二次额定电流的视在功率不应超过表 2 规定值。

表 2 电流线路的功率消耗

仪表	仪表等级	
	2	3
单相和多相	5.0 VA	5.0 VA

注 1：额定二次电流是电流互感器的二次电流值，即确定互感器性能的电流值。最大二次电流的标准值是额定二次电流的 120%、150% 和 200%。

注 2：为了匹配仪表的电流互感器，不论负荷是感性或容性的，制造厂应予注明（仅适用于经互感器接入的仪表）。

7.2 短时过电流影响

短时过电流不应损坏仪表。当回到初始工作条件时，仪表应能正确工作，其误差改变量不应超过表 3 规定值。

a) 直接接入仪表

仪表应能经受 $30I_{max}$，允差为 +0%～−10% 的短时过电流，施加时间为额定频率的半个周期。

b) 经电流互感器接入的仪表

仪表应能经受相当于 $20I_{max}$，允差为 +0%～−10% 的电流，施加时间为 0.5 s。

注：本要求不适用于在电流电路中有触点的仪表，此情况参见相关标准。

表 3 由短时过电流引起的改变量

仪 表	电流值	sinϕ（感性或容性）	各等级仪表以百分数误差表示的改变量极限	
			2	3
直接接入	I_b	1	1.5	1.5
经电流互感器接入	I_n	1	1.0	1.5

7.3 自热影响试验

由自热引起的误差改变量不应超过表 4 给出的值。

应如下进行试验：电流线路无电流，电压线路接参比电压至少 1 h（对于 2 级和 3 级仪表）后，在电流线路中应施加最大电流。在 sinϕ 为 1 时，施加电流后立刻测量仪表误差，接着以足够短的间隔时间准确地画出作为时间函数的误差变化曲线。此项试验至少应进行 1 h，直至在 20 min 内误差变化不大于 0.2% 时为止。

sinϕ 为 0.5（感性或容性）时重复上述试验。

给仪表通电的电缆长度为 1 m，横截面积应保证电流密度在 3.2 A/mm² ～4 A/mm² 之间。

表 4 自热引起的改变量

电流值	sinϕ（感性或容性）	各等级仪表以百分数误差表示的改变量极限	
		2	3
I_{max}	1	1.0	1.5
	0.5	1.5	2.0

7.4 交流电压试验

交流电压试验应按照表 5 进行。

试验电压应近似正弦波，频率在 45 Hz 和 65 Hz 之间，施加 1 min。电源容量至少应为 500 VA 。

在对地电压试验中，参比电压等于或低于 40 V 的辅助线路应接地。

所有试验均应在外壳闭合，表盖和端钮盖在原位的情况下。

试验中不应发生闪络、火花放电或击穿现象。

表 5 交流电压试验

试验	施加于	试验电压（均方根）	试 验 电 压 施 加 点
A	Ⅰ类防护仪表	2 kV	a) 所有的电流线路和电压线路以及参比电压超过 40 V 的辅助线路连接在一起为一点，另一点是地，试验电压施加于该两点间
		2 kV	b) 在工作中不连接的各线路之间
B	Ⅱ类防护仪表	4 kV	a) 所有的电流线路和电压线路以及参比电压超过 40 V 的辅助线路连接在一起为一点，另一点是地，试验电压施加于该两点间
		2 kV	b) 在工作中不连接的各线路之间
		—	c) 目视检验遵从 GB/T 17215.211—2006 中 5.7 的情况

8 准确度要求

试验和试验条件应符合 GB/T 17215.211—2006 规定。

8.1 电流改变量引起的误差极限

仪表在 8.5 规定的参比条件下，其百分数误差不应超过表 6 和表 7 中给定的相应准确度等级的极限。

在基本电流 I_b 和 $\sin\phi$ 为 1 的直接接入仪表和额定电流 I_n 和 $\sin\phi$ 为 1 的经互感器仪表在单相负载与平衡多相负载间的百分数误差之差对于 2 级和 3 级仪表分别不能超过 2.5%和 3.5%。

注：当按表 7 试验时，试验电流宜依次加入每一测量单元。

8.2 由影响量引起的误差极限

相对于 8.5 给出的参比条件下影响量的变化引起的附加的百分数误差不应超过表 8 规定的与准确度等级有关的极限。

8.2.1 直流电流回路中的直流分量影响试验

直流电流回路中的直流分量影响试验应按图 A.1 中的线路进行或采用可产生所要求波形的其他试验设备进行，电流波形为图 A.2。

在图 A.2 所示的试验波形和标准波形下测得的百分误差改变不应超过表 8 规定的改变量极限。

注：图中仅给出了 50 Hz 的参数，对其他频率的参数可按此推算。

8.2.2 外部恒定磁感应

恒定磁场可采用直流电磁铁获得，见附录 B。该磁场应作用于按正常使用时安装的仪表的所有可触及表面。其磁势值应为 1 000 At(安匝)。

应单独对某个影响量引起的改变量进行测试，所有其他影响量保持为参比条件(见表 11)。

表 6 百分数误差极限

（单相仪表和带平衡负载的多相仪表）

电流值		$\sin\phi$ (感性或容性)	各等级仪表百分数误差极限	
直接接入仪表	经互感器仪表		2	3
$0.05I_b \leq I < 0.1I_b$	$0.02I_n \leq I < 0.05I_n$	1	±2.5	±4.0
$0.1I_b \leq I \leq I_{max}$	$0.05I_n \leq I \leq I_{max}$	1	±2.0	±3.0
$0.1I_b \leq I < 0.2I_b$	$0.05I_n \leq I < 0.1I_n$	0.5	±2.5	±4.0
$0.2I_b \leq I \leq I_{max}$	$0.1I_n \leq I \leq I_{max}$	0.5	±2.0	±3.0
$0.2I_b \leq I \leq I_{max}$	$0.1I_n \leq I \leq I_{max}$	0.25	±2.5	±4.0

表 7 百分数误差极限(带有单相负载的多相仪表，电压线路加平衡的多相电压)

电流值		$\sin\phi$ (感性或容性)	各等级仪表百分数误差极限	
直接接入仪表	经互感器仪表		2	3
$0.1I_b \leq I \leq I_{max}$	$0.05I_n \leq I \leq I_{max}$	1	±3.0	±4.0
$0.2I_b \leq I \leq I_{max}$	$0.1I_n \leq I \leq I_{max}$	0.5	±3.0	±4.0

8.3 启动和潜动

对这些试验，除下述规定外，影响量的条件和值应按 8.5 规定。

8.3.1 仪表的预起动

额定电压加到仪表接线端后，5s 内仪表应达到全部功能状态。

8.3.2 潜动

当施加电压时，电流电路无电流，测试输出不应产生 1 个以上脉冲。对此试验，电流回路开路，电压电路施加 115%的参比电压。

最短试验时间 Δt 为：

对 2 级表：$\Delta t \geq \dfrac{480 \times 10^6}{k \cdot m \cdot U_n \cdot I_{max}}$[min]

对 3 级表：$\Delta t \geq \dfrac{300 \times 10^6}{k \cdot m \cdot U_n \cdot I_{max}}$[min]

其中：

k——仪表输出单元发出的脉冲数/千乏时(imp/kvarh)；

m——测量单元数；

U_n——参比电压（V）；

I_{max}——最大电流（A）。

注：经互感器工作的，并带有初级或半初级计度器的仪表，常数 k 应对应于次级(电压和电流)数值。

表 8 影响量

影响量	电流值（平衡的，有说明除外）		sinφ(感性或容性)	各等级仪表的平均温度系数(%/K)	
	直接接入仪表	经互感器仪表		2	3
环境温度变化[7]	$0.1I_b \leqslant I \leqslant I_{max}$ $0.2I_b \leqslant I \leqslant I_{max}$	$0.05I_n \leqslant I \leqslant I_{max}$ $0.1I_n \leqslant I \leqslant I_{max}$	1 0.5	0.10 0.15	0.15 0.25
				各等级仪表百分数误差改变极限	
				2	3
电压改变量±10%[1) 2)]	$0.05I_b \leqslant I \leqslant I_{max}$ $0.1I_b \leqslant I \leqslant I_{max}$	$0.02I_n \leqslant I \leqslant I_{max}$ $0.05I_n \leqslant I \leqslant I_{max}$	1 0.5	1.0 1.5	2.0 3.0
频率改变量±2%[2)]	$0.05I_b \leqslant I \leqslant I_{max}$ $0.1I_b \leqslant I \leqslant I_{max}$	$0.02I_n \leqslant I \leqslant I_{max}$ $0.05I_n \leqslant I \leqslant I_{max}$	1 0.5	2.5 2.5	2.5 2.5
电流电路中直流分量[3)]	$I_{max}/\sqrt{2}$	—	1	6.0	6.0
外部恒定磁感应[4)]	I_b	I_n	1	3.0	3.0
外磁感应强度 0.5 mT[5)]	I_b	I_n	1	3.0	3.0
高频电磁场	I_b	I_n	1	3.0	3.0
附件工作[6)]	$0.05I_b$	$0.05I_n$	1	1.0	1.0
射频场感应的传导骚扰	I_b	I_n	1	3.0	3.0
快速瞬变脉冲群	I_b	I_n	1	4.0	4.0
衰减振荡波[8)]	—	I_n	1	4.0	4.0

1) 电压范围从−20%～−10%和从+10%～+15%时，以百分数误差表示的改变量极限为表 8 规定值的 3 倍。低于 0.8 U_n 时，仪表误差可在+10%～−100%之间改变。

2) 推荐的电压改变量、频率改变量的试验点分别为 I_b(直接接入式仪表)和 I_n(互感器接入式仪表)。

3) 此项试验仅检测电流传感器的饱和度。本试验不适用于经互感器工作的仪表。试验条件按附录 A 规定。电压的畸变因素小于 1%。

4) 此项试验条件按 8.2.1 规定。

5) 外部 0.5 mT 的磁感应强度由与施加给仪表电压频率相同的电流产生，并在最不利的相位和方向的条件下，仪表以百分数误差表示的改变量不应超过本表规定值。
可将仪表放置在环形电流线圈的中心位置获得该磁场。环形线圈的平均直经为 1 m，截面为矩形，并且相对直径具有较小的径向厚度，磁场强度为 400 安匝。

6) 该附件为封装在表壳内的并且是间断通电的，如：多费率计度器的电磁铁。
为能正确接线，最好标出与辅助装置的连接方法。若这种连接是插头和插座方式，则应是不可逆的。

7) 应在整个工作范围内确定平均温度系数。工作温度范围应分成多个 20K 宽的子范围，然后在这些范围内确定平均温度系数，在该范围中间的上 10 K 和下 10 K 进行测定。试验期间无论如何不要超出规定的工作温度范围。

8) 此项试验适用于经互感器工作的仪表。

8.3.3 **起动**

在表9规定起动电流条件下(多相仪表,带平衡负载),仪表应能起动并连续记录。

表9 起动电流

仪 表	仪 表 等 级		sinφ (感性或容性)
	2	3	
直接接入	$0.005I_b$	$0.01I_b$	1
经电流互感器接入	$0.003I_n$	$0.005I_n$	1

8.4 **仪表常数**

测试输出与显示器指示之间的关系,要与铭牌标志一致。

8.5 **准确度试验条件**

为检验准确度要求,应保持下列试验条件:

a) 被试表应装在表壳内,并盖上表盖,所有应接地的部件应接地。

b) 进行试验之前,各线路应通电并达到热稳定。

c) 此外,多相仪表应该:

——符合接线图所示的相序;

——电压和电流应基本平衡(见表10)。

d) 参比条件见表11。

e) 试验装置要求见GB/T 11150—2001电能表检验装置。

表10 电压和电流平衡

多相仪表	仪表等级	
	2	3
每一相对中性线间的电压和任二相间的电压与对应的电压平均值之差不大于	±1%	±1%
每一导体中的电流与平均电流之差不应大于	±2%	±2%
这些电流的每一电流与对应的相对中性线的电压的相位,它们相互间的差不应大于(不考虑相位角)	2°	2°
注:当测试一个三相无功电能表时,如果所采用的测试方法和被测表受电压和电流不平衡的影响不同,则误差可能增加。在此情况下,参比电压必须调整得非常对称。		

表11 参比条件

影响量	参 比 值	各等级仪表允许偏差	
		2	3
环境温度	参比温度,或者未标注的为23 ℃[1)]	±2 ℃	±2 ℃
电压	参比电压	±1.0%	±1.0%
频率	参比频率	±0.5%	±0.5%
相序	L1-L2-L3	—	—
电压不平衡	所有相连接	—	—
波形	正弦波电压和电流	畸变因数小于2%	畸变因数小于3%
外部恒定磁感强度	等于零	—	—

表 11（续）

影响量	参比值	各等级仪表允许偏差	
		2	3
参比频率的外部磁感强度	磁感强度等于零	引起的误差改变量不大于以下值的磁感应强度值：	
		±0.3%	±0.3%
		但在任何情况下应小于 0.05 mT [2)]	
高频电磁场 30 kHz～2 GHz	等于零	<1 V/m	<1 V/m
附件工作	附件不工作	—	—
射频场感应的传导骚扰 150 kHz～80 MHz	等于零	<1 V	<1 V

1）若在非参比温度的某一值（包括允许偏差）下进行试验，应通过相应的温度系数校正。

2）试验包括：

a) 单相仪表，首先将仪表同电网电源正常连接测定各项误差，接着将电流线路以及电压线路反向连接后测定各项误差。两个误差之差的一半即是误差改变量的值。由于外磁场相位未知，试验应在 $0.1I_b$ 或 $0.05I_n$、$\sin\phi=1$ 和 $0.2I_b$ 或 $0.1I_n$、$\sin\phi=0.5$（感性或容性）条件下进行；

b) 三相仪表，在 $0.1I_b$ 或 $0.05I_n$、$\sin\phi=1$ 条件下进行三次测量，在每次测量之后，电流线路和电压线路的连接改变 120°，相序不改变。确定每个误差之间的最大差值，它们的平均值就是其误差改变量的值。

8.6 试验结果的整理

由于存在测量的不确定度和某些能影响测量的参数，有些测试结果可能会超出表 6 和表 7 中规定的极限范围。但是如果将零线平移不超过表 12 中规定的极限，所有测试结果便落入表 6 和表 7 中规定极限范围，则该仪表型式应认为是可接受的。

表 12　试验结果的整理

	仪表等级	
	2	3
允许零线移动量/%	1.0	1.0

附 录 A
（规范性附录）
直流分量的试验线路图

注：如图 A.2 所示给出的值仅适用于 50 Hz，对其他频率的值必须做适当调整。

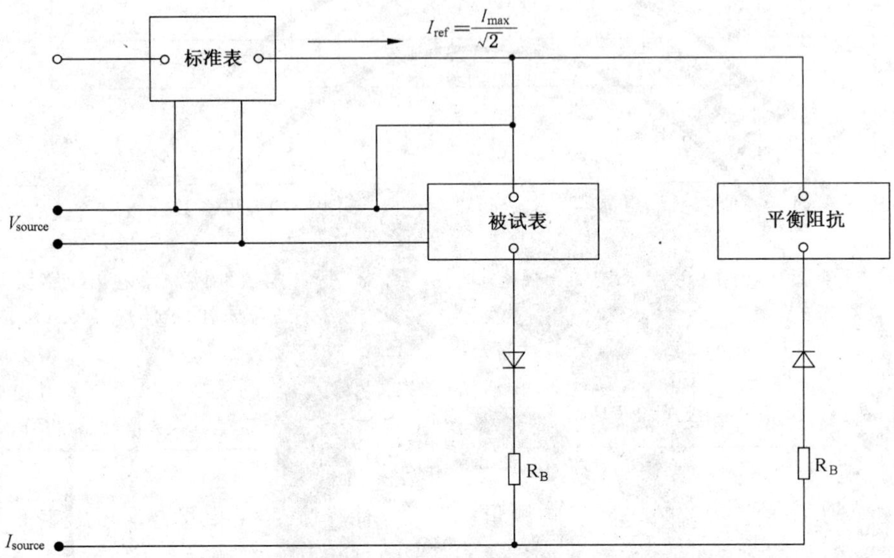

注 1：为保证测量的准确性，平衡阻抗应等于被试表(EUT)的阻抗。

注 2：平衡阻抗最好是一只与被试表(EUT)同型号的仪表。

注 3：整流二极管应是同型号的。

注 4：为了改善平衡条件，在两支路可引入电阻 R_B，其阻值应近似被试表(EUT)的 10 倍。

图 A.1 半波整流试验线路图

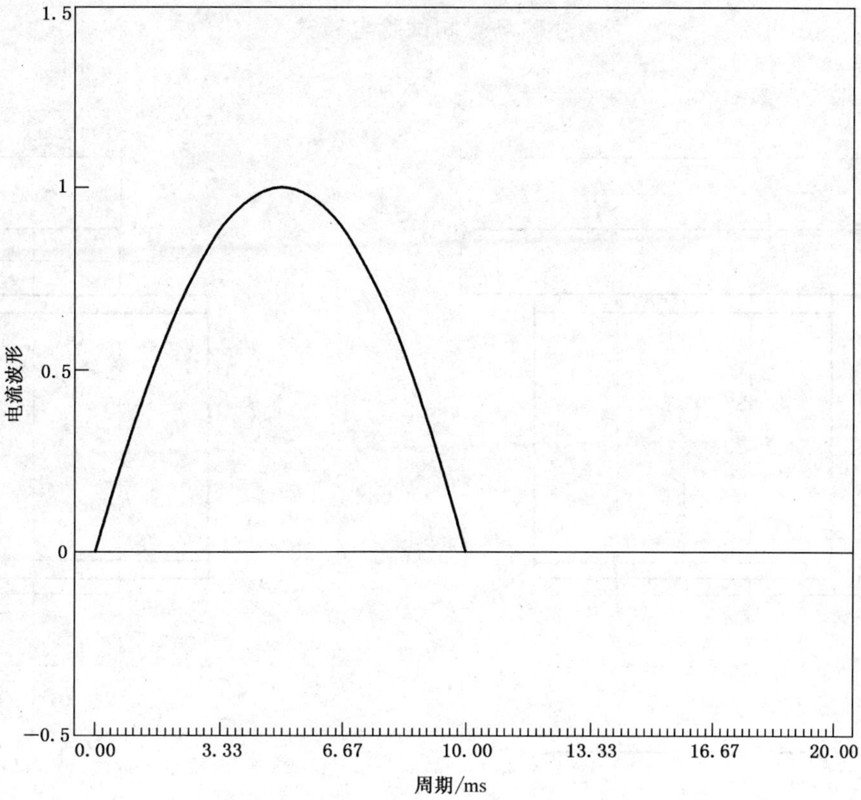

图 A.2 半波整流波形

附 录 B
（规范性附录）
外磁场影响试验电磁铁

比例:1∶1(尺寸单位:mm)

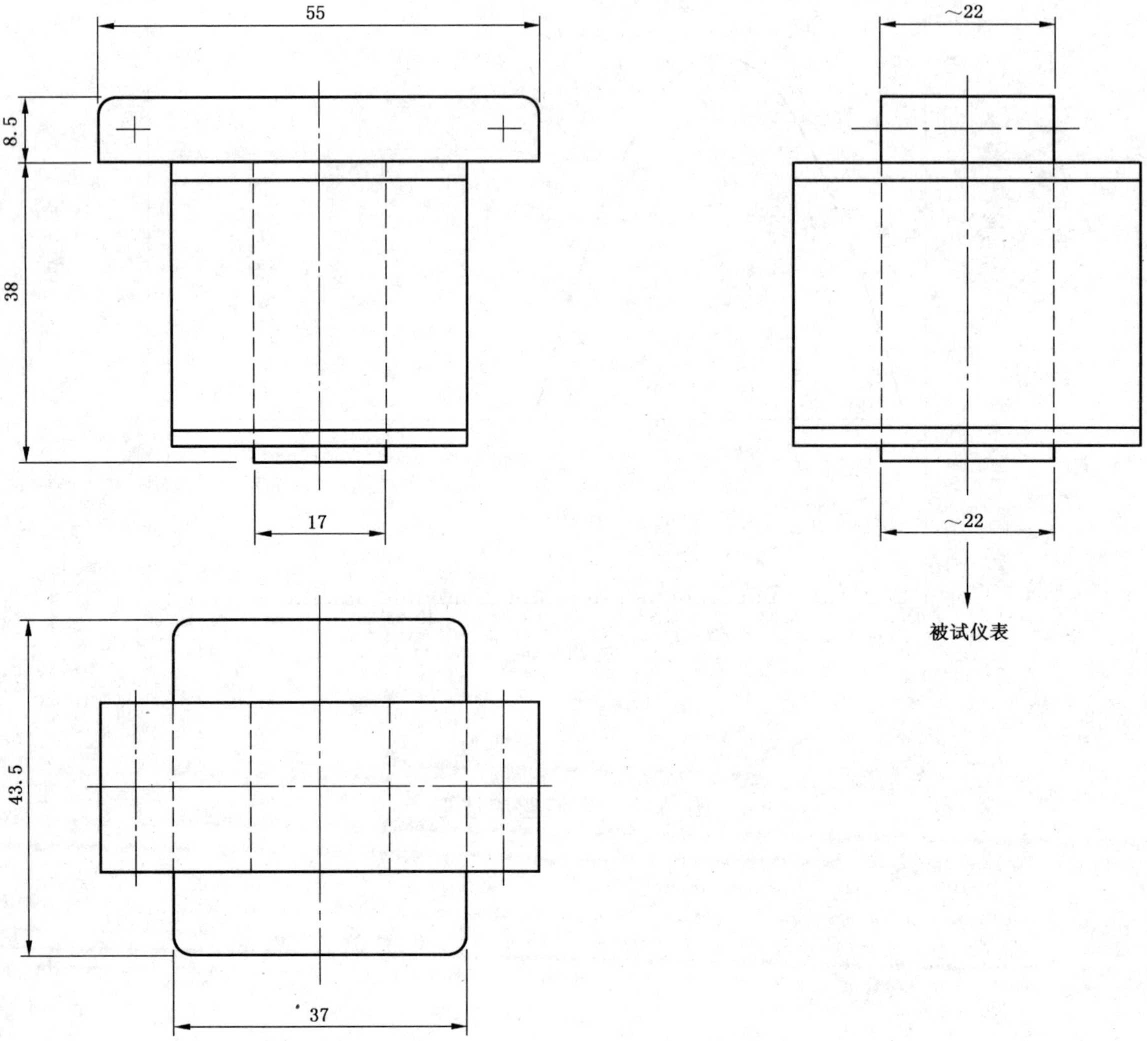

绕组参数举例:500 匝 ϕ0.6 mm/0.28 mm^2

或:1 000 匝 ϕ0.4 mm/0.126 mm^2

铁芯比总损耗:1.0 W/kg

图 B.1 外磁场影响试验电磁铁

附 录 C
（规范性附录）
有功和无功功率的几何表示

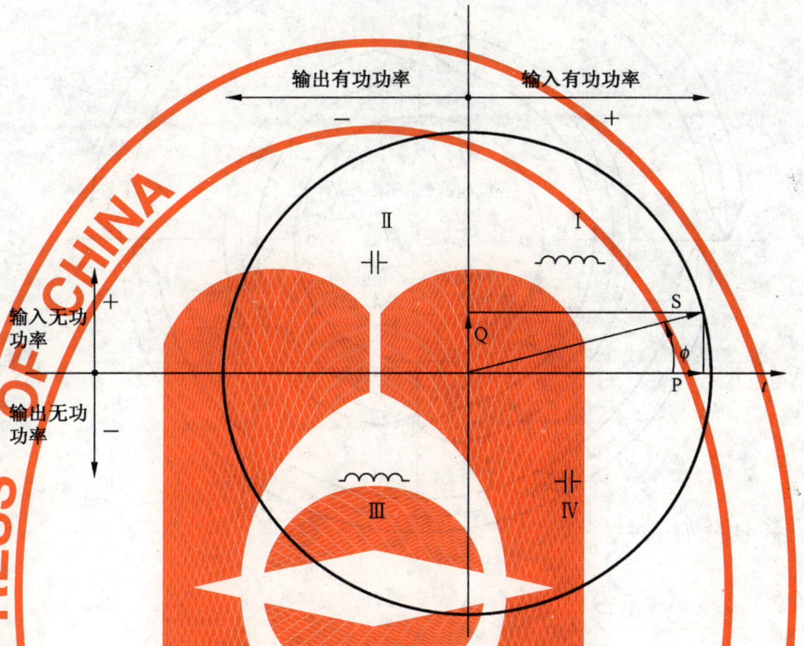

注 1：图示参照 IEC 60375:2003 中条款 12 和 14。

注 2：本图的参考矢量是电流矢量(取向右为正方向)。

注 3：电压矢量 V 随相角 ϕ 改变方向。

注 4：电压 V 和电流 I 间的相角 ϕ 在数学意义上取正(逆时针方向)。

图 C.1 推荐的几何表示

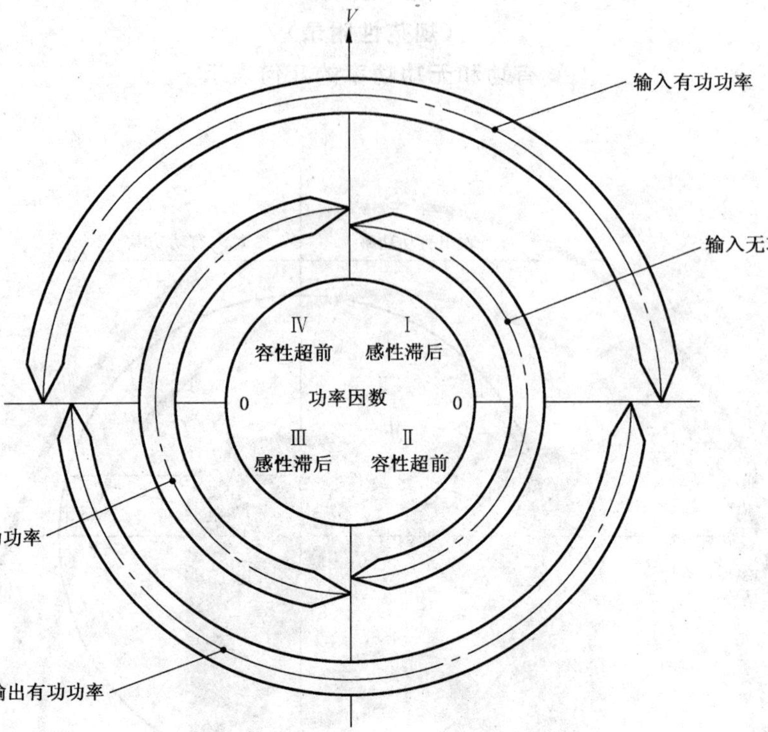

注1：如果取垂直向上作为电压矢量并画出代表单相或三相平衡系统的电流矢量线，则该电流矢量将指明其他量的状态。

注2：本图的参考矢量是电压矢量(取向上为正方向)。

注3：电流矢量 I 随相角 ϕ 改变方向。

注4：电压 V 和电流 I 间的相角 ϕ 以顺时针方向为正。

图 C.2 可选的几何表示

ICS 17.220.20
N 22

中华人民共和国国家标准

GB/T 17215.421—2008/IEC 62054-21:2004
代替 GB/T 9092—1998

交流测量　费率和负荷控制
第21部分:时间开关的特殊要求

**Electricity metering equipment (a.c.)—Tariff and load control—
Part 21: Particular requirements for time switches**

(IEC 62054-21:2004,IDT)

2008-08-06 发布　　2009-03-01 实施

中华人民共和国国家质量监督检验检疫总局
中国国家标准化管理委员会　发布

前　言

本部分等同采用了 IEC 62054-21《交流测量　费率和负荷控制　第 21 部分:时间开关的特殊要求》(2004 年版)。本部分编写结构与格式与 IEC 62054-21 一致。

本部分代替 GB/T 9092—1998《费率和负荷控制　时间开关》。

本部分与 GB/T 9092—1998 的主要差异如下:

——术语和定义、电气要求、机械要求、气候条件、直流电磁场的抗扰度试验、交流电磁场的抗扰度试验、试验条件和型式试验、无线电干扰抑制等要求直接引用 IEC 62052-21;

——本部分增加了计时准确度试验,对电磁场抗扰度试验和快速瞬变试验做了具体描述。

本部分自实施之日起,原国家标准 GB/T 9092—1998 同时废止。

本部分的附录 A 为资料性附录。

本部分由中国机械工业联合会提出。

本部分由全国电工仪器仪表标准化技术委员会(SAC/TC 104)归口。

本部分起草单位:哈尔滨电工仪表研究所。

本部分主要起草人:张立华、韩桂菊、徐人恒。

本部分所代替标准的历次版本发布情况为:

——GB/T 9092—1998。

交流测量 费率和负荷控制
第21部分:时间开关的特殊要求

1 范围

GB/T 17215的本部分规定了最新制造的室内使用并具有工作储备的时间开关的型式试验特殊要求。时间开关常用于电力负载控制、多费率寄读器和电能计量设备的最大需量装置。

时间开关保持实时,它可以保存日期,还能够处理闰年,它还支持夏令时,也就是说,根据相关规则,它能修改当地时间和GMT的偏差。时间开关还具有同步功能,时间开关也保存开关动作程序表,该表可以对时间周期、星期几、年或月的日期进行规定。时间开关根据时间和储存的程序表来控制输出单元。

本部分对时间开关的内部结构不做要求。

当时间开关功能与多功能电能表功能结合起来时,本部分相关部分仍然适用。

本部分包括具有模拟机械标度盘或电子式数字显示器的时间开关。

——同步时间开关;

——晶控时间开关。

本部分不包括接收试验和一致性试验,但是接收试验作为例子在附录A中给出。

可靠性方面的要求参照IEC 62059。

本部分与IEC 62052-21同时使用的时候,本部分条款优于IEC 62052-21。

2 规范性引用文件

下列文件中的条款通过GB/T 17215的本部分的引用而成为本部分的条款。凡是注日期的引用文件,其随后所有的修改单(不包括勘误的内容)或修订版均不适用于本部分,然而,鼓励根据本部分达成协议的各方研究是否可使用这些文件的最新版本。凡是不注日期的引用文件,其最新版本适用于本部分。

IEC 62052-21:2004 交流电子式电能表通用要求,试验和试验条件 第21部分:费率和负荷控制要求

3 术语和定义

IEC 62052-21中的定义适用于本部分。

4 标准的电气值

IEC 62052-21中给出的值适用于本部分。

5 机械要求和试验

IEC 62052-21中给出的要求和试验适用于本部分。

5.1 标度盘

对于具有模拟机械标度盘的时间开关:

——标度盘的旋转方向用箭头标志;

——小时标度盘(如有时)应能读到分;

——如有要求,在日标度盘上是小时和周标度盘上的日应以不同颜色标志;
——全部标志应清晰易读。

5.2 数字显示器

对于具有电子式数字显示器的时间开关:
——显示器应易读,如果用同一显示器显示不同的量,应能显示并识别每种量的代码或其他指示。
——每种量的显示时间不小于 6 s。

6 气候条件、要求和试验

IEC 62052-21 中规定的条件、要求和试验适用于本部分。

7 电气要求和试验

7.1 供电电压

7.1.1 电压范围

IEC 62052-21 中规定的值适用于本部分。

7.1.2 电源频率范围

IEC 62052-21 中规定的值适用于本部分。

7.1.3 功率消耗

IEC 62052-21 中规定的值适用于本部分。

7.1.4 电压降落和短时中断

见 7.6.8。

7.1.5 供电电压长时间中断

7.1.5.1 要求

在供电电压中断不超过工作储备期间,时间开关应保持规定的准确度(见 7.5.2)。

在标称电源电压复位后的 5 s 内,输出单元占用的位置是由时间开关的程序决定的。

如果电源中断长度超过工作储备时间,时间需要重新调整,在电源复位的 6 h 内,时间开关应该开始执行时间开关程序。然而,用户和供应商可协商一致,电源电压延长中断时间后,时间开关不能重启动,输出占用一个预先决定的位置,并且时间开关显示一个特殊标识。

7.1.5.2 供电电压长时间中断的费率试验

对于工作储备的计时准确度试验见 7.5.2.3。

输出单元的性能试验还包括验证电源电压中断一定时间(已商定)并且电源复位时,输出单元所占位置由时间开关程序根据指示时间决定。

对于输出单元所有可能位置,这个试验都应该执行。

当恢复供电时,开关组件应无颤动。

7.1.6 工作储备

7.1.6.1 要求

IEC 62052-21 中规定的要求适用于本部分。

7.1.6.2 试验

对于计时准确度试验见 7.5.2。

对于输出单元的性能要求试验见 7.1.5.2。

7.1.7 备用电源寿命

IEC 62052-21 中的规定适用于本部分。

7.1.8 备用电压替换

IEC 62052-21 中的规定适用于本部分。

7.2 温升

IEC 62052-21 中的规定适用于本部分。

7.3 绝缘

IEC 62052-21 中的规定适用于本部分。

7.4 输出单元

IEC 62052-21 中的规定适用于本部分。

7.5 功能要求和试验——准确度

7.5.1 时间设定和编程

7.5.1.1 带机械模拟标度盘的时间开关

在日标度盘上,它所能设定的时间准确度要优于±7.5 min,它应该能编程开关操作分辨率是15 min或更小,它还应能编程在60 min至少有两次连续开关操作。

在周标度盘上,它应该能设定周里的天并且准确度要优于1 h,它应该能编程开关操作分辨率是2 h或更小,它还应能编程在8 h内至少有两次连续开关操作。

在年标度盘上,它应该能设定的日期和时间准确度要优于2天,它应该能编程开关操作分辨率4天或更小,它还应该能编程在16天内至少有两次连续开关操作。

7.5.1.2 带数字显示器的时间开关

它应该能设定日期和时间(天、月、年、小时和分)的准确度为5 s,时间设定要将秒复位为零。如果可以设定秒,那么时间设定就不能把秒复位为零,而是设成预期的值。

注:在这种情况下最好显示秒。

如果有夏令时功能,根据规定显示官方时间。

它应该能设定带1分、1小时、1天、1月和1年分辨率的操作。

7.5.2 计时准确度

7.5.2.1 同步时间开关

在正常工作条件下,假设电源频率保持标称值上,同步时间开关计时准确度要优于±5 s/30天。

在参比温度下,如果工作储备是来自机械能(弹簧),那么计时准确度要优于±120 s/天。如果工作储备是来自大电容、可充电电池或原电池,那么计时准确度要优于±1 s/天。

7.5.2.2 晶控时间开关要求

在参比电压和参比温度下,晶控时间开关的计时准确度要优于±0.5 s/天,带温度显示的计时准确度要优于±0.15 s/℃/24 h。

在参比温度下,靠工作储备,计时准确度要优于±1 s/天。

注:有时时间开关会被用做提供时间同步系统的一部分,当时间开关处于独立工作模式下时,制造商与用户可以协商放宽时间开关的准确度,在此情况下,系统时间由时间开关维持,并在必要的时间间隔执行同步性。

7.5.2.3 计时准确度试验

7.5.2.3.1 一般试验条件

把待检的时间开关放在正常工作条件下,如果必要,置于恒温恒湿箱内,供电仪器没有压降和短时中断。除非有特殊说明,IEC 62052-21 附录B中的参比工作条件适用于本部分。

注:制造商应该提供一个适当的测试计时准确度的方法,例如,电或光的输出,在电容标准晶控时间开关的情况下,通过电磁偶合,从晶振中获得信号。

7.5.2.3.2 同步时间开关试验

7.5.2.3.2.1 用电源供电的同步时间开关试验

同时给被试时间开关和标准电控时钟供电,试验30天后,标准时钟和被试时间开关之间时间指示偏差必须小于±5 s。

7.5.2.3.2.2 用工作储备供电的同步时间开关试验

同时给被试时间开关和同步参比时钟供电，试验前时间开关应供电一段时间，以便工作储备可以完全利用。

注1：制造商应该规定，在工作储备试验开始之前，为时间开关提供供电所需时间。

被试时间开关电源被中断36 h，当恢复供电时，被测时间开关和参比时钟之间的指示偏差要小于工作储备计时准确度乘以工作储备时间长度。

注2：因此，时间指示偏差应该小于：

a) ±180 s(对于用发条的同步时间开关)；

b) 1.5 s(对于用电池、原电池或大电容储备工作的同步时间开关)。

当恢复供电时，开关组件应无颤动。

7.5.2.3.3 晶控时间开关试验

7.5.2.3.3.1 用电源供电的时间开关的试验

同时给被试时间开关和同步参比晶控时钟供电，试验30天后，参比时钟和被试时间开关之间时间指示偏差必须小于±15 s。

7.5.2.3.3.2 用工作储备供电的晶控时间开关试验

同时给被试时间开关和同步参比时钟供电，试验前时间开关应供电一段时间，以便工作储备可以完全利用。

注1：制造商应该规定，在工作储备试验开始之前，为时间开关提供供电所需时间。

被试时间开关电源被中断36 h，当恢复供电时，被测时间开关和参比时钟之间的指示偏差要小于工作储备计时准确度乘以工作储备时间长度。

注2：因此，时间指示偏差应该小于±1.5 s。

当恢复供电时，开关组件应无颤动。

7.5.2.3.3.3 带温度的晶控时间开关的计时准确度试验

将时间开关放在一个气候箱中，其时基在23 ℃下测量。温度升至+45 ℃，获得热平衡后，计时准确度应优于±3.3 s/24 h。计时准确度是在参比温度下获得(最大±0.5 s/24 h)。

注1：所测量的时基准确度与23 ℃下测量的时基之差不大于$\pm 38\times 10^{-6}$。

温度降至−10 ℃，获得热平衡后，计时准确度应该优于±4.95 s/24 h，计时准确度是在参比温度下获得(最大±0.5 s/24 h)。

注2：所测量的时基准确度与23 ℃下测量的时基之差不大于$\pm 57\times 10^{-6}$。

7.5.3 开关准确度

7.5.3.1 带标度盘的时间开关

7.5.3.1.1 要求

在日标度盘上，开关实际时间与预置时间之差不大于7.5 min。在满24 h日程长度内，应是24 h±计时准确度。

在周标度盘上，开关实际时间与预置时间之差不大于±60 min，在满168 h的周里，应该是168 h±计时准确度。

在年标度盘上，开关实际时间与预置时间之差不大于±2天，在满365天年日程长度内，应该是365天±计时准确度。

注：由于机械操作引起的开关周期长度的非累积变化是可以接受的。

最大需量指示开关的工作初始点应能手动调节，除非它被日标度盘自动设置。

7.5.3.1.2 试验

为了测定日开关时间的准确度，至少每天设定时间开关4次开关操作，通过观察，在操作期间，每次操作设定时间与实际开关时间之差小于±7.5 min，整个一天的长度应该是24 h±最大计时准确度。

为了测定周开关时间的准确度，至少每周设定时间开关 4 次开关操作，通过观察，在操作期间，每次操作设定时间与实际开关时间之差小于±60 min，整个一周的长度应该是 168 h±最大计时准确度。

为了测定年开关时间的准确度，至少每年设定时间开关 4 次开关操作，把时间和日期提前至开关时间前 2 天，通过观察，在操作期间，每次操作设定时间与实际开关时间之差小于±2 天。

7.5.3.2 具有数字显示的时间开关

7.5.3.2.1 要求

实际开关时间与设定的时间之差不超过±1 s。如果时间开关带有最大需量指示或负荷曲线记录仪的功能，积分周期开始应该与显示的小时的整数同步。

7.5.3.2.2 试验

为了测定日开关时间的准确度，至少每天设定时间开关 4 次开关操作，通过观察，在操作期间，每次操作设定时间与实际开关时间之差小于±5 s，整个一天的长度应该是 24 h±最大计时准确度。

为了测定周开关时间的准确度，至少每周设定时间开关 4 次开关操作，通过观察，在操作期间，每次操作设定时间与实际开关时间之差小于±5 s，整个一周的长度应该是 168 h±最大计时准确度。

为了测定年开关时间的准确度，至少一年设定时间开关 4 次开关操作，把时间和日期提前至开关时间前 1 h，通过观察，在操作期间，每次操作设定时间与实际开关时间之差小于±5 s。

7.5.4 同步

如果有外部同步功能，同步时间和系统时间最大不超过 5 s。

注 1：同步也可能是同步到分钟，或是积分周期或是预置时间。同步可能是立即发生或是逐步发生，在几个积分周期里均匀分布。

注 2：对于试验，制造商应该给出合适的试验方法。

7.6 电磁兼容

IEC 62052-21 中的要求和数值适用于本部分。

7.6.1 电磁骚扰抗扰度

IEC 62052-21 中的要求适用于本部分。

7.6.2 一般试验条件

IEC 62052-21 中的要求适用于本部分。

7.6.3 静电放电抗扰度试验

除 IEC 62052-21 外，下面要求适用于本部分。

静电放电的应用对时间指示偏差或开关触点的位置不应该产生变化，静电放电后，程序化操作应能正确执行。

试验期间短暂的功能或性能失效是可以接受的。

7.6.4 射频电磁场抗扰度试验

除 IEC 62052-21 外，下面要求适用于本部分。

现场为调制信号的强度 10 V/m。

射频电磁场应用对时间显示或开关触点的位置不应产生任何变化，射频电磁场应用期间开关操作应能正确执行。

现场为调制信号的强度 30 V/m。

试验期间，功能和性能的短暂失效或降低是可以接受的，可能是闪光显示、设置控制的无效或准确度临时改变。干扰期间开关不能操作也是可以接受的。输出的时间和触点必须保留。

应检验在射频电磁场应用和移除后，工作程序能被正确执行。

7.6.5 快速瞬变脉冲群试验

除 IEC 62052-21 外，下面要求适用于本部分。

试验期间，功能和性能的短暂失效或降低是可以接受的，可能是闪光显示、设置控制的无效或准确度临时改变。干扰期间开关不能操作也是可以接受的。

时间指示偏差和输出触点必须保存,检验试验后工作程序应能被正确执行。

7.6.6 射频场感应的传导骚扰抗扰度试验

除 IEC 62052-21 外,下面要求适用于本部分。

射频场传导骚扰的应用不应对时间属性或开关的触点产生任何影响,传导骚扰应用期间开关操作能被正确执行,它可以证实,传导骚扰撤除后,工作程序能被正确执行。

7.6.7 浪涌抗扰度试验

除 IEC 62052-21 外,下面要求适用于本部分。

浪涌的应用对于时间属性和开关触点不应该产生任何变化。

试验期间,功能和性能的短暂失效是可以接受的。例如在准确度方面会有光闪,设定控制不能操作,还可以接受干扰期间开关不能操作。

时间指示偏差和输出触点必须保存,它应该证实,试验后,工作程序能被正确执行。

7.6.8 电压降落和短时中断抗扰度试验

7.6.8.1 短时中断和电压降落影响试验

对于这些试验,时间开关和同步参比时钟一起供电。把一种专门设备连在开关的电源线中,此设备提供试验所需要的短时电源中断和无颤动的电压降落。

注:生产厂家应该结合试验提供一个适当的计时准确度,例如,电或光的输出,在电容标准晶控时间开关的实例中,通过电磁联接得到信号提供给晶体使用。

7.6.8.2 同步开关电源短时中断影响

被试时间开关经受连续 20 次电源中断,中断间隔时间至少 5 s,其中断值是:20 ms, 50 ms, 100 ms, 200 ms, 500 ms,1 s 和 2 s。

每次试验后,被试时间开关与参比时钟的时间指示偏差应该小于表 1。

表 1 最大不准确度

电源中断时间	20 ms	50 ms	100 ms	200 ms	500 ms	1 s	2 s
最大时间指示偏差	400 ms	1 s	2 s	4 s	10 s	10 s	10 s

7.6.8.3 同步时间开关电压降落影响

被试时间开关经过电压值为额定值 50% 的电源供电 1 min 的试验。

试验后,被试时间开关和参比时钟的时间指示偏差应该小于 500 ms 加上由于用做工作储备工作引起的不准确度(对于用电池、原电池或大电容储备工作的时间开关为 ±1 ms;由弹簧提供工作储备的时间开关为 ±125 ms)。

7.6.8.4 晶控时间开关短时电源中断影响

被试时间开关应承受 7.6.8.2 中相同的连续电源中断。

每次试验后,被试时间开关和参比时钟之间的时间指示偏差应该小于 400 ms。

7.6.8.5 晶控时间开关电压降落影响

被试时间开关应受 7.6.8.3 的试验。试验后,被试时间开关和参比时钟之间指示偏差应该小于 20 ms加上由于用工作储备工作引起的不准确度。

7.6.9 直流电磁场的抗扰度试验

IEC 62052-21 中的条款适用于本部分。

试验期间,时间开关必须保持其工作能力。

7.6.10 交流电磁场的抗扰度试验

IEC 62052-21 中的条款适用于本部分。

试验期间,时间开关必须保持其工作能力。

7.6.11 谐波影响的试验

同时给被试时间开关和同步标准时钟供电。10%的三次谐波被加到被试时间开关电源中，试验进行30天。试验结束后，被试时间开关的时间指示偏差和参比时钟之差，对于同步时间开关小于±7 s，对于晶控时间开关小于±17 s。

7.6.12 间谐波抗扰度试验

此条款对于时间开关没有意义。

7.6.13 脉冲干扰抗扰度试验

此条款对于时间开关没有意义。

7.7 无线电干扰抑制

IEC 62052-21 中的要求适用于本部分。

8 试验条件和型式试验

IEC 62052-21 中的要求适用于本部分。

附 录 A
（资料性附录）
验 收 试 验

IEC 62052-21 中的步骤和以下内容适用于本部分。

验收试验应该包含：

a） 计时准确度试验：额定电压 U_n，额定频率 f_n，以及其他影响量的参比值（见 IEC 62052-21 中的附录 B）；

b） 设定准确度试验；

c） 同步试验（如果条件允许）。

ICS 67.120.01
X 01

中华人民共和国国家标准

GB/T 17236—2008
代替 GB/T 17236—1998

生猪屠宰操作规程

Operating procedures of pig-slaughtering

2008-06-27 发布 2008-10-01 实施

中华人民共和国国家质量监督检验检疫总局
中国国家标准化管理委员会 发布

前　言

本标准代替 GB/T 17236—1998《生猪屠宰操作规程》。

本标准与 GB/T 17236—1998 相比主要变化如下：

——规范性引用文件中增加部分新引用标准；

——增加了部分术语和定义；

——增加了蒸汽烫毛内容；

——增加了割尾、头、蹄工序内容；

——增加了预冷、分割、冻结、包装、贮存等工序要求；

——增加了屠宰厂人员、环境与设施、记录要求的引用。

本标准由中华人民共和国商务部提出并归口。

本标准起草单位：商务部屠宰技术鉴定中心、临沂新程金锣肉制品有限公司。

本标准主要起草人：张立峰、张季川、张京茂、张新铃、胡新颖。

本标准所代替标准的历次版本发布情况为：

——GB/T 17236—1998。

生猪屠宰操作规程

1 范围

本标准规定了生猪屠宰加工各工序的操作规程和要求。

本标准适用于各类生猪屠宰加工厂(场)。

2 规范性引用文件

下列文件中的条款通过本标准的引用而成为本标准的条款。凡是注日期的引用文件,其随后所有的修改单(不包括勘误的内容)或修订版均不适用于本标准,然而,鼓励根据本标准达成协议的各方研究是否可使用这些文件的最新版本。凡是不注日期的引用文件,其最新版本适用于本标准。

GB/T 5737 食品塑料周转箱

GB/T 6388 运输包装收发货标志

GB/T 6543 运输包装用单瓦楞纸箱和双瓦楞纸箱

GB 7718 预包装食品标签通则

GB 9683 复合食品包装袋卫生标准

GB 9687 食品包装用聚乙烯成型品卫生标准

GB 9688 食品包装用聚丙烯成型品卫生标准

GB 10457 聚乙烯自粘保鲜膜

GB 16548 病害动物和病害动物产品生物安全处理规程

GB/T 19479 生猪屠宰良好操作规范

GB/T 19480 肉与肉制品术语

肉品卫生检验试行规程[(59)农牧委字第 113 号、(59)卫防字第 556 号、(59)检一联字第 231 号和(59)商卫联字第 399 号文]

3 术语和定义

GB/T 19480 确立的以及下列术语和定义适用于本标准。

3.1

猪屠体 pig body

猪屠宰、放血后的躯体。

3.2

猪胴体 pig carcass

猪屠宰放血后,去头、蹄、尾、毛及内脏的躯体。

3.3

分割肉 cut meat

胴体去骨后,按规格要求分割成各个部位的肉。

3.4

内脏 viscera

脏器

猪胸、腹腔内的器官,包括心、肝、肺、脾、胃、肠、肾、胰脏、膀胱等。

注 1:内脏是生猪屠宰行业常用的概念。

注 2:改写 GB/T 19480—2004,定义 2.1.12。

3.5

挑胸 breast splitting

用刀或设备沿胸中部挑开胸骨。

3.6

同步检验 online inspection

生猪屠宰剖腹后，取出内脏放在设置的盘子上或挂钩装置上并与胴体生产线同步运行，以便兽医对照检验和综合判断的一种检验方法。

3.7

屠宰车间 slaughtering room

自致昏放血到加工成片猪肉的场所。

3.8

分割车间 cutting and deboning room

胴体分段、剔骨、分割的场所。

3.9

片猪肉 half carcass

白条

将宰后的整只猪胴体沿脊椎中线，纵向锯(劈)成两分体的猪肉。包括带皮片猪肉、无皮片猪肉。

3.10

非清洁区 non-hygienic area

待宰、致昏、放血、烫毛、脱毛、剥皮和白脏加工处理的场所。

3.11

清洁区 hygienic area

胴体加工，修整，红脏加工，头、蹄、尾加工(脱毛除外)，暂存发货间，分割、分级和计量等场所。

3.12

冻结间 freezing room

冻结产品的房间。

4 宰前要求

4.1 待宰猪应来自非疫区，健康良好，并有兽医检验合格证书。

4.2 待宰猪临宰前应停食静养 12 h～24 h，宰前 3 h 停止喂水。

4.3 应将待宰猪喷淋干净，猪体表面不应有灰尘、污泥、粪便。

4.4 检验人员应按《肉品卫生检验试行规程》进行宰前检验。

4.5 送宰猪应经检验人员签发《宰前合格证》。送宰猪通过屠宰通道时，应按顺序赶送，不应脚踢、棒打。

5 屠宰操作规程及操作要求

5.1 致昏

宜采用电致昏或二氧化碳(CO_2)麻醉法进行致昏。

5.1.1 电致昏

5.1.1.1 人工麻电

操作人员应穿戴合格的绝缘靴、绝缘手套和绝缘围裙。使用人工麻电器应在其两端分别蘸盐水(防止电源短路)，操作时在猪头颞颥区(俗称太阳穴)额骨与枕骨附近(猪眼与耳根交界处)进行麻电：将电极的一端揿在颞颥区，另一端揿在肩胛骨附近。应按生猪品种和屠宰季节，适当调整电压和麻电时间。

5.1.1.2 自动麻电

采用自动麻电器对猪进行麻电。

5.1.1.3 三点式低压高频麻电

采用麻电设备对猪的两边头部、心脏进行麻电。

5.1.2 麻醉法

将猪赶入麻醉室后麻醉致昏。麻醉室内气体组成为：二氧化碳(CO_2)65%～75%，空气25%～35%，时间设定为15 s。

5.1.3 致昏要求

猪致昏后应心脏跳动，呈昏迷状态。不应使其致死或反复致昏。

5.2 刺杀放血

5.2.1 致昏后应立即进行卧式放血或用链钩套住猪左后脚跗骨节，将其提升上轨道(套脚提升)进行立式放血。从致昏至刺杀放血，不应超过30 s。刺杀放血刀口长度约5 cm。沥血时间不宜少于5 min。

5.2.2 刺杀时操作人员应一手抓住猪前脚，另一手握刀，对准第一肋骨咽喉正中偏右0.5 cm～1 cm处向心脏方向刺入，再侧刀下拖切断颈部动脉和静脉，不应刺破心脏或割断食管、气管。刺杀时不应使猪呛膈、淤血。

5.2.3 放血刀应经不低于82 ℃热水消毒后轮换使用。

5.2.4 沥血后的猪屠体应喷淋水(40 ℃左右温水)或清洗机冲淋，清洗血污、粪便及其他污物。屠体放血后，可采用浸烫脱毛(5.4)或者剥皮(5.3)工艺进行后序加工。

5.3 剥皮

可采用机械剥皮或人工剥皮。

5.3.1 机械剥皮

按剥皮机性能，预剥一面或两面，确定预剥面积。剥皮按以下程序操作。

5.3.1.1 挑腹皮：从颈部起沿腹部正中线切开皮层至肛门处。

5.3.1.2 剥前腿：挑开前腿腿裆皮，剥至脖头骨脑顶处。

5.3.1.3 剥后腿：挑开后腿腿裆皮，剥至肛门两侧。

5.3.1.4 剥臀皮：先从后臀部皮层尖端处割开一小块皮，用手拉紧，顺序下刀，再将两侧臀部皮和尾根皮剥下。

5.3.1.5 剥腹皮：左右两侧分别剥；剥右侧时，一手拉紧、拉平后裆肚皮，按顺序剥下后腿皮、腹皮和前腿皮；剥左侧时，一手拉紧脖头皮，按顺序剥下脖头皮、前腿皮、腹皮和后腿皮。

5.3.1.6 夹皮：将预剥开的大面猪皮拉平、绷紧，放入剥皮机卡口夹紧。

5.3.1.7 开剥：水冲淋与剥皮同步进行，按皮层厚度掌握进刀深度，不应划破皮面，少带肥膘。

5.3.2 人工剥皮

将屠体放在操作台上，按顺序挑腹皮、剥臀皮、剥腹皮、剥脊背皮。剥皮时不应划破皮面，少带肥膘。

5.4 浸烫脱毛

5.4.1 浸烫：采用蒸汽烫毛隧道或浸烫池进行烫毛。应按猪屠体的大小、品种和季节差异，调整浸烫温度、时间。

蒸汽烫毛隧道：调整隧道内温度至59 ℃～62 ℃，烫毛时间为6 min～8 min。遇到紧急情况时应立即开启隧道的紧急保护系统。

浸烫池：调整水温至58 ℃～63 ℃，烫毛时间为3 min～6 min，应设有溢水口和补充净水的装置。浸烫池水根据卫生情况每天更换1次～2次。不应使猪屠体沉底、烫生、烫老。

5.4.2 脱毛：采用脱毛机进行脱毛。应根据季节不同适当调整脱毛时间，脱毛机内的喷淋水温度控制在59 ℃～62 ℃之间，脱毛后屠体应无浮毛、无机械损伤、无脱皮现象。

5.4.3 猪屠体修刮、冲淋后应按《肉品卫生检验试行规程》进行头部和体表检验。

5.4.4 对每头屠体进行编号，不应漏编、重编。

5.5 预干燥

采用预干燥机或人工刷掉猪体上的残留猪毛与水分。

5.6 燎毛

采用喷灯或燎毛炉燎毛，烧去猪体表面残留猪毛及杀死体表微生物。

5.7 清洗抛光

采用人工或抛光机将猪屠体体表残毛、毛灰清刮干净并进行清洗。然后将屠体送入清洁区作进一步的加工。

5.8 割尾、头、蹄

此工序也可以放在5.10后进行。

5.8.1 割尾

一手抓猪尾，一手持刀，贴尾根部关节割下，使割后肉尸没有骨梢突出皮外，没有明显凹坑。

5.8.2 割头

割杭头，从生猪左右嘴角、眼角处各4 cm齐两耳根割下；割平头，经颈部第一皱纹下1 cm～2 cm位置下刀，走势呈弧形，刀中圆滑，不应出现刀茬和多次切割。

5.8.3 割蹄

前蹄从腕关节处下刀，后蹄从跗关节处下刀，割断连带组织。

5.9 雕圈

刀刺入肛门外围，雕成圆圈，掏开大肠头垂直放入骨盆内。应使雕圈少带肉，肠头脱离括约肌，不应割破直肠。

5.10 开膛、净腔

5.10.1 挑胸、剖腹：自放血口沿胸部正中线挑开胸骨，沿腹部正中线自上而下剖腹，将生殖器从脂肪中拉出，连同输尿管全部割除，不应刺伤内脏。放血口、挑胸、剖腹口应连成一线，不应出现三角肉。

5.10.2 拉直肠、割膀胱：一手抓住直肠，另一手持刀，将肠系膜及韧带割断，再将膀胱和输尿管割除，不应刺破直肠。

5.10.3 取肠、胃(肚)：一手抓住肠系膜及胃部大弯头处，另一手持刀在靠近肾脏处将系膜组织和肠、胃共同割离猪体，并割断韧带及食道，不应刺破肠、胃、胆囊。

5.10.4 取心、肝、肺：一手抓住肝，另一手持刀，割开两边隔膜，取横膈膜肌脚备检。左手顺势将肝下掀，右手持刀将连接胸腔和颈部的韧带割断，并割断食管和气管，取出心、肝、肺，不应使其破损。

5.10.5 冲洗胸、腹腔：取出内脏后，应及时用足够压力的净水冲洗胸腔和腹腔，洗净腔内淤血、浮毛、污物，并摘除两侧肾上腺。

5.10.6 摘除内脏各部位的同时，应由检验人员按《肉品卫生检验试行规程》进行同步检验。

5.11 劈半(锯半)

5.11.1 可采用手工劈半或自动劈半。劈半时应沿着脊柱正中央线将胴体劈成两半。

5.11.2 劈半后的片猪肉应摘除肾脏(腰子)，撕断腹腔板油，冲洗血污、浮毛等。

5.12 整修、复验

5.12.1 按顺序整修腹部，修割乳头、放血刀口，割除槽头、护心油、暗伤、脓包、伤斑和遗漏病变腺体。

5.12.2 整修后的片猪肉应进行复验，计量分级。

5.13 整理副产品

5.13.1 分离心、肝、肺

切除肝膈韧带和肺门结缔组织，摘除胆囊时，不应使其损伤、残留；猪心上不应带护心油、横膈膜；猪肝上不应带水泡；猪肺上允许保留5 cm肺管。

5.13.2 分离脾、胃(肚)

将胃底端脂肪割除，切断与十二指肠连接处和肝胃韧带。剥开网油，从网膜上割除脾脏，少带油脂。翻胃清洗时，一手抓住胃尖冲洗胃部污物，用刀在胃大弯处戳开约5 cm～8 cm小口，再用洗胃机或长流水将胃翻转冲洗干净。

5.13.3 扯大肠

摆正大肠，从结肠末端将花油撕至离盲肠与小肠连接处约15 cm～20 cm，割断，打结。不应使盲肠破损，残留油脂过多。翻洗大肠，一手抓住肠的一端，另一手自上而下挤出粪污，并将肠子翻出一小部分，用一手二指撑开肠口，另一手向大肠内灌水，使肠水下坠，自动翻转。经清洗、整理的大肠不应带粪污，不应断肠。

5.13.4 扯小肠

将小肠从割离胃的断面拉出，一手抓住花油，另一手将小肠末梢挂于操作台边，自上而下排除粪污，操作时不应扯断、扯乱。扯出的小肠应及时采用机械或人工方法清除肠内污物。

5.13.5 摘胰脏

从肠系膜中将胰脏摘下，胰脏上应少带油脂。

5.14 预冷

将片猪肉送入冷却间进行预冷，采用一段式预冷或二段式预冷工艺。

5.14.1 一段式预冷

片猪肉冷却间相对湿度应为75%～95%，温度－1 ℃～4 ℃，胴体间距3 cm～5 cm，时间16 h～24 h。

5.14.2 二段式预冷

快速冷却：将片猪肉送入－15 ℃以下的快速冷却间进行冷却，时间1.5 h～2 h，然后进入预冷间预冷。

预冷：预冷间温度－1 ℃～4 ℃，胴体间距3 cm～5 cm，时间14 h～20 h。

5.15 分割

5.15.1 分割间温度应控制在15 ℃以下。

5.15.2 分割肉加工工艺宜采用冷剔骨工艺，即片猪肉在冷却后进行分割剔骨。

5.15.3 分割肉应修割净伤斑、出血点、碎骨、软骨、血污、淋巴结、脓包、浮毛及杂质。严重苍白的肌肉及其周围有浆液浸润的组织应剔除。

5.15.4 片猪肉可采用卧式或立式分段，并分别使用卧式分段锯和立式分段锯。

5.15.5 分割的原料及产品采用平面带式输送设备，其传动系统应选用电辊筒减速装置，在输送带两侧设置不锈钢或其他符合食品卫生要求的材料制作的分割工作台，进行剔骨分割，输送机末端配备分检台，对分割产品进行检验。

5.15.6 屠宰车间非清洁区的器具和运输工具不应进入分割间，非分割间工作人员不应随意进入分割区。

5.16 冻结

5.16.1 冻结间：温度应为－28 ℃以下。

5.16.2 分割冻结猪肉系列产品应在24 h～48 h内使中心温度降至－15 ℃以下。

5.17 包装、标签和标识

5.17.1 包装材料应符合GB/T 5737、GB/T 6543、GB 9683、GB 9687、GB 9688、GB 10457及相关法规、标准的规定。标签应符合GB 7718的要求。

5.17.2 包装材料和标签应由专人保管，每批产品标签凭相应的出库证明才能发放、领用。销毁的包装材料应有记录。

5.17.3 在印字或贴签过程中，应随时抽查印字或贴签质量。印字应清晰；贴签应贴正、贴牢。

5.17.4 分割产品的包装箱外的标识应符合 GB/T 6388 的规定，两侧应标明产品的名称、质量、企业名称和贮存条件。

5.18 **成品贮存**

5.18.1 经检验合格的包装产品应贮存于成品库，其容量与生产能力应相适应，并应设有温、湿度监测装置和防鼠、防虫等设施，定期检查和记录。

5.18.2 冷却片猪肉及其分割产品应在相对湿度为 75%～95%、温度为－1 ℃～4 ℃的冷却间贮存，并且片猪肉需吊挂，肉体间距不宜低于 5 cm。

5.18.3 冻片猪肉及其分割产品应在相对湿度为 95%～100%、温度为－18 ℃以下的冷藏库贮存，且冷藏库一昼夜温度升降幅度不应超过 1 ℃。

6 其他要求

6.1 应在屠宰加工各有关工序中配备专职检验人员，按《肉品卫生检验试行规程》要求进行宰后检验及处理。

6.2 从放血到摘取内脏，不应超过 30 min。全部屠宰过程应不超过 45 min。

6.3 经检验不合格的肉品和副产品，应按 GB 16548 中的规定处理。

6.4 屠宰厂(场)的人员、环境与设施、生产记录等方面的要求应按 GB/T 19479 中的规定执行。

ICS 67.120.10
X 01

中华人民共和国国家标准

GB/T 17237—2008
代替 GB/T 17237—1998

畜类屠宰加工通用技术条件

General qualification of technology on livestock animal slaughtering process

2008-06-17 发布　　2008-10-01 实施

中华人民共和国国家质量监督检验检疫总局
中国国家标准化管理委员会　发布

前 言

本标准代替 GB/T 17237—1998《畜类屠宰加工通用技术条件》。

本标准与 GB/T 17237—1998 相比主要变化如下：

——扩大了标准的适用范围，扩大为除猪、牛、羊外的畜类可参照本标准执行；

——规定了不同车间的环境温度条件；

——增加了同步检验装置的定义及配备要求；

——增加了化验室(检验室)的要求；

——增加了旋毛虫检验室操作台面上的照明度要求；

——增加了悬挂输送轨道长度的要求；

——规定了不同产品的贮存温度条件；

——增加了特殊屠宰的相关要求。

本标准由中华人民共和国商务部提出并归口。

本标准由商务部屠宰技术鉴定中心、江苏雨润食品产业集团有限公司起草。

本标准主要起草人：闵成军、樊成艳、韩飞、张新玲、胡新颖。

本标准所代替标准的历次版本发布情况为：

——GB/T 17237—1998。

畜类屠宰加工通用技术条件

1 范围

本标准规定了畜类屠宰加工应具备的基本技术条件。

本标准适用于猪、牛、羊屠宰厂(场),其他畜类屠宰加工可参照本标准要求执行。

2 规范性引用文件

下列文件中的条款通过本标准的引用而成为本标准的条款。凡是注日期的引用文件,其随后所有的修改单(不包括勘误的内容)或修订版均不适用于本标准,然而,鼓励根据本标准达成协议的各方研究是否可使用这些文件的最新版本。凡是不注日期的引用文件,其最新版本适用于本标准。

GB 5749 生活饮用水卫生标准

GB 12694 肉类加工厂卫生规范

GB 13457 肉类加工工业水污染物排放标准

GB 50317 猪屠宰与分割车间设计规范

3 术语和定义

下列术语和定义适用于本标准。

3.1

验收间 inspection and reception department

畜类进厂(场)后检验接收的场所。

3.2

隔离间 isolating room

隔离可疑病畜,观察、检查疫病的场所。

3.3

待宰间 waiting pens

宰前停食、饮水、冲淋的场所。

3.4

急宰间 emergency slaughtering room

屠宰病、伤畜的场所。

3.5

屠宰加工间 slaughtering room

自致昏放血到加工成二分体的场所。

3.6

副产品整理间 by-products handling room

心、肝、肺、脾、肠、胃、肾及头、蹄、尾等器官加工整理的场所。

3.7

分割肉加工间 cutting and deboning room

剔骨、分割、分部位肉的场所。

3.8

同步检验装置 synchronous inspection instrument

屠宰剖腹后取出内脏放在设置的盘子上或挂钩装置上并与胴体生产线同步运行，以便对照检验和综合判断的一种检验装置。

3.9

冷却间 chilling room

对产品进行冷却的房间。

3.10

包装间 packing room

对胴体及分割产品进行包装的场所。

3.11

冻结间 freezing room

用于冻结产品的房间。

3.12

冷藏库 deepfreezing storage room

用于贮存冻结后产品的房间。

3.13

发货间 deliver department

畜类产品发货的场所。

3.14

有条件可食肉处理间 edible processing room

采用高温、冷冻或其他有效方法，使有条件可食肉中的寄生虫和有害微生物致死的场所。

3.15

不可食用肉处理间 inedible and waste processing room

对病、死畜、废弃物进行化制处理的场所。

3.16

非清洁区 non-hygienic area

送宰、致昏、放血、烫毛、剥皮和白脏加工处理（包括脾脏）、头蹄加工处理的场所。

3.17

半清洁区 semi-hygienic area

从剖腹到同步（或编号对照）检验的场所。

3.18

清洁区 hygienic area

整修、复验、胴体冷却、红脏加工处理（不包括脾脏）、暂存发货间、分级、计量等的场所。

4 屠宰厂（场）选址

4.1 畜类屠宰加工厂（场）选址除应符合 GB 12694 和 GB 50317 的相关要求外，还应选在当地常年主导风向的下风侧，远离水源保护区和饮用水取水口，避开居民住宅区、公共场所以及畜禽饲养场。

4.2 畜类屠宰加工厂（场）应设在交通运输方便，电源稳定，水源充足，水质符合 GB 5749 要求，环境卫生条件良好，无有害气体、粉尘、污浊水及其他污染源的地区。

5 畜类屠宰厂(场)应具备的条件

5.1 车间

5.1.1 应设置与屠宰加工量相适应的验收间、隔离间、待宰间、急宰间、屠宰加工间、副产品整理间、有条件可食肉处理间、不可食用肉处理间、发货间、冷藏库。

5.1.2 生产分割肉产品的企业还应设置与屠宰加工量相适应的冷却间、分割肉加工间、包装间、冻结间。

5.1.3 各车间环境温度应符合下列要求：

a) 包装间环境温度：12℃以下；

b) 冷却间环境温度：0℃～4℃；

c) 冻结间环境温度：－23℃以下(卫生注册温度－28℃以下)；

d) 冷藏库环境温度：－18℃以下，温度波动不超过±1℃。

5.2 厂区布局

厂(场)内应分置非清洁区、半清洁区和清洁区。分设产品和人员出入口，同时要求原料、产品各行其道，不应交叉污染。

5.3 加工设备、工器具

厂(场)应配置与屠宰加工量相适应的屠宰加工设备、产品专用容器、专用运载工具、消毒设备(人员、车辆、刀器具、容器、车间设施或环境等的消毒)及生物安全处理设施(焚烧炉、高温灶或高压湿化炉)。

5.4 同步检验装置

厂(场)应配置与屠宰加工量相适应的同步检验装置。

5.5 化验室(检验室)

5.5.1 厂(场)内应设有化验室，配备能够进行微生物化验和常规理化化验的相应药品和化验仪器。

5.5.2 实验室应有便利的上、下水设施，有满足实验室日常工作必要的通风和光照条件，相对稳定的电源，如有大型仪器应配备大型仪器防静电地板。

5.5.3 实验室应设有理化化验间、微生物化验间。

5.5.4 实验室内应设置砂箱、灭火器等消防器材，由指定专人负责维护和补充，灭火器材应放在固定地点。

5.6 照明

作业场所的照明设施应齐备，屠宰与分割车间宜采用局部照明与分区一般照明相结合的照明方式：

a) 屠宰和分割车间工作场所照度不宜小于 200 Lx；

b) 屠宰和分割剔骨操作面照度不宜小于 300 Lx；

c) 生产线上检验位置处照度不宜小于 500 Lx；

d) 检验检疫岗位及旋毛虫检验室操作台面上的照明强度不宜小于 750 Lx。

5.7 污水处理和排放

屠宰厂(场)内应设置污水处理设施，污水排放应符合 GB 13457 的规定。

5.8 屠宰设备

5.8.1 致昏设备

应配备致昏设备。

5.8.2 悬挂输送设备

5.8.2.1 猪屠宰悬挂输送设备

放血线轨道面应距地面 3 m～3.5 m；胴体加工线轨道面距地面高度为：单滑轮 2.5 m～2.8 m，双滑轮 2.8 m～3 m；挂猪间距应大于 0.8 m。

5.8.2.2 牛屠宰悬挂输送设备

放血线轨道面应距地面 4.5 m～5 m,挂牛间距应不小于 1.2 m。

5.8.2.3 羊屠宰悬挂输送设备

放血线轨道面应距地面 2.4 m～2.6 m,挂羊间距应大于 0.8 m。

5.8.3 悬挂输送轨道长度应能保证畜类放血时间不少于 5 min。

5.8.4 设置疑似病畜吊轨叉道,用于运送病畜和需化制的头、蹄、尾、胴体、内脏等。

5.8.5 采用悬挂法输送屠宰牲畜时,在牲畜击昏处应设置存放回空滑轮及挂套蹄链的装置。

5.8.6 宜配备相应的胴体分级设施设备。

5.9 分割加工

热分割加工环境温度应控制在 20℃以下,冷分割加工环境温度应控制在 12℃以下。

5.10 产品贮存

5.10.1 冷却产品应贮存在环境温度 0℃～4℃条件中。

5.10.2 冻结产品应贮存在环境温度－18℃以下条件中,温度波动不超过±1℃。

5.11 清洗消毒

应配备相应的清洗消毒设施设备。

5.12 特殊屠宰

供应少数民族食用的畜类产品的屠宰厂(场),应尊重民族风俗习惯,设置适宜的设施设备,并应经过有关机构的同意。

ICS 67.120.01
X 22

中华人民共和国国家标准

GB/T 17238—2008
代替 GB/T 17238—1998

鲜、冻分割牛肉

Fresh and frozen beef, cuts

2008-06-27 发布

2008-10-01 实施

中华人民共和国国家质量监督检验检疫总局
中国国家标准化管理委员会 发布

前　言

本标准代替GB/T 17238—1998《鲜、冻分割牛肉》。

本标准与GB/T 17238—1998相比主要变化如下：

——依据NY/T 676—2003《牛肉质量分级》对分割牛肉的产品名称进行重新命名；

——对产品的冷却、分割、贮藏或冻结进行更细致的要求；

——感官要求中增加了可见异物的要求；

——增加了理化指标及检验方法；

——增加了水分限量指标及检验方法；

——增加了农药兽药残留及检验方法；

——增加了微生物指标及检验方法；

——增加了质量分级及评定方法；

——增加了净含量要求及检验方法。

本标准的附录A为资料性附录。

本标准由中华人民共和国商务部提出并归口。

本标准起草单位：商务部屠宰技术鉴定中心、吉林省长春皓月清真肉业股份有限公司、南京农业大学。

本标准主要起草人：胡铁军、何彬、魏玉玲、周光宏、李春保、张新玲、胡新颖。

本标准所代替标准的历次版本发布情况为：

——GB/T 17238—1998。

鲜、冻分割牛肉

1 范围

本标准规定了鲜、冻分割牛肉的相关术语和定义、产品分类、技术要求、检验方法、检验规则、标志、包装、运输和贮存。

本标准适用于鲜、冻带骨牛肉按部位分割、加工的产品。

2 规范性引用文件

下列文件中的条款通过本标准的引用而成为本标准的条款。凡是注日期的引用文件，其随后所有的修改单(不包括勘误的内容)或修订版均不适用于本标准，然而，鼓励根据本标准达成协议的各方研究是否可使用这些文件的最新版本。凡是不注日期的引用文件，其最新版本适用于本标准。

GB 2707 鲜(冻)畜肉卫生标准

GB 2763 食品中农药最大残留限量

GB/T 4456 包装用聚乙烯吹塑薄膜

GB/T 4789.2 食品卫生微生物学检验 菌落总数测定

GB/T 4789.3 食品卫生微生物学检验 大肠菌群测定

GB/T 4789.4 食品卫生微生物学检验 沙门氏菌检验

GB/T 4789.6 食品卫生微生物学检验 致泻大肠埃希氏菌检验

GB/T 5009.11 食品中总砷及无机砷的测定

GB/T 5009.12 食品中铅的测定

GB/T 5009.15 食品中镉的测定

GB/T 5009.17 食品中总汞及有机汞的测定

GB/T 5009.44 肉与肉制品卫生标准的分析方法

GB/T 6388 运输包装收发货标志

GB/T 6543 运输包装用单瓦楞纸箱和双瓦楞纸箱

GB 7718 预包装食品标签通则

GB 9681 食品包装用聚氯乙烯成型品卫生标准

GB 9687 食品包装用聚乙烯成型品卫生标准

GB 9688 食品包装用聚丙烯成型品卫生标准

GB 9689 食品包装用聚苯乙烯成型品卫生标准

GB 12694 肉类加工厂卫生规范

GB 18394 畜禽肉水分限量

GB 18406.3 农产品安全质量 无公害畜禽肉安全要求

GB/T 19477 牛屠宰操作规程

NY/T 676—2003 牛肉质量分级

JJF 1070 定量包装商品净含量计量检验规则

定量包装商品计量监督管理办法(国家质量监督检验检疫总局[2005]第75号令)

动物性食品中兽药最高残留限量(中华人民共和国农业部公告[2002]第235号)

3 术语和定义

下列术语和定义适用于本标准。

3.1

分割牛肉　cut beef

鲜带骨牛肉经剔骨、按部位分割而成的肉块。

3.2

里脊　tenderloin

牛柳　tenderloin

从腰内侧沿耻骨前下方顺着腰椎紧贴横突切下的净肉，即腰大肌。

3.3

外脊　striploin

西冷　striploin

从倒数第1腰椎至第12～13胸椎切下的净肉，主要为背最长肌。

3.4

眼肉　ribeye

后端与外脊相连，前端至第5～6胸椎间，沿胸椎的棘突与横突之间取出的净肉，主要包括背阔肌、背最长肌、肋间肌。

3.5

上脑　high rib

后端与眼肉相连，前端至第1胸椎处，沿胸椎的棘突与横突之间取出的净肉，主要包括胸背最长肌、肋间肌、斜方肌。

3.6

辣椒条　chuck tender

位于肩胛骨外侧，从肱骨头与肩胛骨结节处紧贴冈上窝取出的形如辣椒状的净肉，主要包括冈上肌。

3.7

胸肉　brisket

从胸骨柄沿着胸骨直至剑状软骨，去除胸骨、肋软骨后的部分，位于胸部，主要包括胸深肌、胸浅肌。

3.8

腹肉　thin flank

从胸椎沿腹壁外侧8 cm～12 cm处并且平行胸椎切断，主要包括1～13肋部分，去除肋骨以后的净肉，位于胸腹部，主要包括肋间外肌、肋间内肌、腹外斜肌等。

3.9

臀肉　rump

尾龙扒　rump

位于后腿外侧靠近股骨一端，沿着臀股四头肌边缘取下的净肉，主要包括臀中肌、臀伸肌、股阔筋膜张肌。

3.10

米龙　topside

针扒　topside

沿股骨内侧从臀股二头肌与臀股四头肌边缘取下的净肉，位于后腿内侧，主要包括半膜肌、股薄肌等。

3.11

牛霖　knuckle

膝圆　knuckle

位于股骨前面及两侧，被阔筋膜张肌覆盖，即沿着股骨直至膝盖骨，取下的一块近似椭圆形的一块净肉，主要是臀肌四头肌。

3.12

小黄瓜条 eye round

主要是半腱肌，位于臀部，沿臀股二头肌边缘取下的形如管状的净肉。

3.13

大黄瓜条 outside plat

烩扒 outside plat

主要是臀股二头肌，位于后腿外侧，沿半腱肌股骨边缘取下的长而宽大的净肉。

3.14

腱子肉 shin；shank

前牛腱位于前小腿处，主要包括腕桡侧伸肌、腕外侧屈肌等，从肱骨与桡骨结节处剥离桡骨、尺骨以后，取下的净肉。后牛腱位于后小腿处，主要是腓骨长肌、趾深屈肌、腓肠肌、胫骨前肌等，从胫骨与股骨结节处剥离胫骨以后取下的净肉。

4 产品分类

按加工工艺分为：鲜分割牛肉、冻分割牛肉。

5 技术要求

5.1 原料

鲜、冻分割牛肉的原料应符合 GB/T 19477 的规定。

5.2 加工

5.2.1 屠宰加工及卫生要求

屠宰加工规范及卫生要求应符合 GB 12694 的规定。

5.2.2 冷却、分割、贮藏或冻结要求

5.2.2.1 胴体冷却

牛经屠宰放血后，胴体应在 45 min 内移入冷却间内进行冷却。胴体之间的间距不应小于 10 cm。预冷间温度在 0 ℃～4 ℃之间，相对湿度在 80%～95%。在 36 h 内使胴体后腿部、肩胛部中心温度降至 7℃以下。

5.2.2.2 质量分级

鲜、冻分割牛肉的质量分级应符合 NY/T 676 的规定。

5.2.2.3 分割

5.2.2.3.1 应确保分割间温度保持在 12 ℃以下。分割部位肉图参见附录 A。

5.2.2.3.2 修整：修整应平直持刀，保持肌膜、肉块完整。肉块上不得带伤斑、血淤、血污、碎骨、软骨、病变组织、淋巴结、脓包、浮毛或其他杂质。

5.2.2.4 贮藏或冻结

5.2.2.4.1 贮藏：分割肉块应在 0 ℃～4 ℃、相对湿度 80%～95%的贮藏间贮存。

5.2.2.4.2 冻结：分割肉块应在－28 ℃以下 48 h 内，使肉块的中心温度达到－18 ℃以下。

5.3 感官

鲜、冻分割牛肉的感官要求应符合表 1 的规定。

5.4 理化指标

鲜、冻分割牛肉理化指标应符合 GB 2707 的规定。

表 1　鲜、冻分割牛肉的感官要求

项目	鲜牛肉	冻牛肉(解冻后)
色泽	肌肉有光泽,色鲜红或深红;脂肪呈乳白或淡黄色	肌肉色鲜红,有光泽;脂肪呈乳白色或微黄色
粘度	外表微干或有风干膜,不粘手	肌肉外表微干,或有风干膜,或外表湿润,不粘手
弹性 (组织状态)	指压后的凹陷可恢复	肌肉结构紧密,有坚实感,肌纤维韧性强
气味	具有鲜牛肉正常的气味	具有牛肉正常的气味
煮沸后肉汤	透明澄清,脂肪团聚于表面,具特有香味	澄清透明,脂肪团聚于表面,具有牛肉汤固有的香味和鲜味
肉眼可见异物	不得带伤斑、血淤、血污、碎骨、病变组织、淋巴结、脓包、浮毛或其他杂质	

5.5　水分限量

鲜、冻分割牛肉水分限量应符合 GB 18394 的规定。

5.6　农药兽药残留限量

5.6.1　鲜、冻分割牛肉农药残留应符合 GB 2763 的规定。

5.6.2　鲜、冻分割牛肉兽药残留应符合《动物性食品中兽药最高残留限量》的规定。

5.7　微生物指标

鲜、冻分割牛肉微生物指标应符合 GB 18406.3 的规定。

5.8　净含量

净含量以产品标签或外包装标注为准,负偏差应符合《定量包装商品计量监督管理办法》的规定。

6　检验方法

6.1　感官检验

6.1.1　色泽、组织状态、粘性、肉眼可见异物

目测、手触鉴别。

6.1.2　气味

嗅觉鉴别。

6.1.3　煮沸后肉汤

按 GB/T 5009.44 规定的方法检验。

6.2　理化检验

6.2.1　挥发性盐基氮

按 GB/T 5009.44 规定的方法测定。

6.2.2　铅

按 GB/T 5009.12 规定的方法测定。

6.2.3　砷

按 GB/T 5009.11 规定的方法测定。

6.2.4　镉

按 GB/T 5009.15 规定的方法测定。

6.2.5　汞

按 GB/T 5009.17 规定的方法测定。

6.3 水分含量检验

按 GB 18394 规定的方法测定。

6.4 农药兽药残留检验

6.4.1 农药残留：按 GB 2763 规定的方法测定。

6.4.2 兽药残留：按相应国家标准规定的方法测定。

6.5 微生物检验

6.5.1 菌落总数

按 GB/T 4789.2 规定的方法检验。

6.5.2 大肠菌群

按 GB/T 4789.3 规定的方法检验。

6.5.3 沙门氏菌

按 GB/T 4789.4 规定的方法检验。

6.5.4 致泻大肠埃希氏菌

按 GB/T 4789.6 规定的方法检验。

6.6 质量等级评定

按 NY/T 676—2003 中附录 E 判断。

6.7 净含量

按 JJF 1070 规定的方法检验。

7 检验规则

7.1 出厂检验

7.1.1 产品出厂前由工厂技术检验部门按本标准逐批检验，并出据质量合格证书方可出厂。

7.1.2 检验项目为感官、挥发性盐基氮、菌落总数、大肠菌群、水分、净含量。

7.2 型式检验

7.2.1 一般情况下，型式检验每半年进行一次。有下列情况之一者也需进行型式检验：

a) 产品投产时；

b) 停产三个月以上恢复生产时；

c) 出厂检验结果与上次型式检验有较大差异时；

d) 国家质量监督部门提出要求时。

7.2.2 型式检验项目为 5.3、5.4、5.5、5.6、5.7、5.8 中规定的项目。

7.3 组批

同一班次、同一种类的产品为一批。

7.4 抽样

7.4.1 从成品库中码放产品的不同部位，按表 2 规定的数量抽样。

表 2 抽样数量及判定规则

批量范围/箱	样本数量/箱	合格判定数 *Ac*	不合格判定数 *Re*
<1 200	5	0	1
1 200～2 500	8	1	2
>2 500	13	2	3

从全部抽样数量中抽取 2 kg 试样，用于感官、水分、挥发性盐基氮和菌落总数、大肠菌群检验。

7.4.2 判定规则：按 5.3、5.4、5.5、5.6、5.7、5.8 和表 2 判定产品。

7.4.3 复检规则：经检验某项指标不符合本标准规定时，可加倍抽样复检。复检后有一项指标不符合本标准,则判定为不合格产品。

8 标志、包装、运输和贮存

8.1 标志

8.1.1 内包装标志应符合 GB 7718 的规定。外包装标志应符合 GB/T 6388 的规定。

8.1.2 按伊斯兰教风俗屠宰、加工的分割牛肉,应在包装箱上注明。

8.1.3 产品可追溯信息标记应清晰。

8.2 包装

8.2.1 内包装材料应符合 GB/T 4456、GB 9681、GB 9687、GB 9688 和 GB 9689 的规定。

8.2.2 外包装材料应符合 GB/T 6543 的规定,包装箱应完整、牢固,底部应封牢,箱外用塑料带捆扎牢固。

8.2.3 包装箱内肉块应排列整齐,每箱内肉块大小应均匀,定量包装箱内允许有一小块补加肉。

8.3 运输

应使用符合卫生要求的冷藏车或保温车(船)。市内运输可使用封闭、防尘车辆。

8.4 贮存

8.4.1 鲜分割牛肉应贮存在 0 ℃～4 ℃的条件下。

8.4.2 冻分割牛肉应贮存在低于－18 ℃的冷藏库内,贮存不超过 12 个月。

附 录 A
（资料性附录）
鲜、冻分割牛肉分割部位图

鲜、冻分割牛肉分割部位图见图 A.1。

1——小黄瓜条(eye round)；
2——米龙(topside)；
3——大黄瓜条(outside plat)；
4——里脊(tenderloin)；
5——外脊(striploin)；
6——眼肉(ribeye)；
7——上脑(high rib)；
8——辣椒条(chuck tender)；
9——腱子肉(shin;shank)；
10——胸肉(brisket)；
11——腹肉(thin flank)；
12——臀肉(rump)；
13——牛霖(knuckle)。

图 A.1 鲜、冻分割牛肉分割部位图

ICS 67.120.01
X 22

中华人民共和国国家标准

GB/T 17239—2008
代替 GB/T 17239—1998

鲜、冻兔肉

Fresh and frozen rabbit meat

2008-08-12 发布 2008-10-01 实施

中华人民共和国国家质量监督检验检疫总局
中国国家标准化管理委员会 发布

前 言

本标准是对GB/T 17239—1998《鲜、冻兔肉》的修订，与GB/T 17239—1998相比，主要变化如下：

——不再规定产品分类和规格；

——增加了产品术语和定义；

——对某些技术要求做了调整，增加了理化指标、微生物指标及净含量的规定；

——对冷却要求做了调整，要求冷却后的肉的中心温度达到7 ℃以下；

——增加了分割技术要求；

——对冻结要求做了调整，应在库温低于－28 ℃的条件下，要求在48 h内兔肉中心温度降至－18 ℃以下；

——对检验规则做了调整；

——对判定规则做了调整；

——对标志、包装、贮存、运输做了调整。

本标准第6章型式检验、出厂检验的抽样方案参照了CAC/RM 42—1969《预包装食品的取样方案》的内容。

本标准由中华人民共和国商务部提出并归口。

本标准起草单位：商务部屠宰技术鉴定中心、青岛康大食品有限公司、中华人民共和国黄岛出入境检验检疫局、胶南市质量技术监督局、山东省肉类协会。

本标准主要起草人：张维科、卜春玲、逄淑梅、卢恕波、刘美玲、王晓东、王玲、李琳、张新玲、胡新颖。

本标准所代替标准的历次版本发布情况为：

——GB/T 17239—1998。

鲜、冻 兔 肉

1 范围

本标准规定了鲜、冻兔肉相关的术语和定义、技术要求、检验方法、检验规则和标签、标志、包装、贮存的要求。

本标准适用于健康活兔经屠宰、加工的鲜兔肉或冻兔肉。

2 规范性引用文件

下列文件中的条款通过本标准的引用而成为本标准的条款。凡是注日期的引用文件，其随后所有的修改单(不包括勘误的内容)或修订版均不适用于本标准，然而，鼓励根据本标准达成协议的各方研究是否可使用这些文件的最新版本。凡是不注日期的引用文件，其最新版本适用于本标准。

GB/T 191 包装储运图示标志

GB 2707 鲜(冻)畜肉卫生标准

GB 2763 食品中农药最大残留限量

GB/T 4789.2 食品卫生微生物学检验 菌落总数测定

GB/T 4789.3 食品卫生微生物学检验 大肠菌群测定

GB/T 4789.4 食品卫生微生物学检验 沙门氏菌检验

GB/T 5009.11 食品中总砷及无机砷的测定

GB/T 5009.12 食品中铅的测定

GB/T 5009.15 食品中镉的测定

GB/T 5009.17 食品中总汞及有机汞的测定

GB/T 5009.19 食品中六六六、滴滴涕残留量的测定

GB/T 5009.44 肉与肉制品卫生标准的分析方法

GB/T 5009.116 畜、禽肉中土霉素、四环素、金霉素残留量的测定(高效液相色谱法)

GB/T 6388 运输包装收发货标志

GB 7718 预包装食品标签通则

GB 12694 肉类加工厂卫生规范

GB/T 20799 鲜、冻肉运输条件

SN 0208 出口肉中十种磺胺残留量检验方法

SN 0341 出口肉及肉制品中氯霉素残留量检验方法

SN/T 1627 进出口动物源食品中硝基呋喃类代谢物残留量测定方法 高效液相色谱串联质谱法

JJF 1070 定量包装商品净含量计量检验规则

定量包装商品计量监督管理办法 国家质量监督检验检疫总局[2005]第75号令

3 术语和定义

下列术语和定义适用于本标准。

3.1

鲜兔肉 fresh rabbit meat

活兔屠宰、加工后，经冷却处理但没有经过冷藏、冻结保存的兔肉产品，包括胴体及其分割产品和副产品(兔头、兔内脏等)。

3.2

冻兔肉 frozen rabbit meat

活兔屠宰、加工后，经冷藏、冻结处理的产品；包括胴体及其分割产品和副产品(兔头、兔内脏等)。

3.3

肉眼可见异物 visible abnormal impurity

肉眼可见的不能食用的甲状腺、病变淋巴结、肾上腺、病变组织、胆汁、瘀血、浮毛、血污、金属、肠道内容物等废弃物、污染物。

4 技术要求

4.1 原料

活兔应来自非疫区，并附产地动物防疫监督机构出具的检疫合格证明和相应的可溯源信息。

4.2 屠宰加工

4.2.1 卫生要求

屠宰加工过程中的卫生要求应符合 GB 12694 规定。

4.2.2 屠宰

经宰前检验合格的活兔应经麻电后进行屠宰，并进行同步检验。

4.2.3 冷却

经卫生检验合格的兔肉胴体应进入符合 GB 12694 要求的冷却间，在 45 min 内使肉中心温度降至 7 ℃以下。

4.2.4 分割

分割间温度应控制在 15 ℃以下。从麻电至入冻结间时间不应超过 2 h。

4.3 冻结

冻结的产品，应在库温低于－28 ℃、相对湿度 80%～95%的条件下，在 48 h 内使兔肉中心温度降至－18 ℃以下。

4.4 感官指标

鲜、冻兔肉感官指标应符合表 1 的规定。

表 1 鲜、冻兔肉感官指标要求

项目	鲜兔肉	冻兔肉(解冻后)
色泽	肌肉呈均匀的鲜红色，有光泽；脂肪呈白色或微黄色	肌肉呈均匀的鲜红色；脂肪呈乳白色或浅黄色
组织状态	有弹性，指压后的凹陷部位可很快恢复	肉质紧密，有坚实感
气味	具有鲜兔肉正常气味，无异味	具有冻兔肉正常气味，无异味
煮沸后肉汤	澄清透明，脂肪团聚于液面，有兔肉香味	基本澄清透明，脂肪团聚于液面，无异味
肉眼可见异物	不得检出	

4.5 理化指标

4.5.1 挥发性盐基氮

按 GB 2707 执行。

4.5.2 总汞

按 GB 2707 执行。

4.5.3 铅

按 GB 2707 执行。

4.5.4 无机砷

按 GB 2707 执行。

4.5.5 镉

按 GB 2707 执行。

4.5.6 六六六

按 GB 2763 执行。

4.5.7 滴滴涕

按 GB 2763 执行。

4.5.8 金霉素、土霉素、四环素、氯霉素、呋喃唑酮、磺胺类

鲜、冻兔肉理化指标应符合表 2 规定。

表 2 理化指标要求

项目		指标
金霉素/(mg/kg)	≤	0.1
土霉素/(mg/kg)	≤	0.1
四环素/(mg/kg)	≤	0.1
氯霉素/(mg/kg)		不得检出
呋喃唑酮/(mg/kg)		不得检出
磺胺类(以磺胺类总量计)/(mg/kg)	≤	0.1

4.6 微生物指标

鲜、冻兔肉微生物指标应符合表 3 规定。

表 3 微生物指标要求

项目		指标	
		鲜兔肉	冻兔肉
菌落总数/(CFU/g)	≤	1×10^6	5×10^5
大肠菌群/(MPN/100 g)	≤	1×10^4	5×10^3
沙门氏菌		不得检出	

4.7 净含量

净含量以产品标签或外包装标注为准,短缺量应符合《定量包装商品计量监督管理办法》的规定。

5 检验方法

5.1 感官性状

5.1.1 组织形态、色泽、气味

将抽取微生物检验试样后的全部样品,置于自然光或相当于自然光的感官评定室。用触觉鉴别组织形态;视觉鉴别色泽;嗅觉鉴别气味。

5.1.2 煮沸后肉汤

将检样切碎,称取 20 g,置于 200 mL 烧杯中,加水 100 mL,盖上表面皿,加热至 50 ℃～60 ℃。取下表面皿,用嗅觉鉴别气味。煮沸后鉴别肉汤性状、脂肪凝聚状况。降至室温后品尝肉汤滋味。

5.1.3 肉眼可见异物

用视觉鉴别，与鉴别组织状态、色泽、气味同时进行。

注：冻兔肉应解冻后检验。

5.2 理化检验

5.2.1 挥发性盐基氮

按 GB/T 5009.44 规定的方法测定。

5.2.2 汞

按 GB/T 5009.17 规定的方法测定。

5.2.3 铅

按 GB/T 5009.12 规定的方法测定。

5.2.4 砷

按 GB/T 5009.11 规定的方法测定。

5.2.5 镉

按 GB/T 5009.15 规定的方法测定。

5.2.6 六六六、滴滴涕

按 GB/T 5009.19 规定的方法测定。

5.2.7 四环素、金霉素、土霉素

按 GB/T 5009.116 规定的方法测定。

5.2.8 氯霉素

按 SN 0341 规定的方法测定。

5.2.9 呋喃唑酮

按 SN/T 1627 规定的方法测定。

5.2.10 磺胺类

按 SN 0208 规定的方法测定。

5.3 微生物检验

5.3.1 菌落总数

按 GB/T 4789.2 规定的方法检验。

5.3.2 大肠菌群

按 GB /T 4789.3 规定的方法检验。

5.3.3 沙门氏菌

按 GB/T 4789.4 规定的方法检验。

5.4 净含量

按 JJF 1070 的规定进行检验。

6 检验规则

6.1 检验分类

6.1.1 出厂检验

6.1.1.1 所有产品出厂时应进行出厂检验。

6.1.1.2 出厂检验项目包括感官、净含量、挥发性盐基氮、菌落总数、大肠菌群。

6.1.2 型式检验

6.1.2.1 有下列情况之一时，应进行型式检验：

a） 一次提交检验的孤立批产品；

b） 活兔产地变动；

c) 新建厂首次加工；

d) 连续加工6个月，或停产后恢复加工；

e) 出厂检验结果与上次型式检验结果有较大差异；

f) 质量监督机构或卫生监督机构提出要求。

6.1.2.2 型式检验项目包括4.4、4.5、4.6、4.7规定的项目。

6.2 组批

6.2.1 连续批

同加工条件、同部位（兔胴体、兔肉、兔腿、兔头、兔内脏）、同包装、一次交货的产品为一批。批量以基本包装箱（以下简称基本箱）计。

6.2.2 孤立批

同部位（兔胴体、兔肉、兔腿、兔头、兔内脏）、同包装、一次交货的产品为一批。批量以基本箱计。

6.3 抽样

6.3.1 出厂检验抽样

根据组批量大小，按表4规定的样品量，随机抽取样品。

表4

批量（基本箱）	样品量（基本箱）
600或600以下	6
601～2 000	13
2 001～7 200	21
7 201～15 000	29
15 001～24 000	48
24 001～42 000	84
42 000以上	126

6.3.2 型式检验抽样

根据组批量大小，按表5规定的样品量，随机抽取样品。

表5

批量（基本箱）	样品量（基本箱）
600或600以下	13
601～2 000	21
2 001～7 200	29
7 201～15 000	48
15 001～24 000	84
24 001～42 000	126
42 000以上	200

6.4 判定规则

6.4.1 检验项目结果全部符合本标准，判为合格品。若有一项或一项以上指标（微生物指标除外）不符合本标准要求时，可以在同批产品中加倍抽样进行复验。复验结果合格，则判为合格品，如复验结果中仍有一项或一项以上指标不符合本标准，则判该批次为不合格品。

6.4.2 微生物指标不符合本标准，则判该批次为不合格品，不得复验。

7 标志、包装、贮存、运输

7.1 标志

内包装(销售包装)标志按 GB 7718 的规定执行,外包装标志按 GB/T 191 和 GB/T 6388 的规定执行。

7.2 包装

7.2.1 鲜兔肉和冻兔肉的包装材料应符合相应卫生标准要求。

7.2.2 包装印刷油墨应无毒,不应向内容物渗漏。

7.3 贮存

产品应贮存在通风良好、清洁卫生的场所,不应与有毒、有害、有异味、易挥发、易腐蚀的物品同处贮存。鲜兔肉应在-1 ℃~4 ℃、相对湿度大于 90%条件下贮存,冻兔肉应在-18 ℃以下、相对湿度大于 90%条件下贮存。

在以上条件下,冻兔肉的储藏期应不超过 12 个月。

7.4 运输

按 GB/T 20799 执行。

ICS 23.040.60
J 15

中华人民共和国国家标准

GB/T 17241.6—2008
代替 GB/T 17241.6—1998,GB/T 2503—1989

整体铸铁法兰

Integral cast iron flanges

2008-08-25 发布　　2009-04-01 实施

中华人民共和国国家质量监督检验检疫总局
中国国家标准化管理委员会　发布

前　言

GB/T 17241“铸铁管法兰”由以下七个部分组成：

——GB/T 17241.1　铸铁管法兰　类型；

——GB/T 17241.2　铸铁管法兰盖；

——GB/T 17241.3　带颈螺纹铸铁管法兰；

——GB/T 17241.4　带颈平焊和带颈承插焊铸铁管法兰；

——GB/T 17241.5　管端翻边带颈松套铸铁管法兰；

——GB/T 17241.6　整体铸铁法兰；

——GB/T 17241.7　铸铁管法兰　技术条件。

本部分参考采用了 ISO 7005-2:1988《金属法兰　第 2 部分:铸铁法兰》的相关部分。本部分中的整体铸铁法兰型式和尺寸与 ISO 7005-2:1988 的规定一致,但编写格式不同。

本部分是 GB/T 17241.6—1998《整体铸铁管法兰》和 GB/T 2503—1989《船用铸铁法兰(四进位)》的修订版。

本部分与原标准相比主要变化如下：

——将原来两个标准整合为一个标准,对标准名称和编写格式做了修改；

——将原标准中属于美洲体系的法兰压力等级标记进行了修改,如原 PN20 现标记为 Class150,原 PN50 现标记为 Class300；

——修改了标记示例。

本部分自实施之日起代替 GB/T 17241.6—1998 和 GB/T 2503—1989。

本部分由中国机械工业联合会提出。

本部分由全国管路附件标准化技术委员会归口。

本部分负责起草单位:中机生产力促进中心、浙江高强度紧固件厂。

本部分参加起草单位:中国船舶工业综合技术经济研究院、济南玫德铸造有限公司。

本部分主要起草人:李俊英、罗发元、葛海泉、冯峰、臧桂铭。

本部分所代替标准的历次版本发布情况为：

——GB/T 17241.6—1998；

——GB 2503—81、GB/T 2503—1989。

整 体 铸 铁 法 兰

1 范围

GB/T 17241 的本部分规定了公称压力为 PN2.5、PN6、PN10、PN16、PN25、PN40 和 Class150、Class300 的整体灰铸铁、可锻铸铁和球墨铸铁法兰的型式和尺寸。

本部分适用于 DN10～DN4000 的灰铸铁、可锻铸铁和球墨铸铁整体铸铁法兰的设计、制造与验收。

2 规范性引用文件

下列文件中的条款通过 GB/T 17241 的本部分的引用而成为本部分的条款。凡是注日期的引用文件，其随后所有的修改单(不包括勘误的内容)或修订版均不适用于本部分，然而，鼓励根据本部分达成协议的各方研究是否可使用这些文件的最新版本。凡是不注日期的引用文件，其最新版本适用于本部分。

GB/T 17241.7 铸铁管法兰 技术条件

3 型式与尺寸

3.1 PN2.5、PN6、PN10、PN16、PN25 和 PN40 法兰的型式和尺寸应符合图 1 及表 1～表 6 的规定。

3.2 Class150 和 Class300 法兰的型式和尺寸应符合图 1 及表 7～表 8 的规定。

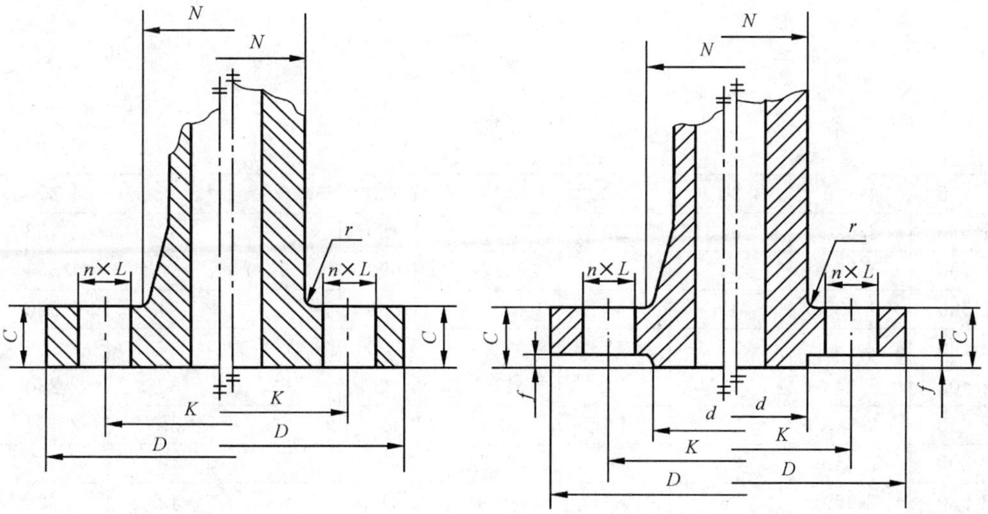

平面 (FF)　　　　突面 (RF)

图 1 整体铸铁法兰

表 1　PN2.5 整体铸铁法兰尺寸

单位为毫米

公称尺寸 DN	连接尺寸					密封面		法兰厚度 C	颈部直径 N	圆角半径 r
	法兰外径 D	螺栓孔中心圆直径 K	螺栓孔直径 L	螺栓		外径 d	高度 f	灰铸铁		
				数量 n	螺纹规格					
10	使用 PN6 整体铸铁法兰尺寸									
15										
20										
25										
32										
40										
50										
65										
80										
100										
125										
150										
200										
250										
300										
350										
400										
450										
500										
600										
700										
800										
900										
1 000										
1 200	1 375	1 320	30	32	M27	1 280	5	30	1 250	8
1 400	1 575	1 520	30	36	M27	1 480	5	30	1 452	8
1 600	1 790	1 730	30	40	M27	1 690	5	32	1 654	10
1 800	1 990	1 930	30	44	M27	1 890	5	34	1 856	10
2 000	2 190	2 130	30	48	M27	2 090	5	34	2 056	10
2 200	2 405	2 340	33	52	M30	2 295	6	36	2 260	10
2 400	2 605	2 540	33	56	M30	2 495	6	38	2 464	10
2 600	2 805	2 740	33	60	M30	2 695	6	40	2 668	10
2 800	3 030	2 960	36	64	M33	2 910	6	42	2 868	12
3 000	3 230	3 160	36	68	M33	3 110	6	42	3 068	12
3 200	3 430	3 360	36	72	M33	3 310	6	44	3 268	12
3 400	3 630	3 560	36	76	M33	3 510	6	46	3 472	12
3 600	3 840	3 770	36	80	M33	3 720	6	48	3 676	12
3 800	4 045	3 970	39	80	M36	3 920	6	48	3 876	12
4 000	4 245	4 170	39	84	M36	4 120	6	50	4 076	12

表 2　PN6 整体铸铁法兰尺寸

单位为毫米

公称尺寸 DN	连接尺寸					密封面		法兰厚度 C		颈部直径 N	圆角半径 r
	法兰外径 D	螺栓孔中心圆直径 K	螺栓孔直径 L	螺栓		外径 d	高度 f	灰铸铁	可锻铸铁		
				数量 n	螺纹规格						
10	75	50	11	4	M10	33	2	12	12	20	3
15	80	55	11	4	M10	38	2	12	12	26	3
20	90	65	11	4	M10	48	2	14	14	34	4
25	100	75	11	4	M10	58	2	14	14	44	4
32	120	90	14	4	M12	69	3	16	16	54	5
40	130	100	14	4	M12	78	3	16	16	64	5
50	140	110	14	4	M12	88	3	16	16	74	5
65	160	130	14	4	M12	108	3	16	16	94	6
80	190	150	19	4	M16	124	3	18	18	110	6
100	210	170	19	4	M16	144	3	18	18	130	6
125	240	200	19	8	M16	174	3	20	20	160	6
150	265	225	19	8	M16	199	3	20	20	182	8
200	320	280	19	8	M16	254	3	22	22	238	8
250	375	335	19	12	M16	309	3	24	24	284	10
300	440	395	23	12	M20	363	4	24	24	342	10
350	490	445	23	12	M20	413	4	26	—	392	10
400	540	495	23	16	M20	463	4	28	—	442	10
450	595	550	23	16	M20	518	4	28	—	494	12
500	645	600	23	20	M20	568	4	20	—	544	12
600	755	705	26	20	M24	667	5	30	—	642	12
700	860	810	26	24	M24	772	5	32	—	746	12
800	975	920	31	24	M27	878	5	34	—	850	12
900	1 075	1 020	31	24	M27	978	5	36	—	950	12
1 000	1 175	1 120	31	28	M27	1 078	5	36	—	1 050	12
1 200	1 405	1 340	34	32	M30	1 295	5	40	—	1 264	12
1 400	1 630	1 560	37	36	M33	1 510	5	44	—	1 480	12
1 600	1 830	1 760	37	40	M33	1 710	5	48	—	1 680	12
1 800	2 045	1 970	40	44	M36	1 918	5	50	—	1 878	15
2 000	2 265	2 180	43	48	M39	2 125	5	54	—	2 082	15
2 200	2 475	2 390	43	52	M39	2 335	6	60	—	由制造商规定	15
2 400	2 685	2 600	43	56	M39	2 545	6	62	—		15
2 600	2 905	2 810	49	60	M45	2 750	6	64	—		15
2 800	3 115	3 020	49	64	M45	2 960	6	68	—		15
3 000	3 315	3 220	49	68	M45	3 160	6	70	—		15
3 200	3 525	3 430	49	72	M45	3 370	6	76	—		15
3 400	3 735	3 640	49	76	M45	3 580	6	80	—		15
3 600	3 970	3 860	56	80	M52	3 790	6	84	—		15

表 3　PN10 整体铸铁法兰尺寸

单位为毫米

公称尺寸 DN	连接尺寸					密封面		法兰厚度 C			颈部直径 N	圆角半径 r
	法兰外径 D	螺栓孔中心圆直径 K	螺栓孔直径 L	螺栓		外径 d	高度 f	灰铸铁	球墨铸铁	可锻铸铁		
				数量 n	螺纹规格							
10	使用 PN16 整体铸铁法兰尺寸											
15												
20												
25												
32												
40												
50												
65												
80												
100												
125												
150												
200	340	295	23	8	M20	266	3	26	20	24	246	8
250	395	350	23	12	M20	319	3	28	22	26	298	10
300	445	400	23	12	M20	370	4	28	24.5	26	348	10
350	505	460	23	16	M20	429	4	30	24.5	—	408	10
400	565	515	28	16	M24	480	4	32	24.5	—	456	10
450	615	565	28	20	M24	530	4	32	25.5	—	502	12
500	670	620	28	20	M24	582	4	34	26.5	—	559	12
600	780	725	31	20	M27	682	5	36	30	—	658	12
700	895	840	31	24	M27	794	5	40	32.5	—	772	12
800	1 015	950	34	24	M30	901	5	44	35	—	876	12
900	1 115	1 050	34	28	M30	1 001	5	46	37.5	—	976	12
1 000	1 230	1 160	37	28	M33	1 112	5	50	40	—	1 080	12
1 200	1 455	1 380	40	32	M36	1 328	5	56	45	—	1 292	12
1 400	1 675	1 590	43	36	M39	1 530	5	62	46	—	1 496	12
1 600	1 915	1 820	49	40	M45	1 750	5	68	49	—	1 712	12
1 800	2 115	2 020	49	44	M45	1 950	5	70	52	—	1 910	15
2 000	2 325	2 230	49	48	M45	2 150	5	74	55	—	2 120	15

表 4 **PN16 整体铸铁法兰尺寸**

单位为毫米

公称尺寸 DN	连接尺寸					密封面		法兰厚度 *C*			颈部直径 *N*	圆角半径 *r*
	法兰外径 *D*	螺栓孔中心圆直径 *K*	螺栓孔直径 *L*	螺栓 数量 *n*	螺栓 螺纹规格	外径 *d*	高度 *f*	灰铸铁	球墨铸铁	可锻铸铁		
10	90	60	14	4	M12	41	2	14	—	14	28	3
15	95	65	14	4	M12	46	2	14	—	14	32	3
20	105	75	14	4	M12	56	2	16	—	16	40	4
25	115	85	14	4	M12	65	3	16	—	16	50	4
32	140	100	19	4	M16	76	3	18	—	18	60	5
40	150	110	19	4	M16	84	3	18	19	18	70	5
50	165	125	19	4	M16	99	3	20	19	20	84	5
65	185	145	19	4	M16	118	3	20	19	20	104	6
80	200	160	19	8	M16	132	3	22	19	20	120	6
100	220	180	19	8	M16	156	3	24	19	22	140	6
125	250	210	19	8	M16	184	3	26	19	22	170	6
150	285	240	23	8	M20	211	3	26	19	24	190	8
200	340	295	23	12	M20	266	3	30	20	24	246	8
250	405	355	28	12	M20	319	3	32	22	26	296	10
300	460	410	28	12	M20	370	4	32	24.5	28	350	10
350	520	470	28	16	M20	429	4	36	26.5	—	410	10
400	580	525	31	16	M24	480	4	38	28	—	458	10
450	640	585	31	20	M24	548	4	40	30	—	516	12
500	715	650	34	20	M24	609	4	42	31.5	—	576	12
600	840	770	37	20	M27	720	5	48	36	—	690	12
700	910	840	37	24	M27	794	5	54	39.5	—	760	12
800	1 025	950	40	24	M30	901	5	58	43	—	862	12
900	1 125	1 050	40	28	M30	1 001	5	62	46.5	—	962	12
1 000	1 255	1 170	43	28	M33	1 112	5	66	50	—	1 076	12
1 200	1 485	1 390	49	32	M36	1 328	5	—	57	—	1 282	12
1 400	1 685	1 590	49	36	M39	1 530	5	—	60	—	1 482	12
1 600	1 930	1 820	56	40	M45	1 750	5	—	65	—	1 696	12
1 800	2 130	2 020	56	44	M45	1 950	5	—	70	—	1 896	15
2 000	2 345	2 230	62	48	M45	2 150	5	—	75	—	2 100	15

表 5　PN25 整体铸铁法兰尺寸

单位为毫米

公称尺寸 DN	连接尺寸					密封面		法兰厚度 C			颈部直径 N	圆角半径、r
	法兰外径 D	螺栓孔中心圆直径 K	螺栓孔直径 L	螺栓		外径 d	高度 f	灰铸铁	球墨铸铁	可锻铸铁		
				数量 n	螺纹规格							
10	使用 PN40 整体铸铁法兰尺寸											
15												
20												
25												
32												
40												
50												
65												
80												
100	235	190	23	8	M20	156	3	28	19	24	142	6
125	270	220	28	8	M24	184	3	30	19	26	162	6
150	300	250	28	8	M24	211	3	34	20	28	192	8
200	360	310	28	12	M24	274	3	34	22	30	252	8
250	425	370	31	12	M27	330	3	36	24.5	32	304	10
300	485	430	31	16	M27	389	4	40	27.5	34	364	10
350	555	490	34	16	M30	448	4	44	30	—	418	10
400	620	550	37	16	M33	503	4	48	32	—	472	10
450	670	600	37	20	M33	548	4	50	34.5	—	520	12
500	730	660	37	20	M33	609	4	52	36.5	—	580	12
600	845	770	40	20	M36	720	5	56	42	—	684	12
700	960	875	43	24	M39	820	5	—	46.5	—	780	12
800	1 085	990	49	24	M45	928	5	—	51	—	882	12
900	1 185	1 090	49	28	M45	1 028	5	—	55.5	—	982	12
1 000	1 320	1 210	56	28	M52	1 140	5	—	60	—	1 086	12
1 200	1 530	1 420	56	32	M52	1 350	5	—	69	—	1 296	12
1 400	1 755	1 640	62	36	M56	1 560	5	—	74	—	1 508	12
1 600	1 975	1 860	62	40	M56	1 780	5	—	81	—	1 726	12
1 800	2 195	2 070	70	44	M64	1 985	5	—	88	—	1 920	15
2 000	2 425	2 300	70	48	M64	2 210	5	—	95	—	2 150	15

表 6　PN40 整体铸铁法兰尺寸

单位为毫米

公称尺寸 DN	连接尺寸					密封面		法兰厚度 C			颈部直径 N	圆角半径 r
	法兰外径 D	螺栓孔中心圆直径 K	螺栓孔直径 L	螺栓		外径 d	高度 f	灰铸铁	球墨铸铁	可锻铸铁		
				数量 n	螺纹规格							
10	90	60	14	4	M12	41	2	16	—	14	28	3
15	95	65	14	4	M12	46	2	16	—	14	32	3
20	105	75	14	4	M12	56	2	18	—	16	40	4
25	115	85	14	4	M12	65	3	18	—	16	50	4
32	140	100	19	4	M16	76	3	20	—	18	60	5
40	150	110	19	4	M16	84	3	20	19	18	70	5
50	165	125	19	4	M16	99	3	22	19	20	84	5
65	185	145	19	8	M16	118	3	24	19	22	104	6
80	200	160	19	8	M16	132	3	26	19	24	120	6
100	235	190	23	8	M20	156	3	28	19	24	142	6
125	270	220	28	8	M24	184	3	30	23.5	26	162	6
150	300	250	28	8	M24	211	3	34	26	28	192	8
200	375	320	31	12	M27	284	3	40	30	34	254	8
250	450	385	34	12	M30	345	3	46	34.5	38	312	10
300	515	450	34	16	M30	409	4	50	39.5	42	378	10
350	580	510	37	16	M33	465	4	54	44	—	432	10
400	660	585	40	16	M36	535	4	62	48	—	498	10
450	685	610	40	20	M36	560	4	—	49	—	522	12
500	755	670	43	20	M39	615	4	—	52	—	576	12
600	890	795	49	20	M45	735	5	—	58	—	686	12

表 7 Class150(PN20)整体铸铁法兰尺寸

单位为毫米

公称尺寸		连接尺寸					密封面		法兰厚度 C	
		法兰外径 D	螺栓孔中心圆直径 K	螺栓孔直径 L	螺栓		外径 d	高度 f		
NPS	DN				数量 n	螺纹规格			灰铸铁	球墨铸铁
1	25	110	79.5	16	4	M14	51	2	11	11
1¼	32	120	89	16	4	M14	64	2	13	13
1½	40	130	98.5	16	4	M14	73	2	14.5	14.5
2	50	155	120.5	18	4	M16	92	2	16	16
2½	65	180	139.5	18	4	M16	105	2	17.5	17.5
3	80	190	152.5	18	4	M16	127	2	19	19
4	100	230	190.5	18	8	M16	157	2	24	24
5	125	255	216	22	8	M20	186	2	24	24
6	150	280	241.5	22	8	M20	216	2	25.5	25.5
8	200	345	298.5	22	8	M20	270	2	28.5	28.5
10	250	405	362	26	12	M24	324	2	30	30
12	300	485	432	26	12	M24	381	2	32	32
14	350	535	476	29.5	12	M27	413	2	35	35
16	400	600	540	29.5	16	M27	470	2	36.5	36.5
18	450	635	578	32.5	16	M30	533	2	39.5	39.5
20	500	700	635	32.5	20	M30	584	2	43	43
24	600	815	749.5	32.5	20	M33	692	2	48	48

表 8 Class300(PN50)整体铸铁法兰尺寸

单位为毫米

公称尺寸		连接尺寸					密封面			法兰厚度 C	
		法兰外径 D	螺栓孔中心圆直径 K	螺栓孔直径 L	螺栓		外径 d		高度 f		
NPS	DN				数量 n	螺纹规格	灰铸铁	球墨铸铁		灰铸铁	球墨铸铁
1	25	125	89	18	4	M16	68	51	2	17.5	17.5
1¼	32	135	98.5	18	4	M16	78	64	2	19	19
1½	40	155	114.5	22	4	M20	90	73	2	20.5	20.5
2	50	165	127	18	8	M16	106	92	2	22.5	22.5
2½	65	190	149.5	22	8	M20	125	105	2	25.5	25.5

表 8（续）

单位为毫米

公称尺寸		连接尺寸					密封面			法兰厚度 C	
		法兰外径 D	螺栓孔中心圆直径 K	螺栓孔直径 L	螺栓		外径 d		高度 f		
NPS	DN				数量 n	螺纹规格	灰铸铁	球墨铸铁		灰铸铁	球墨铸铁
3	80	210	168	22	8	M20	144	127	2	28.5	28.5
4	100	255	200	22	8	M20	176	157	2	32	32
5	125	280	235	22	8	M20	211	186	2	35	35
6	150	320	270	22	12	M20	246	216	2	36.5	36.5
8	200	380	330	26	12	M24	303	270	2	41	41
10	250	445	387.5	29.5	16	M27	357	324	2	48	48
12	300	520	451	32.5	16	M30	418	381	2	51	51
14	350	585	514.5	32.5	20	M30	481	413	2	54	54
16	400	650	571.5	35.5	20	M33	535	470	2	57	57
18	450	710	628.5	35.5	24	M33	592	533	2	60.5	60.5
20	500	775	686	35.5	24	M33	649	584	2	63.5	63.5
24	600	915	813	42	24	M39	770	692	2	70	70

4 技术要求

法兰的技术要求按 GB/T 17241.7 的规定。

ICS 59.080.30
W 43

中华人民共和国国家标准

GB/T 17253—2008
代替 GB/T 17253—1998

合成纤维丝织物

Synthetic filament yarn fabrics

2008-08-06 发布 2009-06-01 实施

中华人民共和国国家质量监督检验检疫总局
中国国家标准化管理委员会 发布

前　言

本标准代替 GB/T 17253—1998《合成纤维丝织物》。

本标准与 GB/T 17253—1998 相比，主要变化如下：

——增加了合成纤维丝织物应符合国家有关纺织品强制性标准的要求；

——提高了幅宽偏差率、密度偏差率、质量偏差率的指标水平；

——增加了纤维含量偏差考核项目；

——取消了弯曲刚性、悬垂系数、缓折痕回复角的考核项目；

——增加了耐湿摩擦、耐干洗色牢度的考核项目；

——外观疵点采用“四分制”的评分方法；

——将外观疵点的评分限度由每 5 m、4 m 评分方法改为每百平方米评分方法。

本标准的附录 A 是资料性附录。

本标准由中国纺织工业协会提出。

本标准由全国纺织品标准化技术委员会丝绸分会归口。

本标准起草单位：浙江丝绸科技有限公司（浙江丝绸科学研究院）、浙江舒美特纺织有限公司、国家丝绸质量监督检验中心、万事利集团有限公司、泰州出入境检验检疫局。

本标准主要起草人：周颖、王荣根、杭志伟、张祖琴、刘猛。

本标准所代替标准的历次版本发布情况为：

——GBn 233～234—1984、GB/T 17253—1998。

合成纤维丝织物

1 范围

本标准规定了合成纤维丝织物的要求、试验方法、检验规则、包装和标志。

本标准适用于评定各类服用的练白、染色(色织)、印花合成纤维丝织物品质。

2 规范性引用文件

下列文件中的条款通过本标准的引用而成为本标准的条款。凡是注日期的引用文件,其随后所有的修改单(不包括勘误的内容)或修订版均不适用于本标准,然而,鼓励根据本标准达成协议的各方研究是否可使用这些文件的最新版本。凡是不注日期的引用文件,其最新版本适用于本标准。

GB/T 250 纺织品 色牢度试验 评定变色用灰色样卡(GB/T 250—2008,ISO 105-A02:1993,IDT)

GB/T 4802.1—2008 纺织品 织物起毛起球性能的测定 第1部分:圆轨迹法

GB/T 4841.1 染料染色标准深度色卡 1/1

GB/T 8170 数值修约规则

GB/T 15551—2007 桑蚕丝织物

GB/T 15552 丝织物试验方法和检验规则

FZ/T 01053 纺织品 纤维含量的标识

3 术语和定义

下列术语和定义适用于本标准。

3.1

合成纤维丝织物 synthetic filament yarn fabrics

经向采用合成纤维长丝制成的丝织物。

4 要求

4.1 合成纤维丝织物的要求包括密度偏差率、质量偏差率、纤维含量偏差、断裂强力、撕破强力、纰裂程度、水洗尺寸变化率、起毛起球、色牢度等内在质量和色差(与标样对比)、幅宽偏差率、外观疵点等外观质量。

4.2 合成纤维丝织物的评等以匹为单位。质量偏差率、纤维含量偏差、断裂强力、撕破强力、纰裂程度、水洗尺寸变化率、起毛起球、色牢度等按批评等。纬密偏差率、外观质量按匹评等。

4.3 合成纤维丝织物的品质由内在质量、外观质量中的最低等级项目评定。其等级分为优等品、一等品、二等品、三等品,低于三等品的为等外品。

4.4 合成纤维丝织物应符合国家有关纺织品强制性标准的要求。

4.5 合成纤维丝织物的内在质量分等规定见表1。

表1　内在质量分等规定

项　　目			指标			
			优等品	一等品	二等品	三等品
密度偏差率/%	经向		±2.0	±3.0	±4.0	
	纬向					
质量偏差率/%			±3.0	±4.0	±5.0	
纤维含量偏差(绝对百分比)/%			按 FZ/T 01053 执行			
断裂强力/N		≥	200			
撕破强力/N		≥	9.0			
纰裂程度(定负荷 67 N)/mm		≤	6			
水洗尺寸变化率/%			−2.0～+2.0		−3.0～+2.0	
起毛起球[a]/级		≥	4	3-4		3
色牢度/级　≥	耐洗 耐水 耐汗渍	变色	4	4	3-4	
		沾色	3-4	3	3	
	耐干摩擦		4	3-4	3	
	耐干洗		4	4	3-4	
	耐湿摩擦		3-4	3,2-3 (深色[b])	2-3	
	耐热压	变色	4	3-4	3	
	耐光		4	3	3	
注：特殊用途、特殊结构的品种其断裂强力、撕破强力、纰裂程度、水洗尺寸变化率可按合同或协议考核。						

[a] 采用 GB/T 4802.1—2008，试验参数类别 B。

[b] 大于 GB/T 4841.1 中 1/1 标准深度为深色。

4.6　合成纤维丝织物的外观质量的评定

4.6.1　合成纤维丝织物的外观质量分等规定见表2。

表2　外观质量分等规定

项目		优等品	一等品	二等品	三等品
色差(与标样对比)/级	≥	4	3-4		3
幅宽偏差率/%		−1.0～+2.0	−2.0～+2.0		
外观疵点评分限度/(分/100 m^2)	≤	10	20	40	80

4.6.2　合成纤维丝织物外观疵点评分见表3。

表3　外观疵点评分表

序号	疵点	分数			
		1	2	3	4
1	经向疵点	8 cm 及以下	8 cm 以上～16 cm	16 cm 以上～24 cm	24 cm 以上～100 cm
2	纬向疵点	8 cm 及以下	8 cm 以上～半幅	—	半幅以上
	纬档[a]	—	普通	—	明显

表 3（续）

序号	疵点	分数			
		1	2	3	4
3	印花疵	8 cm 及以下	8 cm 以上～16 cm	16 cm 以上～24 cm	24 cm 以上～100 cm
4	渍、破损性疵点	—	2.0 cm 及以下	—	2.0 cm 以上
5	边疵[b]	经向每 100 cm 及以下	—	—	—
6	纬斜、花斜、格斜、幅不齐	—	—	—	100 cm 及以下大于 3%
注：序号 1、2、3、4、5、6 中的外观疵点归类参见附录 A。					
[a] 纬档以经向 10 cm 及以下为一档。 [b] 针板眼进入内幅 1.5 cm 及以下不计。					

4.6.3 合成纤维丝织物外观疵点评分说明：

a) 外观疵点的评分采用有限度的累计评分。

b) 外观疵点长度以经向或纬向最大方向量计。

c) 同匹色差（色泽不匀）不低于 GB/T 250 中 4 级及以下，1 m 及以内评 4 分。

d) 经向 1 m 内累计评分最多 4 分，超过 4 分按 4 分计。

e) “经柳”普通，定等限度为二等品，“经柳”明显，定等限度为等外品。

f) 严重的连续性疵点每米扣 4 分，超过 4 m 降为等外品。

g) 优等品、一等品内不允许有轧梭档、拆烊档、开河档等严重疵点。

4.6.4 每匹合成纤维丝织物允许分数，由式（1）计算得出，计算结果按 GB/T 8170 修约至整数。

$$q = \frac{c}{100} \times l \times w \qquad \cdots\cdots(1)$$

式中：

q——每匹允许分数，单位为分；

c——每百平方米评分限度，单位为分每百平方米（分/100 m^2）；

l——匹长，单位为米（m）；

w——幅宽，单位为米（m）。

4.7 开剪拼匹和标疵放尺的规定

4.7.1 合成纤维丝织物允许开剪拼匹或标疵放尺，两者只能采用一种。

4.7.2 开剪拼匹各段的等级、幅宽、色泽、花型应一致。

4.7.3 绸匹平均每 20 m 及以内允许标疵一次。每处 3 分和 4 分的疵点允许标疵，超过 10 cm 的连续疵点可连标。每处标疵放尺 10 cm。以标疵后的疵点不再计分。局部性疵点的标疵间距或标疵疵点与绸匹端的距离不得少于 4 m。

5 试验方法

合成纤维丝织物的试验方法按 GB/T 15552 执行。

6 检验规则

合成纤维丝织物的检验规则按 GB/T 15552 执行。

7 包装和标志

合成纤维丝织物的包装和标志按 GB/T 15551—2007 中第 6 章、第 7 章执行。

8 其他

特殊品种及用户对产品另有特殊要求，可按合同或协议执行。

附　录　A
（资料性附录）
外观疵点归类表

表 A.1　外观疵点归类表

序号	疵点名称	说　明
1	经向疵点	宽急经柳、粗细柳、筘柳、色柳、筘路、导钩痕、辅喷痕、多少捻、缺经、断通丝、错经、碎糙、夹糙、夹断头、断小柱、叉绞、分经路、小轴松、水渍急经、宽急经、错通丝、综穿错、筘穿错、单爿头、双经、粗细经、夹起、懒针、煞星、渍经、灰伤、皱印等。
2	纬向疵点	破纸板、综框梁子多少起、抛纸板、错纹板、错花、跳梭、煞星、柱渍、轧梭痕、筘锈渍、带纬、断纬、缩纬、叠纬、坍纬、糙纬、渍纬、灰伤、纬斜、皱印、杂物织入、百脚等。
3	纬档	松紧档、撬档、撬小档、顺纡档、多少捻档、粗细纬档、缩纬档、急纬档、断花档、通绞档、毛纬档、拆毛档、停车档、渍纬档、错纬档、糙纬档、色纬档、拆烊档、开河档
4	印花疵	搭脱、渗进、漏浆、塞煞、色点、眼圈、套歪、露白、砂眼、双茎、拖版、搭色、反丝、叠版印、框子印、刮刀印、色皱印、回浆印、刷浆印、化开、糊开、花痕、野花、粗细茎、跳版深浅、接版深浅、雕色不清、涂料脱落、涂料颜色不清等。
5	污渍、油渍、破损性疵点	色渍、锈渍、油污渍、洗渍、皂渍、霉渍、蜡渍、白雾、字渍、水渍等。 蛛网、披裂、拔伤、空隙、破洞等。
6	边疵、松板印、撬小	宽急边、木耳边、粗细边、卷边、边糙、吐边、边修剪不净、针板眼、边少起、破边、凸铗、脱铗等。

注 1：对经、纬向共有的疵点，以严重方向评分。

注 2：外观疵点归类表中没有归入的疵点按类似疵点评分。

ICS 59.060.10
W 30

GB

中华人民共和国国家标准

GB/T 17260—2008
代替 GB/T 17260—1998

亚麻纤维细度的测定　气流法

Determination of fineness of flax—Permeametric method

2008-06-17 发布　　　　2008-09-01 实施

中华人民共和国国家质量监督检验检疫总局
中国国家标准化管理委员会　发布

前　言

本标准代替 GB/T 17260—1998《亚麻纤维细度的测定　气流法》。本标准与 GB/T 17260—1998 相比主要变化如下：

——适用范围增加了定压法测定棉型亚麻细度的试验方法；

——删除了术语和定义中的公式，增加了棉型亚麻的定义；

——明确了试验时所需大气条件，即由原来的“试样的调湿、称重和测量应符合 GB 6529 规定的同一种大气条件下进行”改为“试样的调湿、称量和测试应在 GB 6529 规定的温带二级标准大气：温度(20±2)℃、湿度(65±3)%条件下进行。样品调湿、平衡时间不少于 24 h”；

——基准法改为“定流量法”；简化法增加了定语“定流量”，改为“定流量简化法”；

——增加了定压法测定棉型亚麻细度所需设备、试验方法及测定结果的转换关系等具体内容；

——删除 5.3 仪器校准的内容；在每种测定方法的程序中增加“仪器准备”；

——删除原附录 C 中的内容，改为“定压式气流仪的校验和测定结果的转换”等有关内容；

——原附录 A 改为附录 B，附录 B 改为附录 A。

本标准的附录 A、附录 B、附录 C 是规范性附录。

本标准由中国纤维检验局提出并归口。

本标准由山东省纤维检验局、山西绿洲纺织有限责任公司、山东诸城广德家纺有限公司负责起草。

本标准主要起草人：王桂玲、海勇、高速大、王跃进、时春瑞、宋福强、张卫国。

本标准所代替标准的历次版本发布情况为：

——GB/T 17260—1998。

亚麻纤维细度的测定　气流法

1　范围

本标准规定了测定亚麻纤维细度的方法。

本标准的定流量法和定流量简化法适用于亚麻梳成麻、梳成短麻和麻条；定压法适用于棉型亚麻。

2　规范性引用文件

下列文件中的条款通过本标准的引用而成为本标准的条款。凡是注日期的引用文件，其随后所有的修改单（不包括勘误的内容）或修订版均不适用于本标准，然而，鼓励根据本标准达成协议的各方研究是否可使用这些文件的最新版本。凡是不注日期的引用文件，其最新版本适用于本标准。

GB/T 5707　纺织名词术语（麻部分）

GB 6529　纺织品的调湿和试验用标准大气

GB/T 8170　数值修约规则

3　术语和定义

GB/T 5707 确立的以及下列术语和定义适用于本标准。

3.1

纤维塞　wads of fibers

放入样筒通道内的被测纤维试样。

3.2

纤维塞对层流气体的阻力　resistance of a wad of fibers to air in laminar flow

R

气流通过纤维塞产生的压力降 Δp(hPa)与其流量 Q(cm^3/s)之商，以 $hPa \cdot s/cm^3$ 表示。

3.3

纤维束的比表面积　specific surface of a wad of fibers

A

构成纤维塞的纤维束外侧总表面积与其体积之商，以 cm^2/cm^3 表示。

3.4

纤维束的比表面积指数　index of specific surface of wad of fibers

A'

空气动力粘度(μ)和经验系数(k)积的开方与纤维束比表面积(A)的乘积。

3.5

细度标准指数　index of fineness standard；IFS

用切断称量法在标准亚麻上确定的细度指数，数值上接近于用 Tex 制表示的值。

3.6

棉型亚麻　cotton type flax

亚麻短麻、落麻经开松、除杂、梳理工艺处理后适用于棉纺设备的亚麻纤维。

4　调湿和试验用大气

试样的调湿、称量和测试应在 GB 6529 规定的温带二级标准大气：温度(20±2)℃、湿度(65±3)%

条件下进行。样品调湿平衡时间不少于 24 h。

5 试验方法

5.1 定流量法

5.1.1 原理

将一定质量的平行纤维塞先后放置在两个高度相同、内径不等的样筒内,分别测定其对气流的阻力,由两个阻力推算出纤维束比表面积指数,并转换为细度标准指数。

5.1.2 取样及试样准备

5.1.2.1 对每个批次,从麻堆的上中下不同部位或不同的麻包中随机选取 30 束共重 500 g 纤维作为 1 个试验室样品。批量超过 8 000 kg 或多于 100 包者取 2 个试验室样品。

5.1.2.2 从试验室样品中选取长(8.0±0.1)cm,重 2.95 g~3.00 g 的平行纤维束作为 1 个试样,每个试验室样品制备 5 个试样。

对于梳成麻,在中部剪取(8.0±0.1)cm 长的纤维;对于梳成短麻,先将纤维梳直(见附录 A),再从中段剪取(8.0±0.1)cm 长的纤维;对于麻条,随机取(8.0±0.1)cm 长的小段,再将各小段并在一起。

5.1.3 仪器及用具

5.1.3.1 亚麻纤维细度气流仪,结构原理如图 1。

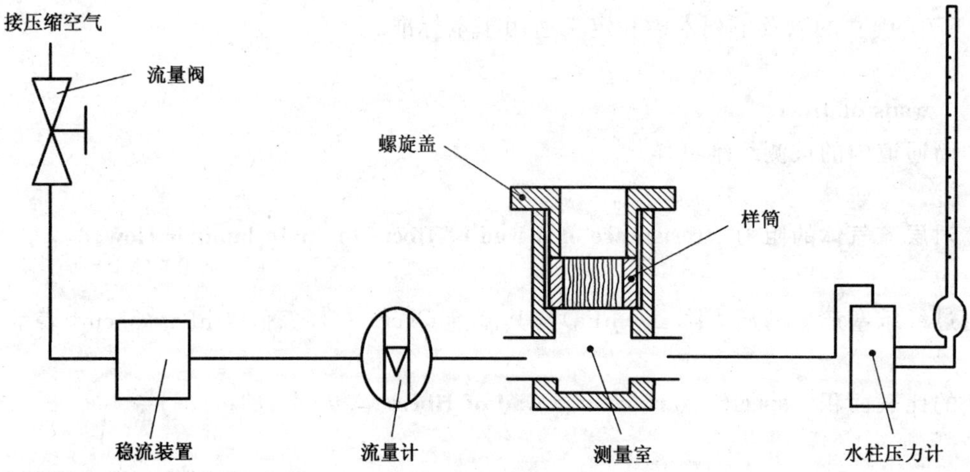

图 1 定流量法仪器结构原理示意图

其中:

稳流装置:在外界压力变化时能保证输出的流量稳定;流量计:能精确测量微小流量,精度不低于 $\pm 0.01\ cm^3/s$;水柱压力计:量程不低于 25 cm 水位差,精度不低于±1%;样筒:高 10 mm±0.01 mm,直径分别为 10 mm±0.01 mm 和 11 mm±0.01 mm;填样棒:直径 9.8 mm。

5.1.3.2 天平:感量 0.01 g。

5.1.3.3 切样用圆刀片。

5.1.4 程序

5.1.4.1 仪器准备

每次试验前按仪器使用要求对仪器进行校正。

5.1.4.2 测量阻力

将准备好的平行纤维束按图 2 引入直径为 10 mm 的样筒内(状态 1),快速旋转圆刀片,同时缓慢旋转样筒,切掉露在外面的纤维。

将已装入纤维的样筒插入测量室内,旋紧螺旋盖,调节流量阀使流量 Q_1 调准至(0.50 ±0.01) cm^3/s,待压力稳定后,在水柱压力计上读取垂直方向上的水位差 Δh_1(cm),精确至 0.05 cm,用式(1)计算 R_1。

$$R_1=\frac{\rho g\Delta h_1}{Q_1} \qquad \cdots\cdots(1)$$

式中:

R_1——状态 1 下的纤维塞对层流气体的阻力,单位为百帕秒每立方厘米($hPa\cdot s/cm^3$);

ρ——水的密度,$\rho=1\ g/cm^3$;

g——重力加速度,$g=981\ cm/s^2$;

Δh_1——压力计在垂直方向上的水位差,单位为厘米(cm);

Q_1——流量,单位为立方厘米每秒(cm^3/s)。

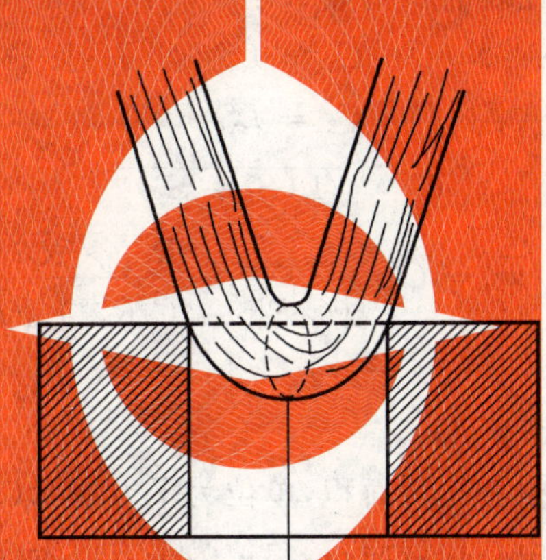

图 2 将纤维引入样筒

5.1.4.3 将样筒从测量室中取出,放在直径为 11 mm 的样筒之上(状态 2),轴线重合,用填样棒将纤维塞推入空筒内,如图 3。用拇指和食指捏住纤维塞的两表面轻轻拨动整理以消除纤维塞转移所造成的通道不均匀。

单位为毫米

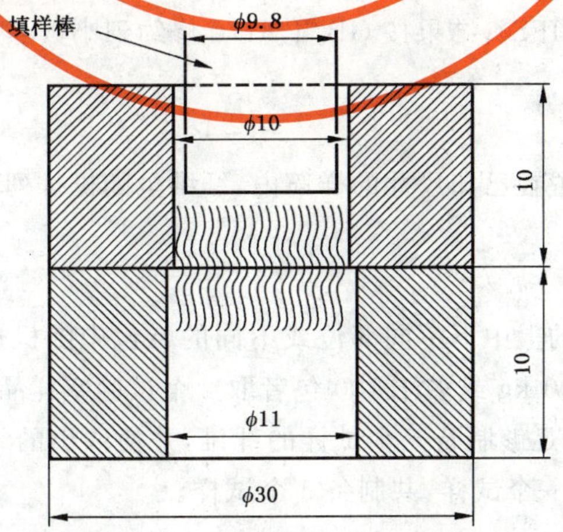

图 3 纤维塞的转移

将装好纤维的样筒插入样筒内，旋紧螺旋盖，调节流量阀使流量 Q_2 调准至(2.00±0.02) cm^3/s，待压力稳定后，在水柱压力计上读取垂直方向上的水位差 Δh_2(cm)，精确至 0.05 cm，用式(2)计算阻力 R_2。

$$R_2 = \frac{\rho g \Delta h_2}{Q_2} \qquad \cdots\cdots(2)$$

式中：

R_2——状态 2 下的纤维塞对层流气体的阻力，单位为百帕秒每立方厘米($hPa \cdot s/cm^3$)；

ρ——水的密度，$\rho = 1\ g/cm^3$；

g——重力加速度，$g = 981\ cm/s^2$；

Δh_2——压力计在垂直方向上的水位差，单位为厘米(cm)；

Q_2——流量，单位为立方厘米每秒(cm^3/s)。

5.1.4.4 用相同的方法测量其余试样。

5.1.5 结果的计算和表达

由式(3)～式(6)计算纤维束的比表面积指数 A'：

$$C_1 = LS_1 \qquad \cdots\cdots(3)$$

$$C_2 = LS_2 \qquad \cdots\cdots(4)$$

$$C = \sqrt{L(S_2 - S_1)^3} \qquad \cdots\cdots(5)$$

$$A' = A \cdot \sqrt{\mu k} = C \times \frac{R_1^{1/2} \times R_2^{1/2}}{(C_1 R_1^{1/3} - C_2 R_2^{1/3})\sqrt{R_1^{1/3} - R_2^{1/3}}} \qquad \cdots\cdots(6)$$

式中：

L——两个样筒的高度，$L = 10\ mm$；

S_1——内径为 10 mm 的样筒中心孔截面积，单位为平方厘米(cm^2)；

S_2——内径为 11 mm 的样筒中心孔截面积，单位为平方厘米(cm^2)；

A——纤维束的比表面积，单位为平方厘米每立方厘米(cm^2/cm^3)；

A'——纤维束的比表面积指数；

μ——空气的动力粘度，$\mu = 1.81 \times 10^7\ cN \cdot s/cm^2$；

k——经验系数；

R_1 和 R_2——阻力，单位为百帕秒每立方厘米($hPa \cdot s/cm^3$)。

计算 5 个试样 A' 的平均值，结果按 GB/T 8170 修约到小数点后 2 位。然后采用附录 B 叙述的方法将结果转化为细度标准指数(IFS)，结果按 GB/T 8170 修约到小数点后 1 位。

5.2 定流量简化法

5.2.1 原理

测量恒定气流通过一个放置在已知尺寸的样筒内、纤维呈随机排列的纤维塞时所产生的水位降，由水位降推算细度标准指数。

5.2.2 取样及试样制备

5.2.2.1 对每个批次，从麻堆的上中下不同部位或不同的麻包中随机选取 30 束共重 500 g 纤维作为 1 个 试验室样品，批量超过 8 000 kg 或多于 100 包者取 2 个试验室样品。

5.2.2.2 从试验室样品中取出足够制备 5 个试样的纤维，并使取出的纤维呈随机排列状，去麻结后从中称取(1.2±0.01)g 纤维作为一个试样，共制备 5 个试样。

5.2.3 仪器及用具

5.2.3.1 亚麻纤维细度气流仪，原理结构如图 4。

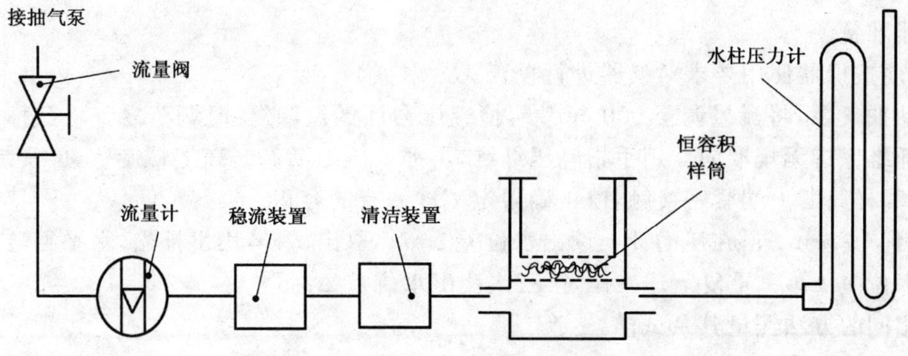

图 4　定流量简化法原理结构示意图

图 4 中：恒容积样筒尺寸如图 5。

单位为毫米

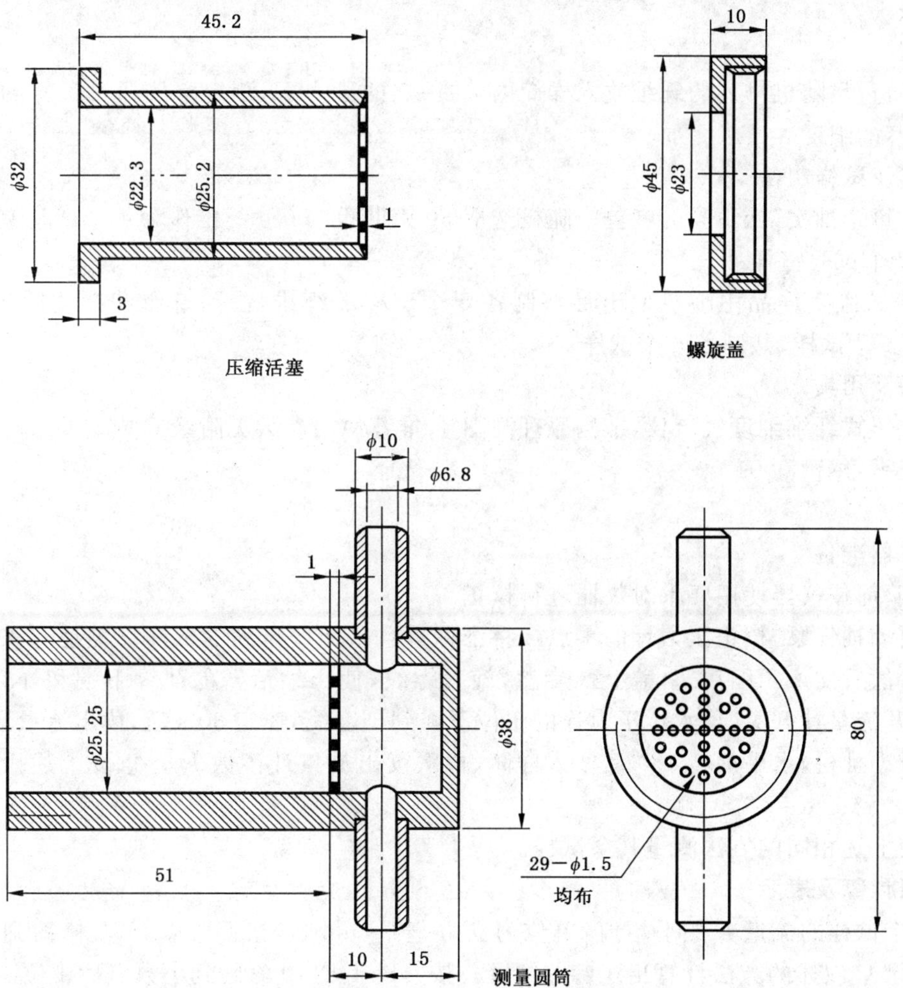

图 5　恒容积样筒

水位压力计：毫米分度，高 80.0 cm。

5.2.3.2　天平：感量 0.01 g。

5.2.4 程序

5.2.4.1 仪器准备

每次试验前按仪器使用要求对仪器进行校正。

5.2.4.2 启动抽气泵，将流量调至 500 cm^3/s，检查压力计零点，必要时调节之。将已称量的试样均匀地塞入样筒，纤维保持无规取向。用手指轻压纤维，再插入压缩活塞。盖上螺旋盖，旋紧螺纹，使压缩活塞的凸缘下端和样筒的上端紧密接触，以正确限定试样占有的容积。

将流量调到 500 cm^3/s，在压力计上读出水位差 Δp_1。取出试样，用手扯松，水平翻转 180°后塞入样筒，再次读出水位差 Δp_2。重复上述操作，第三次读出水位差 Δp_3。

5.2.4.3 用相同的方法测量其余试样。

5.2.5 结果的计算和表达

计算每个试样 3 次水位差读数 Δp_1、Δp_2、Δp_3 的平均值 Δp。

计算 5 个试样 Δp 的平均值 D，结果用厘米(cm)表示。按 GB/T 8170 修约到小数点后 2 位。

然后采用附录 B 叙述的方法将结果表达为细度标准指数(IFS)，按 GB/T 8170 修约到小数点后 1 位。

5.3 定压法

5.3.1 原理

将一定质量呈随机排列的纤维放入样筒内，在一定的压力下，测定空气通过试样的流量，由气流量推算棉型亚麻的细度。

5.3.2 取样及试样制备

5.3.2.1 对每个批次，从不同的麻包中随机选取 30 束共重 500 g 纤维作为 1 个试验室样品，批量多于 100 包者取 2 个试验室样品。

5.3.2.2 从试验室样品中随机取出足够制备 5 个试样的纤维，去除麻结和杂质后从中称取(2.5±0.01)g 作为 1 个试样，共制备 5 个试样。

5.3.3 仪器及用具

5.3.3.1 定压式纤维细度气流仪，结构原理同图 4，推荐使用参数见附录 C 中表 C.1。

5.3.3.2 天平：感量 0.01 g。

5.3.4 程序

5.3.4.1 仪器准备

每次试验前按仪器使用要求对仪器进行校正。

5.3.4.2 启动抽气泵，校正压力计的零点。将已称量且呈无序排列的试样均匀地塞入样筒，并用填样棒轻压纤维，然后插入压缩活塞，盖上螺旋盖，旋紧螺纹，使压缩活塞的凸缘下端和样筒的上端紧密接触。慢慢松开流量计开关，使水位压力计的水位下降到刻度线，稳定 30 s 后，读出流量计的读数 L_1。取出试样，将纤维扯松，水平翻转 180°后塞入样筒，再次读出流量计读数 L_2。重复上述操作，读出第 3 次流量数 L_3。

5.3.4.3 用上述相同的方法测量其余试样。

5.3.5 结果计算及表示

计算 5 个试样的流量 L 的平均值，单位为立方毫米(mm^3)，按 GB/T 8170 修约到小数点后 2 位。然后采用附录 C 叙述的方法计算出亚麻的细度。按 GB/T 8170 修约到小数点后 1 位。

6 试验报告

试验报告应包括样品名称、样品编号、执行标准、试验结果、试验日期、试验者。

附 录 A
（规范性附录）
亚麻梳成短麻的分梳

A.1 分梳设备

分梳设备结构原理如图A.1所示。

固定部分B：水平放置，底部装有针布和导轨，两侧装有夹板。

移动部分A：装有针布和把手。

单位为毫米

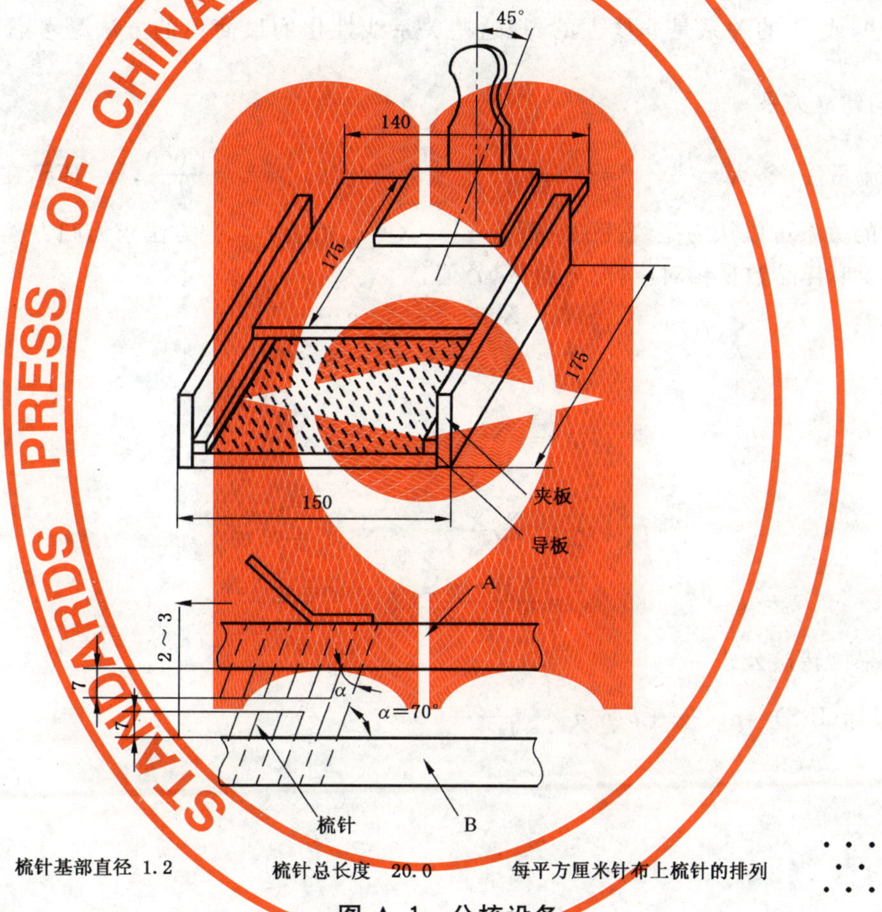

图A.1 分梳设备

A.2 分梳步骤

A.2.1 取13 g～15 g亚麻梳成短麻均匀地铺在分梳设备固定部分B的针布上，往复抽送移动部分A，直到B上大部分纤维变得平行。

A.2.2 取下粘附在A上的纤维网A，放在桌上，取下粘附在B上的纤维网B，水平翻转后平铺在分梳设备固定部分B上，按A.2.1分梳，得到纤维网BA和BB（分别由纤维网B的纤维粘附在A、B上而成），网BB分梳完毕，将网BA水平翻转后按A.2.1分梳，得到网BAA和BAB。

A.2.3 对纤维网A重复对纤维网B的操作，得到纤维网AB，AAB和AAA。

A.2.4 将6个纤维网叠放，使纤维相互平行，沿平行于纤维的对称轴对折后手扯两遍，从中段剪取(8.0±0.1)cm长作细度测量用。

A.2.5 分梳板在分梳前应先抄针。

附 录 B
（规范性附录）
定流量式气流仪的校验和测试结果的转换

B.1 标准亚麻样品制备

至少制备 5 个试样。

B.2 建立转换关系式

B.2.1 IFS 与 A'或 D 的关系是非线性的，把这些关系线性化的最简单的方法是考虑在$\frac{10}{A'}$－IFS 或 $\frac{1\ 000}{D}$－IFS之间建立关系。

B.2.2 对于定流量法，令 $X=\frac{10}{A'}$，$Y=$IFS；对于定流量简化法，令 $X=\frac{1\ 000}{D}$，$Y=$IFS，在标准亚麻的范围内，X、Y 之间的关系可以认为是线性的。假定 $Y=aX+b$，用最小二乘方法求回归方程。

B.2.3 与标准亚麻样品数量相对应，取 n 对 X、Y 值。

$$X_1 \quad X_2 \quad X_3 \cdots\cdots \quad X_j \cdots\cdots \quad X_n$$
$$Y_1 \quad Y_2 \quad Y_3 \cdots\cdots \quad Y_j \cdots\cdots \quad Y_n$$

计算

$$X=\sum_{j=1}^{n} X_j \qquad Y=\sum_{j=1}^{n} Y_j$$

$$A=\sum_{j=1}^{n} X_j Y_j \qquad B=\sum_{j=1}^{n} Y_j^2$$

$$a=\frac{XY-nA}{X^2-nB} \qquad b=\frac{XA-YB}{X^2-nB}$$

B.2.4 测试结果的转换公式

细度标准指标(IFS)$=a\times\frac{10}{A'}+b$ 或 $a\times\frac{1\ 000}{D}+b$

附 录 C
（规范性附录）
定压式气流仪的校验和测定结果的转换

取至少 5 个不同细度的标准亚麻落麻样品按 5.3 测定气流量，亚麻细度(tex)与流量 L 的关系是线性的，即亚麻细度(tex)$=a'L+b'$。此关系适用于 0.4 tex～1.0 tex 细度范围。

定压式气流仪推荐使用参数见表 C.1。

表 C.1 定压式气流仪推荐使用参数

恒容积样筒	内径 25.25 mm	外径 36.50 mm
	筒高 65.40 mm	气孔数 81 个，直径 1.5 mm
压缩活塞	内径 21.75 mm	外径 25.12 mm
	筒高 52.40 mm	气孔数 69 个，直径 1.5 mm
水柱	压差 18 cm	

ICS 37.080
A 14

中华人民共和国国家标准

GB/T 17292—2008
代替 GB/T 17292—1998

缩微摄影技术 第一代银-明胶型缩微品的质量要求

Micrographics—Requirement on the quality of first generation silver-gelatin microforms

2008-07-16 发布 2009-01-01 实施

中华人民共和国国家质量监督检验检疫总局
中国国家标准化管理委员会 发布

前　言

本标准代替GB/T 17292—1998《缩微摄影技术　第一代银-明胶型缩微品的质量要求》，本标准与GB/T 17292—1998的主要差异如下：

——删除了原标准“附录A”；

——本标准增加了“3.术语和定义”，原章节依次顺延；

——本标准将原标准第4、5、6、7章中的悬置段，改为5.1　概述、6.1　概述、7.1　概述和8.1　概述；

——在规范性引用文件一章中，以最新的国家标准代替了原标准中的国家标准和国际标准，增加了GB/T 1739.2—2006、GB/T 6159.3、GB/T 6159.4、GB/T 18503—2008、ISO 11962:2002。删除了GB/T 7519、GB/T 8987、GB/T 8990；

——对第5章节进行合并和调整编排，将原标准第4章中有关密度要求的条款统一归入“5.2　密度”中，将缩微品表面缺陷有关条款统一归入“5.4　表面缺陷”中，将缩微品影像缺陷有关条款统一归入“5.5　影像缺陷”中；

——5.2.2中将“片基加灰雾的密度不得超过0.16”改为“片基加灰雾的密度不应高于0.10”；

——5.4.2.3中增加了“缩微平片的卷曲程度，应符合GB/T 18503—2008的规定”；

——根据新的标准编写规则，对原标准中的一些程度副词进行了修改。

本标准由全国文献影像技术标准化技术委员会(SAC/TC 86)提出并归口。

本标准由全国文献影像技术标准化技术委员会七分会负责起草。

本标准主要起草人：耿志东、邓昌军、刘培平、宫岩。

本标准所代替标准的历次版本发布情况为：

——GB/T 17292—1998。

缩微摄影技术
第一代银-明胶型缩微品的质量要求

1 范围

本标准规定了第一代银-明胶型缩微品的质量要求。

本标准适用于低、中、高缩率的第一代银-明胶型负像缩微品。

本标准不适用于超高缩率缩微品、彩色缩微品和COM缩微品。

2 规范性引用文件

下列文件中的条款通过本标准的引用而成为本标准的条款。凡是注日期的引用文件，其随后所有的修改单(不包括勘误的内容)或修订版均不适用于本标准，然而，鼓励根据本标准达成协议的各方研究是否可使用这些文件的最新版本。凡是不注日期的引用文件，其最新版本适用于本标准。

GB/T 6159.1—2003 缩微摄影技术 词汇 第1部分 一般术语(ISO 6196-1:1993,MOD)

GB/T 6159.3—2003 缩微摄影技术 词汇 第3部分:胶片处理(ISO 6196-3:1997,MOD)

GB/T 6159.4—2003 缩微摄影技术 词汇 第4部分:材料和包装物(ISO 6196-4:1998,MOD)

GB/T 6159.5—2000 缩微摄影技术 词汇 第五部分:影像的质量、可读性和检查(eqv ISO 6196-5:1987)

GB/T 6159.22—2000 缩微摄影技术 词汇 第二部分:影像的布局和记录方法(eqv ISO 6196-2:1993)

GB/T 6160—2003 缩微摄影技术 源文件 第一代银-明胶型缩微品密度规范与测量方法(ISO 6200:1999,MOD)

GB/T 6161—1994 缩微摄影技术 2号测试图的特征及其在缩微摄影技术中的应用(eqv ISO 3344:1989)

GB/T 7516—1996 缩微摄影技术 图形符号(eqv ISO 9878:1990)

GB/T 7517—2004 缩微摄影技术 在16 mm卷片上拍摄古籍的规定

GB/T 7518—2005 缩微摄影技术 在35 mm卷片上拍摄古籍的规定

GB/T 12355—1990 缩微摄影技术 有影像缩微胶片的连接

GB/T 15021—1994 缩微摄影技术 用35 mm卷片拍摄技术图样和技术文件的规定

GB/T 15737—2005 缩微摄影技术 银-明胶型缩微品的冲洗与保存

GB/T 16573—1996 缩微摄影技术 在16 mm和35 mm银-明胶型缩微卷片上拍摄文献的操作程序(eqv ISO 6199:1991)

GB/T 17293—1998 缩微摄影技术 检查平台式缩微摄影机系统性能用的测试标板(eqv ISO 10550:1994)

GB/T 17739.2—2006 技术图样与技术文件的缩微摄影 第2部分:35 mm银-明胶型缩微品的质量准则与检验(ISO 3272.2:1994,MOD)

GB/T 18405—2001 缩微摄影技术 ISO字符和1号测试图的特征及其使用(idt ISO 446:1991)

GB/T 18503—2008 缩微摄影技术 A6透明缩微平片 影像的排列

ISO 11962:2002 缩微摄影技术 16 mm和35 mm卷式缩微胶片使用的影像标记(光点)

ISO 18917:1999 摄影术 已显影加工摄影材料中硫代硫酸盐和其他残留化合物的测定 碘-直链淀粉法、亚甲蓝法和硫化银法

3 术语和定义

GB/T 6159.1—2003、GB/T 6159.3—2003、GB/T 6159.4—2003、GB/T 6159.5—2000、GB/T 6159.22—2000 中确立的术语和定义适用于本标准。

4 缩微品质量的基本要求

缩微品应具备良好的可读性;同时根据缩微品不同的制作目的与作用,也应满足相应的完整性、保存性和凭证性的质量要求。

5 可读性及要求

5.1 概述

可读性是指缩微品中记录的影像信息借助阅读设备可识别的程度。

影响缩微品可读性的主要因素是缩微摄影系统的综合解像力与可读性、拍摄缩率、影像密度,影像缺陷、表面缺陷、胶片平整度等。

5.2 密度

5.2.1 缩微品影像背景密度

缩微品影像背景密度应选择在被摄原件缩微品影像区内不含字迹、线条、图形、皱折阴影的位置测量。测量方法和背景密度值应符合 GB/T 6160—2003 的规定。

5.2.2 片基加灰雾的密度

选择缩微品未曝光的区域测量片基加灰雾的密度。

片基加灰雾的密度值不应大于 0.10。

5.2.3 同画幅缩微品影像背景密度差

同画幅缩微品影像背景密度有明显差异的,应选择影像背景密度最高与最低区域进行检测比较。

同画幅缩微品影像背景密度差不应大于 0.40。

5.2.4 同盘(张)缩微品背景密度差

一般选择同一盘(张)缩微品中影像背景密度最高的画幅与最低的画幅进行检测比较。

深色纸张浅色字迹、特殊载体原件的影像画幅,不宜作为检测比较画幅。

同一盘(张)缩微品影像背景密度差不宜大于 0.40。

5.2.5 边缘灰雾

胶片边缘未曝光区域密度如果高于本盘(张)缩微品片基加灰雾密度,则认为该盘(张)胶片产生了边缘灰雾。

缩微品画幅区、检索符号(数码)区、平片标头区均不应有边缘灰雾。

5.2.6 胶片漏光

缩微品影像区域内不应出现漏光,前后引片漏光区应距起止画幅 200 mm 以上。

缩微平片不应出现漏光。

5.3 缩微摄影系统的综合解像力与可读性

综合解像力应采用 GB/T 17293—1998 规定的测试标板和方法测量。2 号测试图应符合 GB/T 6161—1994 的规定。综合解像力应不低于表 1 的要求。

可读性应采用 GB/T 17293—1998 规定的测试标板和方法进行测量。1 号测试图应符合 GB/T 18405—2001 的规定。可读性应不低于表 1 的要求。

表 1 第一代缩微品缩合解像力与可读性的要求

名义缩率	缩率范围		1 号测试图 （可读性）	2 号测试图 （解像力）
1∶10	⩾1∶9	<1∶11	45	9.0
1∶12	⩾1∶11	<1∶14	50	8.0
1∶16	⩾1∶14	<1∶17	56	7.1
1∶18	⩾1∶17	<1∶20	63	6.3
1∶22	⩾1∶20	<1∶23	71	5.6
1∶24	⩾1∶23	<1∶28	80	5.0
1∶30	⩾1∶28	<1∶33	90	4.5
1∶36	⩾1∶33	<1∶38	100	4.0
1∶40	⩾1∶38	<1∶44	112	3.6
1∶48	⩾1∶44	<1∶52	125	3.2

5.4 表面缺陷

5.4.1 污斑

缩微品的表面不应有影响阅读、拷贝、还原和保存的指纹印迹、水印等污斑。

5.4.2 缩微品变形

5.4.2.1 折痕

缩微品画幅区域不应出现胶片折痕。

5.4.2.2 变形

缩微品不应有影响阅读和拷贝质量的卷边、扭曲、凹凸不平等变形。

5.4.2.3 卷曲

缩微胶片卷曲程度不应影响缩微品的拷贝和阅读，应根据不同阅读设备提供的卷曲模板测定其是否合格。

缩微平片的卷曲程度，应符合 GB/T 18503—2008 的规定。

5.4.3 网纹

用阅读设备观察，缩微品影像区域不应出现乳剂层鳞状网纹。

5.5 影像缺陷

5.5.1 静电斑纹

缩微品的影像区不应有静电斑纹。

5.5.2 重叠画幅

缩微品内不应有重叠的画幅。

5.5.3 条纹

缩微品中不应出现非原件固有的各类条纹。

5.5.4 背透印迹

原件的背透印迹不宜影响缩微品影像信息的判读。

5.5.5 反光斑和异物阴影

缩微品中不应含有因被摄原件表层面和稿台玻璃的强反射光及外界异物投影等造成的缩微影像密

度不均的现象。

5.5.6 **影像畸变**

缩微品中不宜产生影像畸变。

轮转机拍摄的缩微品影像的纵向、横向缩率应一致。被摄原件中任意方向上的两条相等线段，在影像中的长度差不应大于0.5%。

拍摄书本式原件时，不宜出现中缝处影像的变形。

5.5.7 **虚像**

缩微品中不应出现由于拍摄时被摄原件超出景深范围、调焦偏差、曝光中被摄原件移动和缩微摄影机振动等原因造成的虚像。

5.5.8 **影像排列和位置**

缩微品影像排列的顺序应与相应原件一致，并应符合GB/T 16573—1996中4.3.2的要求。

缩微品影像在画幅中应居中或位置固定，不宜上下起伏或歪斜。

5.6 **缩率**

缩率的设定应考虑被摄原件状况及缩微品的预期用途。

一盘(张)缩微品宜采用同一个缩率或几个固定的缩率拍摄，并有相应的缩率标注。

6 完整性及要求

6.1 **概述**

完整性是指缩微品对被摄原件原貌的再现程度。

6.2 **漏拍**

一盘(张)缩微品中不应出现原件的遗漏拍摄，出现漏拍时应采取重拍或补拍措施补救。

6.3 **影像信息完整**

各画幅内拍摄的缩微影像信息应完整，原件的所有原始信息(原始字符、线条、印迹、图形)应拍摄齐全。被摄原件边缘均应显露在画幅之内。被摄原件应无折叠、无皱曲。画幅的影像区内不应出现异物遮挡。

大幅原件的分幅拍摄应符合GB/T 15021—1994中6.5的规定。

有签条原件的拍摄应符合GB/T 7517—2004、GB/T 7518—2005的规定。

6.4 **划伤**

缩微品画幅区域不应出现影响拷贝质量的划伤。

6.5 **胶片粘连**

缩微品胶片之间不应有粘连现象。

6.6 **胶片破损**

胶片不应有破损现象。

6.7 **乳剂层脱落**

缩微品不应有胶片乳剂层脱落现象。

6.8 **龟裂**

缩微品不应有胶片乳剂层龟裂现象。

6.9 **引片**

缩微胶片的片头和片尾应各有不少于700 mm的空白引片。

6.10 **正文前后标识区**

正文区前后标识区中的图形符号标板、技术标板、凭证标板、识别标板和著录标板等应齐全，内容及格式要规范。

6.11 图形符号

针对被摄原件具体缺陷或拍摄情况，要拍有相适宜的图形符号。

图形符号式样及使用应符合 GB/T 7516—1996 的规定。

6.12 检索标记

根据检索需求在缩微品上设置自动或手工的检索标记。检索标记应完整、准确无误，宜与所拍摄原件编号或缩微号相对应。

自动检索标记的位置、尺寸、密度应符合 ISO 11962:2002 有关规定。

6.13 画幅间隔

需装入开窗卡、封套的缩微胶片应留有适当的画幅间隔，以便于裁切和装嵌。

7 保存性及要求

7.1 概述

保存性是指缩微品在适宜的环境条件下可供保存时间长短的质量评价。

7.2 硫代硫酸盐残留量

缩微品硫代硫酸盐残留量应采用 ISO 18917:1999 中规定的方法检测。

长期和永久保存的缩微品在制作过程中定影要充分、水洗要彻底，硫代硫酸盐残留量应符合 GB/T 15737—2005 的规定。

7.3 色斑

缩微品上不应含有各种色斑及由防光晕染料所造成的胶片染色痕迹。

7.4 附着异物

缩微品表面不应出现易划伤胶片或对胶片阅读、拷贝、保存有影响的附着异物。

7.5 化学污染

缩微品不应遭受有害化学物质的污染，不得使用减薄或增厚药液处理。

7.6 霉斑

缩微品上不应有霉斑。

7.7 干燥

缩微品冲洗后干燥程度要适当。

8 凭证性及要求

8.1 概述

凭证性是指缩微品对被摄原件凭据力的保留程度和可供验证该缩微品真伪的依据。具有凭证作用的缩微品应拍有凭证标板。

8.2 凭证标板

凭证标板的内容应齐全、完整、规范。凭证标板中应有原件保管单位的法人代表的签字。

8.3 缩率偏差

缩微品实际拍摄缩率与名义缩率宜相当，其偏差应控制在 0%～5%之间。

8.4 顺序

缩微品宜依照被摄原件的页码顺序拍摄。如果被摄原件编号有误，应拍摄“编号错误”图形符号。

8.5 误拍

缩微品画幅中不应出现误拍的影像。如果关键画幅出现误拍或误拍信息严重违背被摄原件原意，应整盘(张)胶片重拍。

8.6 补拍

拍摄有误的缩微品一般宜整盘(张)重拍。

缩微胶片中非关键影像拍摄有误，并且补拍量极小时，可以采用补拍接片方式补救。

补拍部分的影像的缩率和密度应与原拍摄影像一致。补拍胶片内应拍摄"补拍说明"。

8.7 接片

缩微胶片宜避免接片。

必须采用补拍接片时，接片质量应符合 GB/T 12355—1990 的规定。

ICS 37.080
A 14

中华人民共和国国家标准

GB/T 17293—2008
代替 GB/T 17293—1998

缩微摄影技术 检查平台式缩微摄影机系统性能用的测试标板

Micrographics—Planetary camera systems—Test target for checking performance

(ISO 10550:1994,MOD)

2008-07-16 发布　　　　2009-01-01 实施

中华人民共和国国家质量监督检验检疫总局
中国国家标准化管理委员会　发布

前 言

本标准修改采用ISO 10550:1994《缩微摄影技术——平台摄影机系统——性能检查用测试标板》(英文版)。

本标准与ISO 10550:1994相比主要技术差异如下：

——删除了ISO 3272-1:1983、ISO 3272-2:1994、ISO 6199:1991和ISO 9923:1994等四个引用文件；

——以GB/T 6161—2008(ISO 3334:2006,IDT)代替ISO 3334:1989；

——以GB/T 18405—2008(ISO 446:2005,IDT)代替ISO 446:1991；

——以GB/T 7973—2003代替ISO 2469:1994。

本标准与ISO 10550:1994相比主要编辑性修改如下：

——将“范围”一章中有关适用性的论述改为“适用于制作35 mm卷片和开窗卡形式的第一代缩微品所使用的系统”；

——修改了“规范性引用文件”一章的引导语。

本标准代替GB/T 17293—1998《缩微摄影技术　检查平台式缩微摄影机系统性能用的测试标板》。

本标准与GB/T 17293—1998相比重大技术变化如下：

——删除了GB/T 7517—1987、GB/T 8988—1988、GB/T 8989—1998、GB/T 8990—1998、GB/T 12356—1990、ISO 3272-1:1983、ISO 6191:1991和ISO 9923:1994等八个引用文件；

——以GB/T 6161—2008代替GB/T 6161—1994；

——以GB/T 18405—2008代替GB/T 18405—2001；

——以GB/T 7973—2003代替ISO 2469:1994。

本标准的附录A为资料性附录。

本标准由全国文献影像技术标准化技术委员会(SAC/TC 86)提出并归口。

本标准起草单位:全国文献影像技术标准化技术委员会一分会。

本标准主要起草人:刘巧平、宫岩、李铭。

本标准所代替标准的历次版本发布情况为：

——GB/T 17293—1998。

缩微摄影技术　检查平台式缩微摄影机系统性能用的测试标板

1　范围

本标准规定了检查平台式摄影机系统性能用的测试标板，其中包括检查系统性能的方法和对常规使用的摄影机进行监控的方法。

本标准适用于制作 35 mm 缩微卷片和开窗卡形式的第一代缩微品所使用的系统。

本标准不适用于复制片或硬拷贝的制作。

2　规范性引用文件

下列文件中的条款通过本标准的引用而成为本标准的条款。凡是注日期的引用文件，其随后所有的修改单(不包括勘误的内容)或修订版均不适用于本标准，然而，鼓励根据本标准而达成协议的各方研究是否可使用这些文件的最新版本。凡是不注日期的引用文件，其最新版本适用于本标准。

GB/T 6161—2008　缩微摄影技术　ISO 2 号解像力测试图的描述及其应用(ISO 3334:2006，IDT)

GB/T 7973—2003　纸、纸板和纸浆　漫反射因数的测定(漫射/垂直法)(neq ISO 2469:1994)

GB/T 11500—1989　摄影透射密度测量的几何条件(neq ISO 5-2:1985)

GB/T 11501—1989　摄影密度测量的光谱条件(neq ISO 5-3:1984)

GB/T 12822—1991　摄影反射密度测量的几何条件(neq ISO 5-4:1983)

GB/T 18405—2008　缩微摄影技术　ISO 字符和 ISO 1 号测试图的特征及其使用(ISO 446:2004,IDT)

3　测试标板的制作和描述

3.1　总则

测试标板应与缩微拍摄的用途相适应，并应包括图 1 所示的特征。尺寸应与给定系统在给定的缩率下所能缩微拍摄的文件的最大尺寸相一致。

ISO 1 号测试图应符合 GB/T 18405—2008 的要求，ISO 2 号测试图应符合 GB/T 6161—1994 的要求。

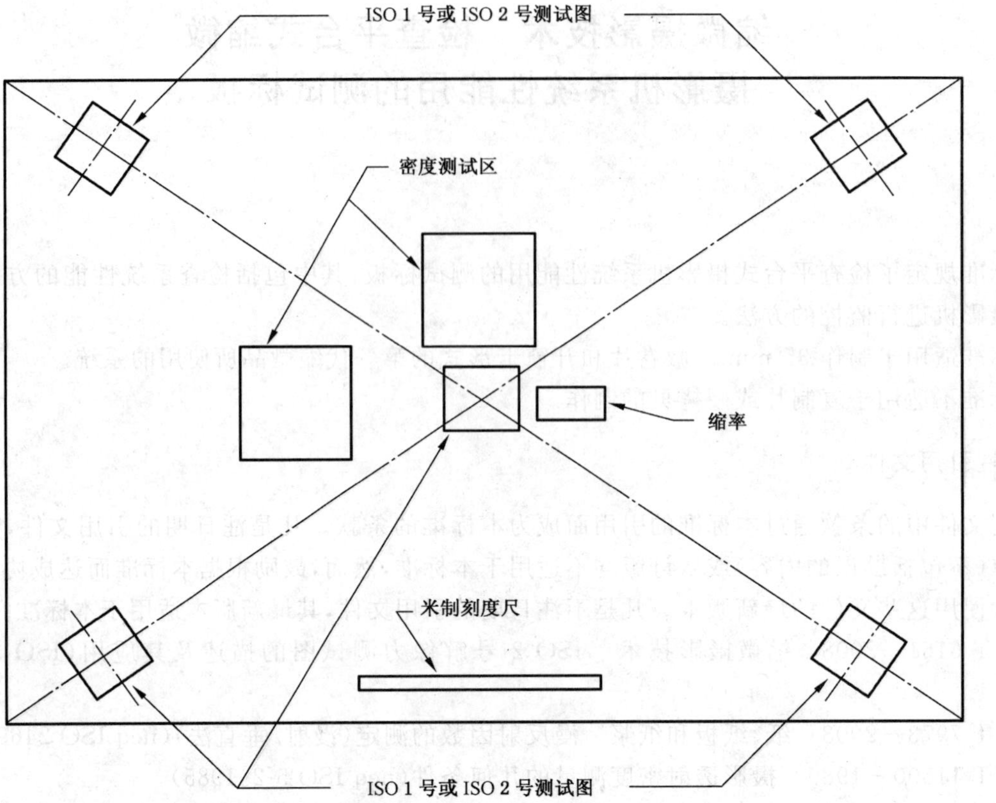

图 1 测试标板

3.2 反射光曝光用测试标板

测试标板应采用不透明的基板，基板的最大反射密度为 0.12(即最低反射率为 75%)。

标板应包含以下各部分：

3.2.1 五个 ISO 1 号测试图或 ISO 2 号测试图，其中一个位于测试标板的中央，另外每个半对角线上各一个，测试图中心到对应角的距离为对角线长度的 1/10。

3.2.2 一个缩率卡，用于表示拍摄测试标板所用的缩率。

3.2.3 下述密度测量区中至少应有两个，每个密度测试区在缩微胶片上形成的影像面积不小于 2 mm×2 mm：

——一个光谱中性的无光泽黑区，其反射密度为 1.25～1.19(反射率为 5.6%～6.4%)，用于各种用途；

——一个光谱中性的无光泽灰区，其反射密度为 0.33～0.28(反射率为 47%～53%)，用于技术图样；

——一个光谱中性的无光泽白区，其反射密度为 0.10～0.07(反射率为 80%～85%)，用于源文件。

3.2.4 一根米制刻度尺，尺的长度由测试标板上的可用空间来确定，且宽度和反差便于其缩微影像的长度测量。

3.2.5 必要时绘制出一些网格线，以便检查可能存在的光学畸变。

反射密度的测量应符合 GB/T 11501—1989 和 GB/T 12822—1991 的规定，反射率的测量应符合 GB/T 7973—2003 的规定。

3.3 透射光曝光用测试标板

该测试标板应采用光谱中性的透明基板，基板的最大透射密度为 0.12(即最低透射率为 75%)。

标板应包含以下各部分：

3.3.1 五个透明 ISO 1 号测试图或透明 ISO 2 号测试图，其中一个位于测试标板的中央，另外每个半对角线上各一个，测试图中心到对应角的距离为对角线长度的 1/10。

3.3.2 一个缩率卡，用于表示拍摄透明测试标板所用的缩率。

3.3.3 下述透明密度测量区中的至少两个，每个密度测试区在缩微胶片上形成的影像面积不小于 2 mm×2 mm：

——一个光谱中性的黑区，其透射密度为 1.25～1.19（透射率为 5.6%～6.4%），用于各种用途；

——一个光谱中性的灰区，其透射密度为 0.33～0.28（透射率为 47%～53%），用于技术图样；

——一个光谱中性的白区，其透射密度为 0.10～0.07（透射率为 80%～85%），用于源文件。

3.3.4 一根透明米制刻度尺，尺的长度由测试标板上的可用空间来确定，且宽度和反差便于其缩微影像的长度测量。

3.3.5 必要时绘制出一些透明网格线，以便检查可能存在的光学畸变。

透射密度的测量应符合 GB/T 11500—1989 和 GB/T 11501—1989 的规定。

4 方法

4.1 检查系统的方法

按照适宜的国际标准或国家标准的规定，以各种可用的缩率拍摄测试标板，并使灰色测试区的影像密度达到 1±0.1。用密度计检查指定区域的影像密度。测量黑区的影像密度，以检查缩微品的最低密度。

为检查可读性，按照 GB/T 18405—2008 或 GB/T 6161—2008 的规定评价 ISO 1 号或 ISO 2 号测试图的影像。

4.2 常规使用的摄影机的监控方法

按照适宜的国际标准或国家标准的规定，在指定的影像画幅内以拍摄文件所用的缩率拍摄测试标板，但其曝光量不一定是文件曝光所需要的曝光量。用密度计检查灰区的影像密度。测量黑区的影像密度，以检查缩微品的最低密度。

为检查可读性，按照 GB/T 18405—2008 或 GB/T 6161—2008 的规定评价 ISO 1 号或 ISO 2 号测试图的影像。

附　录　A
（资料性附录）
不同类型原件的示例

A.1　需用反射光拍摄的文件

除下一条 A.2 中所述文件外，所有准备借反射光阅读的文件和图样。

A.2　需用透射光拍摄的文件

需用透射光拍摄的文件示例如下：

——在半透明或透明的基底上印制的，需与下面的图片或图样一起阅读的解释文本，例如医学书刊或地址学书刊即属于这种情况；
——投影仪上使用的透明片；
——曝光并处理后得到的供医学诊断用的射线胶片；
——在半透明或透明基底上绘制的准备借助透射光阅读的图样。

ICS 37.080
A 14

中华人民共和国国家标准

GB/T 17294.1—2008/ISO 8514-1:2000
代替 GB/T 17294.1—1998

缩微摄影技术
字母数字计算机输出缩微品　质量控制
第1部分:测试幻灯片和测试数据的特征

Micrographics—Alphanumeric computer output microforms—Quality control—Part 1:Characteristics of the test slide and test data

(ISO 8514-1:2000,IDT)

2008-07-16 发布　　2009-01-01 实施

中华人民共和国国家质量监督检验检疫总局
中国国家标准化管理委员会　发布

前　言

GB/T 17294《缩微摄影技术　字母数字计算机输出缩微品质量控制》分为两个部分：

——第1部分：测试幻灯片和测试数据的特征；

——第2部分：方法。

本部分为GB/T 17294的第1部分。

本部分等同采用ISO 8514-1:2000《缩微摄影技术　字母数字计算机输出缩微品质量控制　第1部分：测试幻灯片和测试数据的特征》(英文版)。

本次修订是根据GB/T 1.1—2000《标准化工作导则　第1部分：标准的结构和编写规则》和GB/T 20000.2—2001《标准化工作指南　第2部分：采用国际标准的规则》编写的。

本部分与国际标准ISO 8514-1:2000在技术内容上相同，但做了以下编辑性修改：

——用小数点符号“.”代替小数点符号“,”；

——删除ISO 8514-1:2000的前言，编写本标准的前言；

——删除ISO 8514-1:2000的目录；

——将ISO 8514-1第4.5.6章中的悬置段分别列为“4.1 概述”、“5.1 概述”和“6.1 要求”，并将第4章、5章和6章中的原来各节按顺序另行排列。

本部分代替GB/T 17294.1—1998《缩微摄影技术　字母数字计算机输出缩微品质量控制　第1部分：测试幻灯片和测试数据的特征》。其与GB/T 17294.1—1998的主要差别是：

——删除ISO 8514-2:2000的前言，增加本部分“引言”；

——将“引用标准”改为“规范性引用文件”，同时引入最新版本的引用文件；

——修改用词不当和翻译不准确处。

本部分由全国文献影像技术标准化技术委员会(SAC/TC 86)提出并归口。

本部分由全国文献影像技术标准化技术委员会七分会负责起草。

本部分主要起草人：陈林荣、刘培平、谭田田、秦佳心。

本部分所代替标准的历次版本发布情况为：

——GB/T 17294.1—1998。

引　言

需要建立有效可靠的方法，测量字母数字计算机输出缩微品的影像质量。若要得到质量稳定的适用的输出品，制定这些方法是必要的。在包含字母数字信息缩微品的制作过程中，最为重要的是要呈现给用户清晰可读的信息，为此，所使用的缩微品无论是原底片（第一代）还是复制片都应遵循这一原则。

GB/T 17294 规定了计算机输出缩微品（COM）质量的测量方法，以及采用该方法所需使用的标准测试幻灯片的样式和测试数据的详细说明。它适用于包含由阴极射线管、发光二极管或激光器产生的可变数据以及格式幻灯片上所含有固定数据的缩微品。为了与 GB/T 18503—2008 保持一致，其有效缩小比例的范围从 1∶24 到 1∶48。本部分仅适用于使用格式幻灯片的 COM 记录仪。

本部分介绍了不同的系统和设备，以便于建立测试指南。为此，用户在使用低端设备时，仍能保持一定的操作水平。该方法需要测试幻灯片和从 COM 图像发生器中产生的测试数据。

GB/T 17294 的第 1 部分说明了测试幻灯片和测试数据的特征，第 2 部分介绍了利用测试幻灯片和测试数据对字母数字计算机输出缩微品的质量进行控制的方法。

本部分说明了测试幻灯片和测试数据的特征。

缩微摄影技术
字母数字计算机输出缩微品　质量控制
第1部分:测试幻灯片和测试数据的特征

1　范围

GB/T 17294 的本部分规定了用于测量字母数字计算机 COM 记录仪输出缩微品质量的测试幻灯片和测试数据的特征。

本部分适用于使用格式幻灯片的 COM 记录仪。

2　规范性引用文件

下列文件中的条款通过 GB/T 17294 本部分的引用而成为本部分的条款。凡是注日期的引用文件,其随后的所有修改单(不包括勘误的内容)或修订版均不适用于本部分,然而,鼓励根据本部分而达成协议的各方研究是否可使用这些文件的最新版本。凡是不注明日期的引用文件,其最新版本适用于本部分。

GB/T 6159.7—2000　缩微摄影技术　词汇　第七部分:计算机缩微摄影技术(eqv ISO 6196-7:1992)

GB/T 6161—1994　缩微摄影技术　2号测试图的特征及其在缩微摄影技术中的应用(eqv ISO 3334:1989)

GB/T 17294.2—2008　缩微摄影技术　字母数字计算机输出缩微品　质量控制　第2部分:方法(ISO 8514-2000,IDT)

GB/T 18405—2001　缩微摄影技术　ISO 字符和1号测试图特征及其使用(idt ISO 466:1991)

GB/T 18503—2008　缩微摄影技术　A6 透明缩微平片　影像的排列(ISO 9923:1994,MOD)

ISO 5-2:2001　摄影术　密度测量　第2部分:透射密度的几何条件

ISO 5-3:1995　摄影术　密度测量　第3部分:光谱条件

ISO 5-4:1995　摄影术　密度测量　第4部分:反射密度的几何条件

3　术语和定义

GB/T 6159.7—2000 确立的以及下列术语和定义适用于本部分。

3.1

测试幻灯片　test slide

用于测量 COM 系统输出质量的格式幻灯片。

4　原始图样说明

4.1　概述

制作测试幻灯片的原始图样应如图 1[1] 所示,且符合 4.1 至 4.6 的描述。

定位网格(4.2)的图样尺寸是(270.9 mm±0.1 mm)×(335.3 mm±0.1 mm)。

注:在下列的条款标题中,圆圈中的数字是指图1中的相关区域。

---

1)　图1中的图像是正像的,而实际幻灯片是负像。

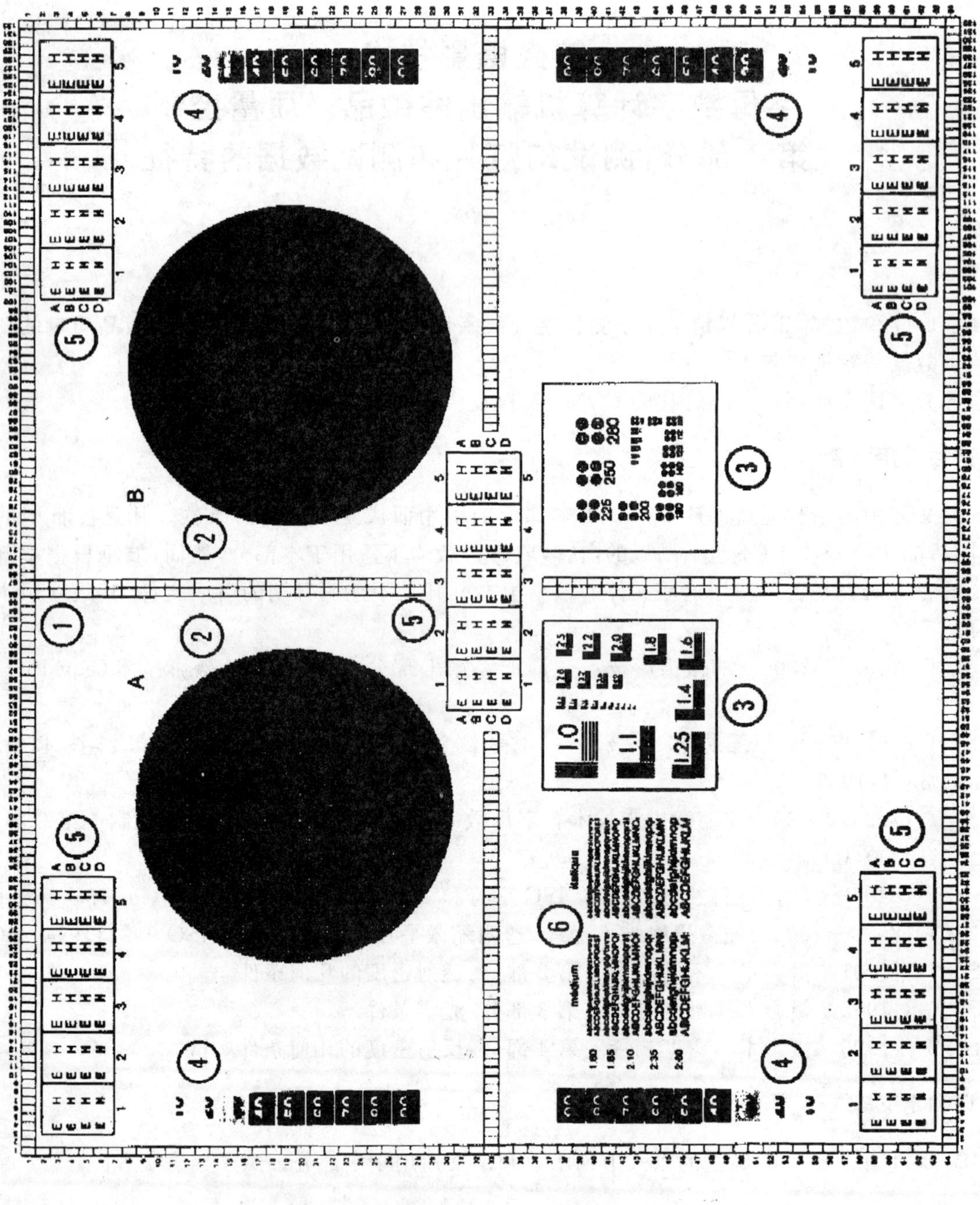

图 1 原图(此图不能做为测试用)

4.2 定位网格①

定位网格应由每页 64 行,每行 132 列的网格单元构成。网格单元分布在定位网格边缘以及第 33 行和第 66～67 列上。

定位网格高 270.9 mm±0.1 mm,宽 335.3 mm±0.1 mm。

每个网格单元都应该是 2.540 mm×4.233 mm±0.1 mm。

每个网格单元的位置应在名义坐标±0.02 mm 之内。

网格线线宽应在 0.12 mm～0.17 mm 之间;不管选择何种线宽,允许公差均应为±0.01 mm。

4.3 密度测量区域②

密度测量区域应包括两个圆,每个圆的最小直径为 95 mm,以便在按 1∶48 缩小后,仍能用密度计测量。一个圆为25线每厘米的50%[2]半色调网屏图(图1A区域),另一个圆为全黑(图1B区域)。用密度计根据ISO 5-3和ISO 5-4进行测量,全黑区域(图1B区域)与原图背景之间的视觉反射密度差应至少为2.00。

4.4 测试图区域③

测试图区域应包括从45至280的ISO字符(GB/T 18450—2001中指定的1号测试图的扩展)和GB/T 6161—1994规定的图样为1至10的2号测试图。

4.5 密度平衡区域④

密度平衡区域包含九个25线每厘米,10%~90%(增量为10%)的半色调网屏图。每个半色调图都有一个完整的数字标识,一半为白,一半为黑,显示适当的百分比。

4.6 COM字符可读性测试区域⑤

COM字符可读性测试区域应由五个完全相同的图样组成,分布在测试幻灯片的中心和靠近四角处。

每个图样中包含"E"和"H"两种字符,大小相同的字符E和H成对的排列,每两个一组的字符在横向上高和宽按表1所示的数据递增,在纵向上线条宽度按表2所示的数据递增。字符横向之间的间隔为两个字符的距离,以便使图像发生器字符同测试幻灯片的图像调准。字符的高度和宽度应按照图2所示进行测量。

表1 字符的高和宽

单位为毫米

列	1	2	3	4	5
字符高度/H	2.55	2.75	2.95	3.15	3.35
字符宽度/L	1.78	1.92	2.05	2.20[1]	2.20[1]
1) 最大的字符宽度在两个邻近的字符之间留出了足够的空间					

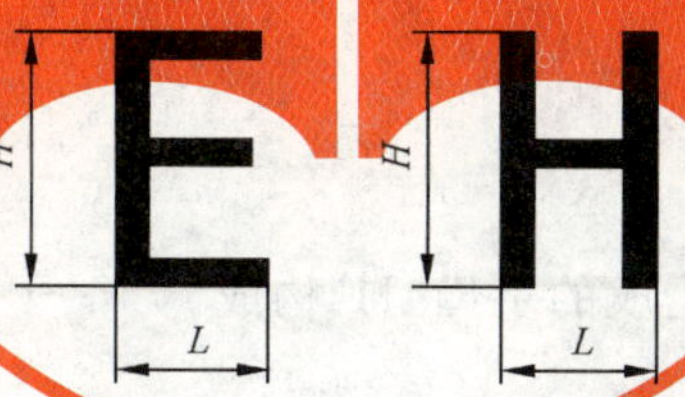

图2 字符测量实例

表2 字符线宽

单位为毫米

行	A	B	C	D
字符线宽	0.20	0.32	0.44	0.56

4.7 字符测试区域⑥

字符测试区域应该包含两组按字母顺序排列的成对的字母字符行,大写字母和小写字母按正常黑度,一组用正写体,一组用斜体。优选无衬线字符。每对字符行中的大写字母的高度(毫米)应该如图1所显示。最小行距应为大写字符高度的1.5倍。

2) 50%的半色调系统总面积—整个面积的比值。

5 测试幻灯片的特性

5.1 概述

本章的内容可用来指导测试幻灯片的生产者和使用者制定技术规范。

5.2 容器

测试幻灯片应放在刚性容器内。

5.3 缩率

幻灯片的缩率应符合 COM 记录仪生产厂家的规定，它的允许公差为±0.05%。

5.4 极性

测试幻灯片应为负像，即背景为黑，线条透明。

5.5 密度

用密度计根据 ISO 5-2:2001 和 ISO 5-3:1995 测量，测得透明区域的视觉漫透射密度不得超过 0.20，背景密度不能低于 2.00。

5.6 缺陷

当按正常比例放大时，测试的幻灯片影像区域不得有大于 0.05 mm 的缺陷。

5.7 解像力

测试幻灯片的生产质量应保证使 1 号测试图中标示数码最小为 80 的 ISO 字符，或 2 号解像力测试图中标示数码为 5.0 的图样在测试幻灯片上可以分辨。测试图上黑线条和透明线条额定宽度的允许公差范围为±10%。

5.8 合格证

生产厂家应为每张测试幻灯片提供证明符合本标准要求的合格证书。

6 测试数据

6.1 要求

数据应在下列区域中生成(见图 3)。

6.2 定位区域①

定位区域由在整个网格区域上生成的字母“H”构成。

6.3 COM 字符可读性测试区域⑤

COM 字符可读性测试区域由字母“E”和“H”构成，其准确定位如图 3 所示。它们应与测试幻灯片上的相同字符并列。

6.4 COM 字符组区域⑦

在该区域中，根据可使用的空间，应该有一组典型的 COM 字符，包括大写字母、数字、符号以及适当的小写字母，并按字母顺序排列。

制成一行外形相似的字符也是非常有用的，如：

——I、1；

——0、O、Q；

——B、8；

——G、6、5、S；

■ Z、7、2。

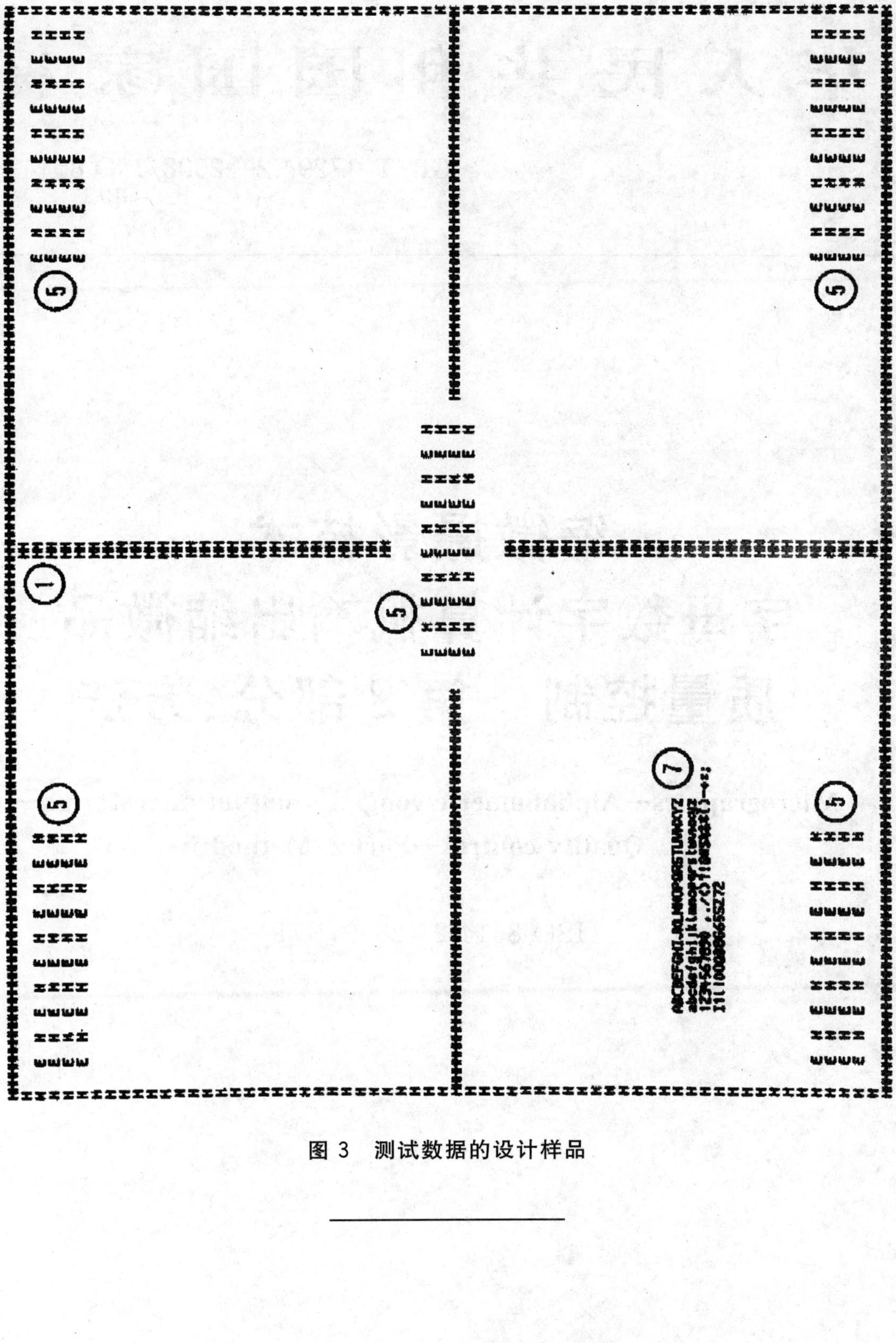

图 3　测试数据的设计样品

ICS 37.080
A 14

中华人民共和国国家标准

GB/T 17294.2—2008/ISO 8514-2:2000
代替 GB/T 17294.2—1998

缩微摄影技术 字母数字计算机输出缩微品质量控制 第2部分:方法

Micrographics—Alphanumeric computer output microforms—Quality control—Part 2:Method

(ISO 8514-2 :2000,IDT)

2008-07-16 发布 2009-01-01 实施

中华人民共和国国家质量监督检验检疫总局
中国国家标准化管理委员会 发布

前　言

GB/T 17294《缩微摄影技术　字母数字计算机输出缩微品　质量控制》分为两个部分：

——第1部分：测试幻灯片和测试数据的特征；

——第2部分：方法。

本部分为GB/T 17294的第2部分。

——本部分等同采用ISO 8514-2:2000《缩微摄影技术　字母数字计算机输出缩微品　质量控制第2部分：方法》(英文版)。

本次修订是根据GB/T 1.1—2000《标准化工作导则　第1部分：标准的结构和编写规则》和GB/T 20000.2—2001《标准化工作指南　第2部分：采用国际标准的规则》编写的。

本部分与国际标准ISO 8514-2:2000在技术内容上相同，但做了以下编辑性修改：

——用小数点符号"."代替小数点符号","；

——删除ISO 8514-2:2000的前言，编写本标准的前言；

——删除ISO 8514-2:2000的目录；

——将ISO 8514-2:2000第5章和第6章中的悬置段分别改为"5.1　概述"、"6.1　概述"。

本部分代替GB/T 17294.2—1998《缩微摄影技术　字母数字计算机输出缩微品质量控制第2部分：方法》。其与GB/T 17294.1—1998的主要差别是：

——删除ISO 8514-2:2000的前言，增加本部分"引言"；

——将"引用标准"改为"规范性引用文件"，同时引入最新版本的引用文件；

——本部分在5.2.4"COM解像力"条内，增设"5.2.4.1和5.2.4.2，并进了Q=P×H"计算式；

——修改用词不当和翻译不准确处。

本部分的附录A为资料性附录。

本部分由全国文献影像技术标准化技术委员会(SAC/TC 86)提出并归口。

本部分起草单位：全国文献影像技术标准化技术委员会七分会。

本部分主要起草人：张美芳、马丹宁、段文吉、刘丁君。

本部分所代替标准的历次版本发布情况为：

——GB/T 17294.2—1998。

引　言

需要建立有效可靠的方法，测量字母数字计算机输出缩微品的影像质量。若要得到质量稳定的适用的输出品，制定这些方法是必要的。在包含字母数字信息缩微品的制作过程中，最为重要的是要呈现给用户清晰可读的信息，为此，所使用的缩微品无论是原底片（第一代）还是复制片都应遵循这一原则。

GB/T 17294 规定了计算机输出缩微品（COM）质量的测量方法，以及采用该方法所需使用的标准测试幻灯片的样式和测试数据的详细说明。它适用于包含由阴极射线管、发光二极管或激光器产生的可变数据以及格式幻灯片上所含有固定数据的缩微品。为了与 GB/T 18503—2008 保持一致，其有效缩小比例的范围从 1∶24 到 1∶48。本部分仅适用于使用格式幻灯片的 COM 记录仪。

本部分介绍了不同的系统和设备，以便于建立测试指南。为此，用户在使用低端设备时，仍能保持一定的操作水平。该方法需要测试幻灯片和从 COM 图像发生器中产生的测试数据。

GB/T 17294 的第 1 部分说明了测试幻灯片和测试数据的特征，第 2 部分介绍了利用测试幻灯片和测试数据对字母数字计算机输出缩微品的质量进行控制的方法。

缩微摄影技术
字母数字计算机输出缩微品
质量控制　第2部分:方法

1　范围

GB/T 17294 的本部分规定了利用格式幻灯片对字母数字式计算机输出缩微品(COM)的质量进行测量的方法。并提供了确立图像发生器最适宜强度(曝光量)的方法。

本部分适用于使用格式幻灯片的 COM 记录仪。

2　规范性引用文件

下列文件中的条款通过 GB/T 17294 本部分的引用而成为本部分的条款。凡是注日期的引用文件,其随后所有的修改单(不包括勘误的内容)或修订版均不适用于本部分,然而,鼓励根据本部分达成协议的各方研究是否可使用这些文件的最新版本。凡是不注日期的引用文件,其最新版本适用于本部分。

GB/T 6159.7—2000　缩微摄影技术　词汇　第七部分:计算机缩微摄影技术(eqv ISO 6196-7:1992)

GB/T 6161—2008　缩微摄影技术　ISO 2 号解像力测试图的描述及其应用(ISO 3334:2006,IDT)

GB/T 17294.1—2008　缩微摄影技术　字母数字计算机输出缩微品　质量控制　第 1 部分:测试幻灯片和测试数据的特征(ISO 8514:2000,IDT)

GB/T 18405—2008　缩微摄影技术　ISO 字符和 ISO 1 号测试图特征及其使用(ISO 446:2004,IDT)

GB/T 18503—2008　缩微摄影技术　A6 透明缩微平片　影像的排列(ISO 9923:1994, MOD)

ISO 5-2:2001　摄影术　密度测量　第 2 部分:透射密度的几何条件

ISO 5-3:1995　摄影术　密度测量　第 3 部分:光谱条件

ISO 5-4:1995　摄影术　密度测量　第 4 部分:反射密度的几何条件

3　术语和定义

GB/T 6159.7—2000 和 GB/T 17294.1—2008 确立的术语和定义适用于本部分。

4　方法的概述

本方法可先用于调试 COM 系统,以产生理想的图像,以后则可作为日常保持设备性能稳定的一种方法。如果同时使用了几台 COM 记录仪,该方法具有确保这些 COM 记录仪获得相同性能的作用。

该方法首先使用本标准第一部分中所规定的测试幻灯片中的 1 号测试图和 2 号测试图,以确定测试幻灯片的影像是否达到最佳调焦。

E-H 图样以及密度平衡区域(见图 1)则用来确定适当的曝光量。字符发生器中的数据用来设定和测定数据与测试幻灯片的配准精度。利用定位网格可完成该步骤。使用字符 E 和 H 可调节图像发生器中的曝光量。曝光量值通常可由用户根据其需要设定。

一组典型的COM字符和外观类似的字符(见图1)可用来验证图像发生器形成数据的清晰度。

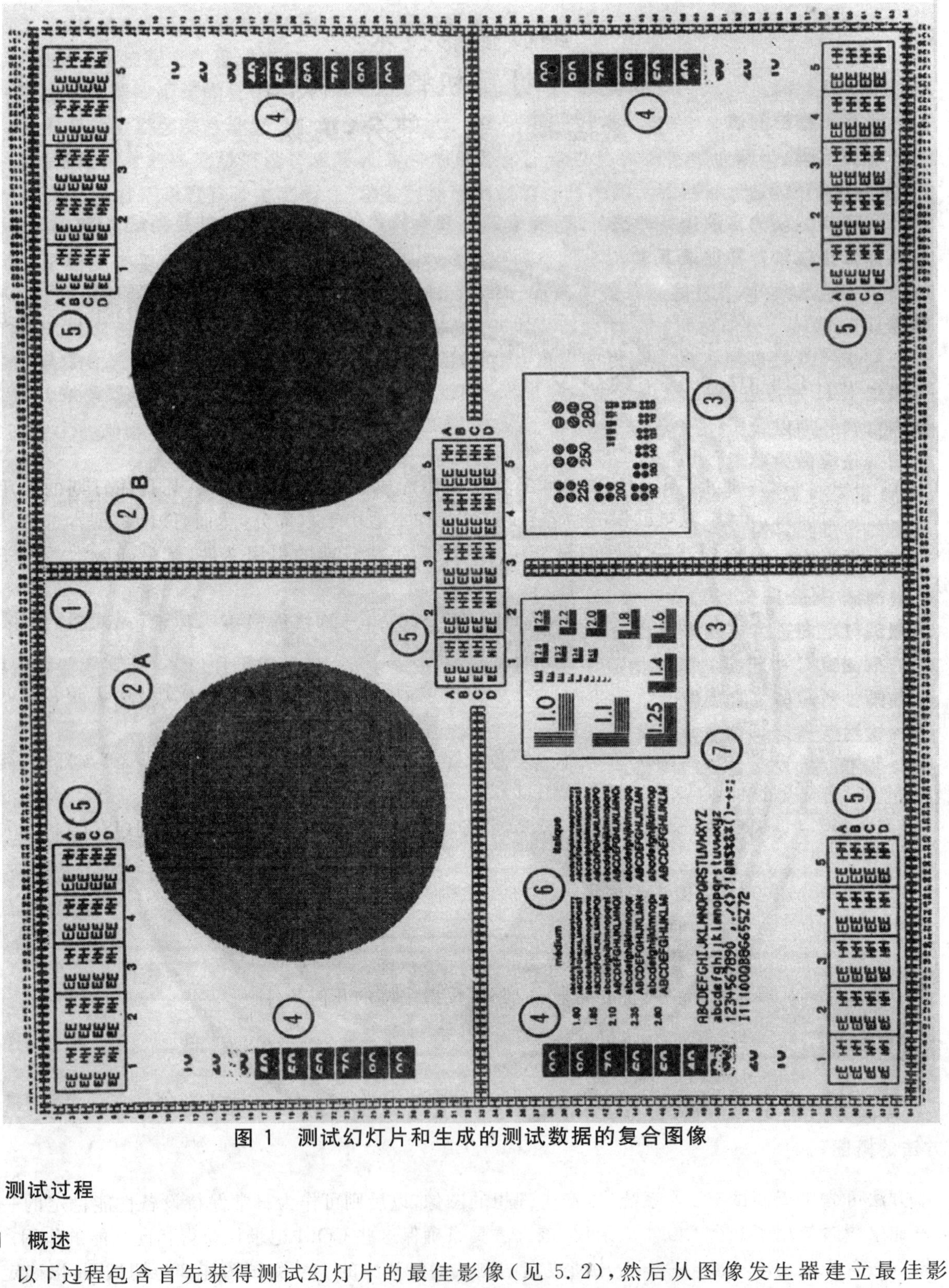

图1 测试幻灯片和生成的测试数据的复合图像

5 测试过程

5.1 概述

以下过程包含首先获得测试幻灯片的最佳影像(见5.2),然后从图像发生器建立最佳影像(见5.3)。

5.2 测试幻灯片影像的优化

5.2.1 COM缩率

缩率应与GB/T 18503—2008一致。

COM 记录仪的实际缩率应以原图上任意一个组成部分的尺寸与缩微影像上同一组成部分的实际尺寸之比进行核对。

为了保证测量准确，需使用移动式显微镜[1)]，尽管这种设备不容易获取。另一种方法是使用带有测量分度镜的固定显微镜，它要有足够的放大倍率来测量测试幻灯片上图像的尺寸。在制备测试幻灯片时，使用适当的缩率也是很重要的。在大多数利用格式幻灯片和使用特定镜头的 COM 系统中，缩率是固定的。因此，这个测试仅用来确认是否达到本部分的规范。

5.2.2 测试幻灯片的聚焦

由于在多数情况下格式幻灯片成像系统的调焦已由生产厂家预先设置，所以本测试用来证实影像是否达到 5.2.4 中所规定的最低解像力值。若未达到，应在开始其他操作之前，先做一些必要的调整。

为此，应检查缩微影像。所获得影像的数值不仅取决于 COM 记录仪镜头的聚焦状态，还取决于曝光条件、胶片类型和冲洗处理过程。

从曝光不足到曝光正确，再到曝光过度，设置一系列不同曝光量曝光并进行测试，以确定最高解像力。用 GB/T 18405—2008 所规定的 1 号测试图或 GB/T 6161—2008 所规定的 2 号解像力测试图，可测定解像力。

关于复制片解像力的资料，见附录 A。

注：实际曝光时，很少会达到最高解像力。

5.2.3 测试幻灯片曝光量——测试 A

以逐步增加曝光量(逐行或逐列)的方式，在缩微平片或一段适当长度的缩微卷片上拍摄一系列测试幻灯片的影像。选择一个能使图像中线条最细的一对 E-H(A1)(可视区)曝光不足，而最粗的一对 E-H(D5)曝光过度的曝光量值。如果有一对以上的 E-H 字符对曝光不足或曝光过度，则选择曝光不足和曝光过度的字符对数相同的画幅。记录下可产生这种效果的曝光标度。

一旦选择了正确的曝光量值，用符合 ISO 5-2:2001 和 ISO 5-3:1995 要求的密度计，在适当的密度区域测量视觉漫透射密度。由于计算机输出缩微品的缩率较高，所以应使用最大孔径为 1 mm 的密度计测量。如果 COM 图像为正像，在密度测量区域 B 测量最大密度，如果 COM 图像为负像，在密度测量区域B 测量最小密度，并测量密度测量区域 A 的密度。将按最佳曝光量拍摄的 E 和 H 图样的坐标位置(横和纵)记录下来。这些值可在将来用于系统的检测，以保证维持适当的曝光和冲洗处理。

如果没有密度计，密度平衡区④可作为视觉对比参考。

为了辨认密度平衡的区域，只将那些视觉反差足够大，可将黑色和白色数字同其所在处的背景都能区分出来的区域作为"识别"区域。

5.2.4 COM 解像力

5.2.4.1 要求

COM 记录对于解像力的要求取决于被记录的字符的类型(字体和大小)以及所用的缩率。如果数据含有小写字母或复杂字符，那么解像力的要求就会高于大写字母时的要求。

5.2.4.2 测量方法

区域③中的测试图用于测定系统的解像力。测试幻灯片的影像分辨率的测量可用于测定 COM 系统记录细部的能力。由于解像力的测量是利用高品质、高反差的格式幻灯片，而不是图像发生器，所以此测试不是字符分辨率的测量。解像力的测量应符合 GB/T 18405—2008 或 GB/T 6161—2008 的要求。

注：测试解像力有助于确定该系统的镜头和胶片质量能否记录细部。所得值严格取决于镜头的聚焦。因此，如果解像力低于预期值，聚焦范围的测试宜按照 5.2.3 中的曝光条件进行。

---

1) 移动式显微镜用于测量距离。一般有一个可放置缩微胶片、并可以移动的载物台及一个带交叉线的目镜。

字符尺寸的大小可以通过测试幻灯片的图像检测区域确定。将测试数据 E-H 中的字符大小和测试幻灯片的字符进行比较。参考 GB/T 17294.1—2008 中表 1,确定试验所生成的字符的当量尺寸。

利用下列公式计算得到的质量值:

$$Q = P \times H$$

式中:

Q——质量值;

P——解像力符合要求的测试区域③中的最高图样标示数(即可分辨的最小图样的空间频率数);

H——从 COM 字符可读性测试区⑤测出的高度。

如果仅使用大写字符,那么在上述公式中宜使用大写字符 E 的高度。

如果使用小写字符或使用复杂字符,那么在上述的公式中宜使用大写字符 E 高度的 80%。

当质量值不小于 8 时,可获得良好的复制件。值不小于 5 时,宜无困难地阅读。当值小于或等于 3 时,阅读存在困难。最小值宜为 3.6。

注:解像力严格取决于镜头的聚焦。因此,如果解像力低于预期值,聚焦范围的测试应按照 5.2.3 中的曝光条件进行。

5.2.5 测试幻灯片图像可读性的控制

检查区域⑥中字符的质量。在日常工作中,区域⑥中的所有字符应是容易辨读的。区域中的字符是在制作标准(或工作)格式幻灯片时推荐使用的标准字符的样板。

注:本测试用于检测典型格式幻灯片中缩微图像质量是否合格。

5.3 图像发生器的影像优化

5.3.1 概述

将测试幻灯片的曝光量值设置成测试 A 中的最佳值,并用于以后的测试。

5.3.2 图像发生器亮度的设置——测试 B

使用图像发生器生成数据(参见 GB/T 17294.1—2008 图 3)。在记录到胶片上之前,将可变数据与测试幻灯片中的网格对准。逐步增加发生器的强度,并将测试幻灯片和图像发生器生成的影像记录到缩微平片或适当长度的缩微卷片上。

5.3.3 可读性和曝光量的测定

选出 E-H 字符对的最佳影像。使用显微镜或能够还原到原尺寸的缩微品阅读器,将 E-H 字符与测试幻灯片上具有相同高度和线宽的字符进行比较。对测试幻灯片上每个区域的图像也分别进行以上操作,记录下每个可比较的 E-H 字符组的数码和字母的位置。同时检测测试格式幻灯片分辨率标板的图像,以确定图样的分辨率是否等于或小于按 5.2.4 中所描述的方法获得的图样分辨率。

5.3.4 定位

区域网格①应用于检测图像发生器定位的精确性,逐帧偏转的稳定性以及可能发生的字符畸变或像差。

5.3.5 COM 字符组

区域⑦中应列出典型的 COM 字符组。检查每个字符以保证其清晰度,尤其是图形相似的字符序列。

—— I、1;

——0、O、Q;

——B、8;

——G、6、5、S;

——Z、7、2。

6 第一代缩微品的密度

6.1 概述

将测试幻灯片的影像记录到胶片上，按下列方法对这些影像的密度进行测量。

6.2 密度测试区域

两个区域②用来测量密度。当用常规方法进行冲洗时，测试幻灯片的透明区域(B)用于测试最大密度，或者当进行反转冲洗及使用直接正片时，该区域用于测量最小密度。半色调区域(A)主要用在反转处理中监控曝光和冲洗加工的一致。

此外，缩微品的背景可用来测量利用常规方法冲洗的胶片的最小密度(片基加灰雾)，而在利用反转冲洗的胶片上测量最大密度。

6.3 密度值

表1给出了使用符合ISO 5-2:2001和ISO 5-3:1995规定的密度计测量的漫透射视觉密度的推荐值。在某些情况下，会给出一个优选密度值。优选密度值是为了获得最佳可读性。

表1 允许的密度极限一览表

胶片类型	处理	密度测量方法	最小背景密度值	透明区域最大密度值	最小密度差
银-明胶型	常规冲洗	复制或视觉漫射	0.75	0.15或0.10加片基[a]	0.60
银-明胶型	全反转或直接正片	复制或视觉漫射	1.50 (优选1.80)	0.20 加片基[a]	1.30
干银	热法处理	复制ISO类1型	1.00	0.40 加片基[a]	0.60 (优选0.80)

[a] 无涂层片基的密度。

7 应用

7.1 概述

应完成下列检测：

——安装与维护测试；

——常规检测。

7.2 安装与维护测试——测试C

安装与维护测试方法如下：

——利用新配制的药液进行冲洗处理，完成5.2中描述的所有测试，尤其是测试A和测试B；

——选择最佳条件并记录下来；

——在这些条件下生成一张完整的记录有图1所示的复合图像的缩微平片或适当长度的缩微卷片；

——记录从密度测试区域测量的密度；记录从测试幻灯片和COM产生最佳效果的同样E-H图字符组坐标中获得数据；记录识别1号测试图可读的最小ISO字符组高度的标示数，或可分辨2号测试图最小图样的标示数；记录使用的有效缩率。

此缩微品应作为参考。

COM记录仪安装好后，应按上述方法检查设备，应记录测试设备和测试结果。此结果可为以后进行设备的常规测试提供参考。

7.3 常规检测

用本部分所描述的方法，对COM记录仪输出进行定期监测。检测频率应取决于两点，一是在具体时间段内缩微品产生的数量，二是COM系统产生一致结果的能力。

这些测试应作为系统日常维护程序的一部分，以保持系统维持一定的质量水平。这些测试不是为了生产缩微平片或缩微胶片的目的。作为质量维护系统的一部分，测试结果应被记录和存储。如果检测出有质量问题，5.2.3中的测试B可有助于纠正和解决问题。

常规检测的方法如下：

——用测试C中记录的曝光量值和冲洗处理条件制成一张完整缩微平片（或同样的一段缩微卷片），其中记录着如图1所示的复合图像；

——将结果与测试C获得的参考缩微品的记录结果相对比；

——作必要的调整或重测。

附 录 A
(资料性附录)
复 制 片

本部分规定的测试用于第一代缩微胶片即拍摄片。由于用户通常得到的是复制件,或发行拷贝,所以,应使用拷贝机制作第一代缩微品的参考复制片。

逐渐增加曝光量,制作一系列拷贝片。

检查复制片,并选择出能产生最佳复制片的曝光量值。

记录下曝光条件,并保留该复制片作为样片。

用于测定第一代缩微品解像力的方法,在5.2.4中有详细规定。实践中,与上一代缩微品相比,复制片测试图的解像力的降低不宜超过一级。